一级注册建筑师执业资格考试要

建筑物理与设备

（知识题）

总主编单位　深圳市注册建筑师协会
总　主　编　张一莉
本册主编　张　霖
本册副主编　吴俊奇　王晓辉　谢雨飞
王红朝

中国建筑工业出版社

图书在版编目（CIP）数据

建筑物理与设备：知识题 / 张霖本册主编；吴俊奇等副主编. — 北京：中国建筑工业出版社，2022.2

一级注册建筑师执业资格考试要点式复习教程 / 张一莉总主编

ISBN 978-7-112-27084-2

Ⅰ. ①建… Ⅱ. ①张… ②吴… Ⅲ. ①建筑物理学—资格考试—自学参考资料②房屋建筑设备—资格考试—自学参考资料 Ⅳ. ①TU11②TU8

中国版本图书馆 CIP 数据核字（2022）第 014796 号

责任编辑：费海玲　张幼平
责任校对：张惠雯

一级注册建筑师执业资格考试要点式复习教程

建筑物理与设备

（知识题）

总主编单位　深圳市注册建筑师协会
总　主　编　张一莉
本 册 主 编　张　霖
本册副主编　吴俊奇　王晓辉　谢雨飞
王红朝

*

中国建筑工业出版社出版、发行（北京海淀三里河路 9 号）
各地新华书店、建筑书店经销
北京红光制版公司制版
廊坊市海涛印刷有限公司印刷

*

开本：787 毫米×1092 毫米　1/16　印张：25¾　字数：643 千字
2022 年 2 月第一版　2022 年 2 月第一次印刷
定价：**85.00** 元

ISBN 978-7-112-27084-2
（38877）

《一级注册建筑师执业资格考试要点式复习教程》总编委会

《建筑物理与设备（知识题）》编委会

《一级注册建筑师执业资格考试要点式复习教程》总编写分工

<table>
<tr><th>序号</th><th>书名</th><th>分册主编、副主编</th><th>分册编委</th><th>编委工作单位</th></tr>
<tr><td rowspan="4">1</td><td rowspan="4">《设计前期与场地设计》
（知识题）</td><td rowspan="4">王　静　主　编
陈晓然　副主编
范永盛　副主编</td><td>王　静</td><td>华南理工大学建筑学院</td></tr>
<tr><td>戴小犇　陈晓然
韦久跃　莫英莉
陆姗姗　周林森
陈泽斌</td><td>奥意建筑工程设计有限公司</td></tr>
<tr><td>范永盛</td><td>深圳市欧博工程设计顾问有限公司</td></tr>
<tr><td>曹韶辉</td><td>悉地国际设计顾问（深圳）有限公司</td></tr>
<tr><td rowspan="4">2</td><td rowspan="4">《建筑设计》（知识题）</td><td rowspan="4">艾志刚　主　编
马　越　副主编
佘　赟　副主编</td><td>马　越　艾志刚
吕诗佳　吴向阳
罗　薇　俞峰华</td><td>深圳大学建筑设计研究院有限公司、深圳大学城市规划设计研究院有限公司、深圳大学建筑与城市规划学院</td></tr>
<tr><td>黄　河　王　超
张金保</td><td>北建院建筑设计（深圳）有限公司</td></tr>
<tr><td>佘　赟　苏绮韶</td><td>筑博设计股份有限公司</td></tr>
<tr><td>李朝晖</td><td>深圳机械院建筑设计有限公司</td></tr>
<tr><td rowspan="7">3</td><td rowspan="7">《建筑物理与设备》
（知识题）</td><td rowspan="7">张　霖　主　编
吴俊奇　副主编
王晓辉　副主编
谢雨飞　副主编
王红朝　副主编</td><td>张　霖</td><td>华蓝设计（集团）有限公司</td></tr>
<tr><td>谭方彤</td><td>华蓝设计（集团）有限公司</td></tr>
<tr><td>禤晓林</td><td>华蓝设计（集团）有限公司</td></tr>
<tr><td>吴俊奇</td><td>北京建筑大学</td></tr>
<tr><td>秦纪伟</td><td>北京京北职业技术学院</td></tr>
<tr><td>王晓辉
谢雨飞</td><td>北京建筑大学</td></tr>
<tr><td>王红朝</td><td>深圳市华森建筑工程咨询有限公司</td></tr>
<tr><td rowspan="2">4</td><td rowspan="2">《建筑材料与构造》
（知识题）</td><td rowspan="2">冯　鸣　主　编
洪　悦　副主编
赵　阳　副主编</td><td>洪　悦　冯　鸣
杨　钧</td><td>深圳大学建筑设计研究院有限公司（建材）</td></tr>
<tr><td>赵　阳　冯　鸣
马　越　王　鹏
高文峰　崔光勋</td><td>深圳大学建筑设计研究院有限公司（构造）</td></tr>
</table>

续表

序号	书名	分册主编、副主编	分册编委	编委工作单位
5	《建筑经济、施工与设计业务管理》(知识题)	郭智敏　主　编 陆　洲　副主编	郭智敏　陆　洲	深圳华森建筑与工程设计顾问有限公司
			林彬海	深圳市清华苑建筑与规划设计研究有限公司
			张　鹏	深圳市华森建筑工程咨询有限公司
6	《建筑方案设计》(作图题)	林　毅　主　编 周　新　副主编 张　晖　副主编 范永盛　副主编	周　新　鲁　艺 徐基云　雷　音 刘小良	香港华艺设计顾问(深圳)有限公司
			张　晖　赵　婷 周圣捷	深圳华森建筑与工程设计顾问有限公司
			范永盛	深圳市欧博工程设计顾问有限公司

《建筑物理与设备（知识题）》编写分工

章节		编委	编委单位
第一部分　建筑物理	第一章　建筑热工	张　霖	华蓝设计（集团）有限公司
	第二章　建筑采光和照明	谭方彤	
	第三章　建筑声学	张　霖　裫晓林	
第二部分　建筑设备	第一章　建筑给水排水	吴俊奇	北京建筑大学
		秦纪伟	北京京北职业技术学院
	第二章　供暖通风与空气调节	王红朝	深圳市华森建筑工程咨询有限公司
	第三章　建筑电气	王晓辉　谢雨飞	北京建筑大学

前　言

本书为一级注册建筑师执业资格考试要点式复习教程《建筑物理与设备（知识题）》分册。为提高参加全国一级注册建筑师考试的执业人员考前复习效率，依据《全国一级注册建筑师资格考试大纲》编制本书。

2021 年 11 月 12 日，全国注册建筑师管理委员会对《全国一级注册建筑师资格考试大纲（2002 年版）》进行了修订，形成《全国一级注册建筑师资格考试大纲（2021 年版）》。（2021 年版）大纲设置考试科目 6 门，“建筑结构（知识题）”、“建筑物理与建筑设备（知识题）”整合为“建筑结构建筑物理与设备（知识题）”。考试时间由原来的 2.5 小时改为 4 小时。此外，2021 年版大纲增加了“能够运用专业技术知识，判断解决本专业工程问题”的要求。本书可用于 2022 年考试复习，也可用于 2023 年考试复习。

本书主要内容分为建筑物理和建筑设备两大部分。建筑物理含建筑热工、建筑采光和照明、建筑声学；建筑设备含建筑给水排水、供暖通风与空气调节、建筑电气。

绿色是我们这个时代的主旋律，随着建筑节能和绿色建筑普及，建筑的品质通过量化表达得以实现，建筑物理与设备在建筑设计中的重要性前所未有，由此得到建筑师青睐。建筑师对建筑物理与设备所涉及的标准、规范、参数、要求不再陌生，变得熟悉起来。本书以要点式的方法，将各部分知识中的原理、设计原则、设计要点等进行系统的梳理、串联，企图以最少的篇幅，涵盖考试大纲要求内容，为考试复习提供纲举目张的抓手。

本书涉及的国家设计标准、规范较多，且国家设计规范更改修订频繁，其中各种指标、参数应以新版本规定为准。

预祝考试成功。

《建筑物理与设备（知识题）》编委会

2022 年 1 月

目　　录

第一部分　建　筑　物　理

第二部分　建　筑　设　备

第一部分　建 筑 物 理

建筑物理即建筑物理环境。建筑是人类赖以生活的场所。最初的建筑以简单的本地的材料做成围护结构，为人类遮蔽风霜雨雪、抵挡野兽攻击，功能简单。今天的建筑，为人类提供了近乎完美的生活和生产的场所。人类创造和控制建筑的温度、湿度、采光、照明、隔声、防噪，等等，并形成了专门的学科——建筑物理。建筑物理包含三大内容：建筑热工学、建筑声学、建筑光学。

第一章　建　筑　热　工

（一）考　纲　分　析

1. 考试大纲

现行考纲：了解建筑热工的基本原理和建筑围护结构的节能设计原则；掌握建筑围护结构的保温、隔热、防潮的设计，以及日照、遮阳、自然通风的设计。

2021 年版考纲：了解建筑热工的基本原理和建筑围护结构的节能设计原则；掌握建筑围护结构的保温、隔热、防潮设计，以及日照、遮阳、自然通风的设计。能够运用建筑热工综合技术知识，判断解决专业工程实际问题。

现行考试时间：建筑物理与建筑设备是《全国一级注册建筑师资格考试大纲》中的第四个考试科目。考试时间为 2.5 小时，内容包括建筑物理和建筑设备两大类。建筑物理分为建筑热工、建筑采光和照明、建筑声学等内容；建筑设备分为给排水、电气、暖通等内容。

考试题量：全部为 100 道单选题，平均计算建筑热工占比 1/6，约 17 道试题。

2021 年版考试时间：建筑结构、建筑物理与设备（知识题）是第三个考试科目。考试时间为 4 小时。

2. 考试大纲解读

（1）了解建筑热工的基本原理和建筑围护结构的节能设计原则：要求了解建筑热工的基本概念，了解建筑围护结构的传热原理和建筑围护结构节能设计依据的法则、标准。

（2）掌握建筑围护结构的保温、隔热、防潮的设计：要求掌握建筑围护结构的保温、隔热、防潮等设计标准的常用数据、相关材料的性能及基本参数和围护结构节能构造。

（3）掌握日照、遮阳、自然通风方面的设计：要求掌握建筑日照、遮阳、自然通风方面设计标准的参数要求、计算公式、技术措施等。

（4）2021 年版大纲增加了运用建筑热工综合技术知识、解决专业工程实际问题的要求。

（二）建筑热工基本原理

人类生存的地球有阳光、空气和水及其他生存所需的条件，也有冰雪、风暴、暴雨等危及人类生存的恶劣气象。为人们的生存提供保障的是衣服和建筑。

建筑把自然环境分成了室外环境和室内环境。通过适当的设计，建筑能够利用室外环境来改善室内热环境，满足不同的使用要求。同时，随着科技进步，通过设备进行采暖或供冷，可控制建筑室内的温度和湿度，达到建筑的舒适、健康、高效。

建筑热工学是研究建筑室外气候通过建筑围护结构对室内热环境的影响、室内外湿热作用对围护结构的影响，通过建筑设计改善室内热环境的学科。

建筑围护结构是分隔建筑室内和室外，以及建筑内部使用空间的建筑部件。一般指建筑屋面、外墙、隔墙、门窗、楼面、地面等。

建筑室内外存在着热交换，为了室内环境的适宜，需要通过控制建筑的得热和失热而达到建筑中的热平衡，使室内处于稳定的适宜温度。建筑中得热和失热与建筑围护结构热工性能有关，建筑围护结构的热工设计对室内热环境舒适度与建筑节能是关键的工作。

建筑热工设计的目标：为人们提供舒适、健康、高效的工作和居住环境。

在进行建筑设计时，无论是新建建筑、扩建或改建建筑都必须进行热工设计。

与绿色建筑的关系：绿色建筑是品质更高的建筑，然而，不是所有的建筑都是绿色建筑，但是，所有建筑必须执行《民用建筑热工设计规范》GB 50176—2016。《绿色建筑评价标准》GB/T 50378—2019 涉及建筑热工的内容主要体现在 5 健康舒适、7 资源节约、8 生活宜居等评价指标。健康舒适涉及室内热环境要求；节约资源涉及建筑节能要求；生活宜居涉及建筑室外环境要求。

1. 传热基本原理

传热是自然界的一种现象。传热是因为存在温差而发生的热能的转移。

1）温度

（1）温度：表示物体冷热程度的物理量。温度只能通过物体随温度变化的某些特性来间接测量。

（2）温度的基本单位：国际单位为开尔文温标（K），或摄氏温标（℃）、华氏温标（℉）。

开尔文单位：开尔文温度常用符号 K 表示，其单位为开尔文。

摄氏温标：1 摄氏度记作 1℃。1K＝1℃。

华氏温标：1 华氏度记作 1℉。世界上仅有 5 个国家、地区使用华氏度，包括巴哈马、伯利兹、英属开曼群岛、帕劳、美国及其附属领土（波多黎各、关岛、美属维京群岛）。

2）温度场、等温面

（1）温度场：物质系统内各个点上温度的集合称为温度场。温度场是时间和空间坐标的函数，反映了温度在空间和时间上的分布：$T = T(x, y, z, t)$。

（2）温度场类型：

非稳态（瞬态）温度场：温度场随时间而变化。

稳态温度场：不随时间而变的温度场。

按空间坐标的个数不同，有一维、二维和三维温度场之分。一维稳态温度场中，温度变化方向是单向的，一维非稳态温度场中，不仅温度变化方向是单向的，而且各点的温度还随时间发生改变。

3）热量

（1）热量：指系统与外界间存在温度差时，即存在热学相互作用时，作用的结果有能量从高温物体传递给低温物体，这时所传递的能量称为热量。

(2) 热量的单位：焦耳（简称焦，缩写为 J)。1 卡＝4.184 焦。1 大卡 ＝ 1000 卡

1 千卡＝1000 卡＝1000 卡路里＝4184 焦耳＝4.184 千焦

4）热流密度

(1) 热流密度：单位时间内通过单位面积传递的热量称热流密度，也称热通量，一般用 q 表示。

$$q = Q/(S \times t)$$

式中 Q——热量；

t——时间；

S——截面面积。

(2) 热流密度的单位：$J/(m^2 \cdot s)$，还可换算为：$kcal/(m^2 \cdot h)$

基准换热面面积单位：m^2

时间单位：s

5）传热方式

传热是一种复杂现象。从本质上来说，只要一个介质内或者两个介质之间存在温度差，就一定会发生传热。我们把不同类型的传热过程称为传热模式。物体的传热过程分为三种基本传热模式，即热传导、热对流和热辐射。

传递热量的单位为 J（焦耳）

(1) 导热（热传导）

热传导：指在物质无相对位移的情况下，物体内部具有不同温度或者不同温度的物体直接接触时所发生的热能传递现象。在各向同性的物体中，任何地点的热流都是向着温度较低的方向传递的。

傅立叶定律：一个物体在单位时间、单位面积上传递的热量与在其法线方向上的温度变化率呈正比。

(2) 对流

对流传热（热对流）：是指由于流体的宏观运动而引起的流体各部分之间发生相对位移，冷热流体相互掺混所引起的热量传递过程。

(3) 辐射

热辐射：一种物体用电磁辐射的形式把热能向外散发的传热方式。它不依赖任何外界条件而进行，是在真空中最为有效的传热方式。

不管物质处在何种状态（固态、气态、液态或者玻璃态），只要物质有温度（所有物质都有温度），就会以电磁波（也就是光子）的形式向外辐射能量。这种能量的发射是由于组成物质的原子或分子中电子排列位置的改变所造成的。

实际传热过程一般都不是单一的传热方式，建筑围护结构传热过程也是通过导热、对流和热辐射三种方式进行的。

2. 建筑热工

1）热环境

建筑热工研究的热环境包含室外热环境和室内热环境。

热环境是指由太阳辐射、气温、周围物体表面温度、相对湿度与气流速度等物理因素组成的作用于人、影响人的冷热感和健康的环境。它主要是指自然环境、城市环境和建筑环境的热特性。

热环境可以分为自然热环境和人工热环境：

(1) 自然热环境

自然热环境热源为太阳光，热特性取决于环境接收太阳辐射的情况，并与环境中大气同地表间的热交换有关，也受气象条件的影响。

(2) 人工热环境

热源为房屋、火炉、机械、人为设备产生的热量。

人工热环境是人类为了缓和外界环境剧烈的热特性变化而创造的更适于生存的优化环境。

人类的各种生产、生活和生命活动都是在人类创造的人工热环境中进行的。

2) 室外热环境

室外热环境由太阳辐射、气温、风、降水、空气湿度等因素构成。

(1) 太阳辐射

太阳辐射是影响地球气候的主要因素，也是建筑室外热环境的主要气候条件之一。地球上所有气象现象如风的形成、空气、大地和海水的温度变化都受到太阳辐射直接或间接的影响。

太阳辐射透过大气层到达地球表面。到达地球表面的太阳辐射由两部分组成：一部分为直射辐射，方向未经改变的部分；另一部分为散射辐射，到达地面时无特定方向的部分。

(2) 气温

气温：表示空气冷热程度的物理量称为空气温度，简称气温。

气温日较差：一天之内气温最高值与气温最低值之差。

气温年较差：一年之内气温最高值与气温最低值之差。

(3) 风

风是太阳能的一种转换形式。风是一种矢量，既有速度又有方向。风向用 16 个方位表示，风频就是各个风向的频率，用各风向出现的次数占风向总观测次数的百分率来表示。根据风向及风频绘制的风向分布图，就称为风玫瑰图。

我国风能分布及分区：

最佳风能区：有效风密度 200W/m^2 以上，大于等于 3m/s 的风速全年达 6000～8000h，大于等于 6m/s 的风速全年达 3500h，如东南沿海及岛屿。

风能次大区：有效风密度 200W/m^2 左右，大于等于 3m/s 的风速全年达 6000h 以上，大于等于 6m/s 的风速全年达 2200～2500h，如渤海沿岸及内蒙古、甘肃北部以及新疆阿拉山口等。

风能较大区：有效风密度 200W/m^2 以上，大于等于 3m/s 的风速全年达 5000～6000h 以上，大于等于 6m/s 的风速全年达 2000h，如黑龙江南部、吉林东部和辽宁、山东半岛。

风能过渡区：有效风密度 100～150W/m^2 之间，大于等于 3m/s 的风速全年达 2000～4000h，大于等于 6m/s 的风速全年达 750～2000h，如青藏高原北部、东北、华北与西北地区北部和江苏、浙江的东部。

风能贫乏地区：有效风密度 $50W/m^2$ 以下，大于等于 3m/s 的风速全年达 2000h 以下，大于等于 6m/s 的风速全年达 150h 以下，如云贵川、甘肃、陕西、豫西、鄂西和福建、广东、广西的山区及塔里木盆地、雅鲁藏布江谷地。

（4）降水

降水：地表蒸发的水蒸气进入大气层，经过凝结后又以液态或固态形式降落地面的过程。雨、雪、冰雹都是降水现象。

降水量：是指一定时段内液态或固态（经溶化后）降水在水平面积累的水层厚度（未经蒸发、渗透或流失），单位：mm。

降水时间：是指一次降水过程从开始到结束的持续时间，单位：h 或 min。

降水强度：是指单位时间内的降水量。降水强度的等级以 24h 的总量划分：小雨小于 10mm；中雨 10～25mm；大雨 25～50mm；暴雨 50～100mm。

（5）空气湿度

空气湿度：表示空气中水汽含量和湿润程度的气象要素。分为绝对湿度和相对湿度。

绝对湿度：一定体积的空气中含有的水蒸气的质量，一般其单位是 g/m^3。绝对湿度的最大限度是饱和状态下的最高湿度。绝对湿度越靠近最高湿度，它随温度的变化就越小。

相对湿度：绝对湿度与最高湿度之间的比，它的值显示水蒸气的饱和度有多高。一般气温升高相对湿度就会降低；气温降低则相对湿度增大。

我国空气湿度分布，南方大部分地区相对湿度在一年之内夏季最大，秋季最小。南方地区在春夏之交气候较潮湿。

3）室内热环境

室内热环境：室内空气温度、空气湿度、气流速度以及人体与周围环境之间的辐射换热等综合因素组成的建筑室内环境。

（1）影响室内热环境的因素

影响室内热环境的因素包括导热、对流换热、热辐射、长波辐射、室内余热等五个方面。

导热：热量通过建筑围护结构如屋顶、外墙、地面、窗户的传导。

对流换热：热量通过敞开的门、窗与室外进行交换，并使室内的空气温度接近于室外空气温度；即使门窗紧闭，只要存在温差，室内和室外也会通过门窗的缝隙进行热交换，使得室内失去或获得热量。

热辐射：指太阳光通过开启的门窗或透过窗玻璃把辐射热传导至室内，被室内的墙面和地面所吸收。

室内各表面之间由于温度差别存在长波辐射并交换热量。

室内产生的余热，如人体散热、电器散热等。

（2）人体正常热平衡

人体正常热平衡是指处于舒适状态下的人体热平衡。

人体正常散热比例：对流换热（人体表面与周围空气）占 25%～30%，辐射换热（人体表面与周围墙壁、顶棚、地面以及窗玻璃）占 45%～50%，呼吸无感蒸发散热占

25%～30%。

(3) 影响人体热舒适的因素

主观因素：人体所处的活动状态和人体的衣着状态。

客观因素：室内空气温度、空气湿度、风速和平均辐射温度。气温对人体的舒适感起主要作用；空气湿度对人体舒适有重大的影响；空气加速流动时，人体热舒适有明显改变。

(4) 室内热环境评价指标

预计热指标（PMV），该指标以人体热平衡方程式以及生理学主观感觉的等级为出发点，综合反映了人的活动、衣着及周围空气温度、相对湿度、平均辐射温度和室内风速等因素的关系及影响，是迄今为止考虑人体热舒适中最全面的评价指标。

评价热舒适的标准：ISO 7730 预测平均评价 PMV，代表了对同一环境绝大多数人的舒适感觉。PMV＝0 意味着室内热环境为最佳热舒适状态。推荐值为－0.5～＋0.5 之间（即使 PMV＝0，仍然有 5%的人感到不满意）。

PMV 热感觉标尺

热感觉	热	暖	微暖	适中	微凉	凉	冷
PMV 值	＋3	＋2	＋1	0	－1	－2	－3

3. 建筑围护结构传热原理

1) 建筑围护结构传热过程

建筑室内空气通过围护结构与室外空气进行热量传递的过程，称为围护结构传热过程。

整个传热过程分为三个阶段（图 1.2.1）：

第一阶段 感（吸）热阶段：室内空气以对流和热辐射方式向墙体内表面传热；

第二阶段 传（导）热阶段：在墙体内部以固体导热方式由墙体内表面向室外表面传热；

第三阶段 散（放）热阶段：以对流和热辐射方式由墙体外表面向室外空气防热。

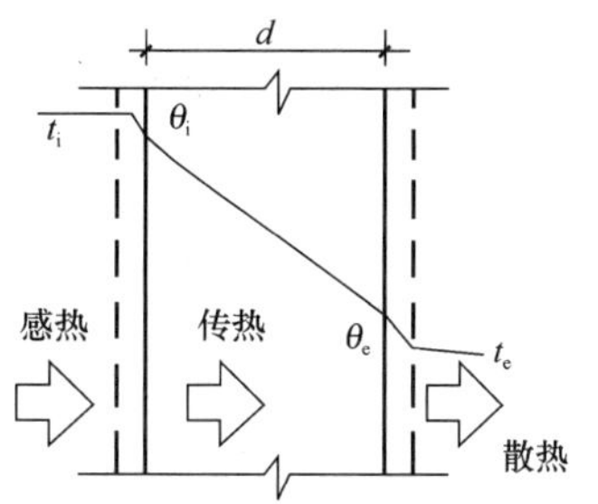

图 1.2.1　建筑围护结构传热过程

2) 建筑围护结构传热三种基本方式

(1) 对流换热

① 自然对流和受迫对流。

流体：液体和气体的统称。流体的特点：抗剪强度极小，外形以其容器的形状为形。

对流：由重力作用或外力作用引起的冷热空气的相对运动。

在建筑中围护结构存在热量传出、传进或在其内部传递的现象，对流换热对建筑热环境有较大影响。

对流换热：指流体分子中作相对位移而传送热量的方式，按形成原因分为自然对流和受迫对流。

自然对流是由于流体冷热不同时的密度不同引起的流动。空气温度愈高其密度愈小，如 0℃时干空气密度为 1.342kg/m^3，20℃时的干空气密度为 1.205kg/m^3。

热压：指当环境存在温度差时，低温、密度大的空气与高温、密度小的空气之间形成的压力差。

压力差能够使空气产生自然流动。热压愈大，空气流动的速度愈快。

自然对流：在建筑中，当室内气温高于室外时，室外密度较大的冷空气将从房间下部开口流入室内，室内密度较小热空气则从上部开口处排出，形成空气的自然对流。

受迫对流：是由外力作用（如风吹、泵压等）迫使流体产生的流动。受迫流体的速度取决于外力的大小，外力愈大，对流愈强。

② 表面对流换热

表面对流换热：是指在空气温度与物体表面温度不等时，由于空气沿壁面流动而使表面与空气之间所产生的热交换。这种传热方式发生在建筑的外表面或建筑构造内的空气层。

影响表面对流换热量的因素：与温差成正比、热流的方向、气流速度、物体表面状况。

平壁表面的表面对流换热量主要取决于其“边界层”的空气状况。

边界层：是指处于壁面到气温恒定区之间的区域。

表面对流换热量的计算式：

$$q_c=\alpha_c(\theta-t)$$

式中 q_c——单位面积、单位时间内表面对流换热量，W/m^2；

α_c——对流换热系数，W/（m^2·K）；

θ——壁面温度，℃；

t——气温恒定区的空气温度，℃。

（2）热辐射换热

辐射换热：在物体表面之间由辐射与吸收综合作用下完成的热量传递。辐射换热是两个物体互相辐射的结果。

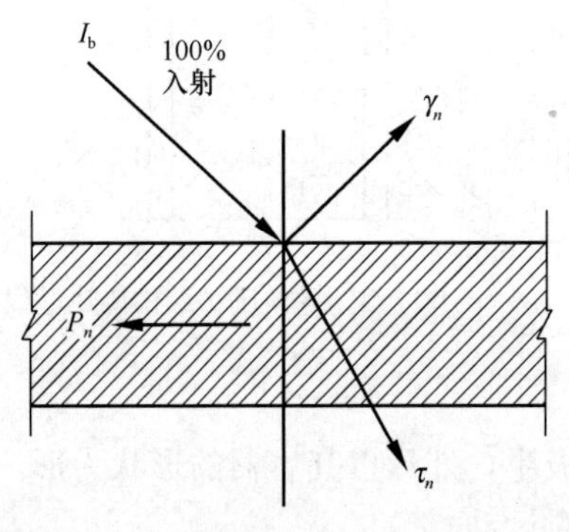

图 1.2.2 辐射的反射、吸收和透过

凡温度高于绝对零度的物体都可以发射或接受热辐射。但只有波长范围在 0.38～1000μm 之间的热辐射具有实际意义。太阳辐射是一种高温物体的热辐射，辐射能主要集中在短波范围，而且占总辐射 52%的是 0.39～0.76μm 可见光区段，故此，建筑热工习惯把太阳辐射称为短波辐射，而常温物体的辐射称为长波辐射。

辐射的形式：物体对外来辐射存在反射、吸收和透过三种情况（图 1.2.2）。反射、吸收和透过与入射辐射的比值分别称为：物体对辐射的反射系数（反射率）γ、吸收系数（吸收率）ρ、透过系数（透过率）τ。关系如下：$\gamma+\rho+\tau=1$

不透明物体（$\tau=0$）：$\gamma+\rho=1$；

黑体：将外来辐射全吸收的物体（$\rho=1$）称为黑体；

白体：对外来辐射全部反射的物体（$\gamma=1$）；

透明体：对外来辐射全部透过的物体（$\tau=1$）；

灰体：灰体的辐射特性与黑体近似，但在同温度下其全辐射力低于黑体。多数建筑材料均近似认为是灰体以便于计算。

灰体全辐射能力，公式：$E=C\left(\frac{T}{100}\right)^4$

式中　E——灰体全辐射能力；

C——灰体辐射系数；

T——灰体绝对温度。

黑度（辐射率）：黑体的黑度为1，其他物体的黑度均小于1。

表示公式：$\varepsilon=\frac{C}{C_b}$

式中　ε——黑度；

C——物体辐射系数；

C_b——黑体辐射系数。

辐射系数C可以表征物体向外发射辐射的能力。各种物体（灰体）的辐射系数均低于黑体，其辐射系数大小取决于物体表层的化学物质、光洁度、颜色等。

在一定温度下，物体对辐射热的吸收系数在数值上与其黑度相等。就是说物体辐射能力越大，其对外来辐射吸收能力也越大，反之若辐射能力越小，吸收能力也越小。

对于多数不透明物体而言，对外来辐射只存在吸收和反射，即吸收系数与反射系数之和等于1。吸收系数越大，反射系数越小。

常用普通透明玻璃一般被认为是透明材料，但透明玻璃只对波长2～2.5μm的可见光和近红外线有很高的透过率，而对波长为4μm以上远红外辐射的透过率却很低。建筑中的玻璃温室效应，被利用于建筑节能。

辐射换热的计算公式：$q_\tau=q_{1-2}=\alpha_\tau(\theta_1-\theta_2)$

或用热阻表达：$q_\tau=q_{1-2}=(\theta_1-\theta_2)/R_\tau$

式中　q_τ、q_{1-2}——表面1、2的辐射换热热流，W/m^2；

α_τ——表面1、2的辐射换热系数，W/(m^2·K)；

R_τ——辐射换热热阻，m^2·K/W；$R_\tau=1/\alpha_\tau$。

（3）导热换热

导热可产生于液体、气体、固体中，是由于温度不同的质点（分子、原子或自由电子）热运动而传送热量的现象。只要物体内部存在温差就会有导热产生。按照物体内部温度分布情况不同，可分为一维、二维和三维导热现象；同时，根据热流及各部分温度分布是否随时间而改变，又分为稳态导热和非稳态导热。

导热换热，在各向同性的物体中，任何地点的热流都是向着温度较低的方向传递的。

① 一维稳态导热

一维稳态导热计算式：$q=\lambda\frac{t_1-t_2}{d}$

式中　q——热流密度，W/m^2，即单位面积上单位时间内传导的热量；

t_2——低温表面温度，℃；

t_1——高温表面温度，℃；

d——单一实体材料厚度，m；

λ——材料导热系数，W/(m·K)。

冬季采暖地区建筑围护结构保温设计一般按一维稳态导热计算。平壁所用材料的导热系数越大，则通过的热流密度越大，平壁所用的材料厚度越大，则通过的热流密度越小。

导热热阻 R 是热流通过平壁时受到的阻力，导热热阻越大，通过平壁的热流密度就越小，反之，导热热阻越小，通过平壁的热流密度越大。由此可知，增大平壁层导热热阻有两个方法：一是增加平壁层的厚度，一是选择导热系数较小的材料。

② 一维非稳态导热

一维非稳态导热现象产生于物体在一个方向上有温差。温差方向的温度不是恒定而是随时间变化的，因此在建筑上的非稳态导热多属周期性非稳态导热，即热流和物体内部温度呈周期性变化。

单项周期性热流，如空调房间的隔热设计，墙体内表面温度保持稳定，而外表面温度在太阳辐射作用下，呈周期性变化。

双向周期性热流，在干热性气候区，白天在太阳辐射作用下，墙体外表面温度高于内表面温度，热量通过墙体由室外向室内传导；太阳下山后，墙体外表面温度逐渐降低，直至夜间低于内表面温度，此时，热量通过墙体从室内向室外传导，直至次日太阳升起，形成以一天为周期的双向周期性热作用。

在非稳态导热中，由于温度不稳定，围护结构不断吸收或释放热量，即材料导热的同时还伴随着蓄热量的变化。

3）热工计算基本参数和计算方法

（1）室外气象参数

最冷月平均温度：最冷月平均温度 $t_{min·m}$应为累年一月平均温度的平均值；

最热月平均温度：最热月平均温度 $t_{max·m}$应为累年七月平均温度的平均值。

采暖度日数：采暖度日数 HDD18 应为历年采暖度日数的平均值；

空调度日数：空调度日数 CDD26 应为历年空调度日数的平均值。

（2）室外计算参数

冬季：采暖室外计算温度 t_w应为累年年平均不保证 5d 的日平均温度；累年最低日平均温度 $t_{e·min}$应为历年最低日平均温度中的最小值；冬季室外热工计算温度 t_e应按围护结构的热惰性指标 D 值的不同，依据相关规定取值。

夏季：夏季室外计算温度逐时值应为历年最高日平均温度中的最大值所在日的室外温度逐时值；夏季各朝向室外太阳辐射逐时值应为与温度逐时值同一天的各朝向太阳辐射逐时值。

（3）室内计算参数

冬季室内热工计算参数应按下列规定取值：

温度：采暖房间应取 18℃，非采暖房间应取 12℃；

相对湿度：一般房间应取 30%～60%。

夏季室内热工计算参数应按下列规定取值：

非空调房间：空气温度平均值应取室外空气温度平均值＋1.5K、温度波幅应取室外空气温度波幅－1.5K，并将其逐时化；

空调房间：空气温度应取 26℃；

相对湿度应取 60%。

（4）基本计算方法

① 单一匀质材料层的热阻应按下式计算：

$$R=\frac{\delta}{\lambda}$$

式中 R——材料层的热阻，$m^2\cdot K/W$；

δ——材料层的厚度，m；

λ——材料的导热系数，$W/(m\cdot K)$。

② 多层匀质材料层组成的围护结构平壁的热阻应按下式计算：

$$R=R_1+R_2+\cdots\cdots+R_n$$

式中 R_1，R_2……R_n——各层材料的热阻，$m^2\cdot K/W$。

由两种以上材料组成的、二三向非均质复合围护结构的热阻 R 应按《民用建筑热工设计规范》GB 50176—2016 附录第 C. 1 节的规定计算。

③ 围护结构平壁的传热阻应按下式计算：

$$R_0=R_i+R+R_e$$

式中 R_0——围护结构的传热阻，$m^2\cdot K/W$；

R_i——内表面换热阻，$m^2\cdot K/W$；

R_e——外表面换热阻，$m^2\cdot K/W$；

R——围护结构平壁的热阻，$m^2\cdot K/W$。

④ 围护结构平壁的传热系数应按下式计算：

$$K=1/R_0$$

式中 K——围护结构平壁的传热系数，$W/(m^2\cdot K)$；

R_0——围护结构的传热阻，$m^2\cdot K/W$。

⑤ 围护结构单元的平均传热系数应考虑热桥的影响，并应按下式计算：

$$K_m=K+\sum\psi_j l_j/A$$

式中 K_m——围护结构单元的平均传热系数，$W/(m^2\cdot K)$；

K——围护结构平壁的传热系数，$W/(m^2\cdot K)$；

ψ_j——围护结构上的第 j 个结构性热桥的线传热系数，$W/(m\cdot K)$；

l_j——围护结构第 j 个结构性热桥的计算长度，m；

A——围护结构的面积，m^2。

⑥ 材料的蓄热系数应按下式计算：

$$S=\sqrt{2\pi\lambda c\rho/3.6T}$$

式中 S——材料的蓄热系数，$W/(m^2\cdot K)$；

λ——材料的导热系数，$W/(m\cdot K)$；

c——材料的比热容，$kJ/(kg\cdot K)$；

ρ——材料的密度，kg/m^3；

T——温度波动周期，h；一般取 $T=24h$；

π——圆周率，取 $\pi=3.14$。

⑦ 单一匀质材料层的热惰性指标应按下式计算：

$$D=R\cdot S$$

式中 D——材料层的热惰性指标，无量纲；

R——材料层的热阻，$m^2\cdot K/W$；

S——材料层的蓄热系数，$W/(m^2\cdot K)$。

⑧ 多层匀质材料层组成的围护结构平壁的热惰性指标应按下式计算：

$$D=D_1+D_2+\cdots\cdots+D_n$$

式中 D_1，$D_2\cdots\cdots D_n$——各层材料的热惰性指标，无量纲。

⑨ 封闭空气层的热惰性指标应为零。

计算由两种以上材料组成的、二（三）向非均质复合围护结构的热惰性指标 D 值时，应先将非匀质复合围护结构沿平行于热流方向按不同构造划分成若干块，再按下式计算：

$$D=\frac{D_1A_1+D_2A_2+\cdots\cdots+D_nA_n}{A_1+A_2+\cdots\cdots+A_n}$$

式中 D——非匀质复合围护结构的热惰性指标，无量纲；

A_1，$A_2\cdots\cdots A_n$——平行于热流方向的各块平壁的面积，m^2；

D_1，$D_2\cdots\cdots D_n$——平行于热流方向的各块平壁的热惰性指标，无量纲。

室外综合温度——指室外空气温度 t_e 与太阳辐射当量温度 $\rho_s I/\alpha_e$ 之和，应按下式计算：

$$t_{se}=t_e+\frac{\rho_s I}{\alpha_e}$$

式中 t_{se}——室外综合温度，℃；

t_e——室外空气温度，℃；

I——投射到围护结构外表面的太阳辐射照度，W/m^2；

ρ_s——外表面的太阳辐射吸收系数，无量纲；

α_e——外表面换热系数，$W/(m^2\cdot K)$。

围护结构的衰减倍数应按下式计算：

$$\nu=\frac{\Theta_e}{\Theta_i}$$

式中 ν——围护结构的衰减倍数，无量纲；

Θ_e——室外综合温度或空气温度波幅，K；

Θ_i——室外综合温度或空气温度影响下的围护结构内表面温度波幅，K；应采用围护结构周期传热计算软件计算。

⑩ 围护结构的延迟时间应按下式计算：

$$\xi=\xi_i-\xi_e$$

式中 ξ——围护结构的延迟时间，h；

ξ_e——室外综合温度或空气温度达到最大值的时间，h；

ξ_i——室外综合温度或空气温度影响下的围护结构内表面温度达到最大值的时间，h；应采用围护结构周期传热计算软件计算。

⑪ 单一匀质材料层的蒸汽渗透阻应按下式计算：

$$H=\frac{\delta}{\mu}$$

式中　H——材料层的蒸汽渗透阻，$m^2 \cdot h \cdot Pa/g$；常用薄片材料和涂层的蒸汽渗透阻；

δ——材料层的厚度，m；

μ——材料的蒸汽渗透系数，$g/(m \cdot h \cdot Pa)$。

⑫ 多层匀质材料层组成的围护结构的蒸汽渗透阻应按下式计算：

$$H=H_1+H_2+\cdots\cdots+H_n$$

式中　H_1、H_2……H_n——各层材料的蒸汽渗透阻，$m^2 \cdot h \cdot Pa/g$；封闭空气层的蒸汽渗透阻应为零。

⑬ 冬季围护结构平壁的内表面温度应按下式计算：

$$\theta_i=t_i-\frac{R_i}{R_0}(t_i-t_e)$$

式中　θ_i——围护结构平壁的内表面温度，℃；

R_0——围护结构平壁的传热阻，$m^2 \cdot K/W$；

R_i——内表面换热阻，$m^2 \cdot K/W$；

t_i——室内计算温度，℃；

t_e——室外计算温度，℃。

4）材料热工参数

（1）比热容 c

比热容：指单位质量的物质温度升高或降低 1K 所吸收或放出的热量。

计算式：$c=Q/(m \cdot \Delta T)$，单位：kJ /(kg · K)。

比热容简称比热，亦称比热容量，是热力学中常用的一个物理量，表示物体吸热或散热能力。比热容越大，物体的吸热或散热能力越强。

（2）导热系数 λ

导热系数：指在稳态条件和单位温度作用下，通过单位厚度、单位面积匀质材料的热流量（图 1.2.3）。单位：W/(m · K)，此处 K 可用℃代替。

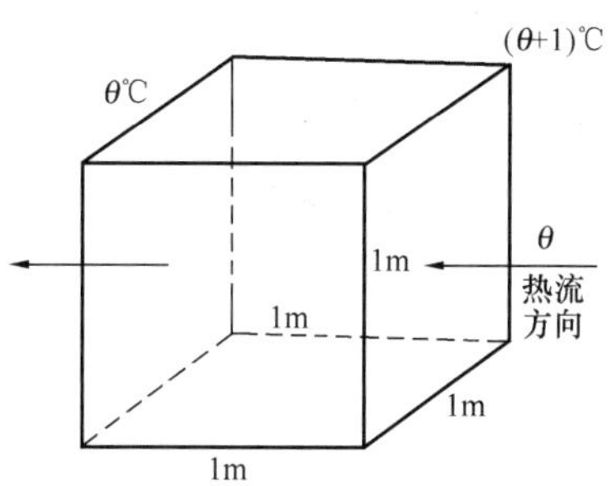

图 1.2.3　导热系数示意图

导热系数是建筑材料最重要的热湿性参数之一，与建筑能耗、室内环境及很多其他热湿过程息息相关。

影响导热系数的主要因素：材料的密度和湿度。同一物质含水率低、温度较低时，导热系数较小。一般来说，固体的热导率比液体的大，而液体的又要比气体的大。对多孔材料而言，当其受潮后，液态水会替代微孔中原有的空气。常温常压下：液态水的导热系数约为 0.59W/(m · K)；空气的导热系数约为 0.026W/(m · K)；冰的导热系数高达 2.2W/(m · K)。

因此，含湿材料的导热系数会大于干燥材料的导热系数，且含湿量越高，导热系数也越大。若在低温下水分凝结成冰，材料整体的导热系数也将增大。

（3）蓄热系数 S

材料蓄热系数，通俗地讲就是材料储存热量的能力，分为材料蓄热系数和表面蓄热系数。

材料蓄热系数：表征材料对波动热作用的基本性能。蓄热系数取决于材料的导热系数及材料的体积热容量，即比热与密度的乘积。

计算式：$S=c\cdot q$　单位：$W/(m^2\cdot K)$

表面蓄热系数：表面蓄热系数是指在周期性热作用下，物体表面温度升高或降低1℃时，在1h内，$1m^2$表面积贮存或释放的热量。

计算式为：$S=A_q/A_\theta$　单位：$W/(m^2\cdot K)$

式中　A_q——表面热流波幅；

A_θ——表面温度波幅。

（4）热阻R

热阻：表征围护结构本身或其中某层材料阻抗传热能力的物理量。材料层的热阻R与材料层的导热系数λ成反比，与材料的厚度成正比。

计算式：$R=d/\lambda$　单位：$(m^2\cdot K)/W$

（5）传热阻R_0

传热阻：表征围护结构本身加上两侧空气边界层作为一个整体的阻抗传热能力的物理量。

（6）传热系数K

传热系数：在稳态条件下，围护结构两侧空气为单位温差时，单位时间内通过单位面积传递的热量。传热系数与传热阻互为倒数。

计算式：$K=1/R_0$　单位：$W/(m^2\cdot K)$

传热系数是表征外围护结构总传热性能的参数，其值取决于围护结构所采用的材料、构造及其两侧的环境因素。传热系数愈大的围护结构保温效果愈差。例如：单层3mm厚玻璃的金属窗传热系数＝6.4 $W/(m^2\cdot K)$；370mm厚两面抹灰的砖墙传热系数＝1.59 $W/(m^2\cdot K)$。

K值愈大，传热过程进行得愈为强烈。传热系数越大对节能越不利。

（7）热惰性指标D

热惰性指标：表征围护结构反抗温度波动和热流波动能力的无量纲指标，其值等于材料层热阻与蓄热系数的乘积。

计算式：单层结构时$D=R\cdot S$；

多层结构时$D=\sum(R\cdot S)$。

式中　R——结构层的热阻；

S——相应材料层的蓄热系数。

D值越大，温度波在其中衰减越快，围护结构的热稳定性越好。

（8）蒸汽渗透系数

蒸汽渗透系数：单位厚度的物体，在两侧单位水蒸汽分压力差作用下，单位时间内通过单位面积渗透的水蒸汽量，单位：$g/(m^2\cdot h\cdot Pa)$。

4. 考点与考题分析

1）考点分析

重点考查考生对传热原理的掌握程度、考查考生对材料的热阻与导热系数的关系的理解及在工程实践中的应用。

2）考题分析

试题 1：热量传播的三种基本方式是（　　）。

A. 导热、对流、辐射　　B. 吸热、传热、防热

C. 吸热、蓄热、散热　　D. 蓄热、导热、放热

答案：A

考题分析：此题为 2003 年、2005 年、2007 年、2009 年试题。主要考查考生对传热原理的掌握程度。热量传播的基本方式是研究建筑热工最基本的最重要的原理之一。必须记牢。

试题 2：多层材料组成的复合墙体，其中某一层材料热阻的大小取决于（　　）。

A. 该层材料的容重　　B. 该层材料的导热系数和厚度

C. 该层材料位于墙体外侧　　D. 该层材料位于墙体内侧

答案：B

考题分析：此题为 2010 年、2009 年、2007 年的考题。目的是考查考生对材料的热阻与导热系数的关系的理解及在工程实践中的应用。材料层的热阻 R 与材料层的导热系数 λ 成反比，与材料的厚度成正比（$R=d/\lambda$），所以，正确答案为 B。

（三）建筑围护结构的热工设计

建筑热工设计执行标准：《民用建筑热工设计规范》GB 50176。

该标准最初颁布实施于 1993 年 10 月 1 日，2016 年修编，编号为 GB 50176—2016，其中强制性标准 4 条：4.2.11，6.1.1，6.2.1，7.1.2。

1. 建筑围护结构的热工设计原则

1）热工设计分区

《民用建筑热工设计规范》GB 50176—2016 将建筑热工设计区划分为两级。

（1）一级区划

一级区划沿用严寒、寒冷、夏热冬冷、夏热冬暖、温和地区的区划方法和指标，并将其作为热工设计分区的一级区划。分区如下：

严寒地区：最冷月平均温度小于等于－10℃，日平均温度≤5℃的天数大于 145d；

寒冷地区：最冷月平均温度大于－10℃至小于等于 0℃，日平均温度≤5℃的天数≥90d，＜145d；

夏热冬冷地区：最冷月平均温度＞0℃≤10℃. 日平均温度≤5℃的天数≥0 天，＜90 天；最热月平均温度＞25℃≤30℃，日平均温度≥25℃的天数≤40d，＜110d；

夏热冬暖地区：最冷月平均温度＞10℃. 最热月平均温度＞25℃≤29℃，日平均温度≥25℃的天数≥100 天，＜200 天；

温和地区：最冷月平均温度＞0℃≤13℃，日平均温度≤5℃的天数≥0 天，＜90 天；最热月平均温度＞18℃，≤25℃。

（2）二级区划

二级区划采用“*HDD*18、*CDD*26”作为区划指标，将建筑热工各一级区划进行细分。与一级区划指标（最冷、最热月平均温度）相比，该指标既表征了气候的寒冷和炎热的程度，也反映了寒冷和炎热持续时间的长短，具体划分如下：

严寒地区 A 区（1A）：以 18℃为基准的采暖度日数≥6000h；

严寒地区 B 区（1B）：以 18℃为基准的采暖度日数>5000h，≤6000h；

严寒地区 C 区（1C）：以 18℃为基准的采暖度日数>3800h，≤5000h；

寒冷地区 A 区（2A）：以 18℃为基准的采暖度日数>2000h，≤3800h；以 26℃为基准的空调度日数≤90h；

寒冷地区 B 区（2B）：以 18℃为基准的采暖度日数>2000h，≤3800h；以 26℃为基准的空调度日数>90h；

夏热冬冷 A 区（3A）：以 18℃为基准的采暖度日数>1200h，≤2000h；

夏热冬冷 B 区（3B）：以 18℃为基准的采暖度日数>700h，≤1200h；

夏热冬暖 A 区（4A）：以 18℃为基准的采暖度日数>500h，≤700h；

夏热冬暖 B 区（4B）：以 18℃为基准的采暖度日数≤500h；

温和地区 A 区（5A）：以 26℃为基准的空调度日数<10h；以 18℃为基准的采暖度日数>700h，≤1200h；

温和地区 B 区（5B）：以 26℃为基准的空调度日数<10h；以 18℃为基准的采暖度日数<700h。

2）建筑围护结构的热工设计原则

（1）一级区划热工设计原则

严寒地区：必须充分满足冬季保暖要求，一般可不考虑夏季防热；

寒冷地区：必须充分满足冬季保暖要求，部分地区兼顾夏季防热；

夏热冬冷地区：必须满足夏季防热要求，适当兼顾冬季保温；

夏热冬暖地区：必须充分满足夏季防热要求，一般可不考虑冬季保暖；

温和地区：部分地区考虑冬季保暖，一般可不考虑夏季防热。

（2）二级区划热工设计原则

严寒地区（1A）：冬季保温要求极高，必须满足保暖设计要求，不考虑夏季防热；

严寒地区（1B）：冬季保温要求非常高，必须满足保暖设计要求，不考虑防热设计；

严寒地区（1C）：必须满足保暖设计要求，可不考虑防热设计；

寒冷地区（2A）：应满足保暖设计要求，可不考虑防热设计；

寒冷地区（2B）：应满足保暖设计要求，宜满足隔热设计要求，兼顾自然通风，遮阳设计；

夏热冬冷地区（3A）：应满足保暖、隔热设计要求，兼顾自然通风，遮阳设计；

夏热冬冷地区（3B）：应满足保暖、隔热设计要求，强调自然通风，遮阳设计；

夏热冬暖地区（4A）：应满足隔热设计要求，宜满足保温设计要求，强调自然通风，遮阳设计；

夏热冬暖地区（4B）：应满足隔热设计要求，可不考虑保温设计要求，强调自然通风，遮阳设计；

温和地区（5A）：应满足冬季保温设计要求，可不考虑防热设计；

温和地区（5B）：宜满足冬季保温设计要求，可不考虑防热设计。

2. 围护结构的保温设计

1）保温设计原理

冬季室外空气温度持续低于室内气温，围护结构中热流始终从室内流向室外，其大小随室内外温差的变化也会产生一定的波动。除受室内气温的影响外，围护结构内表面的冷辐射对人体热舒适影响也很大。

围护结构的保温设计的目标：保证良好的室内热环境。

围护结构的传热可以粗略地按稳态导热计算。

（1）围护结构传热过程和传热量

围护结构传热过程包含表面感热、构件传热、表面散热三个基本过程。

内表面感热：主要通过对流和辐射从室内得到热量，定义为：当内表面与室内空气之间温差为 1K（1 度）时，单位时间内通过单位表面积的热量。

构件传热：就是热量在围护结构材料中的导热过程，构件传热的热量为：在稳态导热条件下，单位时间内、单位面积上通过围护结构各层材料的热量。

表面散热：与表面感热在传热机理上相同，都是表面与空气之间通过辐射和对流进行热交换。

在围护结构传热的三个过程中，其单位时间、单位面积的传热量均相等。用传热系数 K 值说明围护结构的保温性能，在室内外温差条件下，K 值越小，在单位时间内通过围护结构的传热量越少，围护结构保温性能就越好。传热阻 R_0 是传热系数 K 的倒数，表示热量从围护结构的一侧空间传至另一侧空间所受到的阻力。传热阻越大则通过围护结构的热量越小。

（2）围护结构内表面温度

围护结构内表面温度是衡量围护结构过热水平的重要指标。夏季内表面温度太高，易造成室内过热，影响人体健康。建筑热工设计主要任务之一，是要采取措施提高外围护结构防热能力。对屋面、外墙（特别是西墙）要进行隔热处理，应达到防热所要求的热工指标，减少传进室内的热量和降低围护结构的内表面温度。当围护结构的材料及构造选定之后，就可以根据计算内表面温度和各层材料的内部温度从而分析围护结构的保温效果。

（3）围护结构保温的薄弱部位

① 玻璃门窗。在围护结构的各部位中，玻璃窗的保温能力是最低的，一般情况下通过单层玻璃窗的热量是外墙的 3～5 倍。因为单层玻璃窗的边框和玻璃本身热阻都很小，在窗的传热阻中，内、外表面的换热阻的影响就相对较大。各种建筑常用玻璃窗的传热阻由专门实验得出，设计时可从《民用建筑热工设计规范》GB 50176—2016 中查取。

② 热桥尤其是贯通热桥（图 1.3.1）。热桥是指围护结构中的传热量比主体部分大得多，内表面温度比主体部分低的部位，例如，钢筋混凝土圈梁、柱子，铝合金中空玻璃窗中

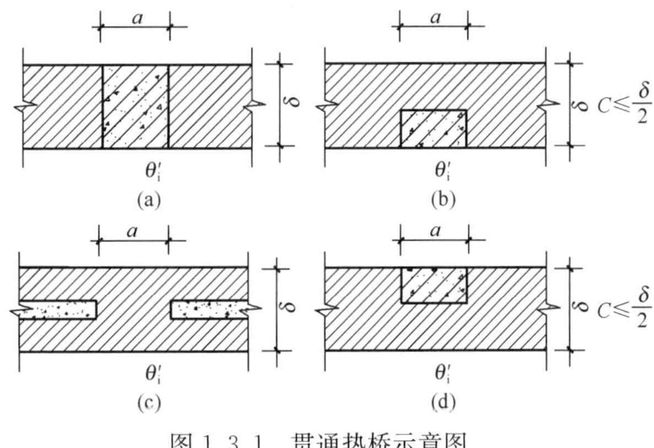

图 1.3.1　贯通热桥示意图

空玻璃的热阻比铝合金窗框大得多，铝合金框就成为“热桥”。

③ 外墙角。在墙角部分由于墙角的放热面大于吸热面，室内空气流动速度慢，感热阻大，因此墙角部分的内表面温度远比主体部分的内表面温度低，一般可低 4～5℃。

2）保温设计一般要求

（1）总体原则

建筑外围护结构应具有抵御冬季室外气温作用和气温波动的能力，非透光外围护结构内表面温度与室内空气温度的差值应控制在《民用建筑热工设计规范》GB 50176—2016 允许的范围内。

严寒、寒冷地区建筑设计必须满足冬季保温要求，夏热冬冷地区、温和 A 区建筑设计应满足冬季保温要求，夏热冬暖 A 区、温和 B 区宜满足冬季保温要求。

围护结构的保温形式应根据建筑所在地的气候条件、结构形式、采暖运行方式、外饰面层等因素选择，并应进行防潮设计。

（2）总平面及建筑设计

建筑物的总平面布置、平面和立面设计、门窗洞口设置应考虑冬季利用日照并避开冬季主导风向。

建筑物宜朝向南北或接近朝向南北，体形设计应减少外表面积，平、立面的凹凸不宜过多。

严寒地区和寒冷地区的建筑不应设开敞式楼梯间和开敞式外廊，夏热冬冷 A 区不宜设开敞式楼梯间和开敞式外廊。

严寒地区建筑出入口应设门斗或热风幕等避风设施，寒冷地区建筑出入口宜设门斗或热风幕等避风设施。

外墙、屋面、直接接触室外空气的楼板、分隔采暖房间与非采暖房间的内围护结构等非透光围护结构应进行保温设计。

外窗、透光幕墙、采光顶等透光外围护结构的面积不宜过大，应降低透光围护结构的传热系数值、提高透光部分的遮阳系数值，减少周边缝隙的长度，且应进行保温设计。

建筑的地面、地下室外墙应按《民用建筑热工设计规范》GB 50176—2016 第 5.4 节和第 5.5 节的要求进行保温验算。

（3）建筑构件

围护结构中的热桥部位应进行表面结露验算，并应采取保温措施，确保热桥内表面温度高于房间空气露点温度。

建筑及建筑构件应采取密闭措施，保证建筑气密性要求。

（4）日照利用

日照充足地区宜在建筑南向设置阳光间，阳光间与房间之间的围护结构应具有一定的保温能力。

对于南向辐射温差比（ITR）大于等于 4W/(m^2·K)，且 1 月南向垂直面冬季太阳辐射强度大于等于 60W/m^2 的地区，可按《民用建筑热工设计规范》GB 50176—2016 附录 C 第 C.4 节的规定采用“非平衡保温”方法进行围护结构保温设计。

3）墙体保温设计

（1）墙体的内表面温度

墙体的内表面温度与室内空气温度的温差 Δt_w 满足以下要求：

防结露时 $\Delta t_w \leqslant t_i - t_d$；

基本热舒适时 $\Delta t_w \leqslant 3K$。

（2）计算墙体内表面温度

计算公式（未考虑密度和温差修正的）：

$$\theta_{i\cdot w} = t_i - \frac{R_i}{R_{0\cdot w}}(t_i - t_e)$$

式中 $\theta_{i\cdot w}$——墙体内表面温度，℃；

t_i——室内计算温度，℃；

t_e——室外计算温度，℃；

R_i——内表面换热阻，$m^2 \cdot K/W$；

$R_{0\cdot w}$——墙体传热阻，$m^2 \cdot K/W$。

（3）计算墙体热阻最小值 $R_{min\cdot w}$

计算公式（或按《民用建筑热工设计规范》GB 50176—2016 附录 D 表 D.1 的规定选用）：

$$R_{min\cdot w} = \frac{(t_i - t_e)}{\Delta t_w} R_i - (R_i + R_e)$$

其中 $R_{min\cdot w}$——满足 Δt_w 要求的墙体热阻最小值，$m^2 \cdot K/W$；

R_e——外表面换热阻，$m^2 \cdot K/W$。

（4）墙体热阻最小值修正计算

应按下式进行：

$$R_w = \varepsilon_1 \varepsilon_2 R_{min\cdot w}$$

其中 R_w——修正后的墙体热阻最小值，$m^2 \cdot K/W$；

ε_1——热阻最小值的密度修正系数；

ε_2——热阻最小值的温差修正系数。

围护结构的密度越小修正系数越大，例如：密度≥1200 时，修正系数为 1，密度＜500 时，修正系数为 1.4。

（5）提高墙体热阻值措施

采用轻质高效保温材料与砖、混凝土、钢筋混凝土、砌块等主墙体材料组成复合保温墙体构造；采用低导热系数的新型墙体材料；采用带有封闭空气间层的复合墙体构造设计。

（6）提高墙体热稳定性可采取下列措施

外墙宜采用热惰性大的材料和构造，采用内侧为重质材料的复合保温墙体；采用蓄热性能好的墙体材料或相变材料复合在墙体内侧。

（7）常用保温墙体材料及其构造

单一的墙体很难满足墙体保温要求，一般采用复合墙体保温系统：墙体＋保温层。例如：

200mm 厚钢筋混凝土墙＋聚苯乙烯保温板（厚度 30～130mm）：K 值 1.01～0.30，D 值 2.12～2.24；

190mm 厚混凝土空心砌块＋聚苯乙烯保温板（厚度 30～125mm）：K 值 0.90～0.30，D 值 2.05～2.87；

240mm 厚多孔砖＋聚苯乙烯保温板（厚度 30～150mm）：K 值 0.57～0.22，D 值 3.58～4.18；

200mm 厚加气混凝土＋聚苯乙烯保温板（厚度 30～130mm）：K 值 0.77～0.27，D 值 3.76～4.62；

200mm 厚钢筋混凝土墙＋聚氨酯泡沫保温板（厚度 20～115mm）：K 值 1.01～0.23，D 值 2.34～3.35；

190mm 厚混凝土空心砌块＋聚氨酯泡沫保温板（厚度 20～90mm）：K 值 0.92～0.28，D 值 2.01～2.76；

240mm 厚多孔砖＋聚氨酯泡沫保温板（厚度 20～120mm）：K 值 0.77～0.21，D 值 3.72～4.79；

200mm 厚加气混凝土＋聚氨酯泡沫保温板（厚度 20～140mm）：K 值 0.57～0.17，D 值 3.54～4.83。

4）楼、屋面保温设计

（1）楼、屋面的内表面温度与室内空气温度的温差 Δt_r：

防结露 $\Delta t_r \leqslant t_i - t_d$；

基本热舒适 $\Delta t_w \leqslant 4K$。

（注：$\Delta t_r = t_i - \theta_{i \cdot r}$）

（2）计算楼、屋面内表面温度（未考虑密度和温度修正）

计算公式：

$$\theta_{i \cdot r} = t_i - \frac{R_i}{R_{0 \cdot r}}(t_i - t_e)$$

式中 $\theta_{i \cdot r}$——楼、屋面内表面温度，℃；

$R_{0 \cdot r}$——楼、屋面传热阻，$m^2 \cdot K/W$。

（3）不同地区，符合《民用建筑热工设计规范》GB 50176—2016 第 5.2.1 条要求的楼、屋面热阻最小值 $R_{min \cdot r}$ 应按下式计算或按《民用建筑热工设计规范》GB 50176—2016 附录 D 表 D.1 的规定选用。

$$R_{min \cdot r} = \frac{(t_i - t_e)}{\Delta t_r} R_i - (R_i + R_e)$$

其中：$R_{min \cdot r}$——满足 Δt_r 要求的楼、屋面热阻最小值，$m^2 \cdot K/W$。

（4）不同材料和建筑不同部位的楼、屋面热阻最小值应按下式进行修正计算：

$$R_r = \varepsilon_1 \varepsilon_2 R_{min \cdot r}$$

其中：R_r——修正后的楼、屋面热阻最小值，$m^2 \cdot K/W$；

ε_1——热阻最小值的密度修正系数，可按《民用建筑热工设计规范》GB 50176—2016 表 5.1.4-1 选用；

ε_2——热阻最小值的温差修正系数，可按《民用建筑热工设计规范》GB 50176—2016 表 5.1.4-2 选用。

（5）屋面保温设计应符合下列规定：

屋面保温材料应选择密度小、导热系数小的材料；屋面保温材料应严格控制吸水率。

（6）屋面保温材料一般采用聚苯保温板、无机保温砂浆、泡沫混凝土。

构造做法有正置式屋面和倒置式屋面。保温层置于防水层之下，为正置式屋面；保温层置于防水层上面，为倒置式屋面。依据《倒置式屋面工程技术规程》JGJ 230—2010 倒置式屋面工程防水等级应为Ⅰ级，防水层合理使用年限不得少于 20 年；倒置式屋面保温层设计厚度应按计算厚度增加 25%取值，且最小厚度不得小于 25mm。

5）门窗、幕墙、采光顶保温设计

（1）各个热工气候区建筑内对热环境有要求的房间，其外门窗、透光幕墙、采光顶的传热系数宜符合表 1.3.1 的规定，并应按表 1.3.1 的要求进行冬季的抗结露验算。

严寒地区、寒冷 A 区、温和地区门窗、透光幕墙、采光顶的冬季综合遮阳系数不宜小于 0.37。

夏热冬冷 A 区、夏热冬暖、温和地区 B 区不要求抗结露验算。

建筑外门窗、透光幕墙、采光顶传热系数的限值和抗结露验算要求　　表 1.3.1

气候区	$K/[W/(m^2 \cdot K)]$	抗结露验算要求
严寒 A 区	≤2.0	验算
严寒 B 区	≤2.2	验算
严寒 C 区	≤2.5	验算
寒冷 A 区	≤3.0	验算
寒冷 B 区	≤3.0	验算
夏热冬冷 A 区	≤3.5	验算
夏热冬冷 B 区	≤4.0	不验算
夏热冬暖地区	—	不验算
温和 A 区	≤3.5	验算
温和 B 区	—	不验算

（2）门窗、透光幕墙的传热系数应按《民用建筑热工设计规范》GB 50176—2016 附录 C 第 C.5 节的规定进行计算，抗结露验算应按《民用建筑热工设计规范》GB 50176—2016 附录 C 第 C.6 节的规定计算。

（3）严寒地区、寒冷地区建筑应采用木窗、塑料窗、铝木复合门窗、铝塑复合门窗、钢塑复合门窗和断热铝合金门窗等保温性能好的门窗。严寒地区建筑采用断热金属门窗时宜采用双层窗。夏热冬冷地区、温和 A 区建筑宜采用保温性能好的门窗。

（4）严寒地区、寒冷地区、夏热冬冷地区、温和 A 区的玻璃幕墙应采用有断热构造的玻璃幕墙系统，非透光的玻璃幕墙部分、金属幕墙、石材幕墙和其他人造板材幕墙等幕墙面板背后应采用高效保温材料保温。幕墙与围护结构平壁间（除结构连接部位外）不应形成热桥，并宜对跨越室内外的金属构件或连接部位采取隔断热桥措施。

（5）有保温要求的门窗、玻璃幕墙、采光顶采用的玻璃系统应为中空玻璃、Low-E 中空玻璃、充惰性气体 Low-E 中空玻璃等保温性能良好的玻璃，保温要求高时还可采用三玻两腔、真空玻璃等。传热系数较低的中空玻璃宜采用“暖边”中空玻璃间隔条。

(6) 严寒地区、寒冷地区、夏热冬冷地区、温和A区的门窗、透光幕墙、采光顶周边与墙体、屋面板或其他围护结构连接处应采取保温、密封构造；当采用非防潮型保温材料填塞时，缝隙应采用密封材料或密封胶密封。其他地区应采取密封构造。

(7) 严寒地区、寒冷地区可采用空气内循环的双层幕墙，夏热冬冷地区不宜采用双层幕墙。

(8) 不同材料外窗的传热系数比较详见表1.3.2。

不同材料外窗的传热系数 **表1.3.2**

类型(钢、铝窗框)	空气层厚度/mm	框洞面积比/%	传热系数/[W/(m^2·K)]
单层窗	—	20～30	6.4
单层双玻窗	12	20～30	3.9
单层双玻窗	16	20～30	3.7
单层双玻窗	20～30	20～30	3.6
双层窗	100～140	20～30	3.0
单层+单层双玻窗	100～140	20～30	2.5
类型(木、塑料窗框)			
单层窗	—	30～40	4.7
单层双玻窗	12	30～40	2.7
单层双玻窗	16	30～40	2.6
单层双玻窗	20～30	30～40	2.5
双层窗	100～140	30～40	2.3
单层+单层双玻窗	100～140	30～40	2.0

6）地面保温设计

(1) 建筑中与土体接触的地面内表面温度与室内空气温度的温差Δt_g应满足以下要求：

防结露时$\Delta t_w \leqslant t_i - t_d$；

基本热舒适时$\Delta t_w \leqslant 2K$。

（注：$\Delta t_g = t_i - \theta_{i\cdot g}$）

(2) 地面内表面温度可按下式计算：

$$\theta_{i\cdot g} = \frac{t_i \cdot R_g + \theta_e \cdot R_i}{R_g + R_i}$$

式中 $\theta_{i\cdot g}$——地面内表面温度,℃；

R_g——地面热阻，m^2·K/W；

θ_e——地面层与土体接触面的温度,℃；应取《民用建筑热工设计规范》GB 50176—2016附录A表A.0.1中的最冷月平均温度。

(3) 不同地区，符合《民用建筑热工设计规范》GB 50176—2016第5.4.1条要求的地面层热阻最小值$R_{min\cdot g}$可按下式计算或按本规范附录D表D.2的规定选用。

$$R_{min\cdot g}=\frac{(\theta_{i\cdot g}-\theta_e)}{\Delta t_g}R_i$$

式中 $R_{min\cdot g}$——满足 Δt_g要求的地面热阻最小值，$m^2\cdot K/W$。

（4）地面层热阻的计算只计入结构层、保温层和面层。

（5）地面保温材料应选用吸水率小、抗压强度高、不易变形的材料。

7）地下室保温设计

（1）距地面小于 0.5m 的地下室外墙保温设计要求同外墙；距地面超过 0.5m、与土体接触的地下室外墙内表面温度与室内空气温度的温差 Δt_b：

防结露：$\Delta t_b \leqslant t_i - t_d$；

基本热舒适：$\Delta t_b \leqslant 4K$。

注：$\Delta t_b = t_i - \theta_{i\cdot b}$。

（2）地下室外墙内表面温度可按下式计算：

$$\theta_{i\cdot b}=\frac{t_i\cdot R_b+\theta_e\cdot R_i}{R_b+R_i}$$

式中 $\theta_{i\cdot b}$——地下室外墙内表面温度，℃；

R_b——地下室外墙热阻，$m^2\cdot K/W$；

θ_e——地下室外墙与土体接触面的温度，℃；应取《民用建筑热工设计规范》GB 50176—2016 附录 A 表 A.0.1 中的最冷月平均温度。

（3）不同地区，符合本规范第 5.5.1 条要求的地下室外墙热阻最小值 $R_{min\cdot b}$可按下式计算或按《民用建筑热工设计规范》GB 50176—2016 附录 D 表 D.2 的规定选用。

$$R_{min\cdot b}=\frac{(\theta_{i\cdot b}-\theta_e)}{\Delta t_b}R_i$$

式中 $R_{min\cdot b}$——满足 Δt_b要求的地下室外墙热阻最小值。

（4）地下室外墙热阻的计算只计入结构层、保温层和面层。

3. 围护结构隔热设计

夏热冬暖和夏热冬冷地区的围护结构在夏季有隔热要求。

夏季室内过热主要原因：室外气温和太阳辐射综合热作用的结果。

围护结构防热能力越强，室外综合热作用对室内热环境影响越小，不易造成室内过热。

防止室内过热的主要措施：提高外围护结构防热能力。对屋面、外墙（特别是西墙）要进行隔热处理，减少传进室内的热量，降低围护结构的内表面温度。

途径 1：合理地选择外围护结构的材料和构造形式。最理想的是白天隔热好而夜间散热又快的构造形式。围护结构热工参数要有利于房间的散热。

途径 2：组织自然通风，排除房间余热。

途径 3：设置遮阳

1）隔热设计原理

夏季热作用是非稳态导热，需要考虑太阳辐射的周期变化，在非稳态导热情况下，围护结构不是单纯的热传递问题，还要考虑围护结构自身的热稳定性。

(1) 围护结构隔热过程

夏季室外热作用呈周期性变化，以一天为一个作用周期，白天，太阳辐射强度大，围护结构外表面温度大大高于室外的空气温度，热量由围护结构的外表面向室内传递。夜间，围护结构外表面温度迅速降低，甚至低于室外空气温度，热量从室内向室外传递。因此，夏季热作用按周期性非稳态导热计算，把围护结构抵抗波动热作用的能力作为评价围护结构防热优劣的标准。

(2) 室外综合温度

室外综合温度：室外气温＋太阳辐射对围护结构的热作用产生的当量温度。

太阳辐射当量温度也成为“等效温度”。

不同朝向表面对接收太阳辐射有很大的差异，对同样材料和构造做法的外墙，东向、西向的室外综合温度比南向墙的表面综合温度要高出很多。

因为综合温度以一天为周期，所以，进行隔热计算时，还需要确定综合温度的最大值、昼夜平均值和昼夜温度波动振幅。

(3) 围护结构的衰减倍数和衰减时间

围护结构的隔热能力取决于其对周期性热作用的衰减倍数和衰减时间，以及由此得出的具体气象情况下的内表面最高温度和最高温度出现的时间。

衰减倍数：室外综合温度振幅与围护结构内表面温度振幅的比值称为衰减倍数。

衰减倍数越大的围护结构，其内表面温度振幅就越小，因而内表面的最高温度就越低，即隔热性能越好。围护结构的衰减倍数与材料的导热系数、比热、密度和热作用频率有关。热作用频率越高，对围护结构的影响越小。围护结构的衰减倍数与热惰性总和有关，外层衰减大、内层衰减小相对有利，而内层衰减大、外层衰减小则不利，因此，最好采用外保温材料，尽量在外层衰减。

延迟时间：指温度波通过围护结构的相位延迟，即内表面最高温度出现的时间与室外综合温度最大值的出现时间之差，以小时“h”表示。

(4) 围护结构内表面最高温度

围护结构内表面最高温度是控制室内热环境的重要指标，受到室外综合温度和围护结构衰减倍数的影响，又受到室内温度及其波幅的影响。

2) 隔热设计一般要求

(1) 总体原则

建筑外围护结构应具有抵御夏季室外气温和太阳辐射综合热作用的能力。自然通风房间的非透光围护结构内表面温度与室外累年日平均温度最高日的最高温度的差值，以及空调房间非透光围护结构内表面温度与室内空气温度的差值应控制在规范允许的范围内。

夏热冬暖和夏热冬冷地区建筑设计必须满足夏季防热要求，寒冷B区建筑设计宜考虑夏季防热要求。

建筑物防热应综合采取有利于防热的建筑总平面布置与形体设计、自然通风、建筑遮阳、围护结构隔热和散热、环境绿化、被动蒸发、淋水降温等措施。

(2) 总平面和建筑设计

建筑朝向宜采用南北向或接近南北向，建筑平面、立面设计和门窗设置应有利于自然通风，避免主要房间受东、西向的日晒。

非透光围护结构（外墙、屋面）应按《民用建筑热工设计规范》GB 50176—2016 第 6.1 节和第 6.2 节的要求进行隔热设计。

建筑围护结构外表面宜采用浅色饰面材料，屋面宜采用绿化、涂刷隔热涂料、遮阳等隔热措施。

透光围护结构（外窗、透光幕墙、采光顶）隔热设计应符合《民用建筑热工设计规范》GB 50176—2016 第 6.3 节的要求。

建筑设计应综合考虑外廊、阳台、挑檐等的遮阳作用。建筑物的向阳面，东、西向外窗（透光幕墙），应采取有效的遮阳措施。

房间天窗和采光顶应设置建筑遮阳，并宜采取通风和淋水降温措施。

（3）其他

夏热冬冷、夏热冬暖和其他夏季炎热的地区，一般房间宜设置电扇调风改善热环境。

3）外墙隔热设计

（1）外墙内表面最高温度（$\theta_{i\cdot max}$）限值（强制性条文）

自然通风房间：$\theta_{i\cdot max}\leqslant t_{e\cdot max}$

空调房间：

重质围护结构($D\geqslant 2.5$)　$\theta_{i\cdot max}\leqslant t_i+2$

轻质围护结构($D<2.5$)　$\theta_{i\cdot max}\leqslant t_i+3$

（2）外墙内表面最高温度 $\theta_{i\cdot max}$ 计算方法：按《民用建筑热工设计规范》GB 50176—2016 附录 C 第 C.3 节的规定计算。

（3）外墙隔热措施

宜采用浅色外饰面。

可采用通风墙、干挂通风幕墙等。

设置封闭空气间层时，可在空气间层平行墙面的两个表面涂刷热反射涂料、贴热反射膜或铝箔。当采用单面热反射隔热措施时，热反射隔热层应设置在空气温度较高一侧。

采用复合墙体构造时，墙体外侧宜采用轻质材料，内侧宜采用重质材料。

可采用墙面垂直绿化及淋水被动蒸发墙面等。

宜提高围护结构的热惰性指标 D 值。

西向墙体可采用高蓄热材料与低热传导材料组合的复合墙体构造。

（4）常用外墙隔热材料及其构造

夏热冬暖地区优先采用自隔热墙体外墙，自隔热墙体材料详见表 1.3.3。

自隔热墙体外墙热工参数　　**表 1.3.3**

墙体名称(厚度)	干密度/(kg/m^3)	传热系数 K	热惰性指标 D
加气混凝土砌块(200)	500	0.98	3.21
页岩多孔砖(240)	1120	1.89	2.45
自保温混凝土砌块(190)	1350	1.49	5.38

复合隔热一般采用砌墙＋保温隔热材料，构造有外墙外保温和外墙内保温两种形式。保温隔热材料有泡沫陶瓷保温板、岩棉保温板、无机保温砂浆（仅用于内保温）等。

4）屋面隔热设计

（1）屋面内表面最高温度（$\theta_{i\cdot max}$）限值（强制性条文）

自然通风房间 $\theta_{i\cdot max} \leqslant t_{e\cdot max}$

空调房间：

重质围护结构（$D \geqslant 2.5$） $\theta_{i\cdot max} \leqslant t_i + 2.5$

轻质围护结构（$D < 2.5$） $\theta_{i\cdot max} \leqslant t_i + 3.5$

（2）屋面内表面最高温度 $\theta_{i\cdot max}$ 计算方法：按《民用建筑热工设计规范》GB 50176—2016 附录 C 第 C.3 节的规定计算。

（3）屋面隔热措施：

宜采用浅色外饰面。

宜采用通风隔热屋面。通风屋面的风道长度不宜大于 10m，通风间层高度应大于 0.3m，屋面基层应做保温隔热层，檐口处宜采用导风构造，通风平屋面风道口与女儿墙的距离不应小于 0.6m。

可采用有热反射材料层（热反射涂料、热反射膜、铝箔等）的空气间层隔热屋面。单面设置热反射材料的空气间层，热反射材料应设在温度较高的一侧。

可采用蓄水屋面。水面宜有水浮莲等浮生植物或白色漂浮物。水深宜为 0.15～0.2m。

宜采用种植屋面。种植屋面的保温隔热层应选用密度小、压缩强度大、导热系数小、吸水率低的保温隔热材料。种植屋面的布置应使屋面热应力均匀、减少热桥，未覆土部分的屋面应采取保温隔热措施使其热阻与覆土部分接近。

可采用淋水被动蒸发屋面。

宜采用带老虎窗的通气阁楼坡屋面。

采用带通风空气层的金属夹芯隔热屋面时，空气层厚度不宜小于 0.1m。

5）门窗、幕墙、采光顶的隔热设计

（1）透光围护结构太阳得热系数与夏季建筑遮阳系数的乘积的限值

该限值与气候区及朝向有关系，夏热冬暖地区要求较低，向北放松；相同地区水平（屋面）限值最低，其次是东、西向，再次是南向，最后是北向。表 1.3.4 为太阳得热系数限值：

透光围护结构太阳得热系数与夏季建筑遮阳系统的乘积限值表 **表 1.3.4**

气候区	南向	北向	东西向	水平
寒冷 B 区	—	—	0.55	0.45
夏热冬冷 A 区	0.55	—	0.50	0.40
夏热冬冷 B 区	0.50	—	0.45	0.40
夏热冬暖 A 区	0.50	—	0.40	0.35
夏热冬暖 B 区	0.45	0.55	0.40	0.35

（2）透光围护结构的太阳得热系数、建筑遮阳系数计算

太阳得热系数应按《民用建筑热工设计规范》GB 50176—2016 附录 C 第 C.7 节的规定计算；建筑遮阳系数应按《民用建筑热工设计规范》GB 50176—2016 第 9.1 节的规定计算。

（3）隔热措施

对遮阳要求高的门窗、玻璃幕墙、采光顶隔热宜采用着色玻璃、遮阳型单片 Low-E

玻璃、着色中空玻璃、热反射中空玻璃、遮阳型 Low-E 中空玻璃等遮阳型的玻璃系统。

向阳面的窗、玻璃门、玻璃幕墙、采光顶应设置固定遮阳或活动遮阳。固定遮阳设计可考虑阳台、走廊、雨篷等建筑构件的遮阳作用，设计时应进行夏季太阳直射轨迹分析，根据分析结果确定固定遮阳的形状和安装位置。活动遮阳宜设置在室外侧。

对于非透光的建筑幕墙，应在幕墙面板的背后设置保温材料，保温材料层的热阻应满足墙体的保温要求，且不应小于 1.0(m^2 · K)/W。

4. 建筑围护结构防潮设计

舒适的热环境要求空气中保持适宜的相对湿度，湿度过大或过小都会给人带来不舒适感。湿度过大还会影响围护结构的性能，对保温构造产生不利影响。

1）防潮设计原理

寒冷地区建筑围护结构的热湿现象主要包括表面结露和内部冷凝。

（1）内表面结露

结露：围护结构内表面温度在冬季经常低于室内空气温度，当内表面温度低于室内空气露点温度时，空气中的水蒸气就会在内表面凝结。这种现象称为“结露”。

如果建筑内部通风组织不合理，室内相对湿度过高，容易在热桥部位产生结露。

防止墙和屋顶内表面结露，是建筑热工设计的基本要求。控制措施如下：

围护结构应具有足够的保温能力，传热阻值至少应在有关规范规定的最小传热阻值以上，并注意防止冷桥。

如果室内空气湿度过大，可以通过自然通风或强制通风来控制，但以削弱房间气密性来降低室内过高的相对湿度会加大房间的热损失，是不可取的。

围护结构内表面最好采用具有一定吸湿性的材料，使得在一天中温度较低的一段时间内产生的少量凝结水可以被内表面吸收，在室内温度高而相对湿度低时又返回室内空气中。

对室内湿度大、内表面不可避免结露的房间，如公共浴室等，采用光滑不易吸水的材料作内表面，同时加设导水设施，将凝结水导出。

（2）围护结构内部水蒸气渗透

蒸气渗透：当室内外空气的含湿量不等，也就是围护结构的两侧存在着水蒸气分压力差时，水蒸气分子就会从分压力高的一侧透过围护结构向分压力低的一侧渗透扩散，这种现象称为蒸气渗透。

蒸气渗透过程是水蒸气分子的转移过程。

（3）围护结构内部冷凝

内部冷凝：在严寒和寒冷地区，冬季保温房间的围护结构中水蒸气将由高温高压的室内一侧向室外一侧转移，如果在围护结构内部蒸汽渗透路径上存在冷凝界面，而且界面处饱和蒸汽压小于水蒸气分压力，就可能出现内部冷凝。内部冷凝严重影响保温效果。

检验围护结构内表面是否结露，主要依据其温度是否低于露点温度。步骤如下：

第一步，计算围护结构各层的实际水蒸气分压力，并作出实际水蒸气分压 e 的分布线；

第二步，确定围护结构各层温度查表得出相应的饱和水蒸气分压力 E，并画出曲线；

第三步，根据 e 线和 E 线相交与否来判定围护结构内部是否会出现冷凝。

2）防潮设计原则

（1）总体原则

建筑构造设计应防止水蒸气渗透进入围护结构内部，围护结构内部不应产生冷凝。

围护结构内部冷凝验算应符合《民用建筑热工设计规范》GB 50176—2016 第 7.1 节的要求。

（2）建筑设计

建筑设计时，应充分考虑建筑运行时的各种工况，采取有效措施确保建筑外围护结构内表面温度不低于室内空气露点温度。

建筑围护结构的内表面结露验算应符合《民用建筑热工设计规范》GB 50176—2016 第 7.2 节的要求。

（3）围护结构防潮设计应遵循下列基本原则：

室内空气湿度不宜过高；地面、外墙表面温度不宜过低；可在围护结构的高温侧设隔汽层；可采用具有吸湿、解湿等调节空气湿度功能的围护结构材料；应合理设置保温层，防止围护结构内部冷凝；与室外雨水或土壤接触的围护结构应设置防水（潮）层。

（4）其他

夏热冬冷长江中、下游地区、夏热冬暖沿海地区建筑的通风口、外窗应可以开启和关闭。室外或与室外连通的空间，其顶棚、墙面、地面应采取防止返潮的措施或采用易于清洗的材料。

3）内部冷凝验算

（1）要求冷凝验算的部位：采暖建筑中外侧有防水卷材或其他密闭防水层的屋面、保温层外侧有密实保护层或保温层的蒸汽渗透系数较小的多层外墙，当内侧结构层的蒸汽渗透系数较大时，应进行屋面、外墙的内部冷凝验算。

（2）采暖期间，围护结构中保温材料因内部冷凝受潮而增加的重量湿度允许增量，应符合表 1.3.5 规定（强制性条文）。

采暖期间，围护结构中保温材料因内部冷凝受潮而增加的重量湿度允许增量　　表 1.3.5

保温材料	重量湿度的允许增量（ΔW）/%
多孔混凝土（泡沫混凝土、加气混凝土等）（ρ_0＝500～700kg/m^3）	4
水泥膨胀珍珠岩和水泥膨胀蛭石等（ρ_0＝300～500kg/m^3）	6
沥青膨胀珍珠岩和沥青膨胀蛭石等（ρ_0＝300～400kg/m^3）	7
矿渣和炉渣填料	2
水泥纤维板	5
矿棉、岩棉、玻璃棉及制品（板或毡）	5
模塑聚苯乙烯泡沫塑料（EPS）	15
挤塑聚苯乙烯泡沫塑料（XPS）	10
硬质聚氨酯泡沫塑料（PUR）	10
酚醛泡沫塑料（PF）	10
玻化微珠保温浆料（自然干燥后）	5
胶粉聚苯颗粒保温浆料（自然干燥后）	5
复合硅酸盐保温板	5

（3）围护结构内任一层内界面的水蒸气分压分布曲线不应与该界面饱和水蒸气分压曲线相交。围护结构内任一层内界面饱和水蒸气分压 P_s，应按《民用建筑热工设计规范》GB 50176—2016 表 B.8 的规定确定。

（4）当围护结构内部可能发生冷凝时，应计算冷凝计算界面内侧所需的蒸汽渗透阻。

（5）计算围护结构冷凝计算界面温度。

（6）围护结构冷凝计算界面的位置，应取保温层与外侧密实材料层的交界处（图 1.3.1）。

（7）对于不设通风口的坡屋面，其顶棚部分的蒸汽渗透阻应进行计算。

4）表面结露验算

（1）冬季室外计算温度 t_e低于 0.9℃时，应对围护结构进行内表面结露验算。

（2）围护结构平壁部分的内表面温度应按《民用建筑热工设计规范》GB 50176—2016 第 3.4.16 条计算。热桥部分的内表面温度应采用符合《民用建筑热工设计规范》GB 50176—2016 附录第 C.2.4 条规定的软件计算，或通过其他符合《民用建筑热工设计规范》GB 50176—2016 附录第 C.2.5 条规定的二维或三维稳态传热软件计算得到。

（3）当围护结构内表面温度低于空气露点温度时，应采取保温措施，并应重新复核围护结构内表面温度。

5）进行民用建筑的外围护结构热工设计时，热桥处理可遵循下列原则：

（1）提高热桥部位的热阻；

（2）确保热桥和平壁的保温材料连续；

（3）切断热流通路；

（4）减少热桥中低热阻部分的面积；

（5）降低热桥部位内外表面层材料的导温系数。

6）围护结构冷凝计算界面的位置，应取保温层与外侧密实材料层的交界处（图 1.3.1）。

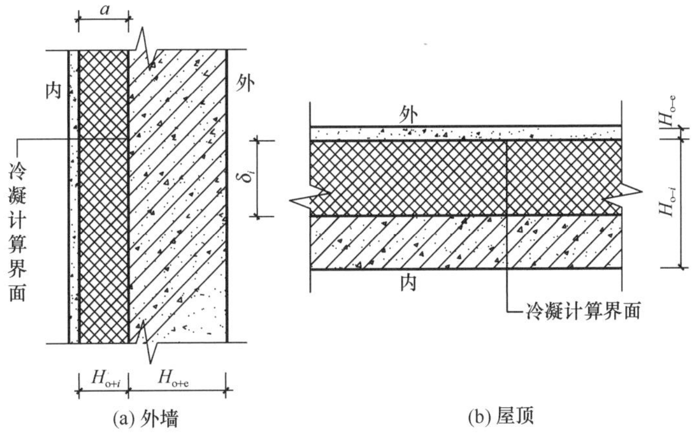

图 1.3.1　冷凝计算界面

7）防潮技术措施

（1）采用松散多孔保温材料的多层复合围护结构，应在水蒸气分压高的一侧设置隔汽层。对于有采暖、空调功能的建筑，应按采暖建筑围护结构设置隔汽层。

(2) 外侧有密实保护层或防水层的多层复合围护结构，经内部冷凝受潮验算而必须设置隔汽层时，应严格控制保温层的施工湿度。对于卷材防水屋面或松散多孔保温材料的金属夹芯围护结构，应有与室外空气相通的排湿措施。

(3) 外侧有卷材或其他密闭防水层，内侧为钢筋混凝土屋面板的屋面结构，经内部冷凝受潮验算不需设隔汽层时，应确保屋面板及其接缝的密实性，并应达到所需的蒸汽渗透阻。

(4) 室内地面和地下室外墙防潮宜采用下列措施：

建筑室内一层地表面宜高于室外地坪 0.6m 以上；

采用架空通风地板时，通风口应设置活动的遮挡板，使其在冬季能方便关闭，遮挡板的热阻应满足冬季保温的要求；

地面和地下室外墙宜设保温层；

地面面层材料可采用蓄热系数小的材料，减少表面温度与空气温度的差值；

地面面层可采用带有微孔的面层材料；

面层宜采用导热系数小的材料，使地表面温度易于紧随空气温度变化；

面层材料宜有较强的吸湿、解湿特性，具有对表面水分湿调节作用。

(5) 严寒地区、寒冷地区非透光建筑幕墙面板背后的保温材料应采取隔汽措施，隔汽层应布置在保温材料的高温侧（室内侧），隔汽密封空间的周边密封应严密。夏热冬冷地区、温和 A 区的建筑幕墙宜设计隔汽层。

(6) 在建筑围护结构的低温侧设置空气间层，保温材料层与空气层的界面宜采取防水、透气的挡风防潮措施，防止水蒸气在围护结构内部凝结。

5. 建筑自然通风设计

良好的室内通风，不仅为室内提供新鲜空气，保证人们健康和舒适，在夏季还可以通风除湿。

通风的三种功能：利于健康、更为舒适和降低室内温度。

健康通风，其功能是保证室内空气质量，为室内提供必需的氧气量，防止二氧化碳过量，减少令人不愉快的气味，并保障一氧化碳浓度低于危害健康的水平。一般通过换气量或换气次数指标的控制来达到要求。

热舒适通风，目的是维持室内适宜的温度和湿度。热舒适通风取决于气流速度和形式。不同功能的房间对室内气流速度分布的要求有所不同。

建筑降温通风效果是增热还是降温取决于通风前室内外的温差，当室内气温高于室外时，通风可以降低室内温度，反之效果相反。一般情况下，傍晚和夜间的室内温度高于室外，所以夜间通风常起到降温的效果。建筑降温通风不仅与气候有关，而且还与季节有关，需要采取不同的措施。在干燥寒冷地区或季节，通风会带走室内热量，降低室内温度，同时降低相对湿度，造成人的不舒适感；在潮湿的寒冷地区，需要控制通风以避免室温过低，同时避免围护结构凝结；而在干热地区，需要控制白天通风，主要保证室内空气质量即可，在夜间室外温度下降以后，充分利用夜间通风给围护结构内表面降温和蓄冷。

1) 自然通风原理

形成风的原因是压力差：室内与室外的温度梯度引起的热压通风和外部风压引起的风

压通风。

(1) 热压通风

热压通风：由室内外空气温度差而造成空气密度差，从而产生压差，形成热气向上、冷气向下的空气流动现象。

室外冷空气（密度大）从建筑底部被吸入，热空气（密度小）上升从建筑上部风口排出；当室内空气气温低于室外时，位置互换，气流方向也互换。室内外温度差越大，则热压作用越强；在室内外温度差相同且进、排风口面积相同时，上下口之间的高差越大，在单位时间内交换的空气量越多。在夏季，普通房间依靠热压不足以提供具有实际用途的通风。

(2) 风压通风

风压通风：因迎风面空气压力增高，背风面空气压力降低，从而产生压差，形成由迎风面流向背风面的空气流动现象。

当风吹向建筑时，迎风侧的气压就高于大气压力（正压区），而背风侧的气压降低（负压区），使整个建筑形成压力差。如果建筑围护结构任意两点存在压力差，在两点开口间就存在空气流动的驱动力。风压的压力差与建筑形式、建筑与风的夹角以及周围建筑布置等因素相关，当风垂直吹向建筑正面时，建筑正面中心处正压最大，屋脊屋角及屋脊处负压最大。因此，当建筑垂直于主导风向时，其风压通风效果最为显著。“穿堂风”就是风压通风的典型实例。

文丘里效应：空气流速越快，压强越小，因此，风吹过坡屋顶时产生的压力差导致室内空气从坡屋顶屋脊开口排出，形成通风（图 1.3.2）。

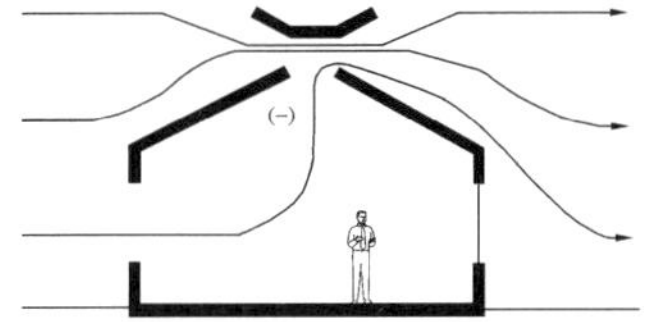

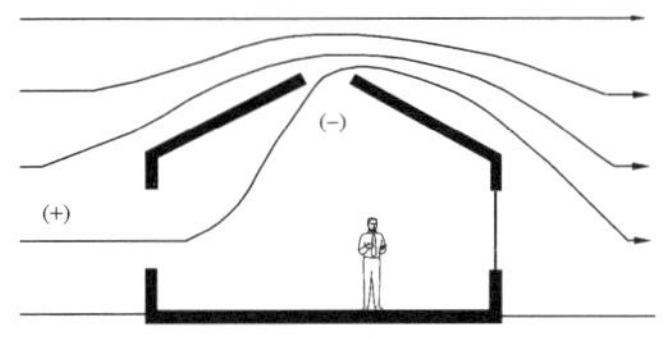

图 1.3.2 文丘里效应

(3) 建筑通风设计

风对建筑热环境的影响：第一，风速的大小会影响建筑围护结构的热交换速率；第二，风的渗透或通风会带走（或带来）热量，使建筑内部温度发生变化。建筑周围的风环境，风速越大，热交换就越强烈。因此，如果想减少建筑与外界的热交换，达到保温隔热的目的，就应该选择避风场所，并尽可能减少体形系数。反之，如果想加速建筑与外界的热交换，特别是希望利用通风来加快建筑的散热降温，就应该提高建筑周围的风速。

建筑群布局与通风

邻近建筑对建筑通风有较大影响。

风影：风在建筑背后产生涡流区，涡流区在地面的投影称为风影。风影内风力弱，风向不稳定，不能形成有效的风压通风。因此，每一排迎风的建筑物都会造成其后面建筑周围风速的下降，因而建筑密集地区的风速大大低于空旷的郊区。

风影长度受风向投射角和建筑物高度影响，建筑垂直迎风时，风影最长。建筑以一定的角度迎风时，风影明显变小，但投射角大，会降低室内平均风速。

建筑体形与通风

影响室内通风质量的因素：合理的风速、风量和风场分布。

组织自然通风的有效措施：合理选择建筑的平面、立面和剖面。

要取得良好的通风效果，必须组织穿堂风，让风顺畅流经全室，就是要求房间既有进风口又有出风口。一般来说进风口的位置决定气流的方向，进风口与出风口的面积比决定气流速度。

建筑构件与通风

窗户朝向：窗户朝向及开窗位置直接影响室内气流流场。室内气流流场取决于建筑表面上的压力分布及空气流动时的惯性作用。当建筑的迎风墙和背风墙上均设有窗户时，就会形成一股气流从高压区穿过建筑流向低压区。气流通过房间的路径主要取决于气流从进风口进入室内的初始方向。在许多情况下，风向倾斜于进风窗口可取得较好的效果。

窗口尺寸：合理选择进风口和出风口的尺寸，可以达到控制室内气流速度和气流流场的目的。如果房间有穿堂风，扩大窗户尺寸对于室内气流速度的影响甚大，但进风口和出风口必须同时扩大，即使两者同时扩大，室内气流速度的增加量也并不是与窗户尺寸及室外风速的增减率成正比。

窗口竖向位置：调整窗口竖向位置的主要目的是给人的活动区域带来舒适的气流，并且有利于排出室内的热量。气流高度在2m以下才能作用于人体产生舒适感，如果起居室窗台高度在人坐着的高度以上，即室内大部分使用区的通风效果不好。

窗户的开启方式：水平推拉窗最大的开启面积为整个窗扇面积的二分之一；立旋窗可调整气流量和气流水平方向；外开的标准平开窗开启面积最大，并可通过采取不同的开启方式，如两扇都打开、仅打开逆风的一扇或顺风的一扇，起到调节气流的作用；上悬窗气流的方向总是被引导向上的，所以这种窗宜设于需要通风的高度位置以下。

改变窗扇的开启角度主要对整个房间的气流流场及气流分布有影响，而对平均速度的影响很有限。

导风构件设置：以导风板为例。

导风板：对于单侧外墙有两个窗户的房间，主要在两扇窗户相邻的两侧各设置一块挑出的垂直导风板，即可在前一扇窗户（对风而言）的前面形成正压区，在后一扇窗户的前面形成负压区，由第一扇窗户进入室内的气流可由第二扇窗户流出，室内气流速度可与穿堂风相比拟。

如果主导风向倾斜于墙面，风与墙的夹角可在20°～70°之间选定，室内通风可以得到很大的改善。

除了木质、混凝土等材料的导风板，窗扇、建筑的凹凸面、矮墙绿篱等均能够作为导风构件。

2）自然通风设计原则

（1）建筑应优先采用自然通风去除室内热量。

（2）建筑的平、立、剖面设计，空间组织和门窗洞口的设置应有利于组织室内自然通风。

（3）受建筑平面布置的影响，室内无法形成流畅的通风路径时，宜设置辅助通风装置。

（4）室内的管路、设备等不应妨碍建筑的自然通风。

3）技术措施

（1）建筑的总平面布置宜符合下列规定：

建筑宜朝向夏季、过渡季节主导风向；

建筑朝向与主导风向的夹角：条形建筑不宜大于30°，点式建筑宜在30°～60°；

建筑之间不宜相互遮挡，在主导风向上游的建筑底层宜架空。

（2）采用自然通风的建筑，进深应符合下列规定：

未设置通风系统的居住建筑，户型进深不应超过12m；

公共建筑进深不宜超过40m，进深超过40m时应设置通风中庭或天井。

（3）通风中庭或天井宜设置在发热量大、人流量大的部位，在空间上应与外窗、外门以及主要功能空间相连通。通风中庭或天井的上部应设置启闭方便的排风窗（口）。

（4）进、排风口的设置应充分利用空气的风压和热压以促进空气流动，设计应符合下列规定：

进风口的洞口平面与主导风向间的夹角不应小于45°。无法满足时，宜设置引风装置。

进、排风口的平面布置应避免出现通风短路。

宜按照建筑室内发热量确定进风口总面积，排风口总面积不应小于进风口总面积。

室内发热量大，或产生废气、异味的房间，应布置在自然通风路径的下游。应将这类房间的外窗作为自然通风的排风口。

可利用天井作为排风口和竖向排风风道。

进、排风口应能方便地开启和关闭，并应在关闭时具有良好的气密性。

（5）当房间采用单侧通风时，应采取下列措施增强自然通风效果：

通风窗与夏季或过渡季节典型风向之间的夹角应控制在45°～60°；

宜增加可开启外窗窗扇的高度；

迎风面应有凹凸变化，尽量增大凹口深度；

可在迎风面设置凹阳台。

（6）室内通风路径的设计应遵循布置均匀、阻力小的原则，应符合下列规定：

可将室内开敞空间、走道、室内房间的门窗、多层的共享空间或者中庭作为室内通风路径。在室内空间设计时宜组织好上述空间，使室内通风路径布置均匀，避免出现通风死角。

宜将人流密度大或发热量大的场所布置在主通风路径上；将人流密度大的场所布置在主通风路径的上游，将人流密度小但发热量大的场所布置在主通风路径的下游。

室内通风路径的总截面积应大于排风口面积。

6. 建筑日照及遮阳设计

1）太阳运行规律

地球自转同时绕太阳公转，地球公转的轨道平面称为黄道面。由于地轴是倾斜的，与黄道面形成66°33′的交角；而且在公转运行中，交角和地轴的倾斜角度都是不变的，就使得太阳光线直射范围在南北纬23°27′之间做周期性变动（图1.3.3）。

（1）太阳位置计算方法

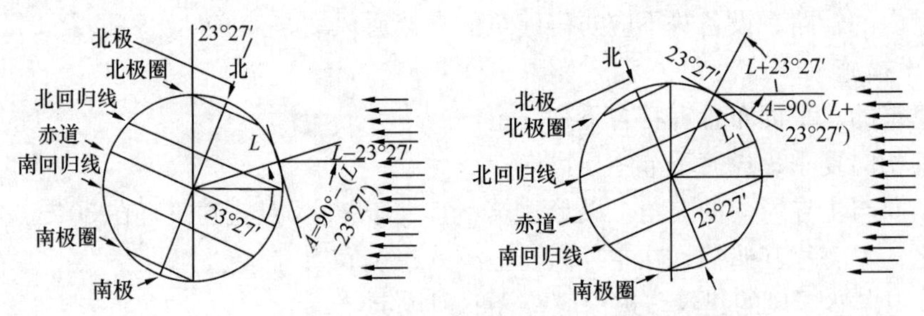

图 1.3.3　夏至日、冬至日太阳北极圈运行图

用高度角和方位角确定太阳位置。

太阳高度角：太阳光线与地平面的夹角（h）；在任何地区，在日出日落时，太阳高度角为零；一天正午时，即当地太阳时为 12 点的时候，高度角最大，在北半球，此时太阳位于正南。

太阳方位角：太阳光线在地平面上的投影线与地平面正南方向所夹的角（A）。太阳方位角以正南为零，顺时针方向的角度为正值，表示太阳位于下午的范围；逆时针方向的角度为负值，表示太阳位于上午的范围。

计算式：

$$\sin h=\sin\phi\cdot\sin\delta+\cos\phi\cdot\cos\delta\cdot\cos t$$

$$\cos A=(\sin h\cdot\sin\phi-\sin\delta)/(\cos h\cdot\cos\phi)$$

正午时太阳方位角在正南，其方位角为 0°。高度角计算简化为：

$$h=90°-(\phi-\delta)(当\ \delta>\phi)$$

$$h=90°-(\delta-\phi)(当\ \phi>\delta)$$

日出日落时的时角和方位角，计算式：

$$\cos t=-\tan\phi\cdot\tan\delta\quad（太阳高度角=0°）$$

$$\cos A=-\sin\delta/\cos\phi\quad（太阳高度角=0°）$$

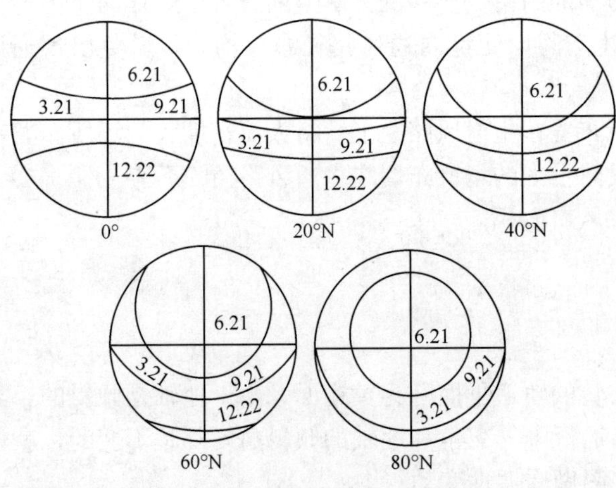

图 1.3.4　不同维度区的平射日照图

（2）日照图表及其应用

借助日照图表进行日照计算。太阳高度角及方位角均可在日照图表中查取，一般的设计手册常有各主要地区的日照图表，例如正投影日照图和平射影日照图，从中可直接读取任一日期、任一时刻的高度角和方位角，可供遮阳设计、建筑间距、庭院布局时确定地形、树木对建筑遮挡、太阳能集热板角度等的计算（图 1.3.4）。

2）建筑日照

（1）日照间距计算

在住区规划中，如果已知前后两栋建筑的朝向及外形尺寸，就可以根据建筑所在地的地理纬度，用计算法按照当地所规定日期各小时的太阳高度角和方位角，计算满足日照时间的建筑间距。

计算式：$D_{\circ} = H_{\circ}\coth \cdot \cos\gamma$

式中 $D_{\circ}$——建筑所需日照间距，m；

$H_{\circ}$——前栋建筑计算高度（前栋建筑总高度减后栋建筑第一层窗台高度），m；

h——太阳高度角，度（°）；

γ——后栋建筑面法线与太阳方位角的夹角，即太阳方位角与墙面方位角之差；$\gamma = A - \alpha$（A 为太阳方位角，度）；α 为前面法线与南方向所夹的角，度。（图 1.3.5）

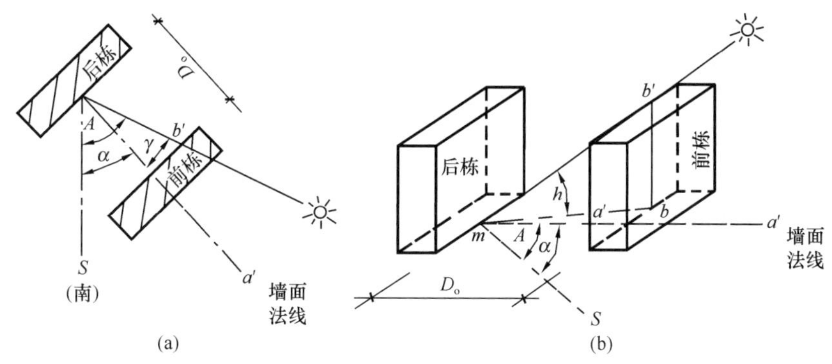

图 1.3.5 日照间距计算

（2）日照间距与建筑布局

住区总平面布局中，满足日照的建筑间距与提高建筑密度、节约用地存在矛盾，为此，设计时应掌握日照规律，做到既满足日照要求又提高建筑密度。主要方法是调整建筑朝向，从朝向正南北调为南偏东或偏西小于 30°范围内；错行布置利用上下午的日照，也可以提高建筑密度，但须进行日照计算（图 1.3.6）。

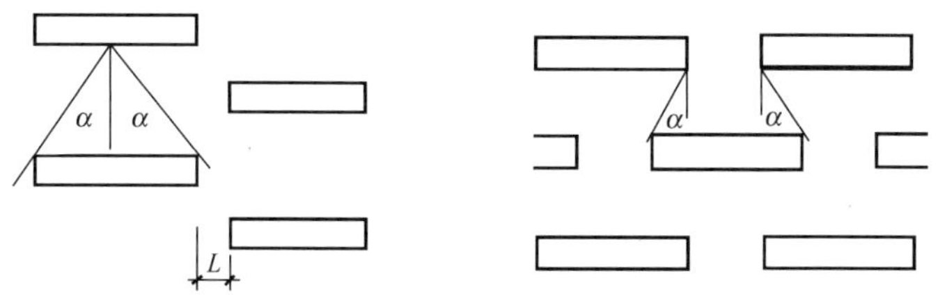

图 1.3.6 日照间距示意

（3）建筑遮阳设计原则

建筑遮阳应与建筑立面、门窗洞口构造一体化设计。处理好遮阳与隔热、遮阳与采光、遮阳与通风的关系。

遮阳与隔热

遮阳能够遮挡太阳辐射对建筑的作用，使室内气温明显降低，而且使室内的温度波动小，延迟室内出现最高温度的时间。遮阳可起到很好的隔热作用，改善室内热环境。遮阳构件宜选用浅色而且蓄热系数小的轻质材料。遮阳板宜选用低热容的材料，以保证日落后能够迅速冷却。置于室外的遮阳板，隔热效果优于置于室内（主要是遮阳板置于室内不利于其通风散热）。

遮阳与采光

遮阳构件在遮阳的同时会减少窗户的光线，对建筑采光不利，降低房间的照度。因此，遮阳设计时，应利用遮阳板对光线的反射，将自然光引导到房间深处。

遮阳与通风

遮阳构件对建筑房间通风存在一定的阻挡，尤其是挡板遮阳，使室内风速有所降低。风速的减弱程度与遮阳的设置方式有很大的关系，因此，可以把遮阳板作为引风装置，增加建筑进风口的风压，对通风量进行调节，以便于自然通风散热。

（4）建筑遮阳设置

遮阳的设置范围：北回归线以南地区，各朝向门窗洞口均宜设计建筑遮阳；北回归线以北的夏热冬暖、夏热冬冷地区，除北向外的门窗洞口宜设计建筑遮阳；寒冷B区东、西向和水平朝向门窗洞口宜设计建筑遮阳；严寒地区、寒冷A区、温和地区建筑可不考虑建筑遮阳。

建筑遮阳设置方式

固定式遮阳：南向宜采用水平遮阳；东北、西北及北回归线以南地区的北向宜采用垂直遮阳；东南、西南朝向窗口宜采用组合遮阳；东、西朝向窗口宜采用挡板遮阳。

活动遮阳：建筑门窗洞口的遮阳宜优先选用活动式建筑遮阳。为冬季有采暖需求房间的门窗设计建筑遮阳时，应采用活动式建筑遮阳、活动式中间遮阳，或采用遮阳系数冬季大、夏季小的固定式建筑遮阳。

建筑遮阳系数的确定

① 水平遮阳和垂直遮阳的建筑遮阳系数应按下列公式计算：

$$SC_s = (I_D \cdot X_D + 0.5 \cdot I_d \cdot X_d)/I_0$$

$$I_0 = I_D + 0.5I_0$$

式中 SC_s——建筑遮阳的遮阳系数，无量纲；

I_D——门窗洞口朝向的太阳直射辐射，W/m^2；应按门窗洞口朝向和当地的太阳直射辐射照度计算；

X_D——遮阳构件的直射辐射透射比，无量纲，应按《民用建筑热工设计规范》GB 50176—2016附录C第C.8节的规定计算；

I_d——水平面的太阳散射辐射，W/m^2；

X_d——遮阳构件的散射辐射透射比，无量纲，应按《民用建筑热工设计规范》GB 50176—2016附录C第C.9节的规定计算；

I_0——门窗洞口朝向的太阳总辐射，W/m^2。

② 组合遮阳的遮阳系数应为同时刻的水平遮阳与垂直遮阳建筑遮阳系数的乘积。

③ 挡板遮阳的建筑遮阳系数应按下式计算：

$$SC_s = 1 - (1 - \eta)(1 - \eta^s)$$

式中　η——挡板的轮廓透光比，无量纲，应为门窗洞口面积扣除挡板轮廓在门窗洞口上阴影面积后的剩余面积与门窗洞口面积的比值；

η^{s}——挡板材料的透射比，无量纲，应按表 1.3.6 的规定确定。

挡板材料的透射比　　**表 1.3.6**

遮阳板使用的材料	规格	η^{s}
织物面料		0.5 或实测太阳透射比
玻璃钢板		0.5 或实测太阳透射比
玻璃、有机玻璃类板	0<太阳光透射比≤0.6	0.5
玻璃、有机玻璃类板	0.6<太阳光透射比≤0.9	0.8
金属穿孔板	0<穿孔率≤0.2	0.15
金属穿孔板	0.2<穿孔率≤0.4	0.3
金属穿孔板	0.4<穿孔率≤0.6	0.5
金属穿孔板	0.6<穿孔率≤0.8	0.7
混凝土、陶土窗外花格		0.6 或按实际镂空比例及厚度
木质、金属窗外花格		0.7 或按实际镂空比例及厚度
木质、竹质窗外帘		0.4 或按实际镂空比例

④ 百叶遮阳的建筑遮阳系数应按下式计算：

$$SC_{s} = E_{\tau}/I_{0}$$

式中　E_{τ}——通过百叶系统后的太阳辐射，W/m^2，应按《民用建筑热工设计规范》GB 50176—2016 附录 C 第 C.10 节的规定计算。

⑤ 活动外遮阳全部收起时的遮阳系数可取 1.0，全部放下时应按不同的遮阳形式进行计算。

7. 考点与考题分析

（1）考点分析

主要考查考生对建筑热工理论基础的了解，考查考生对建筑保温、隔热、自然通风、日照遮阳等技术措施的掌握程度。

（2）考题分析

试题 1：（2010）除室内空气温度外，下列哪组参数是评价室内热环境的要素？（　　）

A. 有效温度、平均辐射温度、空气湿度　　B. 有效温度、露点温度、空气湿度

C. 平均辐射温度、空气湿度、露点温度　　D. 平均辐射温度、空气湿度、气流速度

解析：该题主要考查考生对建筑热工理论基础的了解。除室内空气温度外，还有平均辐射温度、空气湿度、气流速度是评价室内热环境的要素。必须牢记。

答案：D

试题 2：（2009）下列哪一项不应归类为建筑热工设计中的隔热措施？（　　）

A. 外墙和屋顶设置通风间层　　B. 窗口遮阳
C. 合理的自然通风设计　　D. 室外绿化

解析：建筑热工设计的对象为建筑围护结构，室外绿化不在其范围内。

答案：D

（四）建 筑 节 能

1. 建筑节能概述

最早的建筑（无人工照明和人工采暖）是无能耗的，同时建筑是不舒适的。随着社会的发展，为了获得适宜的生活和工作环境，针对不同的气候条件，需要采取人工照明和供暖、降温等技术措施改善建筑热环境，建筑能耗由此产生，而且越来越大。建筑能耗已成为一个全球关注的问题。

1）建筑能耗

广义建筑能耗：由建筑内部使用能耗、建材生产能耗和建筑物建造能耗三部分组成。

狭义建筑能耗是指建筑建成以后，在使用过程中每年消耗商品能源的总和，包括采暖、通风、空调、热水、照明、办公设备电器、厨房炊事等方面的用能。

在建筑能耗中，使用阶段能耗约为全建筑能耗的70%，因此，降低使用阶段能耗成为建筑节能的关键。目前，我国现行的建筑节能设计标准均以降低使用能耗为依据。

2）建筑节能概念

建筑节能包括开源、节流两部分。

节流为主，指在建筑规划、设计、施工和使用维护过程中，在满足规定的建筑功能和室内质量环境的前提下，通过采取技术措施和管理手段实现降低运行能耗、提高能源利用效率的过程。

开源为辅，指可再生能源建筑应用。

建筑节能的核心是提高能源利用效率。

3）建筑节能与碳达峰、碳中和

建筑碳排放包含四个部分：燃煤燃气、照明电器、北方供暖、空调制冷。

达到零碳建筑的途径：不仅要通过技术措施提高用能设备的效率，还必须开发建筑可再生能源的利用，满足自身的用能要求，实现碳的零排放。

4）建筑节能目标

（1）总体目标：

住房城乡建设部《“十四五”时期建筑节能与绿色建筑规划》（征求意见稿）提出总体目标：到2025年，绿色建筑全面实现，建筑能耗和碳排放增长趋势有效控制，建筑用能结构合理优化，建筑工业化较快发展，人民群众生产生活空间明显改善，推动形成绿色生活方式。

（2）具体目标（到2025年）：

城镇新建建筑能效水平年提升15%；完成既有居住建筑节能改造面积2亿m^2以上；建设超低能耗建筑2000万m^2；装配式建筑占当年城镇新建建筑的比例达到30%；

建筑领域能源消费总量控制在13亿tcal以下；北方城镇居住建筑单位面积采暖能耗强度控制在14kgcal/m²，城镇可再生能源替代常规能源消耗比重超过8%，建筑用能电气化比例超过50%。

5）建筑节能相关法律法规

我国已经颁布的节能相关法律法规有：《中华人民共和国节约能源法》《中华人民共和国可再生能源法》《民用建筑节能条例》《公共机构节能条例》。

6）建筑节能标准

（1）通用标准

《建筑节能和可再生能源通用规范》GB 55015

（2）建筑节能设计标准

在建设领域中，建筑节能设计标准为强制性标准。我国现行节能设计标准如下：

① 民用建筑

强制性标准：

《民用建筑热工设计规范》GB 50176

《建筑气候区划标准》GB 50178

《城市居住区规划设计规范》GB 50180

《公共建筑节能设计标准》GB 50189

《严寒和寒冷地区居住建筑节能设计标准》JGJ 26

《夏热冬冷地区居住建筑节能设计标准》JGJ 134

《夏热冬暖地区居住建筑节能设计标准》JGJ 75

《温和地区居住建筑节能设计标准》JGJ 475

推荐标准：

《近零能耗建筑设计技术标准》GB/T 51350

② 工业建筑

《工业建筑节能设计统一标准》GB 51245

（3）建筑节能验收和检测标准

《建筑节能工程施工质量验收规范》GB 50411

《公共建筑节能检测标准》JGJ/T 177

《居住建筑节能检测标准》JGJ 132

注：标准编号常识：GB——国家标准，JGJ——建筑行业标准，D——代表地方标准；随后的数字为标准排序，最后的一组数据为标准年号，本文未列出标准年号，因为标准更新周期一般为5年。而且节能要求不断提升，例如，《严寒和寒冷地区居住建筑节能设计标准》编号为JGJ 26—2019，《夏热冬冷地区居住建筑节能设计标准》JGJ 134—2010、《夏热冬暖地区居住建筑节能设计标准》JGJ 75—2012虽然为现行，但修订稿已经征求意见多时，年号更新在即。

7）建筑节能设计与建筑热工设计的关系

建筑热工设计和建筑节能设计相辅相成。建筑热工是建筑设计的基础，重点是保证建筑满足人们对建筑室内热舒适度的要求；建筑节能设计是在建筑热工设计的基础上，通过采取有效技术措施降低建筑使用阶段的能耗，以节能为最终目标。通常以建筑节能率为阶段性目标。

8）建筑节能设计策略和设计方法

（1）建筑节能四个影响因素：

① 外部条件　以气象为主的外部环境，它不以人们的意志而改变，如温度、湿度、风速、太阳辐射强度等。

② 建筑本体　建筑外围护结构不同，其建筑能耗也不同，可以人为改变，如隔热性能、气密性能、遮日照性能、热容量等。

③ 建筑设备　包括空调设备、照明设备及其他设备的有关能效方面的性能。随着科技的发展，可以人为改变。

④ 室内条件　主要是室内环境质量（包括热环境、空气质量环境等），根据在室内生活或行为目的不同而变化。

（2）建筑节能设计策略

气候适应性策略：充分利用良好的气候条件（自然的）（如在过渡季节、空调季节内的良好的室外气候条件），例如利用自然通风，消除、削弱恶劣气候的影响（人工的）。

整体性策略：从建筑的整体考虑，以酝酿出整体性的解决方案，将建筑中用户的使用要求和自然界可再生能源的利用有机地结合在一起。

综合性策略：通过对建筑物能耗和用能特点的综合性分析，在满足室内舒适度要求的前提下采用多种手段进行节能设计。

性能性策略：通过对建筑整体能耗的分析确定节能设计策略而非某一项节能措施。

（3）设计方法

建筑节能设计方法：规定性设计、性能化设计。

规定性设计方法：建筑围护结构各项指标满足标准限值。

优点：设计简单易行、经济合理，摆脱了复杂高深的计算分析，节省了大量时间。

缺点：按规定性指标很难进行优化设计；规定性指标阻碍新技术的应用，压抑设计人员的创造性。

性能化设计方法：通过计算机模拟计算建筑能耗水平。

优点：当今国际工程设计的发展方向，更高水平的设计，直接联系工程设计的根本目标，充分的灵活性，创造空间，综合工程各方面具体条件优化方案，有利于科学技术的发展和新成果的应用。

缺点：分析计算复杂，需要计算机辅助设计。

9）建筑围护结构节能设计

建筑围护结构的节能设计，不同的气候区采取不同的技术措施，主要围绕以下内容展开：

（1）节能设计计算指标

室内计算温度

换气次数（严寒和寒冷地区）

（2）建筑体形系数

建筑体形系数：建筑物与室外大气接触的外表面积与其所包围的体积的比值。

建筑外表面积越大，接触室外冷空气的面积越大，热量流失就越大，所以，在严寒地区、寒冷地区、夏热冬冷地区必须进行控制。

（3）窗墙面积比

窗墙面积比：窗户洞口面积与房间立面单元面积（即建筑层高与开间定位线围成的面积）之比。

普通窗户的保温隔热性能比外墙差很多，而且夏季白天太阳辐射还可以通过窗户直接进入室内。一般说来，窗墙面积比越大，建筑物的能耗也越大。所以要限制窗墙面积比就是要求窗户面积在合理范围之内。较大的窗户有利于建筑的采光和通风，但是也会造成热量或冷量流失较大。窗墙面积比限值主要与建筑外墙的朝向有关。

（4）建筑围护结构热工参数

建筑围护结构热工性能直接影响居住建筑采暖和空调的负荷与能耗，必须予以严格控制。由于我国幅员辽阔，各地气候差异很大。为了使建筑物适应各地不同的气候条件，满足节能要求，应根据建筑物所处的建筑气候分区，确定建筑围护结构合理的热工性能参数。

传热系数 *K*

传热系数：是表征围护结构传递热量能力的指标。*K* 值越小，围护结构的传热能力越低，其保温隔热性能越好。

确定建筑围护结构传热系数的限值时不仅应考虑节能率，而且也从工程实际的角度考虑了可行性、合理性。严寒地区和寒冷地区的围护结构传热系数限值，是通过对气候子区的能耗分析和考虑现阶段技术成熟程度而确定的。根据各个气候区节能的难易程度，确定了不同的传热系数限值。

热惰性指标 *D*

热惰性指标：表征围护结构对温度波衰减快慢程度的无量纲指标，其值等于材料层热阻与蓄热系数的乘积。

D 值越大，温度波在其中的衰减越快，围护结构的热稳定性越好，越有利于节能。对 *D* 值作出规定是考虑了夏热冬冷地区的特点。这一地区夏季外围护结构严重地受到不稳定温度波作用，例如夏季实测屋面外表面最高温度南京可达 62℃，武汉 64℃，重庆 61℃以上，西墙外表面温度南京可达 51℃，武汉 55℃，重庆 56℃以上，夜间围护结构外表面温度可降至 25℃以下，对处于这种温度波幅很大的非稳态传热条件下的建筑围护结构来说，只采用传热系数这个指标不能全面地评价围护结构的热工性能。在非稳态传热的条件下，围护结构的热工性能除了用传热系数这个参数之外，还应该用抵抗温度波和热流波在建筑围护结构中传播能力的热惰性指标 *D* 来评价。

遮阳系数 *Sw* 和太阳得热系数

建筑遮阳系数：在照射时间内，同一窗口（或透光围护结构部件外表面）在有建筑外遮阳和没有建筑外遮阳的两种情况下，接收到的两个不同太阳辐射量的比值。

综合遮阳系数：建筑遮阳系数和透光围护结构遮阳系数的乘积（建筑的阳台、出挑的空调室外机搁板均可计入）。

外窗遮阳系数 *SC*：实际透过窗玻璃的太阳辐射得热与透过 3mm 透明玻璃的太阳辐射得热之比值。它是表征窗户透光系统遮阳性能的无量纲指标，其值在 0～1 范围内变化。

外窗遮阳系数越小，通过窗户透光系统的太阳辐射得热量越小，其遮阳性能越好。

外窗的遮阳系数越小，透过窗户进入室内的太阳辐射热就越小，对降低空调负荷有利，但对降低采暖负荷却是不利的。

太阳得热系数 *SHGC*：在照射时间内，通过透光围护结构部件（如窗户）的太阳辐射室内得热量与透光围护结构外表面（如窗户）接收到的太阳辐射量的比值。

透过窗户的太阳能量包括：直接透过窗户进入室内的热量；各层玻璃吸收太阳能量后，作为一个个独立的小热源，传向室内的热量。

太阳得热系数的理论值为 0～1，实际值在 0.15～0.80 之间，该值越小，相同条件下，窗户的太阳辐射得热就越少。

得热系数 *SHGC* 与遮阳系数 *SC* 的关系（标准玻璃）：$SHGC = 0.87 \times SC$。

常见玻璃遮阳系数可参考表 1.4.1。

常见玻璃的 *SC* 值 **表 1.4.1**

名称	遮阳系数 *SC*	传热系数 *K*
5～6mm 无色透明玻璃	0.96～0.99	6.3
6mm 热反射镀膜玻璃	0.25～0.90	6.2
无色透明中空玻璃	0.86～0.88	3.5
热反射镀膜中空玻璃	0.20～0.80	3.4
Low-E 中空玻璃	0.25～0.70	2.5

门窗气密性

外窗及阳台门具有良好的气密性能，可以保证夏季开空调时室外热空气不过多地渗漏到室内，抵御冬季室外冷空气过多地向室内渗漏。

气密性分级：现行国家标准《建筑幕墙、门窗通用技术条件》GB/T 31433—2015 规定分级：

4 级对应的空气渗透数据是：在 10Pa 压差下，每小时每米缝隙的空气渗透量在 2.0～2.5m^3 之间和每小时每平方米面积的空气渗透量在 6.0～7.5m^3 之间；

6 级对应的空气渗透数据是：在 10Pa 压差下，每小时每米缝隙的空气渗透量在 1.0～1.5m^3 之间和每小时每平方米面积的空气渗透量在 3.0～4.5m^3 之间。

门窗窗地面积及开口面积比例

通风开口面积：外围护结构上自然风气流通过开口的面积。用于进风者为进风开口面积，用于出风者为出风开口面积。

南方地区居住建筑应能依靠自然通风改善房间热环境，缩短房间空调设备使用时间，发挥节能作用。房间实现自然通风的必要条件是外门窗有足够的通风开口。

10）可再生能源建筑应用

（1）可再生能源种类：太阳能光热和光伏、风能发电、地源热泵等。

（2）可再生能源建筑应用系统：热水、照明、采暖等。

（3）可再生能源建筑应用规定：

① 对当地环境资源条件和技术经济的分析。例如太阳能热水系统，技术比较成熟，但由于太阳辐照时间的差异，如果投资回报周期太长，就不适合采用。又如，地源热泵系统，在夏热冬暖地区，由于冷热的不平衡，效率逐年下降，也不适合采用。

② 可再生能源利用设施应与主体工程同步设计（包括同步施工、同步验收）。

③ 光热或光伏与建筑一体化系统不应影响建筑外围护结构的建筑功能。

④ 太阳能集热器和光伏组件的设置应避免受自身或建筑本体的遮挡。在冬至日采光面上的日照时数，太阳能集热器不应少于 4h，光伏组件不宜少于 3h。

2. 居住建筑节能设计

居住建筑用能耗能的主要方面：照明、炊事、热水、采暖空调、电视电脑等家电产品。其中，采暖空调占比最大，尤其是北方采暖能耗最大，是居住建筑节能设计的重点。居住建筑用能特点决定了建筑围护结构的热工设计是居住建筑节能设计的重点。

1）居住建筑节能设计标准

1+4 个标准覆盖 5 个热工分区：

《建筑节能和可再生能源通用规范》GB 55015—2021

《严寒和寒冷地区居住建筑节能设计标准》JGJ 26

《夏热冬冷地区居住建筑节能设计标准》JGJ 134

《夏热冬暖地区居住建筑节能设计标准》JGJ 75

《温和地区居住建筑节能设计标准》JGJ 475

2）居住建筑节能设计主要内容

（1）建筑围护结构节能设计

（2）设备专业节能设计

（3）可再生能源的建筑应用

3）居住建筑节能设计标准主要内容简介

（1）《严寒和寒冷地区居住建筑节能设计标准》JGJ 26—2018

① 节能设计目标

1.0.3 严寒和寒冷地区居住建筑应进行节能设计，应在保证室内热环境质量的前提下，通过建筑热工和暖通设计将供暖能耗控制在规定的范围内。通过给水排水及电气系统的节能设计，提高建筑物给水排水、照明和电气系统的用能效率。

② 设计能耗

3.0.2 主要城镇新建居住建筑设计供暖年累计热负荷和能耗水平见本标准附录 A。

③ 建筑与围护结构设计要点

节能设计原则：

4.1.1 建筑群的总体布置，单体建筑的平面、立面设计，应考虑冬季利用日照并避开冬季主导风向，严寒和寒冷 A 区建筑的出入口应考虑防风设计，寒冷 B 区应考虑夏季通风。

4.1.2 建筑物宜朝向南北或接近朝向南北。建筑物不宜设有三面外墙的房间，一个房间不宜在不同方向的墙面上设置两个或更多的窗。

体形系数限值：

4.1.3 严寒和寒冷地区居住建筑的体形系数不应大于表 4.1.3 规定的限值。当体形系数大于表 4.1.3 规定的限值时，必须按本标准第 4.3 节的规定进行围护结构热工性能的权衡判断（**强制性条文。2022 年 4 月 1 日起废止，执行 GB 55015 相关条文规定**）。

体形系数限值 **表 4.1.3**

气候区	建筑层数	
	≤3 层	≥4 层
严寒（1 区）	0.55	0.30
严寒（2 区）	0.57	0.33

窗墙面积比限值：

4.1.4 严寒和寒冷地区居住建筑的窗墙面积比不应大于表 4.1.4 规定的限值。当窗墙面积比大于表 4.1.4 规定的限值时，必须按本标准第 4.3 节的规定进行围护结构热工性能的权衡判断（**强制性条文。2022 年 4 月 1 日起废止，执行 GB 55015 相关条文规定**）。

窗墙面积比限值 **表 4.1.4**

朝向	窗墙面积比	
	严寒（1 区）	严寒（2 区）
北	0.25	0.30
东、西	0.30	0.35
南	0.45	0.50

注：1 敞开式阳台的阳台门上部透光部分应计入窗户面积，下部不透光部分不应计入窗户面积。

2 表中的窗墙面积比应按开间计算。表中的“北”代表从北偏东小于 60°至北偏西小于 60°的范围；“东、西”代表从东或西偏北小于等于 30°至偏南小于 60°的范围；“南”代表从南偏东小于等于 30°至偏西小于等于 30°的范围。

屋面天窗：

4.1.5 严寒地区居住建筑的屋面天窗与该房间屋面面积的比值不应大于 0.10，寒冷地区不应大于 0.15（**强制性条文。2022 年 4 月 1 日起废止，执行 GB 55015 相关条文规定**）。

4.1.14 建筑物上安装太阳能热利用或太阳能光伏发电系统，不得降低本建筑和相邻建筑的日照标准。

外围护结构热工性能参数限值：

4.2.1 根据建筑物所处城市的气候分区区属不同，建筑外围护结构的传热系数不应大于表 4.2.1-1～表 4.2.1-5 规定的限值，周边地面和地下室外墙的保温材料层热阻不应小于表 4.2.1-1～表 4.2.1-5 规定的限值。当建筑外围护结构的热工性能参数不满足上述规定时，必须按照本标准第 4.3 节的规定进行围护结构热工性能的权衡判断（**强制性条文。2022 年 4 月 1 日起废止，执行 GB 55015 相关条文规定**）。

严寒 A 区（1A 区）外围护结构热工性能参数限值 **表 4.2.1-1**

围护结构部位	传热系数	
	≤3 层	≥4 层
屋面	0.15	0.15
外墙	0.25	0.35
架空或外挑楼板	0.25	0.35

续表

围护结构部位		传热系数	
		≤3 层	≥4 层
外窗	窗墙面积比≤0.3	1.4	1.6
	0.3<窗墙面积比≤0.45	1.4	1.6
屋面天窗		1.4	
围护结构部位		保温材料热层阻值	
周边地面		2.0	2.0
地下室外墙（与土壤接触部分外墙）		2.0	2.0

严寒 B 区（1B 区）外围护结构热工性能参数限值　　表 4.2.1-2

围护结构部位		传热系数	
		≤3 层	≥4 层
屋面		0.20	0.20
外墙		0.25	0.35
架空或外挑楼板		0.25	0.35
外窗	窗墙面积比≤0.3	1.4	1.8
	0.3<窗墙面积比≤0.45	1.4	1.6
屋面天窗		1.4	
围护结构部位		保温材料热层阻值	
周边地面		1.8	1.8
地下室外墙（与土壤接触部分外墙）		2.0	2.0

严寒 C 区（1C 区）外围护结构热工性能参数限值　　表 4.2.1-3

围护结构部位		传热系数	
		≤3 层	≥4 层
屋面		0.20	0.20
外墙		0.30	0.40
架空或外挑楼板		0.30	0.40
外窗	窗墙面积比≤0.3	1.6	1.8
	0.3<窗墙面积比≤0.45	1.4	1.6
屋面天窗		1.6	
围护结构部位		保温材料热层阻值	
周边地面		1.8	1.8
地下室外墙（与土壤接触部分外墙）		2.0	2.0

寒冷 A 区（2A 区）外围护结构热工性能参数限值 **表 4.2.1-4**

<table>
<tr><td colspan="2" rowspan="2">围护结构部位</td><td colspan="2">传热系数</td></tr>
<tr><td>≤3 层</td><td>≥4 层</td></tr>
<tr><td colspan="2">屋面</td><td>0.25</td><td>0.25</td></tr>
<tr><td colspan="2">外墙</td><td>0.35</td><td>0.45</td></tr>
<tr><td colspan="2">架空或外挑楼板</td><td>0.35</td><td>0.45</td></tr>
<tr><td rowspan="2">外窗</td><td>窗墙面积比≤0.3</td><td>1.8</td><td>2.2</td></tr>
<tr><td>0.3<窗墙面积比≤0.45</td><td>1.5</td><td>2.0</td></tr>
<tr><td colspan="2">屋面天窗</td><td colspan="2">1.8</td></tr>
<tr><td colspan="2">围护结构部位</td><td colspan="2">保温材料热层阻值</td></tr>
<tr><td colspan="2">周边地面</td><td>1.6</td><td>1.6</td></tr>
<tr><td colspan="2">地下室外墙（与土壤接触部分外墙）</td><td>1.8</td><td>1.8</td></tr>
</table>

寒冷 B 区（2B 区）外围护结构热工性能参数限值 **表 4.2.1-5**

<table>
<tr><td colspan="2" rowspan="2">围护结构部位</td><td colspan="2">传热系数</td></tr>
<tr><td>≤3 层</td><td>≥4 层</td></tr>
<tr><td colspan="2">屋面</td><td>0.20</td><td>0.20</td></tr>
<tr><td colspan="2">外墙</td><td>0.30</td><td>0.40</td></tr>
<tr><td colspan="2">架空或外挑楼板</td><td>0.30</td><td>0.40</td></tr>
<tr><td rowspan="2">外窗</td><td>窗墙面积比≤0.3</td><td>1.6</td><td>1.8</td></tr>
<tr><td>0.3<窗墙面积比≤0.45</td><td>1.4</td><td>1.6</td></tr>
<tr><td colspan="2">屋面天窗</td><td colspan="2">1.6</td></tr>
<tr><td colspan="2">围护结构部位</td><td colspan="2">保温材料热层阻值</td></tr>
<tr><td colspan="2">周边地面</td><td>1.5</td><td>1.5</td></tr>
<tr><td colspan="2">地下室外墙（与土壤接触部分外墙）</td><td>1.6</td><td>1.6</td></tr>
</table>

注：1 周边地面和地下室外墙的保温材料层不包括土壤和其他构造层。

2 外墙（含地下室外墙）保温层应深入室外地坪以下，并超过当地冻土层的深度。

4.2.2 内围护结构热工性能参数限值不应大于表 4.2.2-1、表 4.2.2-2 的规定。

内围护结构热工性能参数限值 **表 4.2.2-1**

<table>
<tr><td rowspan="2">围护结构部位</td><td colspan="4">传热系数</td></tr>
<tr><td>严寒 A 区（1A 区）</td><td>严寒 B 区（1B 区）</td><td>严寒 C 区（1C 区）</td><td>寒冷 A、B 区（2A2B）</td></tr>
<tr><td>阳台门下部门芯板</td><td>1.2</td><td>1.2</td><td>1.2</td><td>1.5</td></tr>
<tr><td>非供暖地下室顶板</td><td>0.35</td><td>0.40</td><td>0.45</td><td>0.50</td></tr>
<tr><td>分隔供暖和非供暖房间的隔墙、楼板</td><td>1.2</td><td>1.2</td><td>1.5</td><td>1.5</td></tr>
<tr><td>分隔供暖和非供暖房间的户门</td><td>1.5</td><td>1.5</td><td>1.5</td><td>2.0</td></tr>
<tr><td>分隔供暖设计温差大于 5K 的隔墙、楼板</td><td>1.5</td><td>1.5</td><td>1.5</td><td>1.5</td></tr>
</table>

寒冷B区（2B区）夏季外窗太阳得热系数的限值 **表4.2.2-2**

外窗的窗墙面积比	夏季太阳得热系数（东、西向）
20%<窗墙面积比≤30%	—
30%<窗墙面积比≤40%	0.55
40%<窗墙面积比≤50%	0.50

外窗气密性：

4.2.6 外窗及敞开式阳台门应具有良好的密闭性能。严寒和寒冷地区外窗及敞开式阳台门的气密性等级不应低于国家标准《建筑外门窗气密、水密、抗风压性能分级及检测方法》GB/T 7106—2008 中规定的6级（**强制性条文。2022年4月1日起废止，执行GB 55015相关条文规定**）。

需要采取保温措施的部位：

封闭阳台、外窗（门）框（或附框）与墙体之间的缝隙、外窗（门）洞口的侧墙面、当外窗（门）的安装采用金属附框时的附框、外墙与屋面的热桥部位、变形缝、地下室外墙、外窗（门）框周边、穿墙管线和洞口、装配式建筑的构件连接处。

④ 建筑围护结构热工性能的权衡判断

进行权衡判断的设计建筑，建筑及围护结构的热工性能不得低于以下基本要求：

1 窗墙面积比最大值不应超过表4.3.2-1的限值；

窗墙面积比最大值 **表4.3.2-1**

朝向	严寒地区1区	严寒地区2区	
北	0.35	0.40	
东、西	0.45	0.50	
南	0.55	0.60	

2 屋面、地面、地下室外墙的热工性能应满足本标准第4.2.1条规定的限值；

3 外墙、架空或外挑楼板和外窗传热系数最大值不应超过表4.3.2-2的限值。

外墙、架空或外挑楼板和外窗传热系数*K*最大值 **表4.3.2-2**

热工区划	外墙 $K/[W/(m^2 \cdot K)]$	外挑楼板 $K/[W/(m^2 \cdot K)]$	外窗 $K/[W/(m^2 \cdot K)]$
严寒A区（1区）	0.40	0.40	2.0
严寒B区（1B区）	0.45	0.45	2.2
严寒C区（1C区）	0.50	0.50	2.2
寒冷A区（2区）	0.60	0.60	2.5
寒冷B区（2B区）	0.60	0.60	2.5

建筑物供暖能耗的计算应计算围护结构（包括热桥部位）传热、太阳辐射得热、建筑内部得热、通风热损失四部分形成的负荷，计算中应考虑建筑热惰性对负荷的影响。

⑤ 可再生能源应用

采暖热源：太阳能+预热联供、空气源热泵、地源热泵。相关条文：5.1.3条第2款。

热水热源：寒冷地区12层及以下住宅，所有用户均应设置太阳能热水系统，12层以上住宅，可为12个楼层的住户设置太阳能热水系统。相关条文：6.2.11条第2款。

(2)《夏热冬冷地区居住建筑节能设计标准》JGJ 134—2010

该标准正在修订，修订内容变化较大，暂缓介绍。

(3)《夏热冬暖地区居住建筑节能设计标准》JGJ 75—2012

该标准正在修订，修订内容变化较大，暂缓介绍。

(4)《温和地区居住建筑节能设计标准》JGJ 475—2019

①节能设计目标

1.0.3 温和地区居住建筑应采取节能设计，并应在满足室内热环境要求的前提下，通过建筑热工和暖通空调节能设计使能耗控制在规定的范围内。

② 气候子区与室内节能设计计算指标

3.0.1 温和地区建筑热工设计分区应符合表 3.0.1 的规定，并应符合现行国家标准《民用建筑热工设计规范》GB 50176 的规定。

温和地区建筑热工设计分区　　表 3.0.1

温和地区气候子区	分区指标		典型城镇（按 *HDD* 值排序）
温和 A 区	*CDD*26＜10	700≤*HDD*18＜2000	会泽、丽江、贵阳、独山、曲靖、兴义、会理、泸西、大理、广南、腾冲、昆明、西昌、保山、楚雄
温和 B 区		*HDD*18＜700	临昌、蒙自、江城、狄马、普洱、澜昌、瑞丽

③ 节能设计一般要求

总体规划和建筑单体设计：

4.1.1 建筑群的总体规划和建筑单体设计，宜利用太阳能改善室内热环境，并宜满足夏季自然通风和建筑遮阳的要求。建筑物的主要房间开窗宜避开冬季主导风向。山地建筑的选址宜避开背阴的北坡地段。

4.1.2 居住建筑的朝向宜为南北向或接近南北向。

体形系数限值：

4.1.3 温和 A 区居住建筑的体形系数限值不应大于表 4.1.3 的规定。当体形系数限值大于表 4.1.3 的规定时，应进行建筑围护结构热工性能的权衡判断，并应符合本标准第 5 章的规定。

温和 A 区居住建筑体形系数限值　　表 4.1.3

建筑层数	≤3 层	(4～6) 层	(7～11) 层	＞12 层
建筑的体形系数	0.55	0.45	0.45	0.35

屋顶和外墙的隔热措施：

4.1.4 居住建筑的屋顶和外墙可采取下列隔热措施：

1 宜采用浅色外饰面等反射隔热措施；

2 东、西外墙宜采用花格构件或植物等遮阳；

3 宜采用屋面遮阳或通风屋顶；

4 宜采用种植屋面；

5 可采用蓄水屋面。

太阳能利用：

4.1.5 对冬季日照率不小于70%，且冬季月均太阳辐射量不少于400MJ/m² 的地区，应进行被动式太阳能利用设计；对冬季日照率大于55%但小于70%，且冬季月均太阳辐射量不少于350MJ/m² 的地区，宜进行被动式太阳能利用设计。温和地区典型城镇的太阳辐射数据的选取可按本标准附录A执行（**强制性条文。2022年4月1日起废止，执行GB 55015相关条文规定**）。

④ 围护结构热工设计

4.2.1 温和A区居住建筑非透光围护结构各部位的平均传热系数（K_m）、热惰性指标（D）应符合表4.2.1-1的规定；当指标不符合规定的限值时，必须按本标准第5章的规定进行建筑围护结构热工性能的权衡判断。温和B区居住建筑非透光围护结构各部位的平均传热系数（K_m）必须符合表4.2.1-2的规定。平均传热系数的计算方法应符合本标准附录B的规定。

温和A区居住建筑围护结构各部位平均传热系数（K_m）和热惰性指标（D）限值 **表4.2.1-1**

围护结构部位		平均传热系数 K/[W/(m²·K)]	
		热惰性指标≤2.5	热惰性指标>2.5
体形系数≤0.45	屋面	0.8	1.0
	外墙	1.0	1.5
体形系数>0.45	屋面	0.5	0.6
	外墙	0.8	1.0

温和B区居住建筑围护结构各部位平均传热系数（K_m）限值 **表4.2.1-2**

围护结构部位	平均传热系数 K/[W/(m²·K)]
屋面	1.0
外墙	2.0

4.2.2 温和A区不同朝向外窗（包括阳台门的透明部分）的窗墙面积比不应大于表4.2.2-1规定的限值。不同朝向、不同窗墙面积比的外窗传热系数不应大于表4.2.2-2规定的限值。当外窗为凸窗时，凸窗的传热系数限值应比表4.2.2-2规定提高一档；计算窗墙面积比时，凸窗的面积应按洞口面积计算。当设计建筑的窗墙面积比或传热系数不符合表4.2.2-1和表4.2.2-2的规定时，应按本标准第5章的规定进行建筑围护结构热工性能的权衡判断。温和B区居住建筑外窗的传热系数应小于4.0W/(m²·K)。温和地区的外窗综合遮阳系数必须符合本标准4.4.3条的规定（**强制性条文。2022年4月1日起废止，执行GB 55015相关条文规定**）。

窗墙比

温和A区不同朝向外窗的窗墙面积比限值 **表4.2.2-1**

朝向	窗墙面积比
北	0.40
东、西	0.35

续表

朝向	窗墙面积比
南	0.50
水平天窗	0.10
每套允许一个房间（非水平方向）	0.60

温和 A 区不同朝向、不同窗墙面积比的外窗传热系数限值　　表 4.2.2-2

建筑	窗墙比	传热系数 $K/[W/(m^2 \cdot K)]$
体形系数≤0.45	窗墙比≤0.30	3.8
	0.30<窗墙比≤0.40	3.2
	0.40<窗墙比≤0.45	2.8
	0.45<窗墙比≤0.60	2.5
体形系数>0.45	窗墙比≤0.20	3.8
	0.20<窗墙比≤0.30	3.2
	0.30<窗墙比≤0.40	2.8
	0.40<窗墙比≤0.45	2.5
	0.45<窗墙比≤0.60	2.3
水平向天窗		3.5

注：1　表中的“东、西”代表从东或西偏北 30°（含 30°）至偏南 60°（含 60°）的范围；“南”代表从南偏东 30°至偏西 30°的范围。

2　楼梯间、外走廊的窗可不按本表规定执行。

气密性

4.2.3　温和 A 区居住建筑 1 层～9 层的外窗及敞开式阳台门的气密性等级不应低于 4 级；10 层及以上的外窗及敞开式阳台门的气密性等级不应低于 6 级。温和 B 区居住建筑的外窗及敞开阳台门的气密性等级不应低于 4 级。气密性等级的检测应符合现行国家标准《建筑外门窗气密、水密、抗风压性能检测方法》GB/T 7106 的规定。

⑤ 围护结构热工性能的权衡判断

围护结构热工性能的权衡判断基本条件：

5.0.1　当温和 A 区设计建筑不符合本标准第 4.1.3、4.2.1 和 4.2.2 条中的规定时，应按本章的规定对设计建筑进行围护结构热工性能的权衡判断。进行权衡判断的温和 A 区居住建筑围护结构热工性能基本要求应符合表 5.0.1 的规定。

温和 A 区居住建筑围护结构热工性能基本要求　　表 5.0.1

围护结构部位		传热系数 $K/[W/(m^2 \cdot K)]$	
		热惰性指标≤2.5	热惰性指标>2.5
屋面		0.80	2.0
外墙		1.2	1.8
外窗	窗墙面积比≤0.3	3.8	
	窗墙面积比>0.30	3.2	
屋面天窗		3.5	

参照建筑的构建要求：详见 5.0.4 条规定。

⑥ 可再生能源应用

相关条文如下：

6.0.2　居住建筑供暖方式及其设备的选择，应根据建筑的用能需求结合当地能源情况、用户对设备运行费用的承担能力等进行综合技术经济分析确定，宜选用太阳能、地热能等可再生能源。

6.0.9　对年日照时数大于 2000h，且年太阳辐射量大于 $4500MJ/m^2$ 的地区，12 层及以下的居住建筑，应采用太阳能热水系统。温和地区典型城镇的太阳辐射数据的选取可按本标准附录 A 执行。

6.0.10　当选用土壤源热泵热水系统、浅层地下水源热泵系统、地表水（淡水、海水）源热泵系统、污水水源热泵系统作为热源时，不应破坏、污染地下资源。

3. 公共建筑节能设计

1）概述

（1）公共建筑类型：包括办公建筑（如写字楼、政府办公楼等），商业建筑（如商场、超市、金融建筑等），酒店建筑（如宾馆、饭店、娱乐场所等），科教文卫建筑（如文化、教育、科研、医疗、卫生、体育建筑等），通信建筑（如邮电、通信、广播用房等）以及交通运输建筑（如机场、车站等）。其中办公建筑、商场建筑，酒店建筑、医疗卫生建筑、教育建筑等几类建筑存在许多共性，而且其能耗较高，节能潜力大。

（2）公共建筑耗能特点：在公共建筑的全年能耗中，供暖空调系统的能耗约占 40%～50%，照明能耗约占 30%～40%，其他用能设备约占 10%～20%。而在供暖空调能耗中，外围护结构传热所导致的能耗约占 20%～35%（夏热冬暖地区大约 20%，夏热冬冷地区大约 35%）。与居住建筑比较，公共建筑用能设备种类多，能耗大。

（3）公共建筑节能设计的对象：改善建筑围护结构保温、隔热性能；提高供暖、通风和空气调节设备、系统的能效比；增进照明设备效率；改善水泵能效；可再生能源建筑应用。

（4）公共建筑节能设计的原则和目标：公共建筑的节能设计，必须结合当地的气候条件，在保证室内环境质量，满足人们对室内舒适度要求的前提下，提高围护结构保温隔热能力，提高供暖、通风、空调和照明等系统的能源利用效率；在保证经济合理、技术可行的同时实现国家的可持续发展和能源发展战略，完成公共建筑承担的节能任务。在保证相同的室内热环境舒适参数条件下，与 20 世纪 80 年代初设计建成的公共建筑相比，全年采暖、通风空气调节和照明的总能耗应减少 60%。

2）《公共建筑节能设计标准》GB 50189—2015

该标准为公共建筑节能设计现行国家标准，复习要点如下。

（1）公共建筑分类

在公共建筑节能设计标准中把公共建筑分为甲、乙两类：

甲类公共建筑：单栋建筑面积大于 $300m^2$ 的建筑，或单栋建筑面积小于或等于 $300m^2$ 但总建筑面积大于 $1000m^2$ 的建筑群；

乙类公共建筑：单栋建筑面积小于或等于 $300m^2$ 的建筑。

相关条文:

3.1.1 公共建筑分类应符合下列规定:

1 单栋建筑面积大于300m² 的建筑,或单栋建筑面积小于或等于300m² 但总建筑面积大于1000m² 的建筑群,应为甲类公共建筑;

2 单栋建筑面积小于或等于300m² 的建筑,应为乙类公共建筑。

(2) 建筑热工设计分区

分区与热工设计规范吻合,设5个分区但以代表城市名称表示:严寒地区(含严寒地区A区、含严寒地区B区、含严寒地区C区)、寒冷地区(含寒冷地区A区、寒冷地区B区)、夏热冬冷地区(含夏热冬冷A区、夏热冬冷B区)、夏热冬暖地区(含夏热冬暖A区、夏热冬暖B区)、温和地区(含温和地区A区、温和地区B区)。

3.1.2 代表城市的建筑热工设计分区应按表3.1.2确定。

代表城市建筑热工设计分区 表3.1.2

气候分区及气候子区		代表城市
严寒地区	严寒A区	博克图、伊春、呼玛、海拉尔、满洲里、阿尔山、玛多、黑河、嫩江、海伦、齐齐哈尔、富锦、哈尔滨、牡丹江、大庆、安达、佳木斯、二连浩特、多伦、大柴旦、阿勒泰、那曲
	严寒B区	
	严寒C区	长春、通化、延吉、通辽、四平、抚顺、阜新、沈阳、本溪、鞍山、呼和浩特、包头、鄂尔多斯、赤峰、额济纳旗、大同、乌鲁木齐、克拉玛依、酒泉、西宁、日喀则、甘孜、康定
寒冷地区	寒冷A区	丹东、大连、张家口、承德、唐山、青岛、洛阳、太原、阳泉、晋城、天水、榆林、延安、宝鸡、银川、平凉、兰州、喀什、伊宁、阿坝、拉萨、林芝、北京、天津、石家庄、保定、邢台、济南、德州、兖州、郑州、安阳、徐州、运城、西安、咸阳、吐鲁番、库尔勒、哈密
	寒冷B区	
夏热冬冷地区	夏热冬冷A区	南京、蚌埠、盐城、南通、合肥、安庆、九江、武汉、黄石、岳阳、汉中、安康、上海、杭州、宁波、温州、宜昌、长沙、南昌、株洲、永州、赣州、韶关、桂林、重庆、达县、万州、涪陵、南充、宜宾、成都、遵义、凯里、绵阳、南平
	夏热冬冷B区	
夏热冬暖地区	夏热冬暖A区	福州、莆田、龙岩、梅州、兴宁、英德、河池、柳州、贺州、泉州、厦门、广州、深圳、湛江、汕头、南宁、北海、梧州、海口、三亚
	夏热冬暖B区	
温和地区	温和A区	昆明、贵阳、丽江、会泽、腾冲、保山、大理、楚雄、曲靖、泸西、屏边、广南、兴义、独山
	温和B区	瑞丽、耿马、临沧、澜沧、思茅、江城、蒙自

(3) 建筑群总体规划、建筑总平面设计及平面布置

建筑群的总体规划应考虑减轻热岛效应。建筑的总体规划和总平面设计应有利于自然通风和冬季日照。建筑的主朝向宜选择本地区最佳朝向或适宜朝向,且宜避开冬季主导风向。

建筑的朝向、方位以及建筑总平面设计应综合考虑社会历史文化、地形、城市规划、道路、环境等多方面因素,权衡分析各个因素之间的得失轻重,优化建筑的规划设计,采用本地区建筑最佳朝向或适宜的朝向,尽量避免东西向日晒。就是说在冬季最大限度地利用日照,多获得热量,避开主导风向,减少建筑物外表面热损失;夏季和过渡季最大限度

地减少得热并利用自然能来降温冷却，以达到节能的目的。因此，建筑的节能设计应考虑日照、主导风向、自然通风、朝向等因素。尤其是严寒和寒冷地区，建筑的规划设计更应有利于日照并避开冬季主导风向。

相关条文：

3.1.3　建筑群的总体规划应考虑减轻热岛效应。建筑的总体规划和总平面设计应有利于自然通风和冬季日照。建筑的主朝向宜选择本地区最佳朝向或适宜朝向，且宜避开冬季主导风向。

3.1.4　建筑设计应遵循被动节能措施优先的原则，充分利用天然采光、自然通风，结合围护结构保温隔热和遮阳措施，降低建筑的用能需求。

3.1.5　建筑体形宜规整紧凑，避免过多的凹凸变化。

建筑总平面设计及平面布置应合理确定能源设备机房的位置，缩短能源供应输送距离。同一公共建筑的冷热源机房宜位于或靠近冷热负荷中心位置集中设置。

3.1.6 建筑总平面设计及平面布置应合理确定能源设备机房的位置，缩短能源供应输送距离。同一公共建筑的冷热源机房宜位于或靠近冷热负荷中心位置集中设置。

（4）建筑节能设计一般要求

建筑体形系数

建筑体形宜规整紧凑，避免过多的凹凸变化。以体形系数提出要求。

相关条文：

3.2.1 严寒和寒冷地区公共建筑体形系数应符合表 3.2.1 的规定。**（该条为强制性条文。2022 年 4 月 1 日起废止，执行 GB 55015 相关条文规定。）**

严寒和寒冷地区公共建筑体形系数　　表 3.2.1

单栋建筑面积/m^2	建筑体形系数
$300<A\leqslant800$	≤0.50
$A>800$	≤0.40

严寒和寒冷地区建筑体形的变化直接影响建筑供暖能耗的大小。建筑体形系数越大，单位建筑面积对应的外表面面积越大，热损失越大。

窗墙面积比

相关条文：

3.2.2 严寒地区甲类公共建筑各单一立面窗墙面积比（包括透光幕墙）均不宜大于 0.60；其他地区甲类公共建筑各单一立面窗墙面积比（包括透光幕墙）均不宜大于0.70。

3.2.4　甲类公共建筑单一立面窗墙面积比小于 0.40 时，透光材料的可见光透射比不应小于 0.60；甲类公共建筑单一立面窗墙面积比大于等于 0.40 时，透光材料的可见光透射比不应小于 0.40。

建筑遮阳

夏热冬暖、夏热冬冷、温和地区的建筑各朝向外窗（包括透光幕墙）均应采取遮阳措施；寒冷地区的建筑宜采取遮阳措施。当设置外遮阳时应符合下列规定：

东西向宜设置活动外遮阳，南向宜设置水平外遮阳；

建筑外遮阳装置应兼顾通风及冬季日照。

相关条文：

3.2.5 夏热冬暖、夏热冬冷、温和地区的建筑各朝向外窗（包括透光幕墙）均应采取遮阳措施；寒冷地区的建筑宜采取遮阳措施。当设置外遮阳时应符合下列规定：

1 东西向宜设置活动外遮阳，南向宜设置水平外遮阳；

2 建筑外遮阳装置应兼顾通风及冬季日照。

3.2.6 建筑立面朝向的划分应符合下列规定 **（2022 年 4 月 1 日起执行 GB 55015 附录 B 相关规定）：**

1 北向应为北偏西 60°至北偏东 60°；

2 南向应为南偏西 30°至南偏东 30°；

3 西向应为西偏北 30°至西偏南 60°（包括西偏北 30°和西偏南 60°）；

4 东向应为东偏北 30°至东偏南 60°（包括东偏北 30°和东偏南 60°）。

① 屋顶透光部分面积

相关条文

3.2.7 甲类公共建筑的屋顶透光部分面积不应大于屋顶总面积的 20%。当不能满足本条的规定时，必须按本标准规定的方法进行权衡判断。

该条为强制性条文，必须严格执行。2022 年 4 月 1 日起废止，执行 GB 55015 相关条文规定。

② 外窗（包括透光幕墙）有效通风换气面积

相关条文：

3.2.8 单一立面外窗（包括透光幕墙）的有效通风换气面积应符合下列规定；

1 甲类公共建筑外窗（包括透光幕墙）应设可开启窗扇，其有效通风换气面积不宜小于所在房间外墙面积的 10%；当透光幕墙受条件限制无法设置可开启窗扇时，应设置通风换气装置。

2 乙类公共建筑外窗有效通风换气面积不宜小于窗面积的 30%。

3.2.9 外窗（包括透光幕墙）的有效通风换气面积应为开启扇面积和窗开启后的空气流通界面面积的较小值。

甲类公共建筑外窗（包括透光幕墙）应设可开启窗扇，其有效通风换气面积不宜小于所在房间外墙面积的 10%；当透光幕墙受条件限制无法设置可开启窗扇时，应设置通风换气装置。

乙类公共建筑外窗有效通风换气面积不宜小于窗面积的 30%。

③ 外窗有效通风面积计算

外窗（包括透光幕墙）的有效通风换气面积应为开启扇面积和窗开启后的空气流通界面面积的较小值。

对于推拉窗，开启扇有效通风换气面积是窗面积的 50%；对于平开窗（内外），开启扇有效通风换气面积是窗面积的 100%。悬扇根据开启角度进行计算。

建筑中庭应充分利用自然通风降温，并可设置机械排风装置加强自然补风。

④ 外门保温

相关条文：

3.2.10 严寒地区建筑的外门应设置门斗；寒冷地区建筑面向冬季主导风向的外门应设置门斗或双层外门，其他外门宜设置门斗或应采取其他减少冷风渗透的措施；夏热冬冷、夏热冬暖和温和地区建筑的外门应采取保温隔热措施。

⑤ 建筑天然采光

建筑设计应充分利用天然采光，以减少人工照明的电耗。天然采光不能满足照明要求的场所，宜采用导光、反光等装置将自然光引入室内。房间的内表面（顶棚、墙面、地面）可见光反射比可提高采光性能。

相关条文：

3.2.12 建筑设计应充分利用天然采光。天然采光不能满足照明要求的场所，宜采用导光、反光等装置将自然光引入室内。

(5) 建筑围护结构热工性能设计

采用热工性能良好的建筑围护结构是降低公共建筑能耗的重要途径之一。公共建筑节能设计标准通过对围护结构热工参数的约束来提高节能效果。

公共建筑围护结构热工参数限值为强制性条文，必须严格执行。

限值的热工参数有：传热系数 K、热阻、遮阳系数、太阳得热系数。

相关条件参数有：体形系数、窗墙面积比、热惰性指标 D。严寒地区和寒冷地区甲类标准传热系数 K 限值的围护结构部位：屋面、外墙（包括非透光幕墙）、底面接触室外空气的架空和外挑楼板、地下车库与采暖房间之间的楼板、非采暖房间与采暖房间的隔墙、单一立面外窗（包括透光幕墙）。

围护结构部位保温材料层热阻 R［$(m^2 \cdot K)/W$］限值的部位：周边地面、供暖地下室与土壤接触的外墙、变形缝（两侧墙内保温时）。

传热系数 K 限值主要与建筑体形系数有关，建筑体形系数较小时，传热系数较大（较为容易），体形系数较大时，传热系数较小，要求更为严格。

夏热冬冷和夏热冬暖地区：屋面、外墙（包括非透光幕墙）、底面接触室外空气的架空和外挑楼板、单一立面外窗（包括透光幕墙）、屋顶透明部分。

温和地区：屋面、外墙（包括非透光幕墙）、屋顶透明部分。

甲类公共建筑太阳得热系数（*SHGC*）：

公共建筑太阳得热系数限值部位：外窗或透光幕墙、屋顶透明部分等（严寒地区除外）。

夏热冬暖和夏热冬冷地区，空调期太阳辐射得热是建筑能耗的主要原因，因此，对窗和幕墙的玻璃（或其他透光材料）的太阳得热系数的要求严于北方地区。

相关条文：

3.3.1 根据建筑热工设计的气候分区，甲类公共建筑的围护结构热工性能应分别符合表 3.3.1-1～表 3.3.1-6 的规定。当不能满足本条的规定时，必须按本标准规定的方法进行权衡判断。**（该条文为强制性条文。2022 年 4 月 1 日起废止，执行 GB 55015 相关条文规定）**

严寒 A、B 区甲类公共建筑围护结构热工性能限值　　　表 3.3.1-1

围护结构部位	体形系数≤0.30	0.3<体形系数≤0.50
	传热系数 K/[W/(m^2·K)]	
屋面	≤0.28	≤0.25
外墙（包括非透明幕墙）	≤0.30	≤0.35

续表

围护结构部位		体形系数≤0.30	0.3<体形系数≤0.50
		传热系数 K/[W/(m^2·K)]	
底面接触室外空气的架空或外挑楼板		≤0.38	≤0.35
地下车库与供暖房间之间的楼板		≤0.50	≤0.50
非供暖楼梯间与供暖房间之间的隔墙		≤1.20	≤1.20
单一立面外窗（包括透光幕墙）	窗墙面积比≤0.2	≤2.7	≤2.5
	0.2<窗墙面积比≤0.3	≤2.5	≤2.3
	0.3<窗墙面积比≤0.4	≤2.2	≤2.0
	0.4<窗墙面积比≤0.5	≤1.9	≤1.7
	0.5<窗墙面积比≤0.6	≤1.6	≤1.4
	0.6<窗墙面积比≤0.7	≤1.5	≤1.4
	0.7<窗墙面积比≤0.8	≤1.4	≤1.3
	窗墙面积比>0.8	≤1.3	≤1.2
屋顶透明部分（屋顶透明部分面积≤20%）		≤2.2	
围护结构部位		保温材料层热阻 R/[(m^2·K)/W]	
周边地面		≥1.1	
供暖地下室与土壤接触的外墙		≥1.2	
变形缝（两侧墙内保温时）		≥1.2	

严寒C区甲类公共建筑围护结构热工性能限值 **表3.3.1-2**

围护结构部位		体形系数≤0.30	0.3<体形系数≤0.50
		传热系数 K /[W/(m^2·K)]	
屋面		≤0.35	≤0.28
外墙（包括非透明幕墙）		≤0.43	≤0.38
底面接触室外空气的架空或外挑楼板		≤0.43	≤0.38
地下车库与供暖房间之间的楼板		≤0.70	≤0.70
非供暖楼梯间与供暖房间之间的隔墙		≤1.50	≤1.50
单一立面外窗（包括透光幕墙）	窗墙面积比≤0.2	≤2.9	≤2.7
	0.2<窗墙面积比≤0.3	≤2.6	≤2.4
	0.3<窗墙面积比≤0.4	≤2.3	≤2.1
	0.4<窗墙面积比≤0.5	≤2.0	≤1.7
	0.5<窗墙面积比≤0.6	≤1.7	≤1.5
	0.6<窗墙面积比≤0.7	≤1.7	≤1.5
	0.7<窗墙面积比≤0.8	≤1.5	≤1.4
	窗墙面积比>0.8	≤1.4	≤1.3
屋顶透明部分（屋顶透明部分面积≤20%）		≤2.3	
围护结构部位		保温材料层热阻 R/[(m^2·K)/W]	

续表

围护结构部位	体形系数≤0.30	0.3<体形系数≤0.50
	传热系数 K/［W/（m^2·K）］	
周边地面	≥1.1	
供暖地下室与土壤接触的外墙	≥1.1	
变形缝（两侧墙内保温时）	≥1.2	

寒冷地区甲类公共建筑围护结构热工性能限值　　表 3.3.1-3

围护结构部位		体形系数≤0.30		0.3<体形系数≤0.50	
		传热系数 K /［W/（m^2·K）］	太阳得热系数 $SHGC$（东、南、西向/北向）	传热系数 K /［W/（m^2·K）］	太阳得热系数 $SHGC$（东、南、西向/北向）
屋面		≤0.45	—	≤0.40	—
外墙（包括非透明幕墙）		≤0.50	—	≤0.45	—
底面接触室外空气的架空或外挑楼板		≤0.50	—	≤0.45	—
地下车库与供暖房间之间的楼板		≤1.0	—	≤1.0	—
非供暖楼梯间与供暖房间之间的隔墙		≤1.5	—	≤1.5	—
单一立面外窗（包括透光幕墙）	窗墙面积比≤0.2	≤3.0	—	≤2.5	—
	0.2<窗墙面积比≤0.3	≤2.7	≤0.52/—	≤2.2	≤0.52/—
	0.3<窗墙面积比≤0.4	≤2.4	≤0.48/—	≤1.9	≤0.48/—
	0.4<窗墙面积比≤0.5	≤2.0	≤0.43/—	≤1.7	≤0.43/—
	0.5<窗墙面积比≤0.6	≤1.9	≤0.40/—	≤1.7	≤0.40/—
	0.6<窗墙面积比≤0.7	≤1.6	≤0.35/0.60	≤1.5	≤0.35/0.60
	0.7<窗墙面积比≤0.8	≤1.5	≤0.35/0.52	≤1.4	≤0.35/0.52
	窗墙面积比>0.8	≤1.5	≤0.30/0.52	≤1.4	≤0.30/0.52
屋顶透明部分（屋顶透明部分面积≤20%）		≤2.4	≤0.44	≤2.4	≤0.35
围护结构部位		保温材料层热阻 R/［（m^2·K）/W］			
周边地面		≥0.6			
供暖地下室与土壤接触的外墙		≥0.6			
变形缝（两侧墙内保温时）		≥0.9			

夏热冬冷地区甲类公共建筑围护结构热工性能限值　　表 3.3.1-4

围护结构部位		传热系数 K /［W/（m^2·K）］	太阳得热系数 $SHGC$（东、南、西向/北向）
屋面	围护结构热惰性指标 D≤2.5	≤0.40	—
	围护结构热惰性指标 D>2.5	≤0.50	
外墙（包括非透明幕墙）	围护结构热惰性指标 D≤2.5	≤0.60	—
	围护结构热惰性指标 D>2.5	≤0.80	
底面接触室外空气的架空或外挑楼板		≤0.70	—

续表

围护结构部位		传热系数 K /[W/(m² · K)]	太阳得热系数 SHGC（东、南、西向/北向）
单一立面外窗（包括透光幕墙）	窗墙面积比≤0.2	≤3.5	—
	0.2<窗墙面积比≤0.3	≤3.0	≤0.44/0.48
	0.3<窗墙面积比≤0.4	≤2.6	≤0.40/0.44
	0.4<窗墙面积比≤0.5	≤2.4	≤0.35/0.40
	0.5<窗墙面积比≤0.6	≤2.2	≤0.35/0.40
	0.6<窗墙面积比≤0.7	≤2.2	≤0.30/0.35
	0.7<窗墙面积比≤0.8	≤2.0	≤0.26/0.35
	窗墙面积比>0.8	≤1.8	≤0.24/0.30
屋顶透明部分（屋顶透明部分面积≤20%）		≤2.6	≤0.30

夏热冬暖地区甲类公共建筑围护结构热工性能限值 **表 3.3.1-5**

围护结构部位		传热系数 K /[W/(m² · K)]	太阳得热系数 SHGC（东、南、西向/北向）
屋面	围护结构热惰性指标 D≤2.5	≤0.50	—
	围护结构热惰性指标 D>2.5	≤0.80	
外墙（包括非透明幕墙）	围护结构热惰性指标 D≤2.5	≤0.80	—
	围护结构热惰性指标 D>2.5	≤1.5	
底面接触室外空气的架空或外挑楼板		≤1.5	—
单一立面外窗（包括透光幕墙）	窗墙面积比≤0.2	≤5.2	≤0.52/—
	0.2<窗墙面积比≤0.3	≤4.0	≤0.44/0.52
	0.3<窗墙面积比≤0.4	≤3.0	≤0.35/0.44
	0.4<窗墙面积比≤0.5	≤2.7	≤0.35/0.40
	0.5<窗墙面积比≤0.6	≤2.5	≤0.26/0.35
	0.6<窗墙面积比≤0.7	≤2.5	≤0.24/0.30
	0.7<窗墙面积比≤0.8	≤2.5	≤0.22/0.26
	窗墙面积比>0.8	≤2.0	≤0.18/0.26
屋顶透明部分（屋顶透明部分面积≤20%）		≤3.0	≤0.30

温和地区甲类公共建筑围护结构热工性能限值 **表 3.3.1-6**

围护结构部位		传热系数 K /[W/(m² · K)]	太阳得热系数 SHGC（东、南、西向/北向）
屋面	围护结构热惰性指标 D≤2.5	≤0.50	—
	围护结构热惰性指标 D>2.5	≤0.80	
外墙（包括非透明幕墙）	围护结构热惰性指标 D≤2.5	≤0.80	—
	围护结构热惰性指标 D>2.5	≤1.5	

续表

围护结构部位		传热系数 K /[W/(m²·K)]	太阳得热系数 SHGC（东、南、西向/北向）
单一立面外窗（包括透光幕墙）	窗墙面积比≤0.2	≤5.2	—
	0.2<窗墙面积比≤0.3	≤4.0	≤0.44/0.48
	0.3<窗墙面积比≤0.4	≤3.0	≤0.40/0.44
	0.4<窗墙面积比≤0.5	≤2.7	≤0.35/0.40
	0.5<窗墙面积比≤0.6	≤2.5	≤0.35/0.40
	0.6<窗墙面积比≤0.7	≤2.5	≤0.30/0.35
	0.7<窗墙面积比≤0.8	≤2.5	≤0.26/0.35
	窗墙面积比>0.8	≤2.0	≤0.24/0.30
屋顶透明部分（屋顶透明部分面积≤20%）		≤3.0	≤0.30

乙类公共建筑传热系数

乙类公共建筑传热系数 K 限值的围护结构部位：屋面、外墙（包括非透光幕墙）、底面接触室外空气的架空和外挑楼板、非采暖房间与采暖房间的楼板、外窗（包括透光幕墙）、单一立面外窗（包括透光幕墙）、屋顶透明部分。

相关条文：

3.3.2 乙类公共建筑的围护结构热工性能应符合表 3.3.2-1 和表 3.3.2-2 的规定。

乙类公共建筑屋面、外墙、楼板热工性能限值 **表 3.3.2-1**

围护结构部位	传热系数 K /[W/(m²·K)]	
	夏热冬冷地区	夏热冬暖地区
屋面	≤0.70	≤0.90
外墙（包括非透明幕墙）	≤1.0	≤1.5
底面接触室外空气的架空或外挑楼板	≤1.0	—
地下车库和供暖房间与之间的楼板	—	—

乙类公共建筑外窗（包括透光幕墙）热工性能限值 **表 3.3.2-2**

围护结构部位	传热系数 K /[W/(m²·K)]		太阳得热系数 SHGC	
外窗（包括透光幕墙）	夏热冬冷地区	夏热冬暖地区	夏热冬冷地区	夏热冬暖地区
单一立面外窗（包括透光幕墙）	≤3.0	≤4.0	≤0.52	≤0.48
屋顶透光部分（屋顶透明部分面积≤20%）	≤3.0	≤4.0	≤0.35	≤0.30

屋面、外墙和地下室室内空气露点温度

屋面、外墙和地下室的热桥部位的内表面温度不应低于室内空气露点温度。

建筑热桥部位指建筑围护结构中窗过梁、圈梁、钢筋混凝土抗震柱、钢筋混凝土剪力墙、梁、柱、墙体和屋面及地面相接触部位，这些部位的传热系数远大于主体部位的传热系数，形成热流密集通道，即为热桥。如果室内内表面温度低于室内空气露点温度，造成围护结构热桥部位内表面产生结露，使围护结构内表面材料受潮、长霉，影响室内环境。

相关条文：

3.3.4　屋面、外墙和地下室的热桥部位的内表面温度不应低于室内空气露点温度。

建筑外门、外窗及玻璃幕墙的气密性

公共建筑一般对室内环境要求较高，为了保证建筑的节能，要求外窗具有良好的气密性能，以抵御夏季和冬季室外空气过多地向室内渗漏，因此对外窗的气密性能要有较高的要求。建筑外门、外窗的气密性分级应符合国家标准的规定：10 层及以上建筑外窗的气密性不应低于 7 级；10 层以下建筑外窗的气密性不应低于 6 级；严寒和寒冷地区外门的气密性不应低于 4 级。

建筑幕墙的气密性应符合国家标准《建筑幕墙》GB/T 21086—2007 中第 5.1.3 条的规定且不应低于 3 级。

根据国家标准《建筑幕墙、门窗通用技术条件》GB/T 31433—2015、《建筑外门窗气密、水密、抗风压性能检测方法》GB/T 7106—2019（原规范《建筑外门窗气密、水密、抗风压性能分级及检测方法》GB/T 7106—2008 更新为 2019 版，该版取消了分级规定），建筑外门窗气密性 7 级对应的分级指标绝对值为：单位缝长 q_1[$m^3/(m\cdot h)$]：$1.0\geqslant q_1>0.5$，单位面积 q_2[$m^3/(m^2\cdot h)$]：$3.0\geqslant q_2>1.5$；建筑外门窗气密性 6 级对应的分级指标绝对值为：单位缝长：q_1[$m^3/(m\cdot h)$]：$1.5\geqslant q_1>1.0$，单位面积：q_2[$m^3/(m^2\cdot h)$]：$4.5\geqslant q_2>3.0$。建筑外门窗气密性 4 级对应的分级指标绝对值为：单位缝长 q_1[$m^3/(m\cdot h)$]：$2.5\geqslant q_1>2.0$，单位面积 q_2[$m^3/(m^2\cdot h)$]：$7.5\geqslant q_2>6.0$。

根据国家标准《建筑幕墙》GB/T 21086—2007，建筑幕墙开启部分气密性 3 级对应指标为 q_L[$m^3/(m\cdot h)$]：$1.5\geqslant q_L>0.5$，建筑幕墙整体气密性 3 级对应指标为 q_A[$m^3/(m^2\cdot h)$]：$1.2\geqslant q_A>0.5$。

相关条文：

3.3.5　建筑外门、外窗的气密性分级应符合国家标准《建筑外门窗气密、水密、抗风压性能检测方法》GB/T 7106—2019 中第 4.1.2 条的规定，并应满足下列要求：

1　10 层及以上建筑外窗的气密性不应低于 7 级；

2　10 层以下建筑外窗的气密性不应低于 6 级；

3　严寒和寒冷地区外门的气密性不应低于 4 级。

3.3.6　建筑幕墙的气密性应符合国家标准《建筑幕墙》GB/T 21086—2007 中第 5.1.3 条的规定且不应低于 3 级。

入口大堂采用全玻幕墙时的规定

当公共建筑入口大堂采用全玻幕墙时，全玻幕墙中非中空玻璃的面积不应超过同一立面透光面积（门窗和玻璃幕墙）的 15%，且应按同一立面透光面积（含全玻幕墙面积）加权计算平均传热系数。该条文为强制性条文。本条仅对入口大堂的非中空玻璃构成的全玻幕墙进行特殊要求。

相关条文：

3.3.7　当公共建筑入口大堂采用全玻幕墙时，全玻幕墙中非中空玻璃的面积不应超过同一立面透光面积（门窗和玻璃幕墙）的15%，且应按同一立面透光面积（含全玻幕墙面积）加权计算平均传热系数（**强制性条文。2022年4月1日起废止，执行GB 55015相关条文规定**）。

（6）围护结构热工性能的权衡判断

当围护结构的某部位规定性指标不能达到标准的限制时，允许通过权衡判断的方法进行建筑节能设计。

权衡判断基本条件

相关条文：

3.4.1　进行围护结构热工性能权衡判断前，应对设计建筑的热工性能进行核查；当满足下列3个基本要求时，方可进行权衡判断：

1　屋面的传热系数基本要求应符合表3.4.1-1的规定。

屋面的传热系数基本要求　　**表3.4.1-1**

	严寒A、B区	严寒C区	寒冷地区	夏热冬冷地区	夏热冬暖地区
传热系数 $K/[W/(m^2 \cdot K)]$	≤0.35	≤0.45	≤0.55	≤0.70	≤0.90

2　外墙（包括非透光幕墙）的传热系数应符合表3.4.1-2的规定。

外墙（包括非透光幕墙）的传热系数基本要求　　**表3.4.1-2**

	严寒A、B区	严寒C区	寒冷地区	夏热冬冷地区	夏热冬暖地区
传热系数 $K/[W/(m^2 \cdot K)]$	≤0.45	≤0.50	≤0.60	≤1.0	≤1.5

3　当单一立面的窗墙面积比大于或等于0.40时，外窗（包括透光幕墙）的传热系数和综合太阳得热系数应符合表3.4.1-3的规定。

外窗（包括透光幕墙）传热系数和太阳得热系数的基本要求　　**表3.4.1-3**

气候分区	窗墙面积比	传热系数 K	太阳得热系数 $SHGC$
严寒A、B区	0.4<窗墙面积比≤0.6	≤2.5	—
严寒A、B区	窗墙面积比≤0.6	≤2.2	—
严寒C区	0.4<窗墙面积比≤0.6	≤2.6	—
严寒C区	窗墙面积比≤0.6	≤2.3	—
寒冷地区	0.4<窗墙面积比≤0.7	≤2.7	—
寒冷地区	窗墙面积比≤0.7	≤2.4	—
夏热冬冷地区	0.4<窗墙面积比≤0.7	≤3.0	≤0.44
夏热冬冷地区	窗墙面积比≤0.7	≤2.6	≤0.44
夏热冬暖地区	0.4<窗墙面积比≤0.7	≤4.0	≤0.44
夏热冬暖地区	窗墙面积比≤0.7	≤3.0	≤0.44

建筑围护结构热工性能的权衡判断程序：应首先计算参照建筑在规定条件下的全年供暖和空气调节能耗，然后计算设计建筑在相同条件下的全年供暖和空气调节能耗，当设计

建筑的供暖和空气调节能耗小于或等于参照建筑的供暖和空气调节能耗时，应判定围护结构的总体热工性能符合节能要求。当设计建筑的供暖和空气调节能耗大于参照建筑的供暖和空气调节能耗时，应调整设计参数重新计算，直至设计建筑的供暖和空气调节能耗不大于参照建筑的供暖和空气调节能耗。

对参照建筑的要求：

参照建筑的形状、大小、朝向、窗墙面积比、内部的空间划分和使用功能应与设计建筑完全一致。

参照建筑围护结构的热工性能参数取值应按本标准第 3.3.1 条的规定取值。参照建筑的外墙和屋面的构造应与设计建筑一致。当本标准第 3.3.1 条对外窗（包括透光幕墙）太阳得热系数未作规定时，参照建筑外窗（包括透光幕墙）的太阳得热系数应与设计建筑一致。

建筑围护结构热工性能的权衡计算应符合本标准附录 B 的规定，并应按本标准附录 C 提供相应的原始信息和计算结果。

相关条文：《公共建筑节能设计标准》GB 50189—2015 第 3.4.2、3.4.3、3.4.4、3.4.5 条。

（7）可再生能源应用

一般规定：首先对当地环境资源条件和技术经济进行分析；其次，可再生能源利用设施应与主体工程同步设计；当环境条件允许且经济技术合理时，宜采用太阳能、风能等可再生能源直接并网供电。最后，可再生能源应用系统宜设置监测系统节能效益的计量装置。相关条文：《公共建筑节能设计标准》GB 50189—2015 第 7.1.1～7.1.5 条。

可再生能源应用类型：太阳能光热和光伏、风电、地源热泵系统。

太阳能集热器和光伏组件的设置应避免受自身或建筑本体的遮挡。在冬至日采光面上的日照时数，太阳能集热器不应少于 4h，光伏组件不宜少于 3h。

4. 工业建筑节能设计

为规范工业建筑节能设计，统一节能设计标准，做到节约和合理利用能源资源，提高能源资源利用效率，2017 年首次发布工业建筑节能设计标准：《工业建筑节能设计统一标准》GB 51245—2017。内容包含建筑与建筑热工、供暖通风空调与给排水、电气、能量回收与可再生能源利用等专业提出的通用性的节能设计要求，规定相应的节能措施，指导工业建筑节能设计。此节仅含建筑与建筑热工设计。

1）工业建筑节能设计分类

工业建筑节能设计分类根据环境控制和能耗方式分为以下两类：一类工业建筑——供暖和空调；二类工业建筑——通风。

2）工业建筑节能设计原则

一类工业建筑：通过围护结构保温设计和供暖系统的节能设计，降低冬季供暖能耗；通过围护结构隔热和空调系统的节能设计，降低夏季空调能耗；

二类工业建筑：通过自然通风设计和机械通风系统节能设计，降低通风能耗。

工业建筑所在地的热工设计分区应符合现行国家标准《民用建筑热工设计规范》GB 50176 的有关规定。

工业建筑所在地的光气候分区应符合现行国家标准《建筑采光设计标准》GB 50033的有关规定。

3）总图与建筑设计

（1）厂区选址

厂区选址应综合考虑区域的生态环境因素，充分利用有利条件，符合可持续发展原则。

（2）总图设计

① 建筑总图设计应避免大量热、蒸汽或有害物质向相邻建筑散发而造成能耗增加，应采取控制建筑间距、选择最佳朝向、确定建筑密度和绿化构成等措施。

② 建筑总图设计应合理确定能源设备机房的位置，缩短能源供应输送距离。冷热源机房宜位于或靠近冷热负荷中心位置集中设置。

③ 厂区总图设计和建筑设计应有利于冬季日照、夏季自然通风和自然采光等条件，合理利用当地主导风向。

（3）建筑设计

① 在满足工艺需求的基础上，建筑内部功能布局应区分不同生产区域。对于大量散热的热源，宜放在生产厂房的外部并与生产辅助用房保持距离；对于生产厂房内的热源，宜采取隔热措施，并宜采用远距离控制或自动控制。

② 建筑设计应优先采用被动式节能技术，根据气候条件，合理采用围护结构保温隔热与遮阳、天然采光、自然通风等措施，降低建筑的供暖、空调、通风和照明系统的能耗。

③ 有余热条件的厂区应充分考虑实现能量就地回收与再利用的设施。

④ 建筑设计应充分利用工业厂区水、植被等自然条件，合理选择绿化和铺装形式，营建有利的区域生态条件。

4）体形系数

严寒和寒冷地区室内外温差较大，建筑体形的变化将直接影响一类工业建筑供暖能耗的大小。在一类工业建筑的供暖耗热量中，围护结构的传热耗热量占有很大比例，建筑体形系数越大，单位建筑面积对应的外表面面积越大，传热损失就越大。因此，从降低冬季供暖能耗的角度出发，一定对严寒和寒冷地区一类工业建筑的体形系数进行控制，以更好地实现节能目的。

相关条文：《工业建筑节能设计统一标准》GB 51245—2017 第 4.1.10 条。

5）窗墙面积比

窗的传热系数远大于墙的传热系数，一类工业建筑外窗面积过大会导致供暖和空调能耗增加，因此，从降低建筑能耗的角度出发，必须对窗墙面积比予以严格的限制。

一类工业建筑总窗墙面积和屋顶透光部分的面积与屋顶总面积之比（**强制性条文**）：

一类工业建筑总窗墙面积比不应大于 0.50，当不能满足本条规定时，必须进行权衡判断。**（强制性条文）**

一类工业建筑屋顶透光部分的面积与屋顶总面积之比不应大于 0.15，当不能满足本条规定时，必须进行权衡判断。**（强制性条文）**

相关条文：《工业建筑节能设计统一标准》GB 51245—2017 第 4.1.11、4.1.12 条。

6）自然通风和天然采光

（1）自然通风措施

① 工业建筑宜充分利用自然通风消除工业建筑余热、余湿。

② 对于二类工业建筑，宜采用单跨结构。

③ 在多跨工业建筑中，宜将冷热跨间隔布置，宜避免热跨相邻。

④ 在利用自然通风时，应避免自然进风对室内环境的污染或无组织排放造成室外环境的污染。

⑤ 在利用外窗作为自然通风的进、排风口时，进、排风面积宜相近；当受到工业辅助用房或工艺条件限制，进风口或排风口面积无法保证时，应采用机械通风进行补充。

⑥ 当外墙进风面积不能保证自然通风要求时，可采用在地面设置地下风道作为进风口的方式；对于年温差大、地层温度较低的地区，宜利用地道作为进风冷却方式。

⑦ 热压自然通风设计时，应使进、排风口高度差满足热压自然通风的需求。

⑧ 当热源靠近厂房的一侧外墙布置，且外墙与热源之间无工作地点时，该侧外墙的进风口宜布置在热源的间断处。

⑨ 以风压自然通风为主的工业建筑，其迎风面与夏季主导风向宜成60°～90°，且不宜小于45°。

⑩ 自然通风应采用阻力系数小、易于开关和维修的进、排风口或窗扇。不便于人员开关或需要经常调节的进、排风口或窗扇，应设置机械开关或调节装置。

（2）自然采光

① 建筑设计应充分利用天然采光。大跨度或大进深的厂房采光设计时，宜采用顶部天窗采光或导光管采光系统等采光装置。

② 在大型厂房方案设计阶段，宜进行采光模拟分析计算和采光的节能量核算。

7）围护结构热工设计

（1）一类工业建筑热工参数限值

一类工业建筑围护结构传热系数 K 限值如下。

相关条文（强制性条文）：

4.3.2　根据建筑所在地的气候分区，一类工业建筑围护结构的热工性能应分别符合表4.3.2-1～表4.3.2-8的规定，当不能满足本条规定时，必须进行权衡判断。（表略）

（2）二类工业建筑传热系数 K 推荐值如下：

严寒A区围护结构传热系数推荐值［$W/(m^2 \cdot K)$］详表3.7-2-1。（表略）

8）生产车间应优先采用预制装配式外墙围护结构

（1）当采用预制装配式复合围护结构时，应符合下列规定：

① 根据建筑功能和使用条件，应选择保温材料品种和设置相应构造层次；

② 预制装配式围护结构应有气密性和水密性要求，对于有保温隔热的建筑，其围护结构应设置隔汽层和防风透气层；

③ 当保温层或多孔墙体材料外侧存在密实材料层时，应进行内部冷凝受潮验算，必要时采取隔气措施；

④ 屋面防水层下设置的保温层为多孔或纤维材料时，应采取排气措施。

⑤ 建筑围护结构应进行详细构造设计，并应符合下列规定：

采用外保温时，外墙和屋面宜减少出挑构件、附墙构件和屋顶突出物，外墙与屋面的热桥部分应采取阻断热桥措施；

(2) 有保温要求的工业建筑，变形缝应采取保温措施；

(3) 严寒及寒冷地区地下室外墙及出入口应防止内表面结露，并应设防水排潮措施。

(4) 建筑围护结构采用金属围护系统且有供暖或空调要求时，构造层设计应采用满足围护结构气密性要求的构造；恒温恒湿环境的金属围护系统气密性不应大于 $1.2m^3/(m^2 \cdot h)$。

9) 外门、外窗设计

(1) 外门设计宜符合下列规定：

① 严寒和寒冷地区有保温要求时，外门宜通过设门斗、感应门等措施，减少冷风渗透；

② 有保温或隔热要求时，应采用防寒保温门或隔热门，外门与墙体之间应采取防水保温措施。

(2) 外窗设计应符合下列规定：

① 无特殊工艺要求时，外窗可开启面积不宜小于窗面积的 30%，当开启有困难时，应设相应通风装置；

② 有保温隔热要求时，外窗安装宜采用具有保温隔热性能的附框，气密性等级应符合现行国家标准《建筑外门窗气密、水密、抗风压性能检测方法》GB/T 7106 的有关规定。

③ 以排除室内余热为目的而设置的天窗及屋面通风器应采用可关闭的形式。

④ 位于夏热冬冷或夏热冬暖地区，散热量小于 $23W/m^3$ 的厂房，当建筑空间高度不大于 8m 时，宜采取屋顶隔热措施。采用通风屋顶隔热时，其通风层长度不宜大于 10m，空气层高度宜为 0.2m。

⑤ 夏热冬暖、夏热冬冷、温和地区的工业建筑宜采取遮阳措施。当设置外遮阳时，遮阳装置应符合下列规定：东西向宜设置活动外遮阳，南向宜设水平外遮阳；建筑物外遮阳装置应兼顾通风及冬季日照。

10) 工业建筑围护结构热工性能的权衡判断

(1) 当一类工业建筑进行权衡判断时，设计建筑围护结构的传热系数最大限值如下：

严寒 A 区：屋面 $K \leqslant 0.50$，外墙 $K \leqslant 0.60$，外窗 $K \leqslant 3.0$，屋顶透光部分 $K \leqslant 3.0$；

严寒 B 区：屋面 $K \leqslant 0.55$，外墙 $K \leqslant 0.65$，外窗 $K \leqslant 3.5$，屋顶透光部分 $K \leqslant 3.5$；

严寒 C 区：屋面 $K \leqslant 0.60$，外墙 $K \leqslant 0.70$，外窗 $K \leqslant 3.8$，屋顶透光部分 $K \leqslant 3.8$；

寒冷 A 区：屋面 $K \leqslant 0.65$，外墙 $K \leqslant 0.75$，外窗 $K \leqslant 4.0$，屋顶透光部分 $K \leqslant 4.0$；

寒冷 B 区：屋面 $K \leqslant 0.70$，外墙 $K \leqslant 0.80$，外窗 $K \leqslant 4.2$，屋顶透光部分 $K \leqslant 4.2$；

夏热冬冷：屋面 $K \leqslant 0.80$，外墙 $K \leqslant 1.20$，外窗 $K \leqslant 4.5$，屋顶透光部分 $K \leqslant 4.5$；

夏热冬暖：屋面 $K \leqslant 1.00$，外墙 $K \leqslant 1.60$，外窗 $K \leqslant 5.0$，屋顶透光部分 $K \leqslant 5.0$。

(2) 一类工业建筑参照建筑的形状、大小、朝向、窗墙面积比、内部的空间划分、使用功能、使用特点应与设计建筑完全一致。参照工业建筑的所有计算取值，应完全按照《工业建筑节能设计统一标准》GB 51245—2017 的规定限值。当设计建筑的窗墙面积比或屋顶透光部分面积大于本标准第 4.1.11 条或第 4.1.12 条的规定时，参照建筑的窗墙面积比和屋顶透光部分的面积取值应按《工业建筑节能设计统一标准》GB 51245—2017 第 4.1.11 条和第 4.1.12 条的规定取值。

(3) 一类工业建筑围护结构热工性能权衡判断计算应采用参照建筑对比法，步骤应符合下列规定：

① 应采用统一的供暖、空调系统，计算设计建筑和参照建筑全年逐时冷负荷和热负荷，分别得到设计建筑和参照建筑全年累计耗冷量 Q_c 和全年累计耗热量 Q_H；

② 应采用统一的冷热源系统，计算设计建筑和参照建筑的全年累计能耗，同时将各类型能源耗量统一折算成标煤比较，得到所设计建筑全年累计综合标煤能耗 $E_{设}$ 和参照建筑全年累计综合标煤能耗 $E_{参}$；

③ 应进行综合能耗对比，并应符合下列规定：

当 $E_{设}/E_{参}\leqslant 1$ 时，应判定为符合节能要求；

当 $E_{设}/E_{参}>1$ 时，应判定为不符合节能要求，并应调整建筑热工参数重新计算，直至符合节能要求为止。

(4) 当进行一类工业建筑围护结构热工性能权衡判断优化时，宜根据经济成本投资回收期进行优化方案的设计比较。

(5) 二类工业建筑围护结构热工性能计算可采用稳态计算方法，当实际换气次数与余热强度等不符合表 4.3.3-1～表 4.3.3-5 的条件时，可根据热量平衡关系式计算所对应的传热系数推荐值。

11) 可再生能源应用

供暖、通风、空调和生活热水等用能供暖、通风、空调和生活热水等用能优先采用可再生能源；热水供应的热源应优先选择工业可回收热量、太阳能，有条件时可利用地热能和风能。

5. 考点与考题分析分析

1) 考点分析

主要考查考生对建筑围护结构节能原理的掌握程度，包括各气候区不同类型建筑（居住建筑、公共建筑、工业建筑）节能的策略、原则和围护结构部位的节能设计（材料及其构造）。

2) 考题分析

试题 1：夏热冬冷地区居住建筑节能设计标准对建筑物东、西向的窗墙面积比要求比北向要求严格的原因是（　　）。

A. 风力影响大　　　　B. 太阳辐射强

C. 湿度不同　　　　D. 需要保温

答案：B

分析：该试题主要考查考生对夏热冬冷地区居住建筑建筑围护结构对节能原理的掌握程度。所谓窗墙面积比严格就是窗户面积比较小，夏季透过窗户的太阳辐射带来的热量较少，由室内外温差引起的制冷能耗较少，可以达到节能的目的。

试题 2：冬季墙面出现结露现象，以下哪一条能够准确解析发生结露现象的原因？

（ ）

A. 室内空气太过潮湿　　B. 墙面不吸水

C. 墙面附近的空气不流动　　D. 室内墙面温度低于室内空气露点温度

答案：D

分析：该试题主要考查考生对结露形成原因的了解。结露产生的最根本的原因就是室内墙面温度低于室内空气露点温度。

编制依据：

1.《民用建筑热工设计规范》GB 50176—2016

2.《严寒和寒冷地区居住建筑节能设计标准》JGJ 26—2018

3.《夏热冬冷地区居住建筑节能设计标准》JGJ 134—2010

4.《夏热冬暖地区居住建筑节能设计标准》JGJ 75—2012

5.《温和地区居住建筑节能设计标准》JGJ 475

6.《工业建筑节能设计统一标准》GB 51245—2017

参考书目：

[1] 清华大学建筑学院，同济大学建筑与城市规划学院，重庆大学建筑城规学院，西安建筑科技大学建筑学院. 建筑设计资料集·第一分册·建筑总论. 北京：中国建筑工业出版社，2017.

[2] 柳孝图. 建筑物理. 北京：中国建筑工业出版社，2010.

[3] 刘念雄，秦佑国. 建筑热环境. 北京：清华大学出版社，2005.

[4] 华南理工大学，重庆大学，大连理工大学，华侨大学，广东工业大学，广州大学. 建筑物理. 广州：华南理工大学出版社，2002.

(五) 历年考题解析

单选题，请将正确答案填写在括号内。

1. 建筑热工原理

(1) 传热基本原理

1. (考题年份：2009、2007、2006、2005、2003) 热量传播的三种方式是（ ）。

A. 导热、对流、辐射　　B. 吸热、传热、放热

C. 吸热、蓄热、散热　　D. 蓄热、导热、放热

解析：理论研究表明，导热、对流和辐射是热量传递的三种基本方式。

答案：A

2. (2010) 在一个密闭的空间里，下列哪种说法正确？（ ）

A. 空气温度变化与相对湿度变化无关　　B. 空气温度降低，相对湿度随之降低

C. 空气温度升高，相对湿度随之升高　　D. 空气温度升高，相对湿度随之降低

解析：此题考点是在一个密闭的空间里空气温度与湿度的关系。在一个密闭的空间里，当空气温度升高时，该空气的饱和蒸气压随之升高，因此空气的相对湿度随之降低。

答案：D

3.（2008）下列传热体，哪个是以导热为主？（　　）

A. 钢筋混凝土的墙体　　B. 加气混凝土的墙体

C. 有空气间层的墙体　　D. 空气砌块砌筑的墙体

解析：导热指物质在无相对位移的情况下，物体内部具有不同温度或者不同温度的物体直接接触时发生热传导的热能传递现象。理论上说单纯的导热只能发生在密实的固体之中，加气混凝土墙体、有气间层的墙体和空心砌块砌筑的墙体中，除了组成墙体的固体材料部分外，内部还含有气泡或有限空间的空气，当热量传递时，里面的空气流动将与流过的表面发生对流换热，同时冷热表面间进行辐射换热。因此，只有密实的钢筋混凝土墙体是以导热为主进行传热的。

答案：A

4.（2007）一种材料的导热系数的大小，与下列哪一条有关？（　　）

A. 材料的厚度　　B. 材料的颜色

C. 材料的体积　　D. 材料的干密度

解析：影响导热系数的主要因素是材料的密度和湿度。

答案：D

5.（2005）某一层材料的热阻 R 的大小取决于（　　）。

A. 材料层的厚度　　B. 材料层的面积

C. 材料的热导系数和材料层的厚度　　D. 材料的导热系数和材料层的面积

解析：材料层的导热热阻 $R=d/\lambda$，它与材料的厚度 d、导热系数 λ 均有关。

答案：C

6.（2004）热量传递有三种基本方式，它们是导热、对流和辐射。关于热量传递下面哪个说法是不正确的？（　　）

A. 存在着温差的地方，就会发生热量传递

B. 两个相互不直接接触的物体间，不可能发生热量传递

C. 对流热发生在流体中

D. 密实的固体中的热量传递只有导热一种方式

解析：两个物体以辐射方式进行传热时无须直接接触，所以 B 是不正确的。

答案：B

7.（2004）建筑材料的导热系数与下列哪一条无关？（　　）

A. 材料的面积　　B. 材料的干密度

C. 材料的种类　　D. 材料的含湿量

解析：决定建筑材料导热系数的因素是材料的种类、干密度、材料的含湿量和温度。

答案：A

（2）建筑热工

1.（2007）关于空气，下列哪条是不正确的？（　　）

A. 无论室内室外，空气中总是含有一定量的水蒸气

B. 空气的相对湿度可以高达 100%

C. 空气含水蒸气的能力同温度有关

D. 空气的绝对湿度同温度有关

解析：空气湿度是表示空气中水汽含量和湿润程度的气象要素。绝对湿度越靠近最高湿度，它随温度的变化就越小。空气的绝对湿度是指单位体积的是空气和总所含水蒸气的质量，水蒸气的质量多少与温度无关。

答案：D

2.（2006）在一个密闭的房间里，以下哪条说法是正确的？（　　）

A. 空气温度降低，相对湿度随之降低　　B. 空气温度升高，相对湿度随之降低

C. 空气温度降低，相对湿度不变　　D. 空气的相对湿度与温度无关

解析：一定容积的干空气在温度和压力一定的条件下，所能容纳的水蒸气量是有限度的，温度越高，容纳水蒸气的能力越强，饱和蒸气压升高，相对湿度降低。

答案：B

3.（2005）在一个密闭的房间里，当空气温度升高时，以下哪一种说法是正确的？（　　）

A. 相对湿度随之降低

B. 相对湿度也随之升高

C. 对湿度保持不变

D. 相对湿度随之升高或降低的可能都存在

解析：室内的相对湿度 $\phi=P/P_s$，在密闭的房间里，室内的水蒸气分压力 P 保持不变，当空气温度升高时，该空气温度对应的饱和蒸气压 P_s 随之升高，所以相对湿度随之降低。

答案：A

4.（2004）自然界中的空气含水蒸气的能力会因一些条件的变化而变化，以下哪一条说法是不正确的？（　　）

A. 空气含水蒸气的能力随着温度的降低而减弱

B. 空气含水蒸气的能力与大气压有关

C. 空气含水蒸气的能力与风速无关

D. 空气含水蒸气的能力与温度无关

解析：空气容纳水蒸气的能力与温度有关，温度越高，空气容纳水蒸气的能力越大。

答案：D

5.（2010）除室内空气温度外，下列哪组参数是评价室内热环境的要素？（　　）

A. 有效温度、平均辐射温度、露点温度　　B. 有效温度、露点温度、空气湿度

C. 平均辐射温度、空气湿度、露点温度　　D. 平均辐射温度、空气湿度、气流速度

解析：室内空气温度、空气湿度、气流速度和平均辐射温度是评价室内热环境的四要素。

答案：D

6.（2009）下列哪组参数是评价室内热环境的四要素？（　　）

A. 室内空气温度、有效温度、平均辐射温度、露点温度

B. 室内空气温度、有效温度、露点温度、空气湿度

C. 室内空气温度、平均辐射温度、空气湿度、露点温度

D. 室内空气温度、平均辐射温度、空气湿度、气流速度

解析：室内空气温度、空气湿度、气流速度和平均辐射温度是评价室内热环境的四要素。

答案：D

7. （2009）下面哪一项不属于建筑热工设计的重要参数？（　　）

A. 露点温度　　B. 相对湿度

C. 绝对湿度　　D. 湿球温度

解析：单一的湿球温度不能表示空气的潮湿程度，因此不属于建筑热工设计的重要参数。

答案：D

8. （2008）风玫瑰图中，风向、风频是指下列哪种情况？（　　）

A. 风吹去的方向和这一风向的频率

B. 风吹来的方向和这一风向的频率

C. 风吹来的方向和这一风向的次数

D. 风吹去的方向和这一风向的次数

解析："风玫瑰"图也叫风向频率玫瑰图，它是根据某一地区多年平均统计的各个方位风向和风速的百分数值，并按一定比例绘制，一般多用八个或十六个罗盘方位表示。玫瑰图上所表示的风的吹向（即风的来向），是指从外面吹向地区中心的方向。风玫瑰折线上的点离圆心的远近，表示从此点向圆心方向刮风的频率的大小。实线表示常年风，虚线表示夏季风。

答案：B

（3）建筑围护结构传热原理

1. （2008）下列哪种窗户的传热系数是最小的？（　　）

A. 单层塑框双玻窗　　B. 单层钢框双玻窗

C. 单层塑框单玻窗　　D. 单层钢框单玻窗

解析：传热系数与材料的密度和厚度有关系，所以，就玻璃而言双玻的传热系数比单玻的小，塑框的传热系数比钢框的小，故单层塑框双玻窗传热系数最小。

答案：A

2. （2010）多层材料组成的复合墙体，其中某一层材料热阻的大小取决于（　　）。

A. 该层材料的容重　　B. 该层材料的导热系数和厚度

C. 该层材料位于墙体外侧　　D. 该层材料位于墙体内侧

解析：材料层的导热热阻表达公式为 $R=d/\lambda$，式中 d 为材料层厚度，λ 为材料导热系数，故此B符合。

答案：B

3. 图中多层材料组成的复合墙体，哪种做法总热阻最大？（　　）

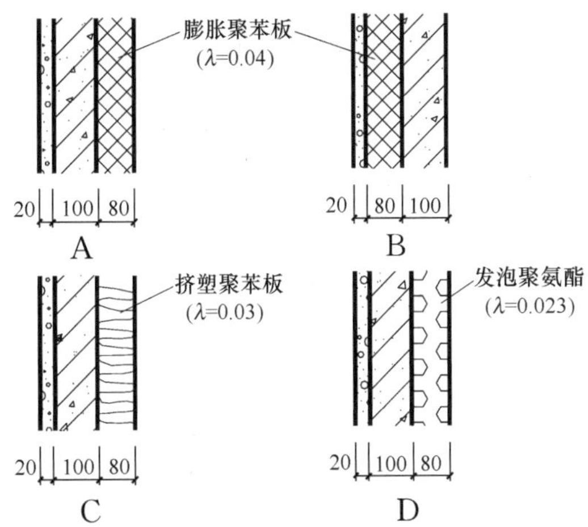

解析：建筑围护结构总传热阻等于内、外表面热阻＋各种材料热阻之和。内外表面热阻为常数，各层材料热阻 $R=d/\lambda$（热阻与材料厚度成正比，与导热系数成反比）。图中 4 种构造，墙体主体材料及厚度完全相同，保温材料厚度也相同，所以导热系数小的材料，热阻最大。

答案：D

4.（2009、2007）多层材料组成的复合墙体，其中某一层材料热阻的大小取决于（　　）。

A. 该层材料的厚度　　B. 该层材料的导热系数

C. 该层材料的导热系数和厚度　　D. 该层材料位于墙体的内侧还是外侧

解析：材料层的导热热阻表达公式为 $R=d/\lambda$，式中 d 为材料层厚度，λ 为材料导热系数。

答案：C

5.（2008）平壁稳定导热，通过壁体的热流量为 Q，下列说法哪个不正确？（　　）

A. Q 与两壁面之间的温度差成正比　　B. Q 与平壁的厚度成正比

C. Q 与平壁的面积成正比　　D. Q 与平壁材料的导热系数成正比

解析：平壁稳定导热计算式为 $Q=\lambda\frac{t_1-t_2}{d}$，式中 d 为平壁厚度，可见热流量与平壁厚度呈反比。

答案：B

6.（2008）下列四种不同构造的外墙，哪个热稳定性较差？（　　）

A. 内侧保温材料，外侧轻质材料　　B. 内侧实体材料，外侧保温防水材料

C. 内侧保温材料，外侧实体材料　　D. 内侧、外侧均采用实体材料

解析：轻质材料的热容量和蓄热系数都小，在受到相同温度波动的作用时，抵抗温度波动的能力较差。重质材料热容量大，蓄热系数也大，在受到相同温度波动的作用时，其材料层表面和内部的温度虽然也随着发生波动，但温度波动的幅度较小。实体材料属于重质材料，保温材料属于轻质材料，因此，内侧保温材料、外侧轻质材料的外墙热稳定性较差。

答案：A

7.（2008）封闭空气间层的传热强度主要取决于（　　）。

A. 间层中空气的对流换热　　B. 间层中空气的导热

C. 间层两面之间的辐射　　D. 间层中空气的对流和两面之间的辐射

解析：封闭空气间层的传热是以对流换热和辐射换热两种形式在一个有限空间内的两个表面之间的热转移过程，所以，封闭空气间层的传热强度既与间层中空气对流换热的强弱有关，也与间层两表面之间辐射传热的强弱有关。

答案：D

8.（2008）下列围护结构，哪种热惰性指标最小？（　　）

A. 外窗　　B. 地面

C. 外墙　　D. 屋顶

解析：热惰性指标表达公式为 $D=R\cdot S$，式中 R 为组成围护结构材料层的热阻，S 为材料的蓄热系数。在外窗、地面、外墙和屋顶 4 种围护结构中，窗户的热阻最小，使得其热惰性指标相比之下最小。

答案：A

9.（2007）图示两种构造的外墙，除了材料的内外顺序相反外，其他条件都一样，哪一种外墙的房间热稳定性好？（　　）

A. A 墙的房间热稳定性好

B. B 墙的房间热稳定性好

C. 冬天 A 墙好，夏天 B 墙好

D. 冬天 B 墙好，夏天 A 墙好

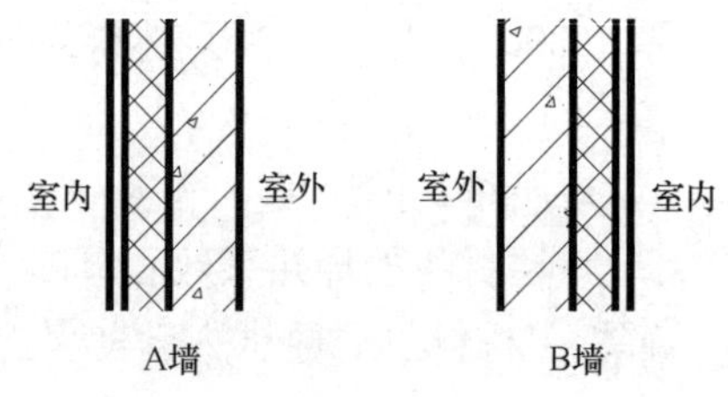

解析：热稳定性取决于材料的蓄热系数，蓄热系数大的材料热容量较大。材料表面和内部温度虽然也随着波动，但温度波幅较小，有利于保持室内温度的稳定。B 墙的构造特点是厚重的密实材料位于室内一侧，疏松的绝热材料位于室外一侧，当房间的温度产生波动时，因为位于外墙内侧的重质材料热容量大，蓄热系数也大，所以，B 墙较 A 墙房间热稳定性好。

答案：B

10.（2007）多层材料组成的复合墙体，在稳定传热状态下，流经每一层材料的热流大小（　　）。

A. 相等

B. 不相等，流经热阻大的层的热流小，流经热阻小的层的热流大

C. 要视具体情况而定

D. 不相等，从里往外热流逐层递减

解析：通过多层材料各点的热流强度处处相等是稳定传热的特点。

答案：A

11.（2006）封闭空气间层热阻的大小主要取决于（　　）。

A. 间层中空气的温度和湿度

B. 间层中空气对流传热的强弱

C. 间层两侧内表面之间辐射传热的强弱

D. 既取决于间层中对流换热的强弱，又取决于间层两侧内表面之间辐射传热的强弱

解析：封闭空气间层的传热是以对流换热和辐射换热两种形式在一个有限空间内的两个表面之间的热转移过程。因此，封闭空气间层的热阻，与间层中空气与间层表面对流换热的强弱和间层两侧内表面之间辐射传热的强弱都有关。

答案：D

12.（2006）为了增大热阻，决定在图示结构中贴两层铝箔，下列哪种方法最有效？（ ）

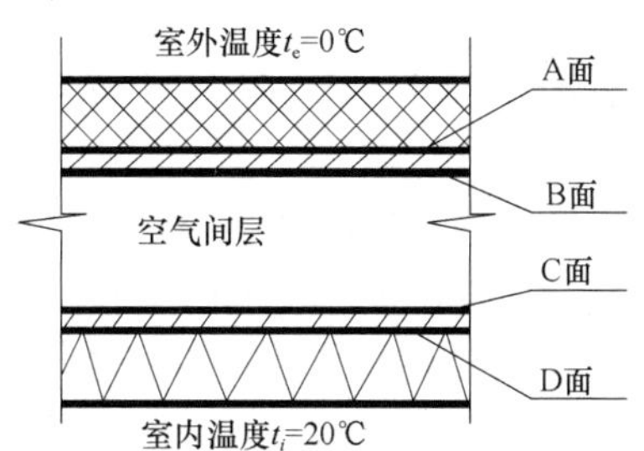

A. 贴在 A 面和 B 面

B. 贴在 A 面和 C 面

C. 贴在 B 面和 C 面

D. 贴在 A 面和 D 面

解析：在空气间层的热交换中辐射换热所占比例达 70%，在封闭空气间层内贴上铝箔是为了大幅度降低间层表面的黑度，有效减少空气间层的辐射换热、增加热阻。图中可知，封闭空气间层内的辐射换热发生在 B 面和 C 面之间，所以两层铝箔应该分别贴在 B 面和 C 面上。

答案：C

13.（2006、2005）多层平壁稳定传热如图所示，$t_i > t_e$，以下哪个判断是正确的？（ ）

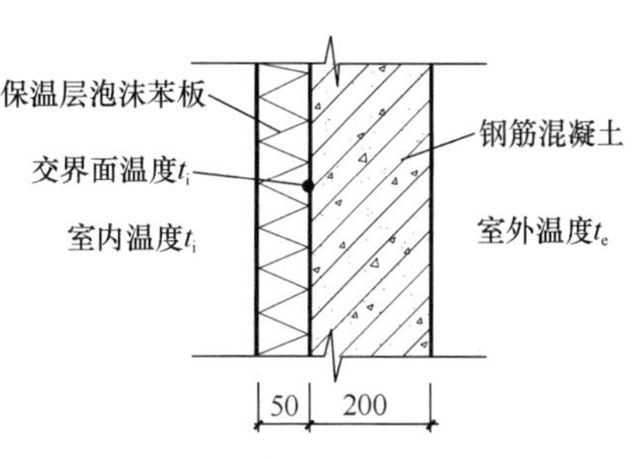

A. $t_i - \tau_1 > t_i - t_e$

B. $t_i - \tau_1 < t_i - t_e$

C. $t_i - \tau_1 = t_i - t_e$

D. $t_i - \tau_1$ 和 $t_i - t_e$的关系不确定

解析：材料层的导热热阻 $R = \frac{d}{\lambda}$，平壁稳定传热计算公式 $q = \frac{\Delta t}{R}$，可以得出 $q = (t_i - \tau_1)/(R_i + R_1) = (\tau_1 - t_e)/(R_2 + R_e)$，根据钢筋混凝土和保温层泡沫苯板的导热系数和图示尺寸，可得出保温层泡沫苯板热阻 $R_1 >$ 钢筋混凝土热阻 R_2，而表面换热阻 $R_i > R_e$，因此$(R_i + R_1) > (R_2 + R_e)$，即可得出 $t_i - \tau_1 > t_i - t_e$。

答案：A

14.（2004）多层平壁稳定传热，$t_1 > t_2$，下列哪一条温度分布线是正确的？（ ）

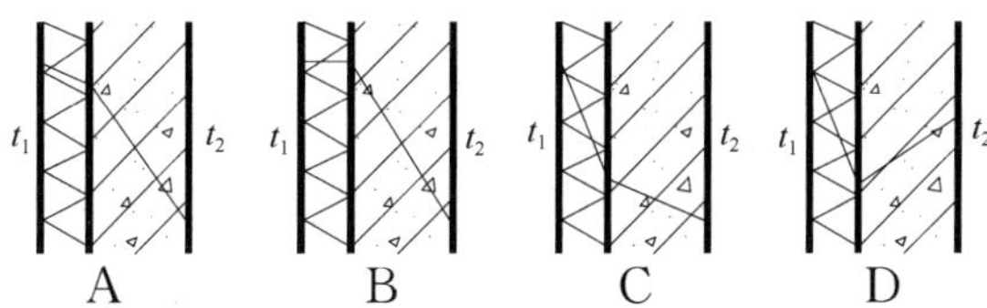

解析：温度分布线特征：在稳定传热中，多层屏蔽内每个材料层内的温度分布为直线，直线的斜率与该材料层的导热系数成反比，导热系数越小，温度分布线越倾斜。由于保温层的导热系数小于钢筋混凝土的导热系数，温度下降较多，因此，保温层内的温度分布线应比钢筋混凝土倾斜。A 和 B 不符合，此外，沿热流通过的方向，温度分布一定是逐

渐下降的，不可能出现温度升高的情况，D也是不正确的。

答案：C

15.（2004）在《民用建筑热工设计规范》中，有条文提出“连续使用的空调建筑，其外围保护结构内侧和内围护结构宜采用重质材料”，主要原因是（　　）。

A. 重质材料热惰性大，有利于保持室内温度稳定

B. 重质材料热惰性小，有利于保持室内温度稳定

C. 重质材料保温隔热性能好

D. 重质材料蓄热系数小

解析：重质材料热容量大，蓄热系数也大，其材料层表面和内部的温度虽然也随着发生波动，但温度波动的幅度较小，有利于保持室内温度的稳定。

答案：A

16.（2004）把木材、实心黏土砖和混凝土三种常用建材按导热系数由小到大排列，正确的顺序应该是（　　）。

A. 木材、实心黏土砖、混凝土　　B. 实心黏土砖、木材、混凝土

C. 木材、混凝土、实心黏土砖　　D. 混凝土、实心黏土砖、木材

解析：详见《民用建筑热工设计规范》GB 50176—2016 附录B表B.1建筑材料热物理性能参数。

答案：A

17.（2003）把实心黏土砖、混凝土、加气混凝土3种材料，按导热系统从小到大排列，正确的顺序应该是（　　）。

A. 混凝土、实心黏土砖、加气混凝土

B. 混凝土、加气混凝土、实心黏土砖

C. 实心黏土砖、加气混凝土、混凝土

D. 加气混凝土、实心黏土砖、混凝土

解析：导热系数与材料的组成结构、密度、温度等因素有关。温度和湿度不变时，材料的密度就是其导热系数的决定因素，查《民用建筑热工设计规范规范》GB 50176—2016 附录B表B.1：钢筋混凝土（密度 $2500kg/m^3$）、实心黏土砖（密度 $1800kg/m^3$）、加气混凝土（密度 $700kg/m^3$）的导热系数分别是1.74W/(m·K)、0.81W/(m·K）和0.18W/(m·K)。

答案：D

2. 建筑围护结构热工设计

(1) 建筑围护结构的热工设计原则

1.（2009）“应满足冬季保温要求，部分地区兼顾夏季防热”，这一规定是下面哪一个气候区的建筑热工设计要求？（　　）

A. 夏热冬冷地区　　B. 夏热冬暖地区

C. 寒冷地区　　D. 温和地区

解析：《民用建筑热工设计规范规范》GB 50176—2016 规定，寒冷地区的建筑热工设计应满足冬季保温要求，部分地区兼顾夏季防热的要求。

答案：C

(2) 建筑围护结构的保温设计

1. (2010) 断热铝合金 Low-E 玻璃窗未采用下述哪种技术措施？(　　)

A. 热回收　　　　B. 隔热条

C. 低辐射　　　　D. 惰性气体

解析：断热铝合金 Low-E 玻璃窗的框料为加了增强尼龙隔条铝合金窗框，使用了低辐射膜中空玻璃和隔热条，隔热条通过将铝合金型材分为内外两部分，阻隔了铝的热传导；其采用的低辐射中空玻璃间层可充惰性气体。

答案：A

2. (2010) 下列描述中，哪一项是外墙内保温方式的特点？(　　)

A. 房间的热稳定性好

B. 适用于间歇使用的房间

C. 可防止热桥部位内表面结露

D. 施工作业难度较大

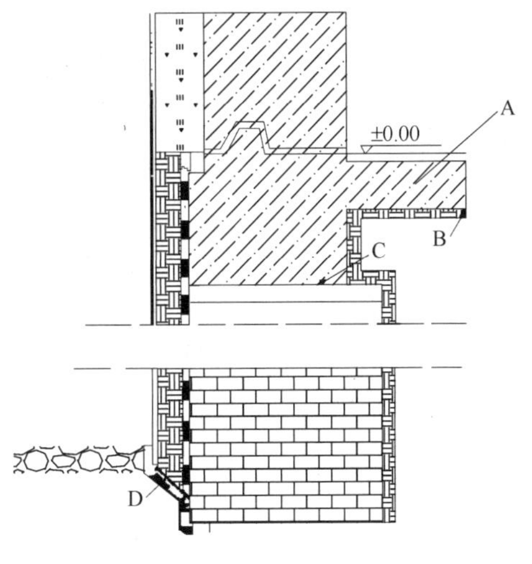

解析：外墙内保温方式是指将保温层位于外墙主体材料层的内侧。在受到相同温度波动的作用时，由于保温材料热容量小，蓄热系数也小，其材料层表面和内部的温度随着室内温度波动的幅度较大。对于间歇使用的房间，往往要求在使用前通过一定时间的供热使室内升温，内保温方式可使墙体的内表面也随之很快升温，以避免对靠近墙体的人产生不利的冷辐射，夏季空调降温的道理同样如此。

答案：B

3. (2010) 预制大板楼节能改造时勒脚部位的节点处理应在保温材料与墙体之间加铺一层防水材料，保温材料应从室内地面向下铺设至（　　）。

A. 室内地面以下　　　　B. 地面垫层底面

C. 地面梁以下　　　　D. 散水以下

解析：根据传热特点，建筑底层的热量除了从室内向下传递外，还会通过室内地面以下的外墙和地基向外面散失热量，将保温层从室内地面向下铺设至散水以下可有效防止室内热量通过周边外墙及地面散失，也起到保护防水材料的作用。

答案：D

4. (2009) 下列外墙节点中，最有利于保温隔热的是（　　）。

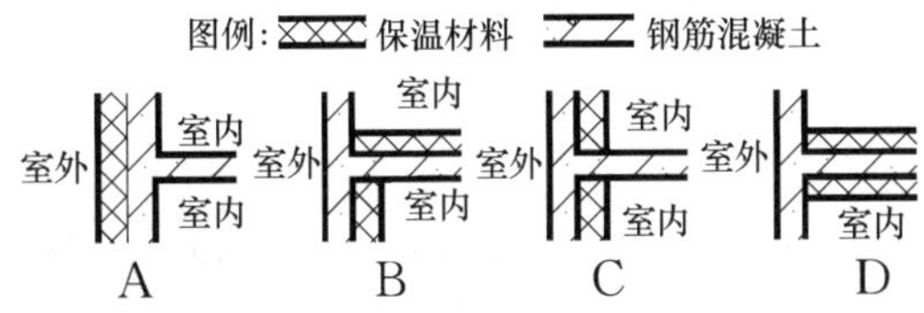

解析：A 节点保温材料全面覆盖外墙面，不存在热桥，保温效果最优。B、D 节点部分外墙无保温隔热材料，C 节点存在热桥。

答案：A

5.（2009）从适用性、耐久性和经济性等方面综合考虑，哪一种屋面做法最适宜我国北方地区居住建筑平屋顶？（　　）

A. 倒置式屋面　　B. 种植屋面

C. 架空屋面　　D. 正置屋面

解析：种植屋面和架空屋面隔热较好，适用于南方，北方地区居住建筑主要是保温。所谓倒置式屋面是针对正置屋面而言，将防水层做在保温层的下面，保温层在防水层外侧不仅可有效防止内部冷凝，还保护了防水层，从而大大提高其耐久性。但这种做法考虑到潮湿对保温材料的影响，需要提高保温材料的厚度。正置屋面保温层在防水层下面，由于防水层的蒸汽渗透阻很大，容易引起屋顶内部产生冷凝，同时，长期暴露在大气中的防水层受到日晒、交替冻融的作用，极易老化和开裂，丧失其防水功能。

答案：A

6.（2009）下列哪一条是内保温做法的优点？（　　）

A. 房间的热稳定性好

B. 可防止热桥部位内表面结露

C. 围护结构整体气密性好

D. 对于间歇性使用的电影院等场所可节约能源

解析：内保温做法是指外墙内保温，就是将保温材料层置于墙体的内侧，由于保温材料是轻质材料，材料密度低，热惰性指标较小，故抵抗温度波动的能力较小，使得内表面温度容易随着室内空气温度的波动而波动。对于间歇性使用的电影院等场所，当其在使用前通过采暖空调系统为室内增温或降温时，该场所室内的内表面温度将较快（相对外墙外保温）上升或下降，从而可减少采暖空调系统运行的时间，达到节能的目的。

答案：D

7.（2009）下列哪种玻璃的传热系数最小？（　　）

A. 夹层玻璃　　B. 真空玻璃

C. 钢化玻璃　　D. 单层 Low-E 玻璃

解析：玻璃导热系数为 0.76W/(m·K)，空气导热系数常温下(20℃)，为 0.0267W/(m·K)，0℃时为 0.0251W/(m·K)，可见带空气间层的玻璃传热系数较大，夹层玻璃和真空玻璃均由两层或多层玻璃构成，但真空玻璃之间是真空间层，真空的导热系数较小，所以真空玻璃传热系数最小。真空玻璃传热系数小于 1W/m^2，其他玻璃均大于 1W/m^2。钢化玻璃和单层单层 Low-E 玻璃无间层，所以传热系数比有间层的夹层玻璃和真空玻璃大。

答案：B

8.（2008）对于建筑节能来讲，为增强北方建筑的保温性能，下列措施中哪个不合理？（　　）

A. 采用双层窗　　B. 增加窗的气密性

C. 增加实体墙厚度　　D. 增强热桥保温

解析：组成实体墙的材料通常为重质材料，重质材料的导热系数较大，增加实体墙厚度只能很少量地增加墙体热阻，保温效果较其他三种方法差，却大量地增加墙体自重和建筑面积，因此该措施不合理。

答案：C

9.（2008）下列哪种窗户的传热系数是最小的?（　　）

A. 单层塑框双玻窗　　B. 单层钢框双玻窗

C. 单层塑框单玻窗　　D. 单层钢框单玻窗

解析：首先双玻窗带有封闭的空气间层，会增加窗户的热阻，传热系数比单玻窗小，其次塑框的导热系数又比钢框小，通过窗框的导热热量少，因此，单层塑框双玻窗的热阻最大，也就是传热系数最小。

答案：A

10.（2007、2003）图示几种“T”字形外墙节点，最不利于保温隔热的是（　　）。

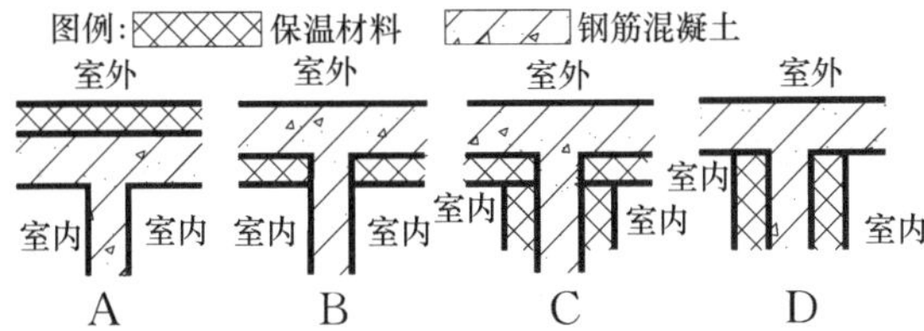

解析：A 节点为外墙外保温，保温隔热性能最好；B、C 节点均为外墙内保温，由于存在热桥，保温隔热性能次之；D 节点外墙未置保温层，所以最不利于保温隔热。

答案：D

11.（2007）孔洞率相同的 4 个混凝土小砌块断面孔形设计，哪种保温性能最好?（　　）

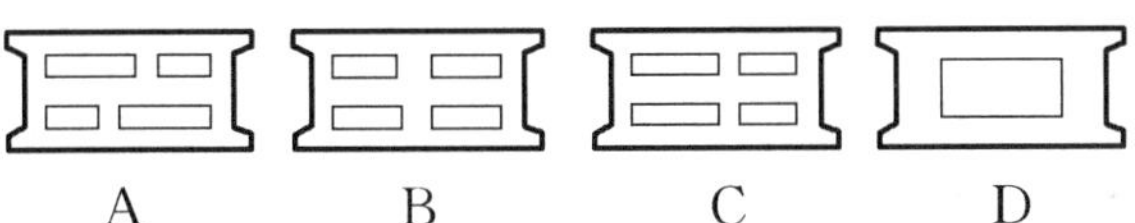

解析：图示 4 个混凝土小砌块断面的差异在于空洞的分布，双排孔因具有两个空气间层，其保温性能比单排孔好，而在双排孔的排列中，孔的位置错开，可以避免实体部分贯通形成热桥。因此，方案 A 最好。

答案：A

12.（2007）薄壁型钢骨架保温板如图所示，比较外表面温度 θ_1 和 θ_2，哪个结论正确?（　　）

A. $\theta_1=\theta_2$

B. $\theta_1>\theta_2$

C. $\theta_1<\theta_2$

D. θ_1 和 θ_2 关系不确定

室外 $t_e=-5℃$　θ_1　θ_2　面板　玻璃棉　型钢　石膏板　室内 $t_i=20℃$

解析：本图所示薄壁型钢骨架保温板中有型钢的部分就属于热桥。热桥为围护结构中保温性能远低于平壁部分的嵌入构件，热桥的热阻比围护结构平壁部分的热阻小，热量容易通过热桥传递。热桥内表面失去的热量多，使得内表面温度低于室内平壁表面其他部分，而热桥外表面由于传到的热量比平壁部分多，因此热桥外表面温度高于平壁部分外表面的温度。

答案：C

13.（2006）以下哪条措施对增强中空玻璃的保温性能基本无作用？（　　）

A. 增加两层玻璃本身的厚度　　B. 在两层玻璃的中间充惰性气体

C. 用 Low-E 玻璃代替普通玻璃　　D. 在两层玻璃的中间抽真空

解析：玻璃的导热系数较惰性气体和真空较大，对于建筑来说，使用的玻璃厚度都比较小，能够增加的玻璃厚度有限，不能明显增加窗户的热阻，故对增强中空玻璃的保温性能基本无作用。

答案：A

14.（2006）多孔材料导热系数的大小与下列哪条无关？（　　）

A. 材料层的厚度

B. 材料的密度

C. 材料的含湿量

D. 材料的温度

解析：同一材料的导热系数受其密度和温度、湿度等因素影响。

答案：A

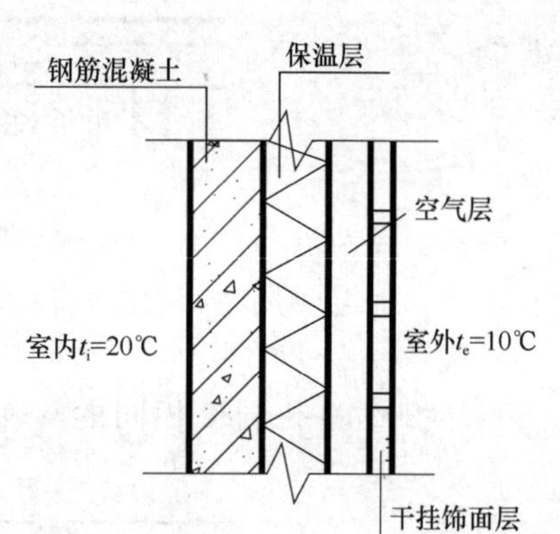

15.（2006）北方某节能住宅外墙构成如图所示，干挂面层之间缝的处理及其目的说明，哪条正确？（　　）

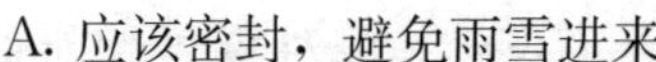

A. 应该密封，避免雨雪进来

B. 不应密封，加强空气层的保温作用

C. 不应密封，有利于保持保温层的干燥

D. 不应密封，有利于饰面层的热胀冷缩

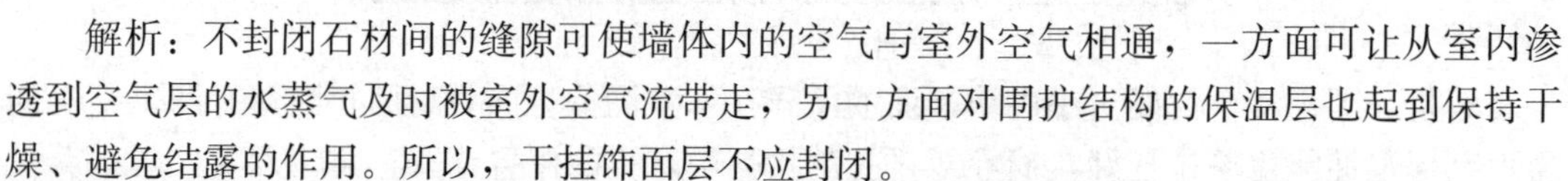

解析：不封闭石材间的缝隙可使墙体内的空气与室外空气相通，一方面可让从室内渗透到空气层的水蒸气及时被室外空气流带走，另一方面对围护结构的保温层也起到保持干燥、避免结露的作用。所以，干挂饰面层不应封闭。

答案：C

16.（2006、2005）外墙某局部如图所示，比较内混凝土表面温度 θ_1 和 θ_2，下列哪一个答案正确？（　　）

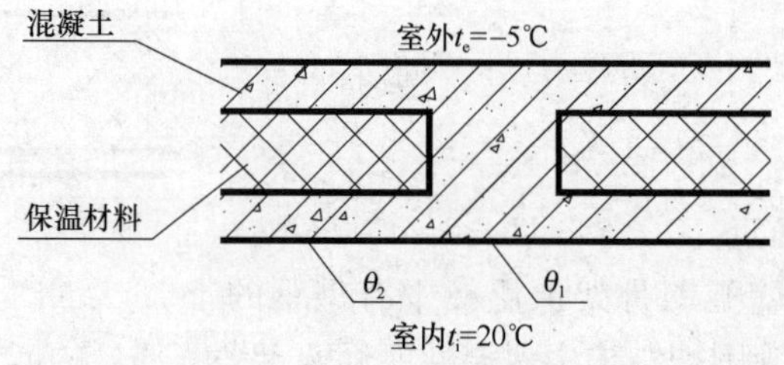

A. $\theta_1=\theta_2$　　B. $\theta_1>\theta_2$

C. $\theta_1<\theta_2$　　D. θ_1 和 θ_2 关系不确定

解析：图中 θ_1 处于热桥部位，热桥为围护结构中保温性能远低于平壁部分的嵌入构件，热桥热阻比围护结构平壁部分的热阻小，热量容易通过热桥传递。热桥内表面失去的热量多，使得热桥内表面温度低于平壁内表面的温度。

答案：C

17.（2005）以下哪条措施对增强玻璃的保温性能基本不起作用？（　　）

A. 在两层玻璃的中间再覆一层透明的塑料薄膜

B. 将中空玻璃的间隔从 6mm 增加到 9mm

C. 在两层玻璃的中间充惰性气体

D. 增加两层玻璃本身的厚度

解析：就建筑而言，玻璃本身的厚度较小，能够增加的玻璃厚度有限，而且，玻璃的导热系数为 0.76W/(m·K)，不能明显增加窗户的热阻，故对增强中空玻璃的保温性能基本无作用。

答案：D

18.（2005）居住建筑的窗墙面积比应该得到适当的限制，下列哪项不是主要原因？（　　）

A. 窗墙比太大不利于降低采暖和空调能耗

B. 窗墙比太大影响建筑立面设计

C. 窗墙比太大会提高建筑造价

D. 玻璃面积太大，不利于安全

解析：限制居住建筑窗墙面积比是为了提高建筑的保温隔热性能，达到节能的目的，安全不是制约窗墙面积比的主要原因。

答案：D

19.（2000）外墙的贯通式热桥如图所示，比较外表面温度 θ_1 和 θ_2，下列哪个答案是正确的？（　　）

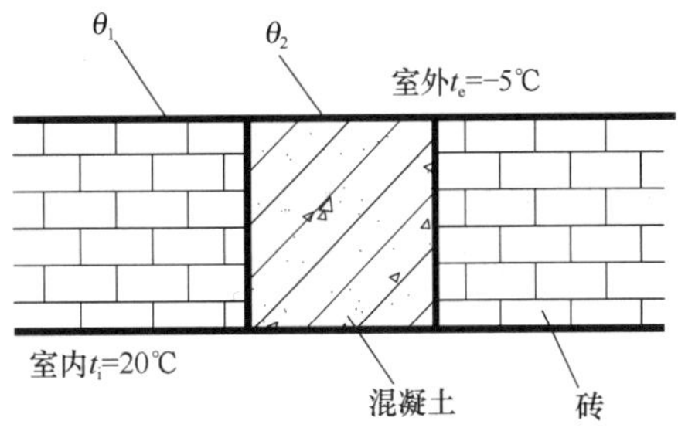

A. $\theta_1=\theta_2$

B. $\theta_1>\theta_2$

C. $\theta_1<\theta_2$

D. $\theta_1>\theta_2$ 和 $\theta_1<\theta_2$ 都有可能

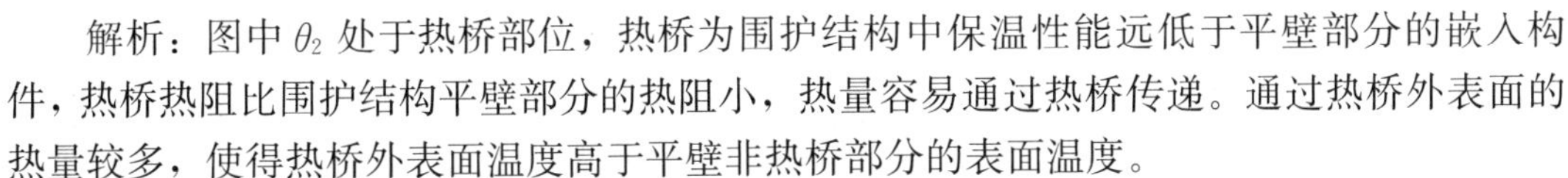

解析：图中 θ_2 处于热桥部位，热桥为围护结构中保温性能远低于平壁部分的嵌入构件，热桥热阻比围护结构平壁部分的热阻小，热量容易通过热桥传递。通过热桥外表面的热量较多，使得热桥外表面温度高于平壁非热桥部分的表面温度。

答案：C

（3）围护结构隔热设计

1.（2010）指出下述哪类固定式外遮阳的设置符合“在太阳高度角较大时，能有效遮挡从窗口上前方投射下来的直射阳光，宜布置在北回归线以北地区南向及接近南向的窗口”的要求？（　　）

A. 水平式遮阳　　　　B. 垂直式遮阳

C. 横百叶挡板式遮阳　　　　D. 竖百叶挡板式外遮阳

解析：水平式遮阳主要适用于遮挡太阳高度角大、从窗口上方来的阳光。而在北回归线以北地区南向及接近南向的窗口正属于此种情况，因此宜选择水平式固定外遮阳。

答案：A

2.（2010）建筑遮阳有利于环境质量和节约能源，下列哪一项不属于上述功能？（　　）

A. 提高热舒适度　　B. 减少太阳辐射热透过量

C. 增加供暖能耗　　D. 降低空调能耗

解析：夏季，建筑遮阳可以大量减少太阳辐射对建筑的热透过量，有利于降低室内温度，提高室内的热舒适度，同时，由于减少了进入室内的太阳得热，可有效地降低空调能耗。

答案：C

3.（2009）室外综合温度最高的外围护结构部位是（　　）。

A. 西墙　　B. 北墙

C. 南墙　　D. 屋顶

解析：室外气温、投射到该朝向的太阳辐射强度和表面对太阳辐射的吸收系数是决定室外综合温度的主要因素。由于屋面接受太阳辐射的时间比墙面的时间长，接受的太阳辐射强度比墙面强，通常屋面辐射的吸收系数又比墙面大，因此屋面的室外综合温度最高。

答案：D

4.（2009）下列哪一项不应归类为建筑热工设计中的隔热措施？（　　）

A. 外墙和屋顶设置通风间层　　B. 窗口遮阳

C. 合理的自然通风设计　　D. 室外绿化

解析：建筑热工设计的对象为建筑围护结构，室外绿化不在其范围内。

答案：D

5.（2010）以下哪条措施对建筑物的夏季防热是不利的？（　　）

A. 外墙面浅色粉刷　　B. 屋顶大面积绿化

C. 加强建筑物的夜间通风　　D. 增大窗墙面积比

解析：夏季，通过窗户进入室内的太阳辐射热是室内过热和增加空调负荷的主要原因，增大窗墙面积比势必增加一面墙上的窗户面积。窗户面积的增加必然增加室内的太阳辐射得热；由于窗户的传热系数太大，通过窗户的温差传热数倍于墙体，增大窗墙面积比也会同时增加通过窗户部分的温差传热，从而让整栋建筑物的得热增加，因此，对夏季防热是不利的。

答案：D

6.（2008）在进行外围护结构的隔热设计时，室外热作用温度应为（　　）。

A. 室外空气温度　　B. 室外综合温度

C. 室外空气最高温度　　D. 太阳辐射的当量温度

解析：根据夏季隔热设计的特点，室外热作用不仅需要考虑室外温度的作用，而且也应考虑太阳辐射的影响，所以答案应为室外综合温度。

答案：B

7.（2008）建筑物的夏季防热，采取以下哪条是不正确的？（　　）

A. 加强窗口遮阳　　B. 加强自然通风

C. 减小屋顶热阻值，加速散热　　D. 浅色饰面，增强反射

解析：《民用建筑热工设计规范》GB 50176—2016 第 6.2.1 条要求屋面内表面的最高温度应符合规定的限值。减小屋面的热阻将增加屋面的温差传热量、将相应降低屋面的热惰性指标，也就是降低了屋面抵抗夏季室外综合温度作用的能力，增强了屋面内表面的温度波动，使屋面内表面温度最大值升得更高，对隔热不利。

答案：C

8. (2007) 下列哪一条是造成玻璃幕墙建筑夏季室内过热的最主要原因？(　　)

A. 自然通风

B. 通过玻璃幕墙的温差传热

C. 透过玻璃幕墙直接进入房间的太阳辐射

D. 玻璃幕墙上可开启的部分太小

解析：研究表明夏季透过玻璃幕墙直接进入房间的太阳辐射热可达到 $1000W/m^2$，在这种条件下，透过玻璃幕墙进入房间的太阳辐射将严重影响室内热环境。是室内过热的最主要原因。室内外温差传热影响较小。

答案：C

9. (2007) 以下哪条措施对建筑物的夏季防热不利？(　　)

A. 加强建筑物的夜间通风　　B. 窗户外设置遮阳篷

C. 屋面刷浅色涂料　　D. 屋面开设天窗

解析：加强建筑物的夜间通风、窗户外设置遮阳篷、屋面刷浅色涂料都有利于建筑夏季防热。但是，屋面开设天窗时，太阳辐射将通过屋面开设的天窗大量进入室内，并且，屋面的天窗全天被太阳照射的时间又长，将导致进入室内的太阳得热很多，对夏季建筑防热不利。

答案：D

10. (2006) 为了防止炎热地区的住宅夏季室内过热，以下哪条措施是不正确的？(　　)

A. 增加墙面对太阳辐射的反射　　B. 减小屋顶的热阻，以利于散热

C. 窗口外设遮阳装置　　D. 屋顶绿化

解析：《民用建筑热工设计规范》GB 50176—2016 第 6.2.1 条要求屋面内表面的最高温度应符合规定的限值。减小屋面的热阻将增加屋面的温差传热量、将相应降低屋面的热惰性指标，也就是降低了屋面抵抗夏季室外综合温度作用的能力，增强了屋面内表面的温度波动，使屋面内表面温度最大值升得更高，对隔热不利。

答案：B

11. (2006) 关于建筑防热设计中的太阳辐射"等效温度"，下列哪个结论是正确的？(　　)

A. 与墙面的朝向无关

B. 与墙面的朝向和墙面的太阳辐射吸收率有关

C. 与墙面的太阳辐射吸收率无关

D. 只和太阳辐射强度有关

解析：太阳辐射“等效温度”或称“当量温度”，含义是：围护结构外表面对太阳辐射的吸收率与太阳辐射照度的乘积除以外表面换热系数。可见太阳辐射等效温度与屋顶和墙面所在朝向的太阳辐射强度以及屋顶和墙面材料对太阳辐射的吸收率有关。由于同一时刻屋顶和四面外墙上所受到的太阳辐射强度不同，而不同材料对太阳辐射的吸收率也不相同，因此，太阳辐射的“等效温度”与墙面的朝向和墙面的太阳辐射吸收率均有关。

答案：B

12.（2005）关于夏季防热设计要考虑的“室外综合温度”，以下哪个说法是正确的？（　　）

A. 一栋建筑只有一个室外综合温度

B. 屋顶和四面外墙分别有各自的室外综合温度

C. 屋顶一个，四面外墙一个，共有两个室外综合温度

D. 屋顶一个，东西墙一个，南北墙一个，共有三个室外综合温度

解析：室外综合温度指室外空气温度 t_e 与太阳辐射当量温度 $\rho_s I/\alpha_e$ 之和，它与室外温度、所在朝向的太阳辐射照度以及外饰面材料对太阳辐射吸收率有关。同一时刻屋顶和四面外墙上所受到的太阳辐射照度不同，使得屋顶和四面外墙的室外综合温度都不相同，因此，屋顶和四面外墙分别有各自的室外综合温度。

答案：B

13.（2005）为使夏季室内少开空调，应该首先抑制（　　）。

A. 屋顶的温差传热　　B. 墙体的温差传热

C. 通过窗户的太阳辐射　　D. 窗户的温差传热

解析：夏季，通过窗户的太阳辐射使室内得热升高较屋顶、外墙和窗户温差传热要大得多，在夏热冬冷和夏热冬暖地区，夏季空调期的太阳辐射得热所引起的负荷增加已成为主要矛盾，因此，应首先控制通过窗户直接进入房间的太阳辐射，以便有效降低室内得热，减少开启空调的时间。

答案：C

14.（2005）以下哪条措施对建筑物的夏季防热是不利的？（　　）

A. 外墙面浅色粉刷　　B. 屋顶大面积绿化

C. 窗户上设遮阳装置　　D. 增大窗墙面积比

解析：夏季太阳辐射强烈，并且日照时间长，增大窗墙面积比势必增加窗户的面积，增加通过窗户射入室内的太阳辐射得热；其次由于窗户的传热系数远大于墙体结构的传热系数，这样也会增加全天因为温差传入室内的热量；同时，由于窗户的隔热能力差，不能对室外温度波动的作用进行有效的衰减，对抵抗室外温度波动对室内热环境的影响不利。

答案：D

15.（2005）为了防止炎热地区的住宅夏季室内过热，一般而言，以下哪项措施是要优先考虑的？（　　）

A. 加大墙体的热阻　　B. 加大屋顶的热阻

C. 屋顶上设架空层　　D. 窗口外设遮阳装置

解析：夏季，影响室内过热的主要原因是太阳辐射得热。对于顶层居住建筑，屋顶的室外综合温度最高，日照时间最长，所以优先考虑屋顶的防热。屋顶使用架空层后，首先屋顶架空层的上部能够有效遮挡太阳辐射，大量减少架空层下部屋面太阳辐射得热；同时，架空层内被加热的空气和室外冷空气形成流动，可带走架空层内的热量，降低架空层下部屋面的温度，最终达到降低屋面内表面温度的隔热目的。夜间，温差传热的方向和白天相反，架空层内流动的空气又能及时带走从屋面内侧传至架空层下部的热量，具有散热快的优点，通过实铺保温隔热层来“加大屋顶热阻”是做不到的。因此，应优先考虑设架空层。

答案：C

16.（2005）南方建筑设置哪种形式的外遮阳，能够有效地阻止夏季的阳光通过东向的窗口进入室内？（　　）

A. 水平式遮阳　　B. 垂直式遮阳

C. 挡板式遮阳　　D. 水平式＋垂直式遮阳

解析：挡板式遮阳能够有效遮挡太阳高度角小，并且从窗口的正前方射入的阳光，所以，只有使用挡板式遮阳才能有效阻挡夏季阳光通过东向窗口进入室内。

答案：C

17.（2004）在炎热的南方，以下哪条措施对减小房间的空调负荷作用最大？（　　）

A. 在窗户外面设置有效的遮阳

B. 用 5mm 厚的玻璃代替窗户

C. 用中空玻璃代替窗户上原来的 3mm 玻璃

D. 加大窗户面积

解析：在炎热的南方，通过窗户进入室内的太阳辐射热是夏季室内过热和空调负荷的主要原因，在窗户外面设置有效的遮阳，能够减少进入室内的太阳辐射得热，对减小房间的空调负荷作用最大。

答案：A

18.（2004）根据围护结构外表面日照时间的长短和辐射强度的大小，采取隔热措施应考虑的先后顺序应该是（　　）。

A. 屋面、西墙、东墙、南墙和北墙　　B. 西墙、东墙、屋面、南墙和北墙

C. 西墙、屋面、东墙、南墙和北墙　　D. 西墙、东墙、南墙和北墙、屋面

解析：围护结构外表面日照时间的长短和辐射强度的大小之和就是其室外综合温度，根据不同朝向的室外综合温度判断，室外综合温度由高至低的排列顺序是：屋面、西墙、东墙、南墙和北墙。

答案：A

19.（2004）广州某建筑的西向窗口上沿设置了水平遮阳板，能否有效地阻止阳光进入室内，其理由是（　　）。

A. 能，因为西晒时太阳高度角较小　　B. 不能，因为西晒时太阳高度角较小

C. 不能，因为西晒时太阳高度角较大　　D. 能，因为西晒时太阳高度角较大

解析：水平式遮阳主要适用于遮挡太阳高度角大、从窗口上方来的太阳光，西向窗口的太阳高度角较小，下午太阳光又来自西向窗口的前方，因此水平式遮阳不能有效遮挡进

入窗口的阳光。

答案：B

20.（2003）为了增强建筑物的夏季防热，以下哪些措施是不正确的？（　　）

A. 减小外墙的热阻，使室内的热容易散发

B. 加强夜间的自然通风

C. 屋顶绿化

D. 窗户遮阳

解析：《民用建筑热工设计规范》GB 50176—2016 第 6.1.1 条对外墙内表面的最高温度规定了限值。减小外墙的热阻将相应降低外墙的热惰性指标，也就是降低外墙抵抗夏季室外综合温度作用的能力，增强了外墙内表面的温度波动，使外墙内表面温度最大值升得更高，降低外墙的防热性能。

答案：A

21.（2003）以自然通风为主的建筑物，确定其方位时，根据主要透风面和建筑物形式，应按何时的有利风向布置？（　　）

A. 春季　　B. 夏季

C. 秋季　　D. 冬季

解析：以自然通风为主的建筑物应为夏热冬暖地区的居住建筑，确定其方位时，建筑的主要朝向应迎合当地夏季的主导风向。

答案：B

22.（2003）同样大小的建筑物，在平面布置的方位不同，其冷负载就不一样，就下图看，哪种布置冷负荷最小？（　　）

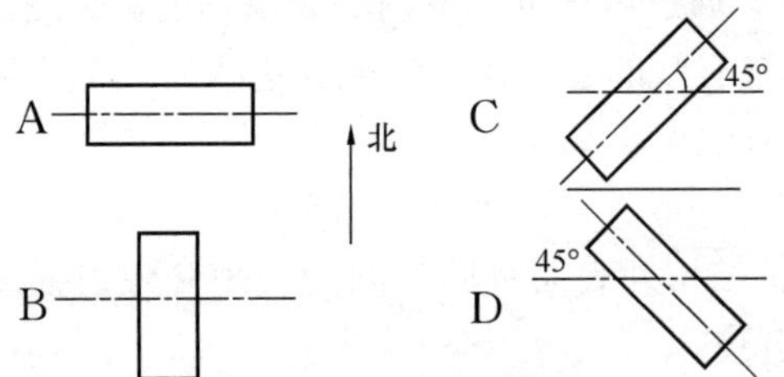

解析：建筑物冷负荷的大小，取决于室内得热的大小，同样构造的围护结构、形状相同的建筑物，南北朝向比东西朝向的建筑得热较小，冷负荷也小，对一个长宽比为 4∶1 的建筑物，测试表明：东西向比南北向的冷负荷约增加 70%，因此建筑物应尽量采用南北向。

答案：A

(4) 建筑围护结构防潮设计

1.（2009）南方炎热地区某办公建筑，潮霉季节首层地面冷凝返潮严重，下列哪种防止返潮的措施是无效的？（　　）

A. 地面下部进行保温处理　　B. 地面采用架空做法

C. 地面面层采用微孔吸湿材料　　D. 地面下部设置隔汽层

解析：南方炎热地区建筑潮霉季节首层地面冷凝返潮严重的主要原因是首层地面由于热容量大，地面表面温度上升比空气缓慢，常常低于室外空气的露点温度，当温度较高的潮湿空气（相对湿度在90%以上）流入室内，遇到温度较低而又光滑不吸水的首层地面时，就会产生结露现象；其次，对于地下水位较高的地区，地面垫层下地基土壤中的水通过毛细管作用上升，以及气态水向上渗透，也使地面潮湿。架空地板下有空气间层进行通风，有利于地面干燥；地面面层采用微孔吸湿材料可吸附地面的冷凝水，减少地面冷凝水分；地面下部设置隔汽层可有效阻隔地下水分的上升和气态水的渗透。而对首层地面下部进行保温处理对增加其热阻和提高地表面温度作用很有限，因此这种防止返潮的措施是无效的。

答案：A

2.（2007）墙体构造如图所示，为防止保温层受潮，隔汽层应设在何处？（　　）

A. 界面 1

B. 界面 2

C. 界面 3

D. 界面 4

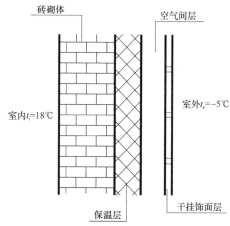

1 2 3 4
室内t_i=18℃
室外t_e=−5℃
石膏板
保温板
砂浆
混凝土
空气层

解析：隔汽层应放在石膏板与保温层的界面 1 处，可以阻挡水蒸气进入保温层以防止其受潮，从而降低保温层的热阻值，保证其正常工作。

答案：A

3.（2006）隔汽层设置在何处，可防止保温层受潮？（　　）

A. 石膏板保温层

B. 保温层与空气层的界面

C. 空气层与干挂饰面层的界面

D. 在干挂饰面层外表面

砖砌体
空气间层
室内t_i=18℃
室外t_e=−5℃
保温层
干挂饰面层

解析：因为水蒸气渗透的方向由室内流向室外，所以，隔汽层应放在砖砌体与保温层的界面处，可以有效阻挡水蒸气进入保温层以防止其受潮，降低热阻值。

答案：A

4.（2005）为防止保温层受潮，隔汽层应设置在何处？（　　）

A. 混凝土与空气层的界面

B. 空气层与保温层的界面

C. 保温层与石膏板的界面

D. 上述 3 个界面效果一样

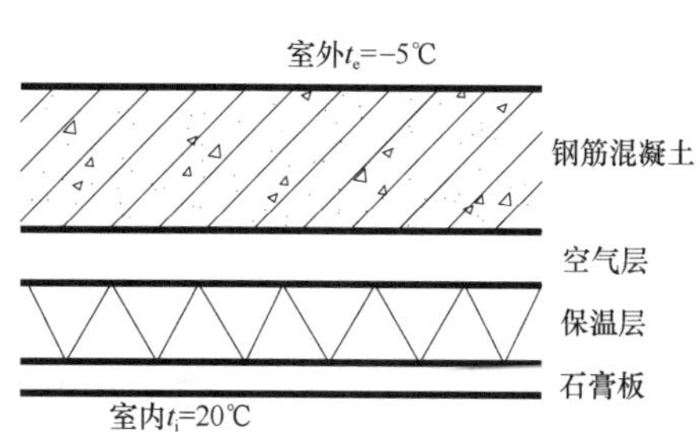

解析：隔汽层的作用是阻挡水蒸气进入保温层以防止其受潮，因为水蒸气渗透的方向由室内流向室外，因此，隔汽层应放在沿蒸汽流入的一

侧、进入保温层以前的材料层交界面上。

答案：C

5.（2004）在北方寒冷地区，某建筑的干挂石材外墙如图所示，设计人员要求将石材和石材之间所有的缝隙都用密封胶堵严，对这种处理方式，下列哪一条评议是正确的？（　）

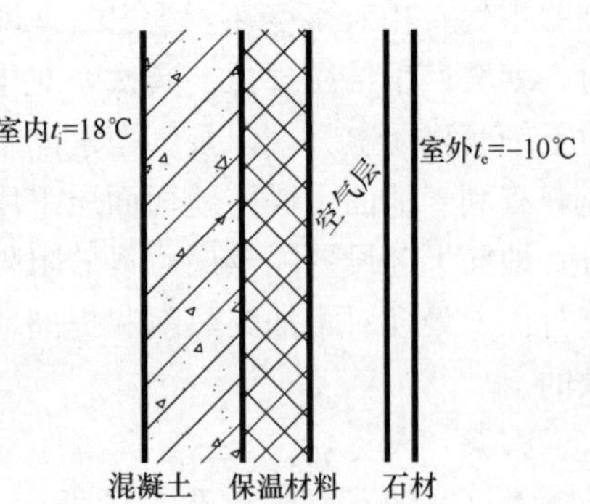

A. 合理，因为空气层密闭，有利于保温

B. 合理，避免水分从室外侧进入空气层

C. 不合理，因为不利于石材热胀冷缩

D. 不合理，因为会造成空气层湿度增大，容易发生结露现象

解析：封闭石材间的缝隙后，从室内渗透空气层的水蒸气将在空气层内聚集，造成空气层湿度增加，在低温条件下容易产生结露，使保温层受潮导致保温效果降低，甚至被破坏。所以，封闭干挂石材间的缝隙不合理。

答案：D

6.（2004）在图示情况下，为了防止保温层受潮，隔汽层应设置在何处？（　）

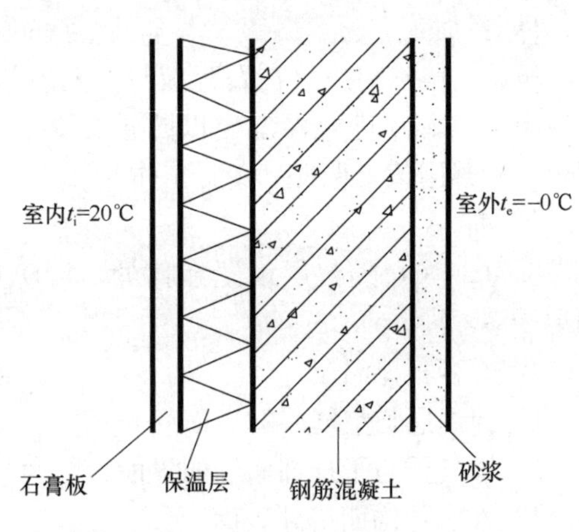

A. 石膏板与保温层的界面

B. 保温层与钢筋混凝的上界面

C. 混凝土与砂浆的界面

D. 上述三个界面效果都一样

解析：隔汽层的作用是阻挡水蒸气进入保温层以防止其受潮，因为水蒸气渗透的方向由室内流向室外，因此，隔汽层应放在沿蒸汽流入的一侧、进入保温层以前的材料层交界面上。

答案：A

7.（2003）在题图所示的情况下，为了防止保温层受潮，隔汽层应设置在何处？（　）

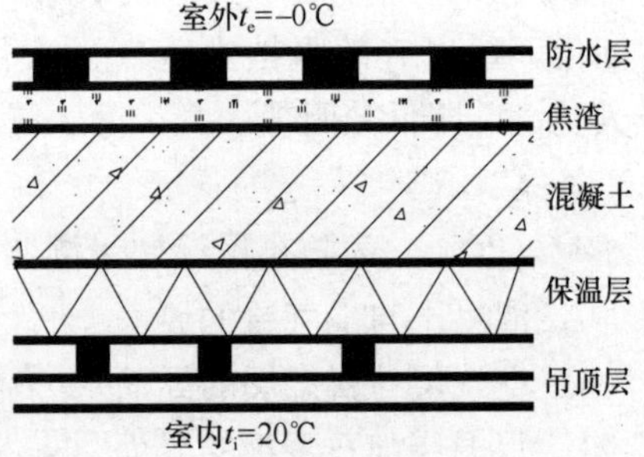

A. 焦渣和混凝土的界面

B. 混凝土与保温层的界面

C. 保温层与吊顶层的界面

D. 防水层与焦渣层的界面

解析：隔汽层的作用是阻挡水蒸气进入保温层以防止其受潮，冬季水蒸气渗透的方向为由室内流向室外，所以，隔汽层应放在吊顶与保温层的界面处。

答案：C

8. 下列哪条可以保证墙面绝不结露？（　）

A. 保持空气干燥　　　　B. 墙面材料吸湿

C. 墙面温度高于空气的露点温度　　　　D. 墙面温度低于空气的露点温度

解析：该表面的温度是否低于室内空气的露点温度，是判断其是否结露的标准。

答案：C

9. 墙面上发生了结露现象，下面哪一项准确地解释了原因？（　　）

A. 空气太湿　　　　B. 空气的温度太低

C. 墙面温度低于空气的露点温度　　　　D. 墙面温度高于空气的露点温度

解析：所谓结露就是当墙面温度低于室内空气的露点温度时，墙面温度对应的饱和蒸气压将比露点温度对应的饱和蒸气压还小，因此接触到该墙面的湿空气就会将不能容纳的水蒸气凝结为液态水。

答案：C

10. 冬季墙面上出现结露现象，以下哪一条能够准确地解释发生结露现象的原因？（　　）

A. 室内的空气太潮湿了　　　　B. 墙面不吸水

C. 墙面附近的空气不流动　　　　D. 墙面温度低于室内空气的露点温度

解析：所谓结露就是当墙面温度低于室内空气的露点温度时，墙面温度对应的饱和蒸气压将比露点温度对应的饱和蒸气压还小，因此接触到该墙面的湿空气就会将不能容纳的水蒸气凝结为液态水。

答案：D

（5）建筑自然通风设计

1.（2009）以下平面示意图中，哪一种开口位置有利于室内的自然通风？（　　）

解析：为了满足自然通风的要求，首先，需要畅通的通风路径，其次，需要保持一定的风压，B图和D图都具有相应的进风口和出风口，但是，B图两个开口处设置了挡风构造，使得下方开口处为正压，上方开口处为负压，在风压的作用下形成自然通风。

答案：B

2.（2009）某办公建筑内设通风道进行自然通风，下列哪一项不是影响其热压自然通风效果的因素？（　　）

A. 出风口高度　　　　B. 外墙的开窗率

C. 通风道面积　　　　D. 风压大小

解析：室内外的温差和进、出口之间的高度差是影响热压自然通风效果的主要因素，与风压无关。

答案：D

3.（2008）有关房间的开口与通风构造措施对自然通风的影响，下述哪条不正确？（　　）

A. 开口大小与通风效率之间成正比

B. 开口相对位置直接影响气流路线

C. 门窗装置对室内自然通风影响很大

D. 窗口遮阳设施在一定程度上阻挡房间通风

解析：开口大小影响开口处的气流流速，开口面积大（小）处流速小（大），但不与通风效率成正比。

答案：A

4.（2008）建筑物须满足以下哪个条件时才能形成热压通风？（　　）

A. 进风口大于出风口　　B. 进风口小于出风口

C. 进风口高于出风口　　D. 进风口低于出风口

解析：热压通风形成过程如下，当室内空气温度高于室外空气温度时，室内空气由于密度小而上升，上升的热空气从上方开口流出，室外温度相对较低、密度较大的空气从下方的开口流入补充，形成热压通风，所以，进风口低于出风口是必备条件。

答案：D

（6）建筑日照及遮阳设计

1.（2010）旧城改造项目中，新建住宅日照标准应符合下列哪项规定？（　　）

A. 大寒日日照时数≥1h　　B. 大寒日日照时数≥2h

C. 大寒日日照时数≥3h　　D. 冬至日日照时数≥1h

解析：《城市居住区规划设计规范》GB 50180—93 第 5.0.2.1 条（3）款规定，旧区改建项目内新建筑的日照标准可比规范的要求酌情降低，但日照时数不应低于大寒日 1h 的标准。

答案：A

2.（2010）目前，已有相当数量的工程建设项目采用计算机数值模拟技术进行规划辅助设计，下列哪一项为住宅小区微环境的优化设计？（　　）

A. 室内风环境模拟　　B. 室内热环境模拟

C. 小区风环境模拟　　D. 建筑日照模拟

解析：因为绿色建筑的普及，室内风环境模拟、室内热环境模拟、小区风环境模拟也在绿色建筑项目中广泛开展，但是，住宅小区规划设计报批时，必须提供根据建筑日照的基本原理，利用计算机图形技术完成的建筑日照模拟分析报告作为审批依据之一。从必备性而言，选建筑日照模拟。

答案：D

3.（2006）关于太阳的高度角，以下哪条正确？（　　）

A. 太阳高度角与纬度无关　　B. 纬度越低，太阳高度角越高

C. 太阳高度角与季节无关　　D. 冬季太阳角度角高

解析：太阳高度角是指太阳光线与当地地平面的夹角。太阳高度角计算公式 $\sin h_s = \sin\varphi \cdot \sin\delta + \cos\varphi \cdot \cos\delta \cdot \cos\Omega$，可见太阳高度角与地理纬度 φ、赤纬角 δ 和时角 Ω 有关，在日期（赤纬角 δ）和时刻（时角 Ω）相同的前提下，纬度（φ）越低，太阳高度角越大。

答案：B

4. (2005) 下列哪个关于太阳高度角和方位角的说法是正确的？(　　)

A. 太阳高度角与建筑物的朝向有关

B. 太阳方位角与建筑物的朝向有关

C. 太阳高度角和方位角都与建筑物的朝向有关

D. 太阳高度角和方位角都与建筑物的朝向无关

解析：太阳高度角计算公式 $\sin h_s = \sin\varphi \cdot \sin\delta + \cos\varphi \cdot \cos\delta \cdot \cos\Omega$ 和太阳方位角的计算公式 $\cos A_s = (\sin h_s \cdot \sin\varphi - \sin\delta) / (\cos h_s \cdot \cos\varphi)$ 判断，太阳高度角和太阳方位角与地理纬度 φ、赤纬角 δ 和时角 Ω 有关，与建筑物的朝向完全无关。

答案：D

3. 建筑节能

(1) 居住建筑节能设计

1. (2010) 在我国制定的居住建筑节能设计标准中，未对如下哪一地区外窗的传热系数指标值做出规定？(　　)

A. 夏热冬暖地区　　B. 夏热冬暖地区北区

C. 夏热冬暖地区南区　　D. 夏热冬冷地区

解析：夏热冬暖地区南区外窗无传热系数限值，详见《夏热冬暖地区居住建筑节能设计标准》JGJ 75—2012 第 4.0.8 条表 4.0.8-2。

答案：C

2. (2006)《夏热冬冷地区居住建筑节能设计标准》JGJ 134—2001 对建筑物的体形系数有所限制，主要是因为，体形系数越大，(　　)。

A. 外立面凹凸过多，不利于通风　　B. 外围护结构的传热损失就越大

C. 室内的自然通风越不易设计　　D. 采光设计越困难

解析：建筑物体形系数为建筑物的外表面与建筑体积之比。冬季建筑室内温度高于室外温度，热量都是通过建筑物的外表面传递出去的，减小体形系数意味着在保持相同的建筑体积的前提下，建筑物的外表面减少，即减少了损失热量的传热面，从而达到降低外围护结构传热损失的目的。

答案：B

3. (2006)《夏热冬冷地区居住建筑节能设计标准》JGJ 134—2001 对窗墙比有所限制，其主要原因是(　　)。

A. 窗缝容易产生空气渗透

B. 通过窗的传热量远大于通过同面积墙的传热量

C. 窗过大不安全

D. 窗过大，立面不易设计

解析：由于窗户采用的材料及其构造特点，窗户的传热系数远高于墙体的传热系数，这使得通过窗户的传热量数倍于同等面积的墙体，限制窗墙面积比可控制墙体上窗户面积所占的比例，减少窗户面积可有效减少建筑物的总传热量。

答案：B

4. (2005)《夏热冬冷地区居住建筑节能设计标准》JGJ 134—2001 对窗户气密性有一

定的要求，主要原因是（　　）。

A. 窗缝的空气渗透影响室内温度

B. 窗缝的空气渗透会增加采暖空调的能耗

C. 窗缝的空气渗透影响室内湿度

D. 窗缝的空气渗透会将灰尘带入室内

解析：对窗户气密性有一定的要求，主要是降低空气渗透所引起的能耗，因为窗缝的空气渗透会将室外空气带入室内，同时排出相同体积的室内空气。无论是冬季加热带入室内的冷空气，还是夏季为带入室内的热空气降温，都需要消耗采暖或空调的能耗。

答案：B

5. (2009)“卧室和起居室的冬季采暖室内设计温度为 18℃，夏季空调室内设计温度为 26℃，冬夏季室内换气次数均为 1.0 次/h”，应为下列哪个气候区对居住建筑室内热环境设计指标的规定？（　　）

A. 夏热冬冷地区　　　　B. 夏热冬暖地区北区

C. 夏热冬暖地区南区　　D. 温和地区

解析：《夏热冬冷居住建筑节能设计标准》JGJ 134—2001 规定，卧室和起居室的冬季采暖室内设计温度为 18℃，夏季空调室内设计温度为 26℃，冬夏季室内换气次数为 1 次/h。

答案：A

(2) 公共建筑节能设计

1. (2009)《公共建筑节能设计标准》GB 50189—2005 规定，一面外墙上透明部分面积不应超过该面外墙总面积的 70%，其主要原因是（　　）。

A. 玻璃面积过大不安全

B. 玻璃反射率高存在光污染问题

C. 夏季透过玻璃进入室内的太阳辐射得热造成空调冷负荷高

D. 玻璃的保温性能很差

解析：窗和透明幕墙采用的材料与构造，造成其传热系数远高于墙体传热系数；夏季透过窗和透明幕墙进入室内得太阳辐射是造成室内过热的主要原因，室内得热造成的空调负荷增加。从所有气候分区和全年能耗考虑，窗和透明幕墙热工性能很差仍是引起建筑能耗高的最主要原因。

答案：D

2. (2008) 为了节能，建筑中庭在夏季应采取下列哪项措施降温？（　　）

A. 自然通风和机械通风，必要时开空调　　B. 封闭式开空调

C. 机械排风，不用空调　　D. 通风降温，必要时机械排风

解析：建筑中庭空间高大，在炎热夏季中庭内温度很高，从降低能耗和保持一定的舒适度考虑，《公共建筑节能设计标准》GB 50189—2005 第 3.2.11 条规定：“建筑中庭应充分利用自然通风降温，可设置排风装置加强自然补风通风。”

答案：D

3. (2007) 建筑节能设计标准一般都规定建筑物体形系数的上限，其原因是体形系数大会造成（　　）。

A. 外立面凹凸过多，相互遮挡阳光　　B. 建筑物的散热面积大

C. 冷风渗透的机会大　　D. 外墙上窗户多

解析：在建筑体积相同的前提下，体形系数越大，建筑物外表面面积越大，意味着散热面积大，导致损失的热量多、能耗就大。

答案：B

(六) 模　拟　题

单选题，请将正确答案填写在括号内：

1. 热量传递有三种基本方式：导热、对流和辐射。下面关于热量传递状况的描述哪个说法是不正确的？（　　）

A. 存在着温度差的地方，就会发生热量传递

B. 两个相互不直接接触的物体间，不可能发生热量传递

C. 对流传热发生在流体之中

D. 密实的固体中的热量传递只有导热一种方式

2. 热量传递有三种基本方式，以下哪种说法是完整、正确的？（　　）

A. 导热、渗透、辐射　　B. 对流、辐射、导热

C. 吸热、放热、导热、蓄热　　D. 吸热、对流、放热

3. 白色物体表面与黑色物体表面对于长波热辐射的吸收能力（　　）。

A. 相差极小　　B. 相差极大

C. 白色物体表面比黑色物体表面强　　D. 白色物体表面比黑色物体表面弱

4. 关于太阳辐射，下述哪一项叙述不正确？（　　）

A. 太阳辐射的波长主要是短波辐射

B. 到达地面的太阳辐射分为直射辐射和散射辐射

C. 同一时刻，建筑物各表面的太阳辐射照度相同

D. 太阳辐射在不同的波长下的单色辐射本领各不相同

5. 自然界中的空气含水蒸气的能力会随一些条件的变化而变化，以下哪一条说法是正确的？（　　）

A. 空气含水蒸气的能力随着温度的升高而减弱

B. 空气含水蒸气的能力随着温度的升高而增强

C. 空气含水蒸气的能力与温度无关

D. 空气含水蒸气的能力与风速有关

6. 判断空气潮湿程度的依据是空气的（　　）。

A. 相对湿度　　B. 绝对湿度

C. 空气温度　　D. 空气压力

7. 影响人体热舒适的物理量有几个？人体的热感觉分为几个等级？（　　）

A. 四个物理量、七个等级　　B. 五个物理量、六个等级

C. 六个物理量、七个等级　　D. 六个物理量、五个等级

8. 当风向投射角加大时，建筑物后面的漩涡区（　　）。

A. 加大　　B. 变小

C. 不变　　D. 可能加大也可能变小

9. 对长江中下游地区，从通风的角度看，建筑群的布局一般不宜采用（　　）。

A. 行列式　　B. 错列式

C. 斜列式　　D. 周边式

10. “导热系数”是指在稳态条件下，在以下哪种情况时，通过1m^{2}截面积在1h由导热方式传递的热量？（　　）

A. 材料层厚度为1m，两侧空气温度差1℃

B. 围护结构内外表面温度差为1℃

C. 围护结构两侧空气温度差为1℃

D. 材料层厚度为1m，两侧表面温度差1℃

11. 关于保温材料的导热系数的叙述，下述哪一项是正确的？（　　）

A. 保温材料的导热系数随材料厚度的增大而减小

B. 保温材料的导热系数不随材料使用地域的改变而改变

C. 保温材料的导热系数随湿度的增大而增大

D. 保温材料的导热系数随干密度的减小而减小

12. 在下列叙述中，（　　）是正确的。

A. 墙体的热阻，随着吹向墙体的风速增大而增大

B. 在冬季同样的室内外气温条件下，传热阻R_0越大，通过围护结构的热量越少，而内表面的温度则越高

C. 空气间层的隔热效果与它的密闭性无关

D. 砖比混凝土容易传热

13. 某一材料层的热阻R的大小取决于（　　）。

A. 材料层的厚度　　B. 材料层的面积

C. 材料的导热系数和材料层的厚度　　D. 材料的导热系数和材料层的面积

14. 在相同的简谐波作用下，下面哪种材料表面的温度波动最小？（　　）

A. 钢筋混凝土　　B. 浮石混凝土

C. 加气混凝土　　D. 砖砌体

15. 有关围护结构在室外气温周期性变化热作用下的传热特征，下面哪一项叙述不正确？（　　）

A. 围护结构内、外表面温度波动的周期相同，但与室外气温波动的周期不同

B. 围护结构外表面温度波动的波幅比室外气温波动的波幅小

C. 围护结构内部温度波动的波幅从外至内逐渐减小

D. 外表面温度最高值出现时间比内表面早

16. 下列几种对建筑材料热工特性的叙述，哪一种是正确的？（　　）

A. 保温材料的导热系数随材料厚度的增大而增大

B. 保温材料导热系数随温度的增大而减小

C. 保温材料的导热系数随湿度的增大而增大

D. 保温材料的干密度越小，导热系数越小

17. 在建筑设计中常利用封闭空气间层作为围护结构的保温层，封闭空气间层的热阻的大小主要取决于(　　)。

A. 间层中空气导热系数的大小

B. 间层中空气的相对湿度

C. 间层材料两侧的导热系数

D. 间层中空气对流传热的强弱以及间层两侧内表面辐射换热的强弱

18. 封闭空气间层的热阻在其间层内贴上铝箔后会大量增加，这是因为(　　)。

A. 铝箔减小了空气间层的辐射换热

B. 铝箔减小了空气间层的对流换热

C. 铝箔减小了空气间层的导热

D. 铝箔增加了空气间层的导热热阻

19. 已知 2cm 厚垂直式一般封闭空气间层的热阻为 R_g [$(m^2 \cdot K)/W$]，下列封闭空气间层热阻 R 的表示式，哪一项不正确？(　　)

A. 热流向上的 2cm 厚水平式一般封闭空气间层，$R<R_g$

B. 热流向下的 2cm 厚水平式一般封闭空气间层，$R>R_g$

C. 4cm 厚垂直式一般封闭空气间层，$R=2R_g$

D. 热流向下 4cm 厚水平式封闭空气间层，$R<2R_g$

20. 下列哪一种材料表面对太阳辐射吸收系数最大？(　　)

A. 青灰色水泥墙面　　B. 白色大理石墙面

C. 烧结普通砖墙面　　D. 灰色水刷石墙面

21. 在一个密闭的房间里，其空气温度与湿度关系的描述中，以下哪一种说法是正确的？(　　)

A. 空气温度降低，相对湿度随之降低

B. 空气温度升高，相对湿度也随之降低

C. 空气温度降低，相对湿度保持不变

D. 空气的相对湿度与温度无关

22. 有关材料层的导热热阻，下列叙述中哪一种是正确的？(　　)

A. 厚度不变，材料层的热阻随导热系数的减小而增大

B. 温度升高，材料层的热阻随之增大

C. 只有增加材料层的厚度，才能增大其热阻

D. 材料层的热阻只与材料的导热系数有关

23. 下列物理量的单位，(　　)是错误的。

A. 导热系数 [$W/(m \cdot K)$]　　B. 比热容 [$M/(kg \cdot K)$]

C. 传热阻 [$(m \cdot K)/W$]　　D. 传热系数 [$W/(m^2 \cdot K)$]

24. 下列材料导热系数由大到小排列正确的是(　　)。

A. 钢材、加气混凝土、水泥砂浆　　B. 加气混凝土、钢材、玻璃

C. 钢材、水泥砂浆、加气混凝土　　D. 水泥砂浆、红砖、钢材

25. 下列材料的导热系数由小至大排列正确的是(　　)。

A. 钢筋混凝土、重砂浆烧结普通砖砌体、水泥砂浆

B. 岩棉板（密度＜80kg/m³）、加气混凝土（密度500kg/m³）、水泥砂浆

C. 水泥砂浆、钢筋混凝土、重砂浆烧结普通砖砌体

D. 加气混凝土（密度700kg/m³）、保温砂浆、玻璃棉板（密度80～200kg/m³）

26. 某一材料层的热阻 R 的大小取决于（　　）。

A. 材料层的厚度　　B. 材料层的面积

C. 材料的导热系数和材料层的厚度　　D. 材料的导热系数和材料层的面积

27. 下列墙体在其两侧温差作用下，哪一种墙体内部导热传热占主导，对流、辐射可忽略？（　　）

A. 有空气间层的墙体　　B. 预制岩棉夹芯钢筋混凝土复合外墙板

C. 空心砌块砌体　　D. 框架大孔空心砖填充墙体

28. 有关材料层的导热热阻，下列叙述中哪一种是正确的？（　　）

A. 厚度不变，材料层的热阻随导热系数的减小而增大

B. 温度升高，材料层的热阻随之增大

C. 只有增加材料层的厚度，才能增大其热阻

D. 材料层的热阻只与材料的导热系数有关

29. 下列陈述何者是不正确的？（　　）

A. 外墙面的对流换热系数，通常大于内墙面的对流换热系数

B. 水平封闭空气间层，在其他条件相同时，温度高的壁面在上方时的热阻比在下方时的热阻大

C. 材料的蓄热系数 S 是由材料的物理性质决定的

D. 良好的保温材料常为多孔轻质的材料

30. 围护结构的衰减倍数是指（　　）。

A. 室外温度波的波幅与室内温度波动的波幅比

B. 室外温度波的波幅与由室外温度波引起的围护结构内表面温度波的波幅的比值

C. 围护结构外表面温度波的波幅与围护结构内表面温度波动的波幅比

D. 内表面温度波的波幅与室内温度波动的波幅比

31. 热惰性指标表征的是围护结构的下列哪个特性？（　　）

A. 对热传导的抵抗能力

B. 对温度波衰减的快慢程度

C. 室内侧表面蓄热系数

D. 室外侧表面蓄热系数

32. 当气候条件相同时，下面表述中，不正确的为（　　）。

A. 围护结构内外表面的温差反映了围护结构的隔热性能

B. 围护结构内外表面的温差反映了围护结构的热阻大小

C. 围护结构内外表面的温差反映了围护结构的热流强度

D. 围护结构内外表面的温差反映了围护结构的材料厚度

33. 厚度为200mm的钢筋混凝土与保温材料层组成的双层平壁，下述条件中哪一种双层平壁的热阻最大？（　　）

A. $D=150$，$\lambda=0.19$　　B. $D=40$，$\lambda=0.04$

C. $D=50$，$\lambda=0.045$　　　　D. $D=50$，$\lambda=0.06$

34. 关于围护结构的热工特性，哪一种说法是不正确的？（　　）

A. 厚度相同时，钢筋混凝土的热阻比砖砌体小

B. 100mm 厚加气混凝土（干密度为 500kg/m^3）的热阻比 30mm 厚岩棉（干密度为 70kg/m^3）的热阻大

C. 20mm 厚水泥砂浆的热阻比 20mm 厚石灰砂浆的热阻小

D. 50mm 厚岩棉的热阻比 30mm 厚岩棉的热阻大

35. 在屋面上设置通风间层能够有效降低屋面板室内侧表面温度，其作用原理是(　　)。

A. 增加屋面传热阻　　　　B. 增加屋面热惰性

C. 减小太阳辐射影响　　　　D. 减小保温材料含水率

36. 关于我国建筑热工设计分区，下列哪个说法是正确的？（　　）

A. 5 个分区：严寒地区、寒冷地区、夏热冬冷地区、夏热冬暖地区、温和地区

B. 3 个分区：采暖地区、过渡地区、空调地区

C. 4 个分区：寒冷地区、过渡地区、炎热地区、温和地区

D. 5 个分区：严寒地区、寒冷地区、过渡地区、炎热地区、温和地区

37. 我国《民用建筑热工设计规范》GB 50176—2016 将我国分成了 5 个气候区，分区的主要依据是(　　)。

A. 累年最冷月的最低温度

B. 累年最热月的平均温度

C. 累年最冷月的平均温度和累年最热月的平均温度

D. 累年最冷月的最低温度和累年最热月的最高温度

38. 下面列出的城市中，(　　)不属于夏热冬暖地区。

A. 广州　　　　B. 海口

C. 南宁　　　　D. 长沙

39. 按有关规范，夏热冬暖地区的热工设计应该满足下列哪一种要求？（　　）

A. 必须满足冬季保温要求，一般可不考虑夏季防热

B. 必须满足冬季保温要求，并适当兼顾夏季防热

C. 必须满足夏季防热要求，并适当兼顾冬季保温

D. 必须充分满足夏季防热要求，一般可不考虑冬季保温

40.《民用建筑热工设计规范》GB 50176—2016 中，对自然通风的房间，建筑防热设计的主要控制参数为(　　)。

A. 建筑物屋顶和东西外墙内表面最低温度

B. 建筑物屋顶和东西外墙内表面最高温度

C. 建筑物屋顶和东西外墙外表面最低温度

D. 建筑物屋顶和东西外墙外表面最高温度

41. 关于建筑保温综合处理的原则，下面哪一项不正确？（　　）

A. 适当增加向阳面窗户面积

B. 建筑物平、立面凹凸不宜过多

C. 大面积外表面不应朝向冬季主导风向

D. 间歇使用的采暖建筑，房间应有较大的热稳定性

42. 在建筑保温设计中，下列哪一条是不符合规范要求的？（　）

A. 直接接触室外空气的楼板应进行保温验算

B. 围护结构的传热阻不小于最小传热阻

C. 不采暖楼梯间的隔墙可以不进行保温验算

D. 围护结构内的热桥部位应进行保温验算

43. 评价围护结构保温性能，下列哪一项是主要指标？（　）

A. 围护结构的厚度　　B. 围护结构的传热阻

C. 热惰性指标　　D. 材料的导热系数

44. 在确定围护结构最小传热阻公式中的冬季室外计算温度 t_0 的值时，按热惰性指标将围护结构分成（　）。

A. 二类　　B. 三类

C. 四类　　D. 五类

45. 关于室外综合温度，下列叙述中不正确的表述为（　）。

A. 夏季室外综合温度以 24h 为周期波动

B. 夏季室外综合温度随房屋的不同朝向而不同

C. 夏季室外综合温度随建筑物的外饰面材料不同而不同

D. 夏季室外综合温度随建筑物的高度不同而不同

46. 冬季外围护结构热桥部位两侧的温度状况为（　）。

A. 热桥内表面温度比主体部分内表面高，热桥外表面温度比主体部分外表面高

B. 热桥内表面温度比主体部分内表面高，热桥外表面温度比主体部分外表面低

C. 热桥内表面温度比主体部分内表面低，热桥外表面温度比主体部分外表面低

D. 热桥内表面温度比主体部分内表面低，热桥外表面温度比主体部分外表面高

47. 冬季墙交角处内表面温度比主体表面温度低，其原因为（　）。

A. 交角处墙体材料的导热系数较大

B. 交角处的总热阻较小

C. 交角处外表面的散热面积大于内表面的吸热面积

D. 交角处外表面的散热面积小于内表面的吸热面积

48. 围护结构热桥部位内表面结露的条件为（　）

A. 空气湿度大时，内表面温度高于室内空气露点温度时结露

B. 空气湿度小时，内表面温度高于室内空气露点温度时结露

C. 与空气湿度无关，内表面温度高于室内空气露点温度时结露

D. 与空气湿度无关，内表面温度低于室内空气露点温度时结露

49. 在建筑设计中常利用封闭空气间层作为围护结构的保温层，封闭空气间层的热阻的大小主要取决于（　）。

A. 间层中空气导热系数的大小

B. 间层中空气的相对湿度

C. 间层材料两侧的导热系数

D. 间层中空气对流传热的强弱以及间层两侧内表面辐射换热的强弱

50. 封闭空气间层的热阻在其间层内贴上铝箔后会大量增加，这是因为(　　)。

A. 铝箔减小了空气间层的辐射换热　　B. 铝箔减小了空气间层的对流换热

C. 铝箔减小了空气间层的导热　　D. 铝箔增加了空气间层的导热热阻

51. 冬天在采暖房间内，下列哪个部位的空气相对湿度最大？(　　)

A. 外窗玻璃内表面　　B. 外墙内表面

C. 室内中部　　D. 内墙表面

52. 若不改变室内空气中的水蒸气含量，使室内空气温度上升，室内空气的相对湿度(　　)。

A. 增加　　B. 减小

C. 不变　　D. 无法判断

53. 若想增加砖墙的保温性能，充分利用太阳能，采取下列哪一措施是不合理的？(　　)

A. 增加砖墙的厚度　　B. 增设保温材料层

C. 设置封闭空气间层　　D. 砖墙外表面做浅色饰面

54. 下列4种不同构造的外墙中，(　　)适用于间歇性采暖的房间，且热稳定性较好。

A. 内、外侧均采用实体材料

B. 内侧采用实体材料，外侧采用保温及防水层

C. 内侧采用保温材料，外侧采用实体材料

D. 内侧采用保温材料，外侧采用轻质材料

55. 为了提高窗户的保温性能而在玻璃上涂贴的薄膜特性应为(　　)。

A. 容易透过短波辐射，难透过长波辐射　　B. 容易透过长波辐射，难透过短波辐射

C. 对长波和短波都容易透过　　D. 对长波和短波都难透过

56. 为增强窗户的保温能力，下列措施中何者效果最差？(　　)

A. 提高气密性　　B. 增加玻璃层数

C. 增加窗框厚度　　D. 增加玻璃厚度

57. 下列材料的蒸汽渗透系数由大至小排列正确的是哪一个？(　　)

A. 钢筋混凝土、重砂浆烧结普通砖砌体、水泥砂浆

B. 重砂浆烧结普通砖砌体、钢筋混凝土、水泥砂浆

C. 水泥砂浆、钢筋混凝土、重砂浆烧结普通砖砌体

D. 重砂浆烧结普通砖砌体、水泥砂浆、钢筋混凝土

58. 下列隔汽材料中，哪一种材料层的蒸汽渗透阻最大？(　　)

A. 1.5mm厚石油沥青油毡　　B. 2mm厚热沥青一道

C. 4mm厚热沥青二道　　D. 乳化沥青二道

59. 关于围护结构中水蒸气渗透和传热，下面表述中正确的为(　　)。

A. 蒸气渗透和传热都属于能量的传递

B. 蒸气渗透属于能量的传递，传热属于物质的迁移

C. 蒸气渗透和传热都属于物质的迁移

D. 蒸气渗透属于物质的迁移，传热属于能量的传递

60. 外侧有卷材防水层的平屋顶，在下列哪一个地区应进行屋顶内部冷凝受潮验算？（ ）

A. 广州　　B. 长沙

C. 杭州　　D. 长春

61. 下列常用隔汽材料中，哪一种蒸气渗透阻最大？（ ）

A. 0.4mm 厚石油沥青油纸　　B. 0.16mm 厚聚乙烯薄膜

C. 乳化沥青二道　　D. 4mm 厚热沥青二道

62. 下面各层材料的厚度为 d（mm），蒸气渗透系数为 μ [g/(m·h·Pa)]，哪一种材料的蒸气渗透阻最大？（ ）

A. $d=200$，$\mu=0.0000158$　　B. $d=250$，$\mu=0.0000188$

C. $d=240$，$\mu=0.0000120$　　D. $d=50$，$\mu=0.0000420$

63. 下述室内地面和地下室外墙防潮措施中，不正确的为（ ）。

A. 建筑室内一层地表面宜高于室外地坪 0.6m 以上

B. 地面和地下室外墙宜设保温层

C. 地面面层材料可采用蓄热系数大的材料

D. 面层宜采用导热系数小的材料

64. 围护结构内部最易发生冷凝的界面是（ ）。

A. 冷凝界面在密实材料内部

B. 冷凝界面在内侧密实材料与保温层交界处

C. 冷凝界面在外侧密实材料与保温层交界处

D. 冷凝界面处水蒸气分压力大于室内空气的饱和分压力

65. 对采暖期间保温材料湿度增量，在热工设计时要控制在允许范围内，下面表述中，不正确的为（ ）。

A. 材料含湿量的增大使其导热系数增大而增加耗能

B. 材料含湿量的增大可能凝结成水，腐蚀建筑内部

C. 材料含湿量的增大使其重量加大，影响建筑物的承载能力

D. 材料含湿量的增大可能冻结成冰，影响建筑物的质量

66. 为了消除和减弱围护结构内部的冷凝现象，下列拟采取的措施中，不正确的为（ ）。

A. 在保温层蒸气流入的一侧设置隔汽层

B. 隔汽层应布置在采暖房屋保温层内侧

C. 隔汽层应布置在冷库建筑的隔热层外侧

D. 在保温层蒸气流出的一侧设置隔汽层

67. 在进行外围护结构的隔热设计时，室外热作用应该选择（ ）。

A. 室外空气温度　　B. 室外综合温度

C. 太阳辐射的当量温度　　D. 最热月室外空气的最高温度

68. 广州某建筑西向的窗口上沿设置了水平遮阳板，能否有效地阻止阳光进入室内，其理由是（ ）。

A. 能，因为西晒时太阳的高度角较小

B. 不能，因为西晒时太阳的高度角较小

C. 不能，因为西晒时太阳的高度角较大

D. 能，因为西晒时太阳的高度角较大

69. 为了防止炎热地区的住宅夏季室内过热，一般而言，以下哪项措施是要优先考虑的(　　)?

A. 加大墙体的热阻　　B. 加大屋顶的热阻

C. 屋顶上设架空层　　D. 窗口外设遮阳装置

70. 墙面上发生了结露现象，下面哪一项关于其成因的解释正确?(　　)

A. 空气太潮湿　　B. 空气的温度太低

C. 墙面的温度低于空气的露点温度　　D. 墙面的温度高于空气的露点温度

71. 为防止南方地区春夏之交地面结露出现泛潮现象，以下措施中不正确的是(　　)。

A. 采用导热系数大的地面材料　　B. 采用导热系数小的地面材料

C. 采用蓄热系数小的表层地面材料　　D. 采用有一定吸湿作用的表层地面材料

72. 下列哪一种材料表面对太阳辐射吸收系数最大?(　　)

A. 青灰色水泥墙面　　B. 白色大理石墙面

C. 烧结普通砖墙面　　D. 灰色水刷石墙面

73. 南方建筑设置哪种形式的外遮阳能够有效地阻止夏季的阳光通过东向的窗口进入室内?(　　)

A. 水平式遮阳　　B. 垂直式遮阳

C. 挡板式遮阳　　D. 水平式遮阳+垂直式遮阳

74. 某建筑屋顶上有天窗，四面外墙上也有窗，夏季采取遮阳措施的先后顺序应该是(　　)。

A. 西向窗、东向窗、天窗、南向和北向的窗

B. 南向窗、天窗、东向窗、西向窗、北向窗

C. 西向窗、天窗、东向窗、南向和北向的窗

D. 天窗、西向窗、东向窗、南向和北向的窗

75. 为使夏季室内少开空调，应该首先控制(　　)。

A. 屋顶的温差传热　　B. 墙体的温差传热

C. 通过窗户的太阳辐射　　D. 窗户的温差传热

76. 在采暖居住建筑节能设计中，用于估算建筑物的耗热量指标的室内计算温度应采用(　　)。

A. 16℃　　B. 18℃

C. 20℃　　D. 14℃

77. 夏热冬冷地区 1～6 层的外窗及敞开式阳台门的气密性等级不应低于国家标准《建筑外门窗气密、水密、抗风压性能检测方法》GB/T 7106—2008 中规定的(　　)级，7 层及 7 层以上不应低于(　　)级。

A. 2，3　　B. 3，2

C. 6，4　　D. 4，6

78. 在《严寒和寒冷地区居住建筑节能设计标准》JGJ 26—2018 有关条文规定了建筑物体形系数的上限，其主要原因是(　　)。

A. 体形系数过大，外立面凹凸就多，遮挡窗口的阳光

B. 减小体形系数可以降低外围护结构的传热损失

C. 体形系数越大，冷风渗漏越严重

D. 体形系数过大，平面布局困难

79. 在严寒和寒冷地区采暖居住建筑节能设计中，下列哪一个参数应该满足规范的要求？(　　)

A. 围护结构的传热阻　　B. 建筑物的耗热量指标

C. 围护结构的热惰性指标　　D. 围护结构的结构热阻

80. 夏热冬冷地区居住建筑的节能设计中，下列参量中，哪一个要符合规范的要求？(　　)

A. 围护结构的传热阻　　B. 采暖和空调年耗电量之和

C. 围护结构的热惰性指标　　D. 采暖和空调度日数

81. 在《夏热冬冷地区居住建筑节能设计标准》JGJ 134—2010 有条文规定了建筑物体形系数的上限，其主要原因是(　　)。

A. 体形系数越大，外围护结构的传热损失就越大

B. 体形系数越大，室内的自然通风越不容易设计

C. 体形系数越大，外立面凹凸就越多，不利于通风

D. 体形系数越大，采光设计越困难

82. 夏热冬冷地区最适宜的屋顶隔热类型为(　　)。

A. 屋顶加设保温隔热层　　B. 通风隔热屋顶

C. 蓄水隔热屋顶　　D. 无土种植草被屋顶

83.《夏热冬冷地区居住建筑节能设计标准》JGJ 134—2010 对窗墙比有所限制，其主要原因是(　　)。

A. 窗缝容易产生空气渗透

B. 通过窗的传热量远大于通过同面积墙体的传热量

C. 窗过大不安全

D. 窗过大，立面不容易设计好

84. 在建筑节能计算中，下列哪一种叙述是不正确的？(　　)

A. 外墙周边的混凝土圈梁、抗震柱等构成的热桥影响可忽略不计

B. 对一般住宅建筑，全部房间的平均室内计算温度为 16℃

C. 围护结构的传热系数需要修正

D. 住宅建筑的内部得热为 3.8W/m^2

85. 夏热冬冷地区最适宜的屋顶隔热类型为(　　)。

A. 屋顶加设保温隔热层　　B. 通风隔热屋顶

C. 蓄水隔热屋顶　　D. 无土种植草被屋顶

86.《夏热冬暖地区居住建筑节能设计标准》JGJ 134—2010 规定居住建筑应能自然通风，每户至少应有一个居住房间通风开口和通风路径的设计满足自然通风要求。以下不符

合标准关于自然通风规定的是(　　)。

A. 当房间由可开启外窗进风时，能够从户内（厅、厨房、卫生间等）或户外公用空间（走道、楼梯间等）的通风开口或洞口出风，形成房间通风路径

B. 房间通风路径上的进风开口和出风开口不应在同一朝向

C. 当户门设有常闭式防火门时，户门不应作为出风开口

D. 住宅北向外窗开启面积应大于南向外窗开启面积

87. 在《公共建筑节能设计标准》GB 50189—2015 中，新建、扩建和改建的公共建筑的节能设计与 20 世纪 80 年代初设计建成的公共建筑相比，要求全年总能耗应减少(　　)。

A. 50%　　　　B. 55%

C. 60%　　　　D. 70%

88. 公共建筑设计标准中，把公共建筑分为甲、乙两类，关于甲类公共建筑以下说法哪个是正确的?(　　)

A. 单栋建筑面积 300m² 以上

B. 单栋建筑面积大于 300m² 的建筑，或单栋建筑面积小于或等于 300m² 但总建筑面积大于 1000m² 的建筑群

C. 单栋建筑面积大于 300m² 的建筑，或单栋建筑面积小于或等于 300m²

D. 单栋建筑面积大于 500m²

89. 以下哪项不是公共建筑节能设计的对象?(　　)

A. 提高采暖、通风、和空气调节设备、系统的能效比

B. 改善建筑围护结构保温、隔热性能

C. 增进照明设备效率

D. 采用节水器具

90. 公共建筑窗墙比不符合《公共建筑节能设计标准》GB 50189—2015 规定的是(　　)。

A. 严寒地区甲类公共建筑各单一立面窗墙面积比（包括透光幕墙）均不宜大于 0.60

B. 楼梯间和电梯间的外墙和外窗均应参与计算

C. 外凸窗的顶部、底部和侧墙的面积应计入外墙面积

D. 寒冷地区、夏热冬暖和夏热冬冷地区、温和地区甲类公共建筑各单一立面窗墙面积比（包括透光幕墙）均不宜大于 0.70

91. 外窗无太阳得热系数限值要求的地区是(　　)。

A. 夏热冬暖地区　　　　B. 夏热冬冷地区

C. 严寒地区　　　　D. 寒冷地区

92. 关于公共建筑外窗（包括透光幕墙）通风换气面积要求，正确的是(　　)。

A. 甲类公共建筑外窗（包括透光幕墙）应设可开启窗扇，其有效通风换气面积不应小于所在房间外墙面积的 10%

B. 建筑中庭应充分利用自然通风降温，并可设置机械排风装置加强自然补风

C. 乙类公共建筑外窗有效通风换气面积不应小于窗面积的 30%

D. 当透光幕墙受条件限制无法设置可开启窗扇时，宜设置通风换气装置

93. 公共建筑进行围护结构热工性能权衡判断前，应对设计建筑的热工性能进行核查；当满足下列 3 个基本要求时(　　)，方可进行权衡判断。

A. 屋面的导热系数、外墙（包括非透光幕墙）的传热系数、外窗（包括透光幕墙）的传热系数和综合太阳得热系数

B. 屋面的传热系数、外墙（包括非透光幕墙）的传热系数、外窗（包括透光幕墙）的传热系数和综合太阳得热系数

C. 屋面的传热系数、外墙（包括非透光幕墙）的蓄热系数、外窗（包括透光幕墙）的传热系数和综合太阳得热系数

D. 屋面的传热系数、外墙（包括非透光幕墙）的传热系数、外窗（包括透光幕墙）的传热系数和遮阳系数

94. 工业建筑节能设计分类，正确的是(　　)。

A. 一类工业建筑：供暖和空调；二类工业建筑：通风

B. 工业厂房和仓库

C. 一般工业建筑、危险品车间

D. 多层车间、精密车间

95. 关于工业建筑节能设计原则，非正确的是(　　)。

A. 一类工业建筑，通过围护结构隔热设计和供暖系统的节能设计，降低夏季供冷能耗

B. 二类工业建筑，通过自然通风设计和机械通风系统节能设计，降低通风能耗

C. 一类工业建筑，通过围护结构隔热和空调系统的节能设计，降低夏季空调能耗

D. 工业建筑所在地的热工设计分区应符合现行国家标准《民用建筑热工设计规范》GB 50176—2016 的有关规定

96. 一类工业建筑总窗墙面积比不应大于(　　)，当不能满足本条规定时，必须进行权衡判断。

A. 0.50　　B. 0.55

C. 0.60　　D. 0.70

97. 一类工业建筑屋顶透光部分的面积与屋顶总面积之比不应大于(　　)，当不能满足本条规定时，必须进行权衡判断。

A. 0.30　　B. 0.20

C. 0.15　　D. 0.10

98.(　　)参数不属于一类工业建筑围护结构限值。

A. 传热系数　　B. 体形系数

C. 太阳得热系数　　D. 热惰性指标

答案：

1. B	2. B	3. B	4. A	5. B	6. A	7. C	8. B	9. A	10. A
11. D	12. C	13. C	14. C	15. A	16. C	17. D	18. A	19. C	20. C
21. B	22. D	23. B	24. C	25. B	26. C	27. B	28. C	29. C	30. B

31. B	32. D	33. C	34. C	35. A	36. A	37. C	38. D	39. D	40. B
41. A	42. B	43. B	44. C	45. D	46. D	47. C	48. D	49. D	50. D
51. D	52. B	53. D	54. C	55. A	56. D	57. D	58. A	59. D	60. D
61. B	62. C	63. C	64. C	65. C	66. D	67. B	68. B	69. D	70. C
71. A	72. C	73. C	74. D	75. C	76. B	77. D	78. B	79. B	80. B
81. A	82. A	83. B	84. D	85. A	86. D	87. C	88. B	89. D	90. A
91. C	92. C	93. B	94. A	95. A	96. A	97. C	98. D		

第二章　建筑采光和照明

（一）考　纲　分　析

1. 考试大纲

现行大纲：了解建筑采光和照明的基本原理，掌握采光设计标准与计算；了解室内外环境照明对光和色的控制；了解采光和照明节能的一般原则和措施。

2021 年版考纲：了解建筑采光和照明的基本原理：掌握采光和照明设计标准；了解室内外光环境对光和色的控制；了解采光和照明节能的一般原则和措施。能够运用建筑光学综合技术知识，判断、解决该专业工程实际问题。

2. 考试大纲解读

1）现行版

（1）了解建筑采光和照明的基本原理：要求了解光学的基本概念，掌握采光（天然）、照明（人工）的原理及特性；

（2）掌握采光设计标准与计算：要求熟记建筑采光设计标准的常用数据，掌握不同采光形式的计算公式；

（3）了解室内外环境照明对光和色的控制：要求了解视觉原理和特性，掌握光源和灯具的光学特性，掌握建筑室内外照明的种类及其原理；

（4）了解采光和照明节能的一般原则和措施：要求掌握采光和照明节能设计的一般原则和方法，熟悉绿色照明技术。

2）2021 年版

增加了“运用建筑光学综合技术知识，判断、解决该专业工程实际问题”一点。说明新的考试更注重实践中的运用。

（二）建筑采光和照明基本原理

1. 光的特性

光是以波动形式传播的辐射能（虽然在量子力学中光具有粒子性，但平时可将其视作电磁波）。一般光这个词语指可见光，定义为波长 380～780nm 的电磁辐射。但实际上其他波长的电磁辐射也称作光。

不同波长的可见光在视觉上产生不同的颜色，不可见光因为眼睛里的感光细胞不会对

其做出反应而不会产生任何颜色。只包含单一波长的电磁辐射的光称作单色光；反之则称作复色光。（图 2.2.1）

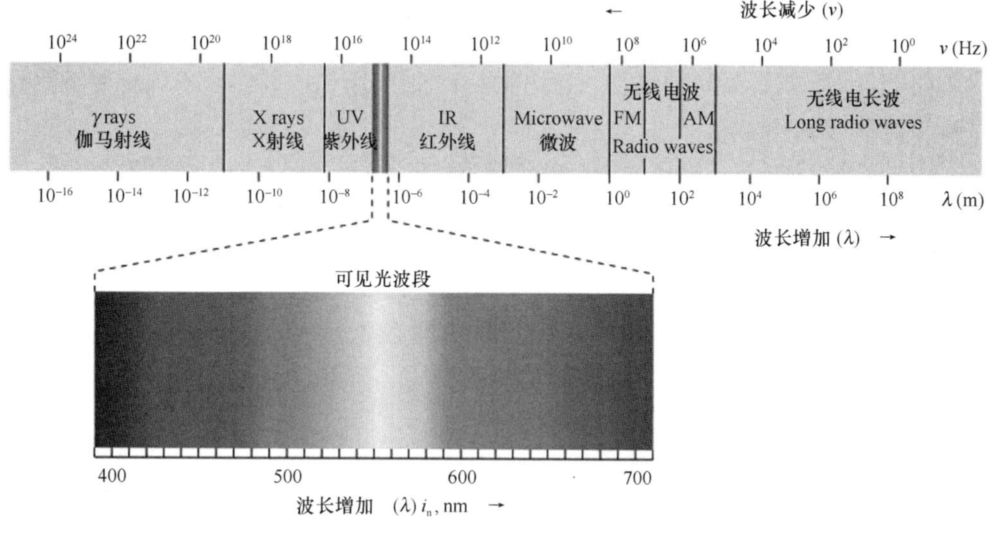

图 2.2.1　电磁波谱

光具有沿直线传播的特性，同时在干涉和衍射可忽略的情形下，光路是可逆的。

光是能量的一种传播方式。光源之所以发出光，是因为束缚于光源原子里的电子的运动，有三种方式：热运动、跃迁辐射、受激辐射。

电磁波长与能量之间的关系式是：

$$E = hc/\lambda$$

式中 E 代表能量，h 为普朗克常数，λ 为电磁波长；c 是光在真空中的光速，近似值为 2.998×10^{8}m/s。

这个等式也说明，光的能量和波长成反比，波长越小的光能量越大。

在本章讨论的光学之中仅涉及可见光。

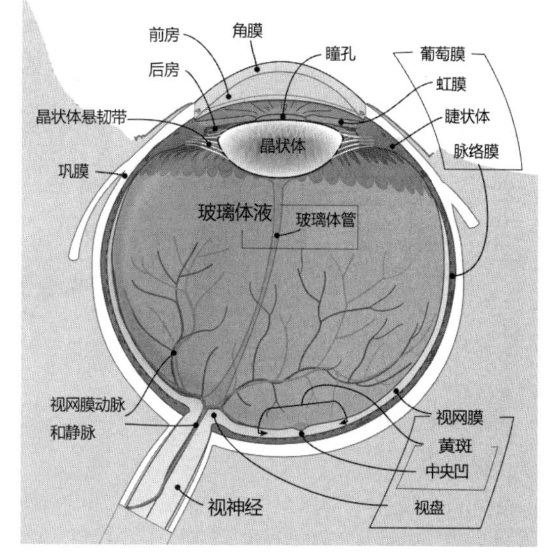

图 2.2.2　人眼的结构

2. 视觉

视觉是由进入视觉系统的辐射所产生的光感觉而获得的对于外界环境的认识。对于人类而言，视觉只能通过眼睛来完成。

人的眼睛是一个结构复杂的器官，其大致结构可见图 2.2.2。

1）人眼的主要组成部分

角膜：是眼球最前方的透明多层组织，其作用为：初步集中进入眼球内的光；防止异物进入眼球。角膜位于虹膜、瞳孔及前房前方，并为眼睛提供 2/3 的屈光力（角膜的屈光力是眼球中最强的），进入眼球的光在经过角膜后，通过晶状体的折射，光线（影像）便可以聚焦在视网膜上。角膜有十分敏感的神经末梢，如有外物接触角膜，眼睑便会不由自主地合上以保护眼睛。为了保持透明，角膜并没有血管，透过泪液及房水获取养分及氧气。

瞳孔：是眼球血管膜的前部虹膜中心的圆孔。沿瞳孔环形排列的平滑肌叫瞳孔括约肌，收缩时使瞳孔缩小，沿瞳孔放射状排列的平滑肌叫瞳孔放大肌，松弛时使瞳孔放大，调节进入眼球的光线量。

晶状体：位于玻璃体前面，周围由晶状体悬韧带与睫状体相连，呈双凸透镜状，富有弹性。晶状体为一个双凸面透明组织，被悬韧带固定悬挂在虹膜之后玻璃体之前。晶状体是唯一具有调节能力的屈光间质，可以通过睫状肌的收缩和舒张改变形状，进而改变屈光度从而实现在视网膜上清晰成像。

玻璃体：又称玻璃状液，是眼球内无色透明的胶状物质，表面覆盖着玻璃体膜。玻璃体填充于晶状体与视网膜之间，约占眼球内腔的 4/5。玻璃体的主要作用是支撑视网膜，使视网膜与色素上皮紧贴。

视网膜：又称视衣，是眼球后部的一层非常薄的细胞层；它是眼睛中承接有晶状体所成的像，并将光信号转化为神经信号的部分。其上有可以感受光的视杆细胞和视锥细胞。这些细胞可将它们感受到的光转化为神经信号，通过视神经传至大脑。

2）人视觉的形成

图 2.2.3 从外界入射的光线①通过角膜进入瞳孔②，瞳孔会根据光线的射入量放大或缩小，调节进入眼球的光线量。光紧接着通过晶状体③并被其折射，随后聚焦在视网膜上并成像④。其后视网膜上的感光细胞受到光子的刺激，将光信号转化为神经信号；神经信号被视网膜上的其他神经细胞处理后演化为视网膜神经节细胞的动作电位，通过视神经传输至大脑⑤，之后大脑处理神经信号形成图像⑥。

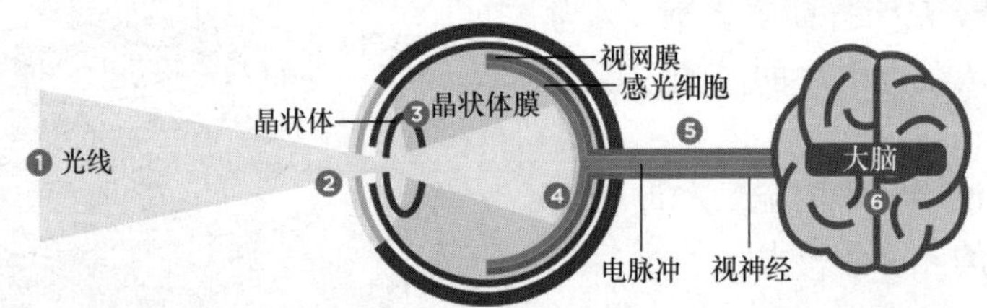

图 2.2.3　人眼视觉成像

视网膜上的感光细胞分布在视网膜的最外层，分为视杆细胞和视锥细胞两种（图 2.2.4）。

视锥细胞（Cone cell）的数量约为 600 万个且视敏度较高。虽然在各处均有分布，但是主要集中于视网膜的中央位置，称作黄斑的圆形区域内，并在眼睛光轴上的中央凹处最为集中，因为此处在视锥细胞之前没有任何神经元影响成像，能够最大限度地提升视觉的清晰度。

视杆细胞（Rod cell）的数量最多，达 9000 万个之多，对于光的敏感度很高但是视敏度较低，除了中央凹处之外均有分布。

视锥细胞在明亮环境下对色觉和视觉敏锐度起决定性作用，能够分辨出物体的细部和颜色，并对环境的明暗变化做出迅速的反应以适应新的环境。根据它们所敏感的光线波长分为

S（短波）、M（中波）和L（长波）三种。视杆细胞则在黑暗环境中对明暗视觉起决定作用，虽然可以敏锐地接收物体的光，却不能分辨其颜色，对明暗变化的反应较缓慢。

实际上视网膜上还存在第三种感光细胞（内在光敏视网膜神经节细胞），虽然不产生映像，但能够控制昼夜节律和调节瞳孔大小（图 2.2.5）。

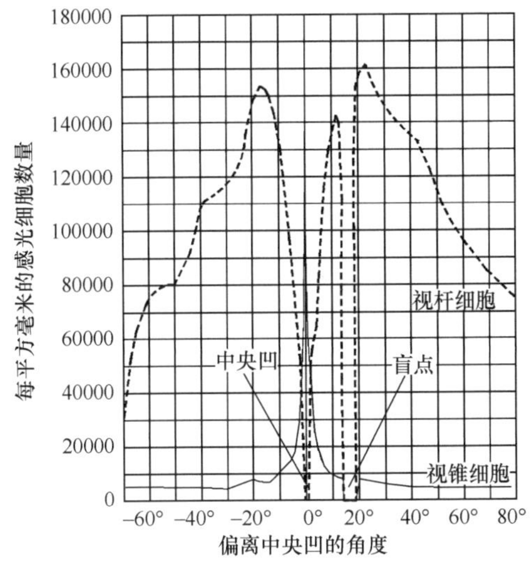

图 2.2.4　视杆细胞和视锥细胞在视网膜上的分布

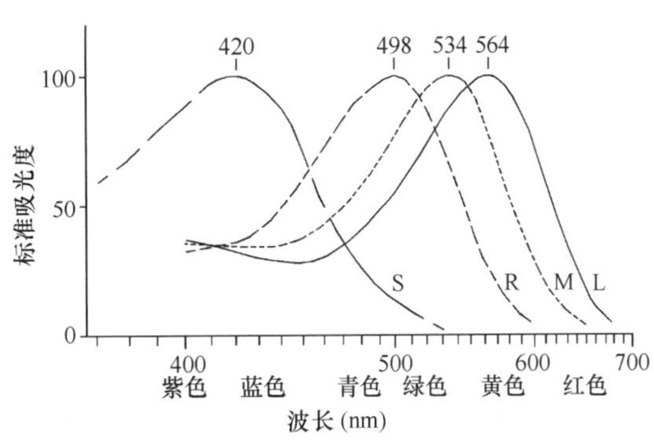

图 2.2.5　视锥细胞（S、M、L三种）和视杆细胞（R）的光吸收曲线

3）人的视觉活动特点

人的视觉活动具有以下特点：

（1）视野。根据感光细胞在视网膜上的分布以及眼眉、脸颊的影响，人眼的观看范围有一定的局限。双眼不动时的视野范围为：水平面 180°、垂直面 130°（其中上方 60°，下方 70°），具体见图 2.2.6。

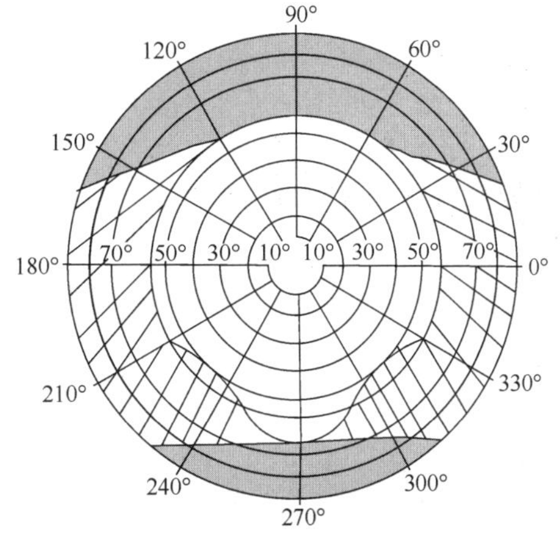

图 2.2.6　人眼视野范围

其中上下的灰色范围为眼球不动时的不可见范围；两侧上下斜线的范围为左、右眼单独视野；中央的白色区域为双眼共有视野，人在此范围之内具有立体视觉。此外，中心的 2°视野对应视网膜上的黄斑区域，具有最高的视敏度，但是因几乎没有视杆细胞而在黑暗中几乎不产生视觉；往外直到 30°范围内才是视觉清楚区域，为观看物体的有利位置。

（2）明视觉和暗视觉

由于视锥细胞和视杆细胞分别在明、暗环境中起主要作用，故形成明视觉和暗视觉。明视觉是指在明亮环境中由视锥细胞起主要作用的视觉（即正常人眼适应高于几个坎德拉时的视觉）。明视觉具有颜色感觉，同时能够辨认很小的细节，对外界光强度的变化适应力强。暗视觉则是在暗环境中主要由视杆细胞起作用的视觉，只有明暗感觉而不具有颜色感觉，且对外界光强度变化的反应较缓慢。

光谱效率：在特定光度条件下引起相同的视觉感觉，波长 λ_m 和 λ 的单色光通量之比。

可以看到（图 2.2.7，图 2.2.8），明视觉和暗视觉的光谱光视效率曲线存在差异，这种在不同光照下人眼感受不同的现象称为普尔金耶效应（Purkinje effect），因此在设计颜色装饰时要根据其所处环境的明暗变化，根据此效应选择相应的色彩和明度对比，否则可能会背离预期的目的。

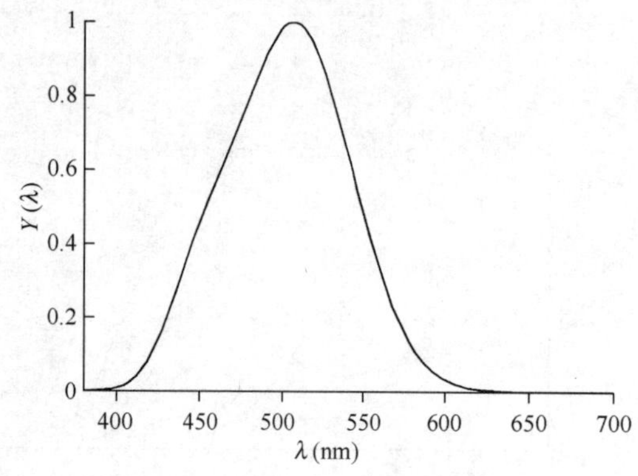

图 2.2.7　明视觉的光谱光视效率曲线

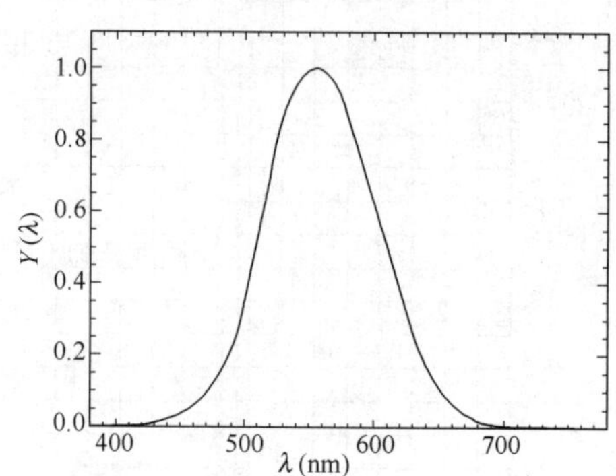

图 2.2.8　暗视觉的光谱光视效率曲线

3. 光度学

1）光度学是在人眼视觉的基础上，研究可见光的测试、计量和计算的学科。

主要单位：

坎德拉（Candela）：发光强度的单位，国际单位制七个基本单位之一，符号 cd。1979 年 10 月第十六届国际计量大会将坎德拉定义为：给定一个频率为 540.0154×10^{12} Hz 的单色辐射光源（黄绿色可见光）与一个方向，且该辐射源在该方向的辐射强度为 1/683 瓦特每球面度，则该辐射源在该方向的发光强度为 1 坎德拉。

流明（Lumen）：符号为 lm，一个光源发射 1 坎德拉的发光强度到 1 个立体角的范围里，则到那个立体角的总发射光通量就是 1 流明。流明明显可被认为是对可见光总“量”的测量，定义式为 1lm＝1cd・sr。

勒克斯（Lux）：标识照度的国际单位制单位，1 流明每平方米面积定义为 1 勒克斯。定义式为 $1\text{lx}=1\text{lm/m}^2=1\text{cd}\cdot\text{sr}\cdot\text{m}^{-2}$。

非国际单位制的单位：

烛光（Candlepower）：发光强度单位，1 烛光＝1 坎德拉。

英尺-朗伯（Footlambert）：亮度单位，1 英尺-朗伯＝1/π 烛光每平方英尺＝3.426 烛光每平方米。

朗伯（Lambert）：亮度单位，1 朗伯＝1/π 烛光每平方厘米。

毫朗伯（Millilambert）：亮度单位，1 毫朗伯＝1/1000 朗伯。

熙提（Stilb）：亮度单位，1 熙提＝1 烛光每平方厘米。

英尺烛光（Foot-candle，ft-c）：照度单位，字面意义是发光强度为距离 1 坎德拉的点光源 1 英尺处表面的照度，$1\text{ft-c}=1\text{lm/ft}^2=10.764$ lx，工业上常常采用 1ft-c＝10 lx。

辐透或厘米烛光（Phot）：照度单位，相当于“流明每平方厘米”，$1Phot=1lm/cm^2$。

2）基本光度物理量

（1）立体角的概念

球面面积和球心形成的角度叫作立体角，符号为 Ω，单位是球面度（sr）。（图 2.2.9）

Ω 的定义式如下：

$$\Omega=\frac{A}{r^2}\ (\text{sr})$$

式中，A 为球面面积，r 为球体半径。

同时，球体的表面积为 $4\pi r^2$，所以整个球面所成的立体角为：

$$\Omega_{球}=(4\pi r^2)/r^2=4\pi=2.57\text{sr}$$

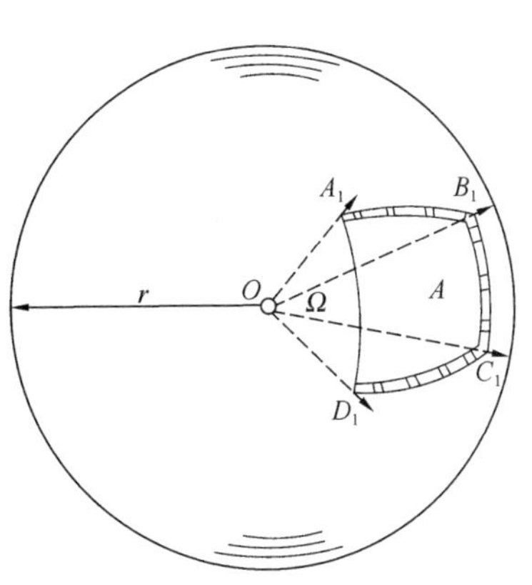

图 2.2.9　立体角概念

（2）光通量（Luminous flux）

用来表示辐射功率经过人眼的视见函数影响后的光谱辐射功率大小，符号为 Φ，标准单位是流明（lm），是表示光源整体亮度的指标。

光通量的物理表达式为（对于某一波长为 λ 的光）：

$$\Phi=K\cdot\Phi(\lambda)\cdot V(\lambda)$$

对于复色光：

$$\Phi=K\cdot\int_0^{\infty}\cdot\frac{d\Phi(\lambda)}{d\lambda}\cdot V(\lambda)d\lambda$$

式中　K——最大光谱光视效能，如对于明视觉，$K=683$ lm/W；

λ——波长；

$V(\lambda)$——称为人眼相对光谱敏感度曲线，亦作光谱光视效率曲线，是总结众多针对人眼的测试经验而得到的，它描述人眼对不同波长的光的反应强弱；

$\Phi(\lambda)$——波长为 λ 的光的辐射通量；

$d\Phi(\lambda)/d\lambda$——辐射通量的光谱分布，单位为 W。

在计算中，光通量常采用下方等式计算得到：

$$\Phi=K\cdot\Sigma\,\Phi(\lambda)\cdot V(\lambda)$$

（3）发光强度（Luminous intensity）

表示光源给定方向上单位立体角内发光强弱程度的物理量，也就是光通量在立体空间内的分布，单位为 cd。

在给定方向上的发光强度的物理表达式为：

$$I=\frac{d\Phi}{d\Omega}$$

式中，$d\Omega$ 为一立体角元，$d\Phi$ 为此立体角元中光源传输的光通量。

一般来说，发光强度随方向而异，用极坐标（θ，φ）来描写选定的方向时，$I(\theta,\varphi)$ 表示沿该方向的发光强度。

当立体角 α 方向上的光通量 Φ 均匀分布在立体角之上时，该方向的发光强度为：

$$I_\alpha-\frac{\Phi}{\Omega}$$

（4）照度（Illuminance）

对于被照面而言，常常用落在其单位面积上的光通量的多少来衡量其被照射的程度，这就是常用的照度，符号为 E，它表示被照面积上的光通量密度。

被照表面上一点的照度的物理表达式为：

$$E=\frac{\mathrm{d}\Phi}{\mathrm{d}A}$$

式中，$\mathrm{d}A$ 为该面元之面积，$\mathrm{d}\Phi$ 为此面元上光源传输的光通量。

若光通量 Φ 均匀分布在被照表面 A 上时，此面上各点的照度均相等，上方等式变为：

$$E=\frac{\Phi}{A}$$

照度的单位为勒克斯，英制单位为英尺烛光。一般在 40W 白炽灯下 1m 的照度约为 30lx，若上方有灯罩则可达 73lx；阴天中午室外照度为 8000～20000lx，若为晴天则可高达 80000～120000lx。

（5）亮度（Luminance）

亮度定义为单位面积发光（或反光）物体在给定方向上，在每单位立体角内所发出的总光通量。

亮度的物理表达式为：

$$L=\frac{\mathrm{d}\Phi}{\mathrm{d}\Omega\cdot\mathrm{d}s\cos(\theta)}$$

式中 Φ——由给定点处的束元 $\mathrm{d}s$ 传输并包含立体角元 $\mathrm{d}\Omega$ 内传播的光通量；

Ω——立体角；

d_s——包含给定点的射束截面之面积；

θ——给定方向与射束截面 d_s 法线方向的夹角。

当 θ 方向上射束截面 s 的发光强度 I_α 均相等时，θ 方向的亮度为：

$$L_\alpha=\frac{I_\alpha}{A\cos\alpha}$$

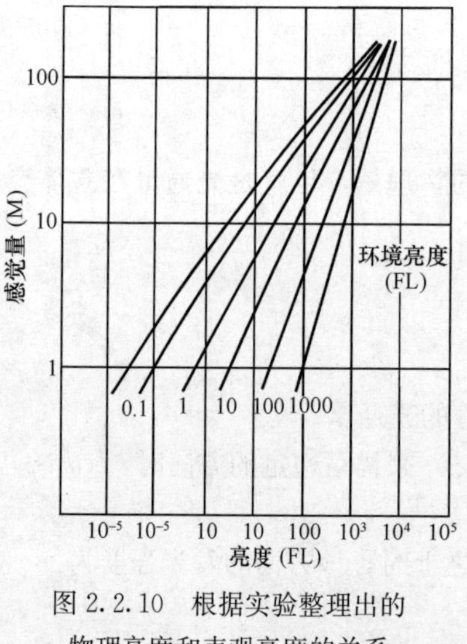

由于物体亮度在各个方向不一定相同，因此常在亮度符号的右下角表明角度，它表示与表面法线成 α 角方向上的亮度。

亮度的常用单位为坎德拉每平方米（cd/m^2），有时也使用较大单位熙提。常见的一些物体亮度值如下：

白炽灯灯丝：300～500sb

荧光灯表面：0.8～0.9sb

太阳：200000sb

无云时的蓝天：0.2～2sb（依距离太阳位置的角距离而不同）

亮度反映了物体表面的物理特性，但是我们感受到的亮度除了和物体表面的亮度相关之外，还和自身所处环境的明暗程度有关。一般来说，对于同

图 2.2.10 根据实验整理出的物理亮度和表观亮度的关系

一亮度的表面，放置在较亮环境下会让人们认为其比在相对较暗环境中时明亮。为了区分这两种亮度概念，常将前者称作物理亮度，后者称作表观亮度。在本篇中仅研究物理亮度（图 2.2.10）。

3）发光强度和照度的关系

一个点光源在被照面上形成的照度，可以通过发光强度和照度这两个物理量的关系求出。

图 2.2.11（a）表示球面 A_1、A_2、A_3，距离点光源 O 分别为 r、$2r$、$3r$ 且在光源处形成的立体角相同，则 A_1、A_2、A_3 的面积比为它们距离光源的距离的平方之比（1∶4∶9）。设光源在这三个表面方向上的发光强度，即单位立体角的光通量不变，则落在这三个表面的光通量相同，但因为它们面积不同，它们的光通量密度也不同。由此可以推出发光强度和照度的一般关系：

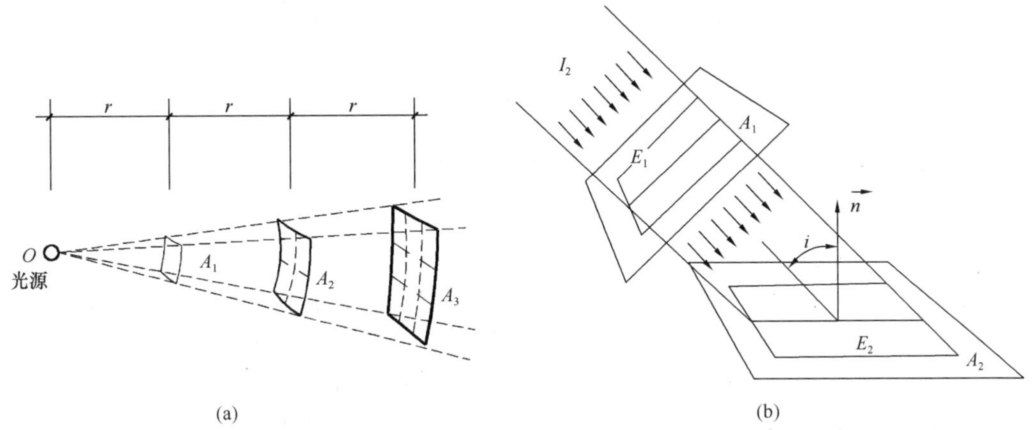

图 2.2.11 球面与亮度

根据等式：$E=\dfrac{\Phi}{A}$、$I_\alpha=\dfrac{\Phi}{\Omega}$、$\Omega=\dfrac{A}{r^2}$，可得：$E=\dfrac{I_\alpha}{r^2}$。

此等式表明，某表面的照度 E 与点光源在这个方向的发光强度 I_α 成正比，与距光源的距离 r 的平方成反比，这就是计算点光源产生照度的基本公式，称为距离平方反比定律。

若入射角不为 0，如图 2.2.11（b）中的表面 A_2，它和 A_1 成 i 角，A_1 的法线和光线重合，则 A_2 法线和光线成 i 角，由于：$\Phi=A_1E_1=A_2E_2$ 且：$A_1=A_2\cos i$、$E_2=E_1\cos i$，故由 $E=\dfrac{I_\alpha}{r^2}$ 可知 $E_1=\dfrac{I_\alpha}{r^2}$，因此可得：$E_2=\dfrac{I_\alpha}{r^2}\cos i$。

上方式子表示：表面法线与入射光成 i 处的照度，与它至点光源的距离平方成反比；与光源在 i 方向的发光强度和入射角 i 的余弦值成正比。此等式适用于点光源，一般当光源尺度小于至被照面距离的五分之一时，即将该光源视作点光源。

4）照度和亮度的关系

所谓照度和亮度的关系，指的是光源亮度和其形成的照度之间的关系。如图 2.2.12，设 A_1 为各方向亮度均相同的发光面，A_2 为被照面。在 A_1 上去一微元面积 dA_1，由于其尺寸和其距离被照面的距离 r 相比足够小，故可以将 dA_1 视作点光源。此微元射向 O 点的

发光强度为 dI_α，这样它在 A_2 上的 O 点处形成的照度为：

$$dE=\frac{dI_\alpha}{r^2}\cos i$$

对于微元发光面积 dA_1 而言，由之前求出的发光强度和亮度的关系式可得：

$$dI_\alpha=L_\alpha dA_1\cos\alpha$$

代入上式可得：

$$dE=L_\alpha\ \frac{dA_1\cos\alpha}{r^2}\cos i$$

又因为$\frac{dA_1\cos\alpha}{r^2}$是 dA_1 对 O 点展开的立体角 Ω，故又可写成：

$$dE=L_\alpha d\Omega\cos i$$

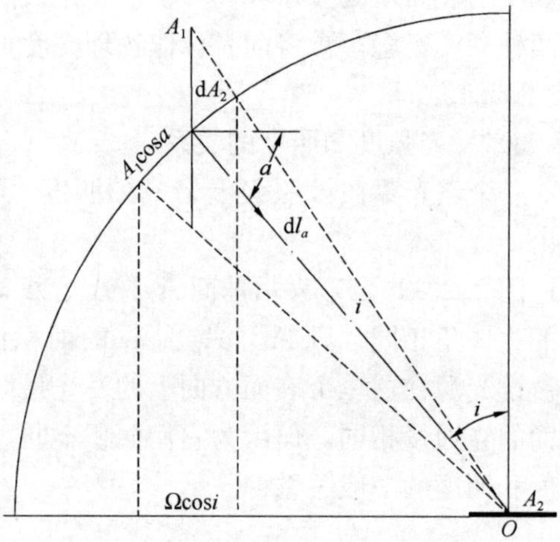

图 2.2.12　照度与亮度关系

所以，整个发光表面在 O 点形成的照度为：

$$E=\int_\Omega L_\alpha\cos i d\Omega$$

同时，因为光源在各方向的亮度均相同，故有：

$$E=L_\alpha\Omega\cos i$$

即常用的立体角投影定律，它表示某个亮度为 L_α 的发光表面在被照面上形成的照度值的大小等于这一发光表面的亮度 L_α 与该表面在被照点上形成的立体角 Ω 的投影之乘积。这个定律表明，某个发光表面在被照面上形成的照度，仅和发光表面的亮度以及该表面在被照点上形成的立体角的投影有关。例如图 2.2.12 中 A_1 和 $A_1\cos\alpha$ 的面积不同，但是它们对被照面形成的立体角相同，故只要它们的亮度相同，它们在 A_2 面上形成的照度就一样。

立体角投影定律一般适用于光源尺寸相对于它和被照点的距离较大时。

5）材料的光学性质

(1) 反射比、透射比、吸收比

假设总的入射光能为 Φ，反射的光能为 Φ_ρ，吸收的光能为 Φ_α，透射的光能为 Φ_τ（如图 2.2.13），则可以得到：

$$\rho=\Phi_\rho/\Phi$$

$$\alpha=\Phi_\alpha/\Phi$$

$$\tau=\Phi_\tau/\Phi$$

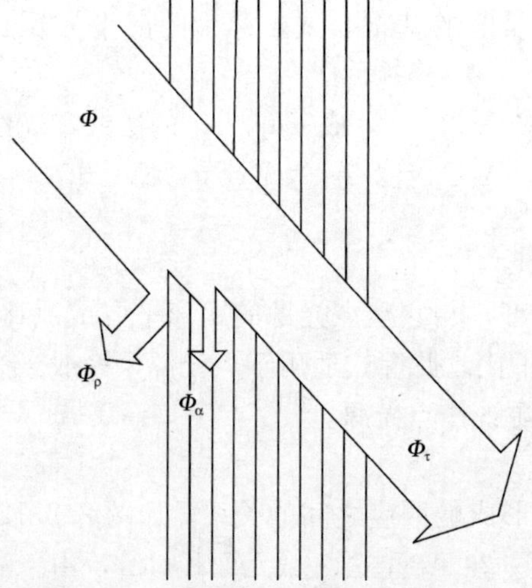

图 2.2.13　反射比、透射比、吸收比

ρ、α、τ 分别称为反射比、吸收比、透射比。同时，根据能量守恒定律，显然会有：

$$\Phi=\Phi_\rho+\Phi_\alpha+\Phi_\tau$$

将上方三个等式代入，可得：

$$\frac{\Phi_\rho}{\Phi}+\frac{\Phi_\alpha}{\Phi}+\frac{\Phi_\tau}{\Phi}=\rho+\alpha+\tau=1$$

各种材料在光线的入射角不同时的反射比、透射比、吸收比是不同的（入射角指光线和被照面的法线之间的夹角）。

光经过介质的反射和透射之后，它的分布变化取决于材料表面的光滑程度和局部分子结构。反光和透光材料可以分为规则的和不规则的两种。前者在光线经过介质的反射和透射之后光分布的立体角不变，例如**精准**和透明玻璃；后者会使入射光不同程度地分散在更大的立体角范围内，如粉刷过的墙面。

（2）规则反射和透射

规则反射：在无漫射情形下，遵守反射定律的反射（如图 2.2.14），反射定律如下：入射光线、反射光线和反射面在反射发生处的法线位于同一个平面；入射光线与法线所成的角等于反射光线与同一条法线所成的角；反射光线和入射光线处在法线的相对两边。产生规则反射的表面有玻璃镜面、磨光的金属表面等，主要用于把光线反射到需要的地方。经过材料反射之后的亮度和发光强度为：

$$I_\rho = I \times \rho$$

$$L_\rho = L \times \rho$$

式中，L_ρ、I_ρ 分别为经过反射之后光的亮度和发光强度，L、I 为光原有亮度和发光强度，ρ 为反射比。

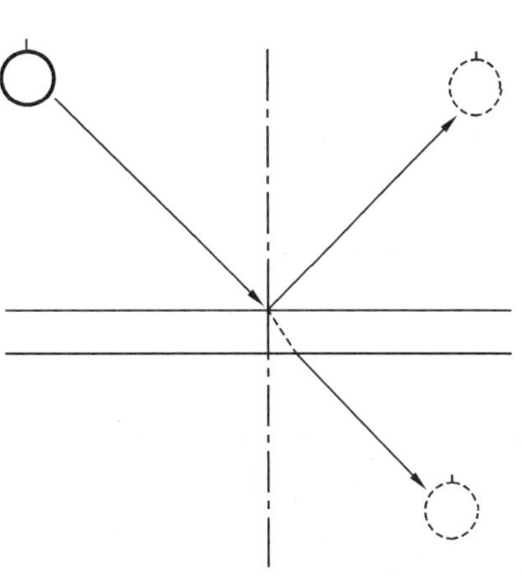

图 2.2.14 反射规律

规则透射：遵守折射定律的透射。折射定律：折射光线位于入射光线和界面法线所决定的平面内；折射线和入射线分别在法线的两侧；入射角 i 的正弦和折射角 i' 的正弦的比值，对折射率一定的两种媒质来说是一个常数。产生规则透射的表面有玻璃、有机玻璃等。经过材料透射之后的亮度和发光强度为：

$$L_\tau = L \times \tau$$

$$I_\tau = I \times \tau$$

式中，L_τ、I_τ 分别为经过反射之后光的亮度和发光强度，L、I 为光原有亮度和发光强度，τ 为透射比。

（3）漫反射和漫透射

漫反射和漫透射：漫反射指光线照射到表面时光线被材料向四面八方均匀反射或扩散。这时各个角度的亮度相同，看不见光源的影像。例子有粉刷后的墙壁、石膏、氧化镁、砖墙，绘图纸等；漫透射指光线照射到表面时光线被材料向四面八方均匀透射，透过的光线各个角度亮度均相同，这时看不见光源的影像。常见例子有半透明塑料、乳白玻璃等。

经过漫反射或漫透射之后的亮度为：

$$L = E \times \rho / \pi \quad (\mathrm{cd/m^2})$$

$$L = E \times \tau / \pi \quad (\mathrm{cd/m^2})$$

式中，ρ 为反射比，τ 为透射比。

经过漫反射或漫透射后，光线的最大发光强度在表面法线方向，其他方向的反射或透射光遵循以下的朗伯余弦定律：

$$I_i = I_0 \cos i$$

式中，I_0 为法线方向的发光强度，i 为法线和所求方向的夹角。

亮度分布如图 2.2.15。

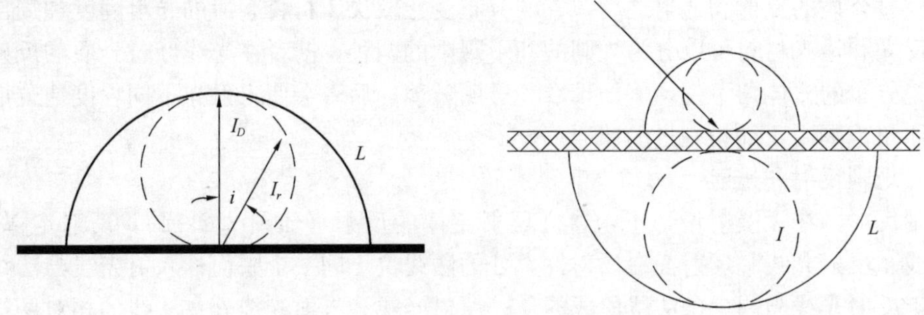

图 2.2.15　漫反射与漫透射

(4) 混合反射和混合透射

混合反射：指规则反射和漫反射兼有的反射，在反射方向可以看见光源的形象但不甚清晰。具有混合反射特性的材料被称为混合反射材料，例如粗糙的金属表面、光滑的纸、油漆等。

混合透射：指规则透射和漫透射兼有的透射，在透射反射方向可以看见光源的形象但不甚清晰。具有混合透射特性的材料称为混合透射材料，如磨砂玻璃等。具有这一特性的材料亮度分布如图 2.2.16，它们在规则反射或透射方向具有最大亮度，在其他方向也具有一定亮度。

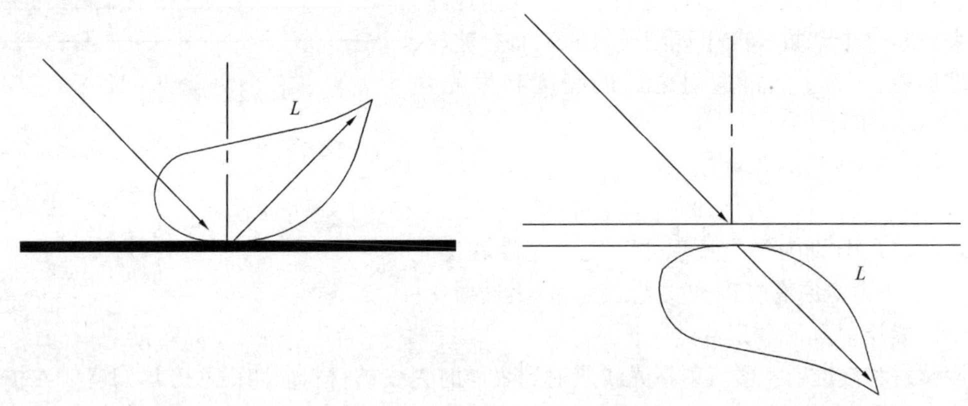

图 2.2.16　混合反射和混合透射

6) 可见度及其影响因素

可见度即人眼辨认物体存在或形状的难易程度，用于定量表示人眼看物体的清晰程度。

(1) 亮度：照度或者亮度越高，人眼就看得越清楚。人眼能够看见的最低亮度阈值为 5～10asb（3.14asb=1cd/m^2），随着亮度增大，可见度也增大。一般来说，1500～3000lx 可见度最好，当物体亮度超过 16sb 时，人就会感到刺眼。

(2) 物件的相对尺寸：物件尺寸 d，眼睛至物体的距离 l 形成视角 α（单位为分），其关系如下：

$$\alpha=\frac{d}{l}\cdot 3440\ (')$$

在医学上识别细小物体的能力叫作视力。它是所观看最小视角的倒数，即：视力=1/amin。医学上把在5m远的距离上能够识别1分视角的视标的视力称作1.0，识别2分的视力为0.5。

（3）亮度对比：观看对象的亮度与它的背景亮度（或颜色）的对比，即亮度或颜色差距越大，可见度越高。亮度对比系数 C= 目标与背景的亮度差/背景亮度。

（4）物体亮度、视角大小和亮度对比对可见度的影响：观看对象在眼睛处形成的视角不变时，如果亮度对比下降，则需要更大的照度才能保持相同的可见性；视角越小，需要的照度越高；一般天然光线比人工光更有利于提高可见性。

（5）识别时间：眼睛观看物体时，物体呈现时间越短，就需要越高的亮度以引起视觉。即物体越亮，识别时间越短。

同时，人的眼睛在暗环境和亮环境间切换时需要进行暗适应和明适应；一般而言，明适应持续3～6s，但暗适应可长达10～35min。

4. 色度和颜色

1）颜色的基本特性

颜色根据其成因分为两种：光源色和物体色。

光源色：由光源直接发出的光形成的色刺激，取决于光源的光谱组成。

物体色：光被物体反射和透射之后形成的色刺激，取决于光源的光谱组成和物体的反射和透射情况。

2）颜色根据其有无色调分为有彩色和无彩色。

无彩色取决于物体的光反射比，为1者为理想的纯白，0为理想的纯黑，灰色的光反射比介于0～1之间。

有彩色则具有三种独立的性质：

色调：各颜色彼此相互区分开的视觉特性。光源色的色调取决于光源的光谱组成；物体色的色调则取决于光源的光谱组成和物体的反射和透射情况。

明度：在同样照明条件下，依据表观为白色或高透射比表面的视亮度来判断的某一表面的视亮度。彩色光的亮度越高，明度就越高。物体色的明度则和光反射比成正比。对于无彩色，明度是其唯一的颜色属性。

彩度：在同样照明条件下，依据表观为白色或高透射比表面的视亮度的一个区域的视亮度比例判断的颜色丰富程度，它是用距离等明度无彩点的视知觉特性来表示物体表面色彩的浓淡并予以分度（也就是彩色的纯洁性）。单色光掺入白光成分越多，也就意味着其越不饱和。

3）颜色的混合

实验证明，任何颜色的光均可以通过不超过3种纯光谱波长的光来正确模拟；同时，颜色可以相互混合。一般对于光源色使用红（波长700nm）、绿（波长546.1nm）、蓝（波长435.8nm）作为三原色，对于物体色则使用上述三者的补色（青、品红、黄）作为三原色，见图2.2.17。

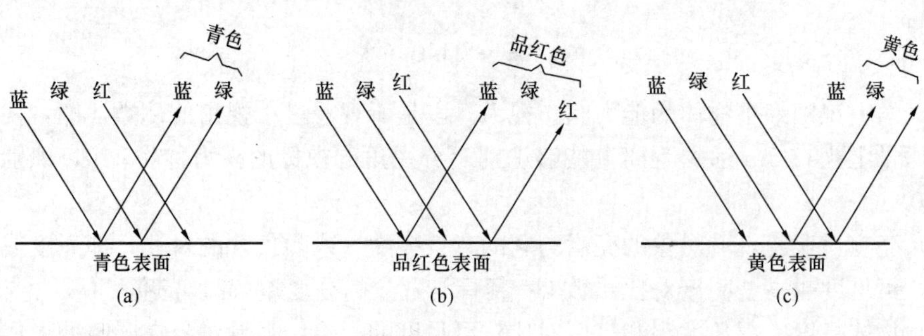

图 2.2.17　三原色

对于光源色的混合使用加色法（见图 2.2.18a），物体色则使用减色法（见图 2.2.18b）。

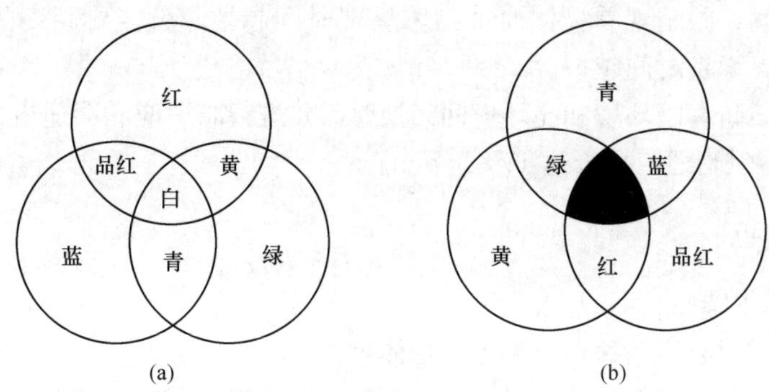

图 2.2.18　颜色混合的原色与中间色

4）颜色定量

（1）CIE 1931 标准色度系统

国际照明委员会（CIE）1931 年推荐的色度系统，见图 2.2.19。它把所有颜色用 x、y 两个坐标表示在一张色度图上。图上一点表示一种颜色。马蹄形曲线表示单一波长的光谱轨迹。400～700nm 称为紫红轨迹，表示光谱轨迹上没有的由紫到红的轨迹。图中的中心点为等能白光（白色），由三原色各占三分之一组成。CIE 1931 标准色度系统不但可以表示光源色，也可以表示物体色。图中曲线上的数字表示色温。例如：$x=0.425$，$y=0.400$ 时光源的色温约为 3200K。

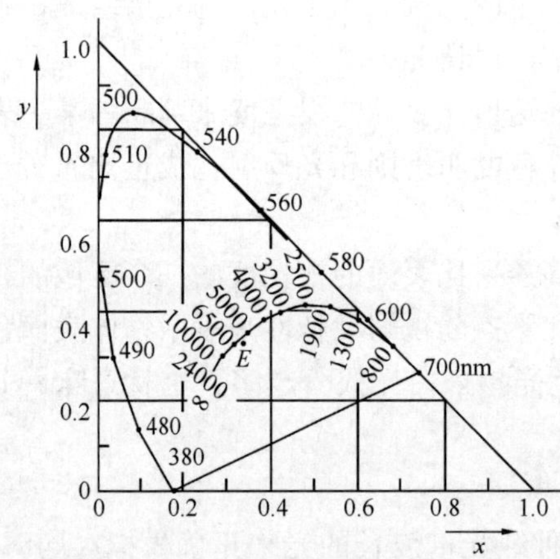

图 2.2.19　CIE 1931 色度体系图

（2）孟塞尔（A. M. Munsell）表色系统

孟塞尔表色系统是按颜色的三种基本属性：色调 H，明度 V 和彩度 C 对颜色进行分类与标定的体系，见图 2.2.20。

色调分为 R、Y、B、G、P 五个主色调和 YR、GY、BG、PB 和 RP 五个中间色调，这十种色调再每个细分为 10 个等级，主色调和中间色调的值固定为 5，同时色调值 10 等于下一个色调的 0。中轴表示明度，理想的黑色定为 0、白色为 10，共 11 级。明度轴至色调的水平距离表示彩度的变化，离中轴越远彩度越大。

表色符号的排列是先写色调，再写明度，最后画一条斜线后写彩度。例如 10Y8/12 表示色调为黄色和绿色的中间色，明度为 8，彩度为 12。若为无彩色则以 N 开头且只写明度，如 N7/表示明度为 7 的中间色。

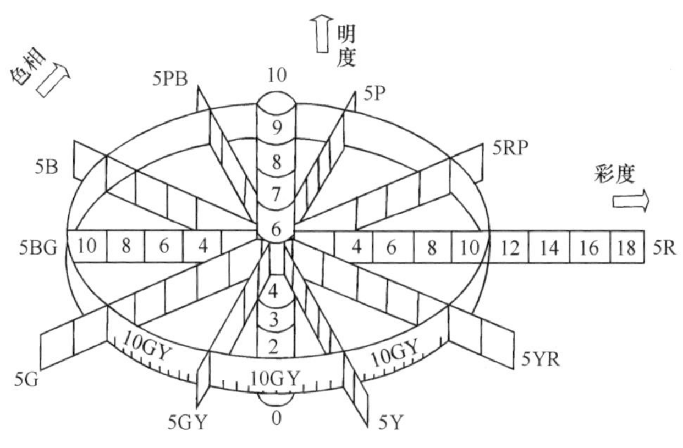

图 2.2.20 孟塞尔表色系统

5. 光源的色温和显色性

1）光源色温和相关色温

当光源的颜色和一完全辐射体（也就是黑体）在某一温度下发出的光色相同时，黑体的温度就是光源的色温，符号为 T_c，单位为 K。把某一种光源的色品和某一温度下的黑体的色品最为接近时黑体的温度称作相关色温，符号 T_{sp}。太阳光和热辐射电光源可以用色温描述，而气体放电和固体发光光源则用相关色温描述。如：40W 白炽灯的色温为 2700K，40W 荧光灯的相关色温为 3000～7500K，太阳光的色温为 5300～5800K，钠灯的相关色温为 2000K。

2）光源的显色性

光源的显色性用显色指数表征，物体在待测光源下的颜色和其在参考标准光源下颜色相比的符合程度称作显色指数，符号 Ra。Ra 的取值范围在 0～100，一般认为 Ra 取 80～100 为显色优良，50～79 为显色一般，50 以下为较差。如：功率 500W 的白炽灯为 95～99，荧光灯为 50～93，1000W 高压钠灯为 20～60，镝灯为 85～95。

6. 建筑标准中的术语

1）《建筑采光设计标准》GB 50033—2013 中的术语

参考平面 reference surface：测量或规定照度的平面。

照度 illuminance：表面上一点的照度是入射在包含该点面元上的光通量除以该面元面积之商。

室外照度 exterior illuminance：在天空漫射光照射下，室外无遮挡水平面上的照度。

室内照度 interior illuminance：在天空漫射光照射下，室内给定平面上某一点的照度。

采光系数 daylight factor：在室内参考平面上的一点，由直接或间接地接收来自假定和已知天空亮度分布的天空漫射光而产生的照度与同一时刻该天空半球在室外无遮挡水平面上产生的天空漫射光照度之比。

采光系数标准值 standard value of daylight factor：在规定的室外天然光设计照度下，满足视觉功能要求时的采光系数值。

室外天然光设计照度 design illuminance of exterior daylight：室内全部利用天然光时的室外天然光最低照度。

室内天然光照度标准值 standard value of interior daylight illuminance：对应于规定的室外天然光设计照度值和相应的采光系数标准值的参考平面上的照度值。

光气候 daylight climate：由太阳直射光、天空漫射光和地面反射光形成的天然光状况。

光气候系数 daylight climate coefficient：根据光气候特点，按年平均总照度值确定的分区系数。

室外天然光临界照度 critical illuminance of exterior daylight：室内需要全部开启人工照明时的室外天然光照度。

采光均匀度 uniformity of daylighting：参考平面上的采光系数最低值与平均值之比。

不舒适眩光 discomfort glare：在视野中由于光亮度的分布不适宜，或在空间或时间上存在着极端的亮度对比，以致引起不舒适的视觉条件。本标准中的不舒适眩光特指由窗引起的不舒适眩光。

窗地面积比 ratio of glazing to floor area：窗洞口面积与地面面积之比。对于侧面采光，应为参考平面以上的窗洞口面积。

采光有效进深 depth of daylighting zone：侧面采光时，可满足采光要求的房间进深。本标准用房间进深与参考平面至窗上沿高度的比值来表示。

导光管采光系统 tubular daylighting system：一种用来采集天然光，并经管道传输到室内，进行天然光照明的采光系统，通常由集光器、导光管和漫射器组成。

导光管采光系统效率 efficiency of the tubular daylighting system：导光管采光系统的漫射器输出光通量与集光器输入光通量之比。

采光利用系数 daylight utilization factor：被照面接受到的光通量与天窗或集光器接受到来自天空的光通量之比。

光热比 light to solar gain ratio：材料的可见光透射比与太阳能总透射比的比值。

透光折减系数 transmitting rebate factor ：透射漫射光照度与漫射光照度之比。

2）《建筑照明设计标准》GB 50034—2013 中的术语

绿色照明 green lights：节约能源、保护环境，有益于提高人们生产、工作、学习效率和生活质量，保护身心健康的照明。

视觉作业 visual task：在工作和活动中，对呈现在背景前的细部和目标的观察过程。

光通量 luminous flux：根据辐射对标准光度观察者的作用导出的光度量。单位为流明(lm)，1lm＝1cd・1sr。对于明视觉有：

$$\Phi = K_{\mathrm{m}} \int_{0}^{\infty} \frac{\mathrm{d}\Phi_{\mathrm{e}}(\lambda)}{\mathrm{d}\lambda} V(\lambda) \mathrm{d}\lambda$$

式中　$\mathrm{d}\Phi_{\mathrm{e}}(\lambda)/\mathrm{d}\lambda$ ——辐射通量的光谱分布；

$V(\lambda)$——光谱光（视）效率；

K_m——辐射的光谱（视）效能的最大值，单位为流明每瓦特（lm/W）。在单色辐射时，明视觉条件下的 K_m 值为683lm/W（λ=555nm时）。

发光强度 luminous intensity：发光体在给定方向上的发光强度是该发光体在该方向的立体角元 $d\Omega$ 内传输的光通量 $d\Phi$ 除以该立体角元所得之商，即单位立体角的光通量。单位为坎德拉（cd），1cd=1lm/sr。

亮度 luminance：由公式 $L = d^2\Phi/(dA \cdot \cos\theta \cdot d\Omega)$ 定义的量。单位为坎德拉每平方米（cd/m^2）。

式中 $d\Phi$——由给定点的光束元传输的并包含给定方向的立体角 $d\Omega$ 内传播的光通量（lm）；

dA——包括给定点的射束截面积（m^2）；

θ——射束截面法线与射束方向间的夹角。

照度 illuminance：入射在包含该点的面元上的光通量 $d\Phi$ 除以该面元面积 dA 所得之商。单位为勒克斯（lx），1lx=1lm/m^2。

平均照度 average illuminance：规定表面上各点的照度平均值。

维持平均照度 maintained average illuminance：在照明装置必须进行维护时，在规定表面上的平均照度。

参考平面 reference surface：测量或规定照度的平面。

作业面 working plane：在其表面上进行工作的平面。

识别对象 recognized objective：需要识别的物体和细节。

维护系数 maintenance factor：照明装置在使用一定周期后，在规定表面上的平均照度或平均亮度与该装置在相同条件下新装时在同一表面上所得到的平均照度或平均亮度之比。

一般照明 general lighting：为照亮整个场所而设置的均匀照明。

分区一般照明 localized general lighting：为照亮工作场所中某一特定区域而设置的均匀照明。

局部照明 local lighting：特定视觉工作用的、为照亮某个局部而设置的照明。

混合照明 mixed lighting：由一般照明与局部照明组成的照明。

重点照明 accent lighting：为提高指定区域或目标的照度，使其比周围区域突出的照明。

正常照明 normal lighting：在正常情况下使用的照明。

应急照明 emergency lighting：因正常照明的电源失效而启用的照明。应急照明包括疏散照明、安全照明、备用照明。

疏散照明 evacuation lighting：用于确保疏散通道被有效地辨认和使用的应急照明。

安全照明 safety lighting：用于确保处于潜在危险之中的人员安全的应急照明。

备用照明 stand-by lighting：用于确保正常活动继续或暂时继续进行的应急照明。

值班照明 on-duty lighting：非工作时间，为值班所设置的照明。

警卫照明 security lighting：用于警戒而安装的照明。

障碍照明 obstacle lighting：在可能危及航行安全的建筑物或构筑物上安装的标识

照明。

频闪效应 stroboscopic effect：在以一定频率变化的光照射下，观察到物体运动显现出不同于其实际运动的现象。

发光二极管（LED）灯 light emitting diode lamp：由电致固体发光的一种半导体器件作为照明光源的灯。

光强分布 distribution of luminous intensity：用曲线或表格表示光源或灯具在空间各方向的发光强度值，也称配光。

光源的发光效能 luminous efficacy of a light source：光源发出的光通量除以光源功率所得之商，简称光源的光效。单位为流明每瓦特（lm/W）。

灯具效率 luminaire efficiency：在规定的使用条件下，灯具发出的总光通量与灯具内所有光源发出的总光通量之比，也称灯具光输出比。

灯具效能 luminaire efficacy：在规定的使用条件下，灯具发出的总光通量与其所输入的功率之比。单位为流明每瓦特（lm/W）。

照度均匀度 uniformity ratio of illuminance：规定表面上的最小照度与平均照度之比，符号是U_0。

眩光 glare：由于视野中的亮度分布或亮度范围的不适宜，或存在极端的对比，以致引起不舒适感觉或降低观察细部或目标的能力的视觉现象。

直接眩光 direct glare：由视野中，特别是在靠近视线方向存在的发光体所产生的眩光。

不舒适眩光 discomfort glare：产生不舒适感觉，但并不一定降低视觉对象的可见度的眩光。

统一眩光值 unified glare rating（UGR）：国际照明委员会（CIE）用于度量处于室内视觉环境中的照明装置发出的光对人眼引起不舒适感主观反应的心理参量。

眩光值 glare rating（GR）：国际照明委员会（CIE）用于度量体育场馆和其他室外场地照明装置对人眼引起不舒适感主观反应的心理参量。

反射眩光 glare by reflection：由视野中的反射引起的眩光，特别是在靠近视线方向看见反射像所产生的眩光。

光幕反射 veiling reflection：视觉对象的镜面反射，它使视觉对象的对比降低，以致部分地或全部地难以看清细部。

灯具遮光角 shielding angle of luminaire：灯具出光口平面与刚好看不见发光体的视线之间的夹角。

显色性 colour rendering：与参考标准光源相比较，光源显现物体颜色的特性。

显色指数 colour rendering index：光源显色性的度量。以被测光源下物体颜色和参考标准光源下物体颜色的相符合程度来表示。

一般显色指数 general colour rendering index：光源对国际照明委员会（CIE）规定的第1～8种标准颜色样品显色指数的平均值。通称显色指数，符号是R_a。

特殊显色指数 special colour rendering index：光源对国际照明委员会（CIE）选定的第9～15种标准颜色样品的显色指数，符号是R_i。

色温 colour temperature：当光源的色品与某一温度下黑体的色品相同时，该黑体的绝对温度为此光源的色温。亦称“色度”。单位为开（K）。

相关色温 correlated colour temperature：当光源的色品点不在黑体轨迹上，且光源的色品与某一温度下的黑体的色品最接近时，该黑体的绝对温度为此光源的相关色温，简称相关色温。符号为 T_{cp}，单位为开（K）。

色品 chromaticity：用国际照明委员会（CIE）标准色度系统所表示的颜色性质。由色品坐标定义的色刺激性质。

色品图 chromaticity diagram：表示颜色色品坐标的平面图。

色品坐标 chromaticity coordinates：每个三刺激值与其总和之比。在 X、Y、Z 色度系统中，由三刺激值可算出色品坐标 x、y、z。

色容差 chromaticity tolerances：表征一批光源中各光源与光源额定色品的偏离，用颜色匹配标准偏差 SDCM 表示。

光通量维持率 luminous flux maintenance：光源在给定点燃时间后的光通量与其初始光通量之比。

反射比 reflectance：在入射辐射的光谱组成、偏振状态和几何分布给定状态下，反射的辐射通量或光通量与入射的辐射通量或光通量之比。

照明功率密度 lighting power density（LPD）：单位面积上一般照明的安装功率（包括光源、镇流器或变压器等附属用电器件），单位为瓦特每平方米（W/m^2）。

室形指数 room index：表示房间或场所几何形状的数值，其数值为 2 倍的房间或场所面积与该房间或场所水平面周长及灯具安装高度与工作面高度的差之商。

年曝光量 annual lighting exposure：度量物体年累积接受光照度的值，用物体接受的照度与年累积小时的乘积表示，单位为每年勒克斯小时（lx · h/a）。

3）其他可见《建筑照明术语标准》JGJ/T 119—2008

（三）建筑采光设计标准与计算

1. 光气候

1）光气候：由太阳直射光、天空漫射光和地面反射光形成的天然光状况。

2）天然光

太阳是天然光的基本光源，天然光由以下三种光组成：

（1）太阳直射光：太阳光经过大气层入射到地面，一部分为定向透射光，称为太阳直射光。直射光具有强烈的方向性，被照射物体背后在物体的背阳面形成阴影。直射光在地面上形成的照度主要受太阳高度角和大气通透度的影响。

（2）天空漫射光：太阳光遇到大气中的空气分子、水蒸气、粉尘等微粒产生散射而形成的使天空具有一定亮度的光。天空漫射光没有方向性，不形成阴影，在地面上形成的照度受太阳高度角的影响较小，而受天空中的云量、云状和大气中杂质含量的影响较大。

地面反射光：顾名思义，指的是太阳直射光和天空漫射光射到地表时反射出来的光。除了地表被白雪或白沙覆盖的情况外，采光计算一般可不考虑地面反射光的影响。

（3）由于太阳高度随时间而变化，大气通透度和天空中的云量随天气变化，天然光的照度变化甚大，组成和所占比例依不同天气状态、不同时间而异，晴天中午以太阳直射光为主，照度可高达105 lx以上，早晚以漫射光为主，全云天则只有漫射光。若两种光线所占比例发生变化，则地面上的照度和物体阴影浓度也将发生变化。室内采光不仅受天空亮度及其分布状况的影响，而且受室外各种反射光的影响。

云量：指云遮蔽天空视野的成数，划分为0～10级，即覆盖云彩的天空部分所占的立体角总和与整个天空立体角 2π 之比；

晴天：云量占整个天空面积30%以下的天气称为晴天；

全云天：天空全部被云层所遮盖的天气称为全云天或全阴天。

晴天和全云天是两种极端天气，在此之间还有多种天气状况。采光设计中，多采用最不利于采光的全云天作为制订设计标准的依据，对晴天较多的地区，按其所处纬度进行修正。

3）光气候分区

我国地域辽阔，同一时刻南北方的太阳高度角相差很大。从日照率看来，由北、西北往东南方向逐渐减少，而以四川盆地一带为最低；从云量看来，自北向南逐渐增多，四川盆地最多；从云状看，南方以低云为主，向北逐渐以高、中云为主。这些均说明，南方天空扩散光照度较大，北方以太阳直射光为主，并且南北方室外平均照度差异较大，在采光设计中若采用同一标准值是不合理的。为此，在采光设计标准中，将全国划分为五个光气候区，分别取相应的采光设计标准。

2. 采光标准

1）采光系数

采光系数为在室内参考平面上的一点，由直接或间接地接收来自假定和已知天空亮度分布的天空漫射光而产生的照度与同一时刻该天空半球在室外无遮挡水平面上产生的天空漫射光照度之比。

$$C = \frac{E_n}{E_w} \cdot 100\%$$

式中　C——采光系数，%；

E_n——室内照度，lx；

E_w——室外照度，lx。

2）采光标准值

建筑自然采光的设计标准按《建筑采光设计标准》GB 50033—2013执行。

(1) 采光等级参考平面上的采光标准值应符合表2.3.1的规定。

采光等级参考平面上的标准值　　**表2.3.1**

采光等级	侧面采光		顶部采光	
	采光系数标准值/%	室内天然光照度标准值/lx	采光系数标准值/%	室内天然光照度标准值/lx
Ⅰ	5	750	5	750
Ⅱ	4	600	3	450
Ⅲ	3	450	2	300
Ⅳ	2	300	1	150
Ⅴ	1	150	0.5	75

工业建筑参考平面取距地面 1m，民用建筑取距地面 0.75m，公用场所取地面。

表中所列采光系数标准值适用于我国Ⅲ类光气候区，采光系数标准值是按室外设计照度值 15000 lx 制定的。

采光标准的上限值不宜高于上一级采光等级的级差，采光系数不宜高于 7%。

对于Ⅰ、Ⅱ采光等级的侧面采光，当开窗面积受到限制时，其采光系数值可降低到Ⅲ级，所减少的天然光照度应采用人工照明补充。

(2) 各光气候区的室外天然光设计照度值应按表 2.3.2 选用，所在地区的采光系数标准值应乘以相应地区的光气候系数 K。

室外天然光设计照度值　　**表 2.3.2**

光气候区	Ⅰ	Ⅱ	Ⅲ	Ⅳ	Ⅴ
K 值	0.85	0.90	1.00	1.10	1.20
室外天然光设计照度值 E_s/lx	18000	16500	15000	13500	12000

(3) 强制性条文：

《建筑采光设计标准》GB 50033—2013 中，4.0.1、4.0.2、4.0.4、4.0.6 为强制性条文其内容如下：

4.0.1　住宅建筑的卧室、起居室（厅）、厨房应有直接采光。

4.0.2　住宅建筑的卧室、起居室（厅）的采光不应低于采光等级Ⅳ级的采光标准值，侧面采光的采光系数不应低于 2.0%，室内天然光照度不应低于 300 lx。

4.0.4　教育建筑的普通教室的采光不应低于采光等级Ⅲ级的采光标准值，侧面采光的采光系数不应低于 3.0%，室内天然光照度不应低于 450 lx。

4.0.6　医疗建筑的一般病房的采光不应低于采光等级Ⅳ级的采光标准值，侧面采光的采光系数不应低于 2.0%，室内天然光照度不应低于 300 lx。

4)《建筑采光设计标准》GB 50033—2013 中列出了住宅建筑、教育建筑、医疗建筑、办公建筑、图书馆建筑、旅馆建筑、博物馆建筑、展览建筑、交通建筑、体育建筑、工业建筑等类型建筑中各场所的采光标准值。

3. 采光窗

为了获得天然光而在建筑的外围围护（墙、屋顶）上开留、装有或无透光材料的孔洞称为窗洞口（采光口），按所处位置，可分为侧窗和天窗。

1) 侧窗

侧窗构造简单，布置方便、造价低，光线具有明确的方向性，有利于形成阴影，并可通过它看到外界景物，扩大视野，故得到广泛使用。

窗洞口面积相等且窗台标高一致时，正方形窗口采光量最高，竖长方形次之，横长方形最少；沿进深方向照度均匀性方面，竖长方形最好，正方形次之，横长方形最差；沿宽度方向照度均匀性方面则横长方形最好，正方形次之，竖长方形最差。

侧窗的采光特点是照度沿进深方向下降很快，进深超过窗顶高 2 倍的部位，宜补充电光源照明。

侧窗分单侧窗、双侧窗、高侧窗三种。双侧窗在不同云量条件下两侧室内照度不尽相同。侧窗窗台一般在1m左右，窗台高于2m，称为高侧窗，常用于厂房仓库及展览美术建筑。

2）天窗

随着建筑物体量的增大，单一使用侧窗已不能达到采光要求，建筑顶部采光的形式，称为天窗。由于使用要求的不同，产生各种不同的天窗形式：

（1）矩形天窗

矩形天窗是最常见的天窗形式，采光特性与高侧窗相似，主要有以下几种类型：

纵向矩形天窗：由装在屋架上的一列天窗架构而成，采光比侧窗均匀，由于安装位置较高，不易形成眩光，窗扇一般可以开启，可兼起通风作用，故在需要通风的工业建筑中大量使用。大尺寸天窗可增加照度和改善均匀性，但也会带来其他构造问题，一般宽度为跨度的一半，下沿至工作面的高度为跨度的0.35～0.7倍，相邻两天窗中线间的距离小于下沿至工作面高度的2倍，相邻天窗玻璃间距为天窗高度和的1.5倍为宜。将矩形天窗的玻璃做成倾斜的称为梯形天窗，可以增加室内采光量，但均匀度稍欠缺，构造复杂且易集尘，建议慎用。

横向天窗：天窗沿屋架方向设置、安装在屋架上下弦之间的称为横向天窗，采光效果与矩形天窗类似。由于不需要专门的天窗架构，造价较低，但屋架杆件对采光有一定影响。为减少阳光直射进入，横向天窗玻璃面宜朝南北方向，故该形式最适合南北走向的建筑。

井式天窗：常用于需通风的高温车间，是将几块屋面板装于屋架下弦形成井口的一种天窗形式，为达到通风效果常不设玻璃窗扇，采光效果一般。

（2）锯齿形天窗

这种天窗属单面顶部采光。由于有倾斜顶棚的反光，采光效率比纵向矩形天窗高15%～20%，由于有反射光，均匀性高于高侧窗。为防止阳光直射进入，一般朝北。由于其光线均匀且方向性强，轻工厂房、大型超市、体育馆等常用这种天窗。

（3）平天窗

直接在屋面开洞设窗的天窗形式，构造简单，采光效率高，是矩形天窗的2～3倍，采光也比较均匀。设计时需注意防水、防污染、防眩光、防阳光直射、防结露等细节。

在平、剖面相同情况下，采光效率从高到低依次为平天窗、梯形天窗、锯齿形天窗、矩形天窗。实际设计中常对上述形式加以改造或混合使用，以适应不同建筑的特殊要求。

4. 采光设计

采光设计就是根据指定的视觉作业的各项要求，通过选择窗洞形式、确定必需的窗洞口面积及位置等设计手段，使室内获得符合建筑采光设计标准的良好光环境，以保证视觉作业顺利进行。

1）采光系数标准值

视觉工作分为Ⅰ～Ⅴ级，视觉作业场所工作面上的采光系数标准值如表2.3.3：

视觉作业场所工作面上的采光系数标准值 **表 2.3.3**

采光等级	视觉作业分类		侧面采光		顶部采光	
	作业精确度	识别对象的最小尺寸 d/mm	采光系数最低值 C_{min}/%	室内天然光临界照度/lx	采光系数平均值 C_{av}/%	室内天然光临界照度/lx
Ⅰ	特别精细	$d \leqslant 0.15$	5	250	7	350
Ⅱ	很精细	$0.15 < d \leqslant 0.3$	3	150	4.5	225
Ⅲ	精细	$0.3 < d \leqslant 1.0$	2	100	3	150
Ⅳ	一般	$1.0 < d \leqslant 5.0$	1	50	1.5	75
Ⅴ	粗糙	$d > 5.0$	0.5	25	0.7	35

注：表中所列采光系数标准值适用于我国Ⅲ类光气候区。采光系数标准值是根据室外临界照度为5000 lx制定的；亮度对比小的Ⅱ、Ⅲ级视觉作业，其采光等级可提高一级采用。

2）采光质量

（1）采光均匀度

顶部采光时，Ⅰ～Ⅳ采光等级的采光均匀度不宜小于0.7。为保证采光均匀度的要求，相邻两天窗中线间的距离不宜大于参考平面至天窗下沿高度的1.5倍。侧面采光时室内照度不可能做到均匀，故不做规定。

（2）窗眩光

侧面采光极易对水平工作视线的场所形成眩光，采光设计时，应采取下列减小窗的不舒适眩光的措施：作业区应减少或避免直射阳光；工作人员的视觉背景不宜为窗口；可采用室内外遮挡设施；窗结构内表面或窗周围内墙面，宜采用浅色饰面。

（3）光反射比

常见建筑室内各表面的反射比：顶棚0.60～0.90，墙面0.30～0.80，地面0.10～0.50，桌面工作台面设备表面0.20～0.60。

（4）其他主要原则

采光设计时，应注意光的方向性，应避免对工作产生遮挡和不利的阴影；

需补充人工照明的场所，照明光源宜选择接近天然光色温的光源；

需识别颜色的场所，应采用不改变天然光光色的采光材料；

博物馆建筑的天然采光设计，对光有特殊要求的场所，宜消除紫外线辐射、限制天然光照度值和减少曝光时间；陈列室不应有直射阳光进入。

当选用导光管采光系统进行采光设计时，采光系统应有合理的光分布。

3）窗地面积比

（1）Ⅲ类光气候区的采光，窗地面积比和采光有效进深按表2.3.4进行估算，其他光气候区的窗地面积比应乘以相应的光气候系数K。侧面采光时窗口面积应为参考平面以上的窗洞口面积。

Ⅲ类光气候区窗地面积比有采光进深 **表 2.3.4**

采光等级	侧面采光		顶部采光
	窗地面积比/(A_c/A_d)	采光有效进深/(b/h_s)	窗地面积比/(A_c/A_d)
Ⅰ	1/3	1.8	1/6
Ⅱ	1/4	2.0	1/8
Ⅲ	1/5	2.5	1/10

续表

采光等级	侧面采光		顶部采光
	窗地面积比/(A_c/A_d)	采光有效进深/(b/h_s)	窗地面积比/(A_c/A_d)
Ⅳ	1/6	3.0	1/13
Ⅴ	1/10	4.0	1/23

注：窗地面积比计算条件：窗的总透射比 τ 取 0.6；室内各表面材料反射比的加权平均值：Ⅰ～Ⅲ级取 $\rho_j=0.5$；Ⅳ级取 $\rho_j=0.4$；Ⅴ级取 $\rho_j=0.3$；顶部采光指平天窗采光，锯齿形天窗和矩形天窗可分别按平天窗的 1.5 倍和 2 倍窗地比面积比进行估算。

（2）主要类型建筑的窗地面积比

各类建筑走道、楼梯间、卫生间的窗地面积比为 1/10（采光系数最低值 1%，内照度标准值 150 lx）。

住宅的卧室、起居室和厨房的窗地面积比为 1/6（采光系数最低值 2%，室内照标准值 300 lx）。

综合医院的候诊室、一般病房、医生办公室、大厅窗地面积比为 1/6；诊室、药房窗地面积比为 1/5。

图书馆的目录室窗地面积比为 1/6。

旅馆的大堂、客房、餐厅的窗地面积比为 1/6。

展览建筑的登录厅、连接通道，交通建筑的出站厅、连接通道、自动扶梯，体育建筑的体育馆场地、入口大厅、休息厅、休息室、贵宾室、裁判用房等窗地面积比均为 1/6（即采光等级Ⅳ）；展览建筑的展厅（单层及顶层），交通建筑的进站厅、候机（车）厅等窗地面比均为 1/5（即采光等级Ⅱ）。

教育建筑的专用教室，办公建筑的办公室、会议室的窗地面积比为 1/5（采光系标准值 3%，室内天然光照度标准值 450 lx）。

图书馆的阅览室、开架书库的窗地面积比为 1/5。

办公建筑的设计室、绘图室的窗地面积比为 1/4（采光系数标准值 4%，室内天然光照度标准值 600 lx）。

（3）《民用建筑设计统一标准》GB 50352—2019 第 7.1.2 条规定有效采光面积计算应符合下列规定：侧窗采光口离地面高度在 0.80m 以下的部分不应计入有效采光面积；侧窗采光口上部有效宽度超过 1m 的外廊、阳台等外挑遮挡物，其有效采光面积可按采光口面积的 70%计算；平天窗采光时，其有效采光面积可按侧面采光口面积的 2.50 倍计算。

4）博物馆、美术馆采光设计

博物馆、美术馆的采光颇为特殊，为获得良好的展出效果，需关注以下问题：

（1）适宜的照度。展品中不乏光敏物质，长期照射（尤其含紫外线成分的光线）容易褪色、质变，因此，照度控制需在确保观赏和保护展品之间作平衡。

（2）照度分布合理。布局上按观览路线控制照度，使观众的眼睛保持舒适。大尺度的展品上不应出现明显的明暗区别，如画作幅面上的照度最大值与最小值之比应控制在 3∶1 之内。

（3）避免直接眩光。观看展品时，明亮的窗口应在视看范围外，眼睛到窗边、画边形成的夹角大于 14°就能满足这一要求。

（4）避免一、二次反射眩光。光源（对侧高侧窗）中心和画面中心连线与水平线的夹角大于 50°，可避免一次眩光，展品表面亮度（照度）高于室内一般照度，对避免、减弱二次眩光较为有效（图 2.3.1，图 2.3.2）。

（5）墙面宜采用中性色，光反射比取 0.3 左右。

（6）对光不敏感的陈列室和展厅，优先采用天然采光。

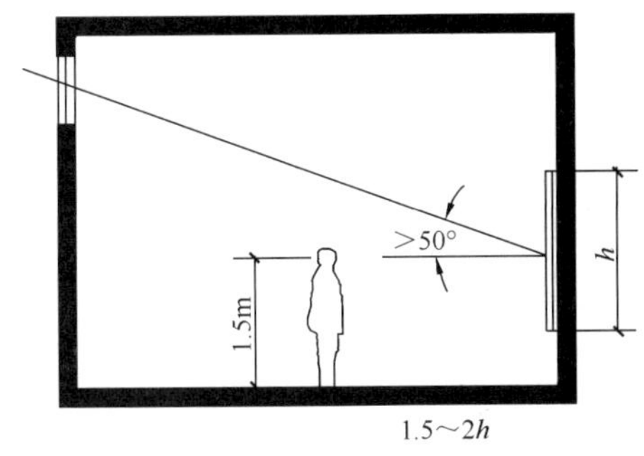

图 2.3.1 避免一次反射眩光

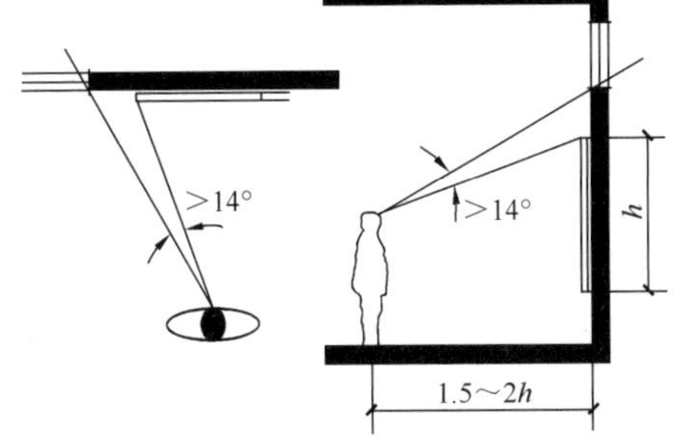

图 2.3.2 避免直接眩光

5. 采光计算

采光设计时，应进行采光计算。采光计算可按下列方法进行。

1）侧面采光，示意图见图 2.3.3，按下列公式进行计算。典型条件下的采光系数平均值按《建筑采光设计标准》GB 50033—2013 附录 C 表 C.0.1 取值。

$$C_{av}=\frac{A_c\tau\theta}{A_z(1-\rho_j^2)}$$

$$\tau=\tau_o\cdot\tau_c\cdot\tau_w$$

$$\rho_j=\frac{\sum\rho_iA_i}{\sum A_i}=\frac{\sum\rho_iA_i}{A_z}$$

$$\theta=\arctan\left(\frac{D_d}{H_d}\right)$$

$$A_c=\frac{C_{av}A_z(1-\rho_j^2)}{\tau\theta}$$

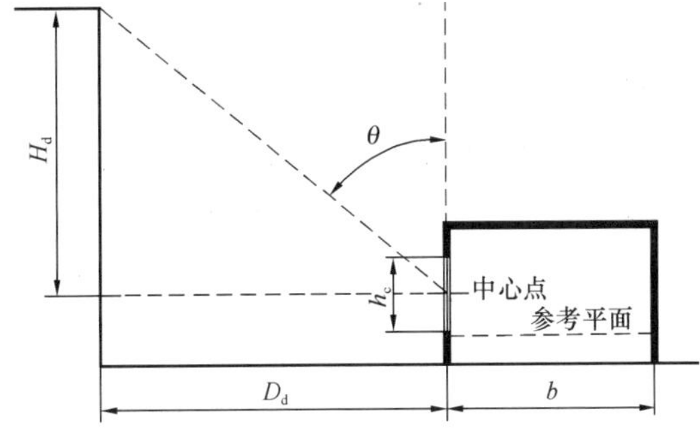

图 2.3.3

式中 τ——窗的总透射比；

A_c——窗洞口面积，m^2；

A_z——室内表面总面积，m^2；

ρ_j——室内各表面反射比的加权平均值；

θ——从窗中心点计算的垂直可见天空的角度值，无室外遮挡 θ 为 90°；

τ_o——采光材料的透射比，可按《建筑采光设计标准》GB 50033—2013 附录 D 附表 D.0.1 和附表 D.0.2 取值；

τ_c——窗结构的挡光折减系数，可按《建筑采光设计标准》GB 50033—2013 附录 D 附表 D.0.6 取值；

τ_w——窗玻璃的污染折减系数，可按《建筑采光设计标准》GB 50033—2013 附录 D 附表 D.0.7 取值；

ρ_i——顶棚、墙面、地面饰面材料和普通玻璃窗的反射比，可按《建筑采光设计标准》GB 50033—2013 附录 D 附表 D. 0. 5 取值；

A_i——与 ρ_i 对应的各表面面积；

D_d——窗对面遮挡物与窗的距离，m；

H_d——窗对面遮挡物距窗中心的平均高度，m。

2）顶部采光，示意图见图 2. 3. 4，按下列公式进行计算。利用系数按《建筑采光设计标准》GB 50033—2013 表 6. 0. 2 取值。

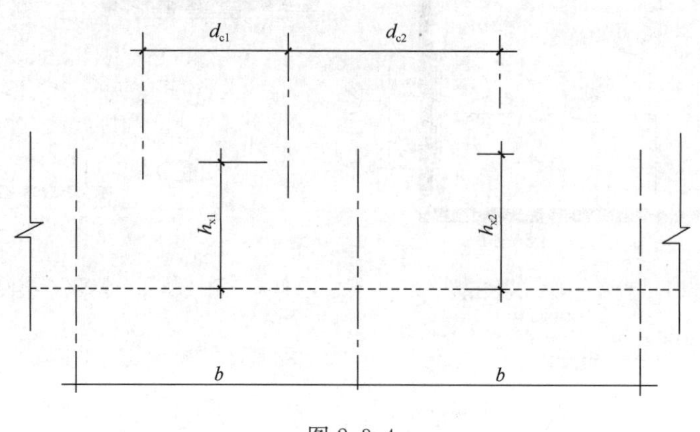

图 2. 3. 4

$$C_{av}=\tau \cdot C_U \cdot A_c/A_d$$

式中 C_{av}——采光系数平均值，%；

τ——窗的总透射比；

C_U——利用系数；

A_c/A_d——窗地面积比。

导光管系统采光，按下列公式进行计算：

$$E_{av}=\frac{n \cdot \Phi_u \cdot C_U \cdot MF}{1 \cdot b}$$

$$\Phi_u=E_s \cdot A_t \cdot \eta$$

式中 E_{av}——平均水平照度，lx；

n——拟采用的导光管采光系统数量；

C_U——导光管采光系统的利用系数，可按《建筑采光设计标准》GB 50033—2013 表 6. 0. 2 取值；

MF——围护系数，导光管系统在使用一定周期后，在规定的表面上的平均照度或平均亮度与该装置在相同条件下新装时在同一表面上所得到的平均照度或平均亮度之比；

Φ_u——导光管采光系统漫射器的设计输出光通量，lm；

E_s——室外天然光设计照度值，lx；

A_t——导光管的有效采光面积，m^2；

η——导光管采光系统漫射器的设计输出光通量，lm。

（3）采光形式复杂的建筑，应利用计算机模拟软件或缩尺模型进行采光计算分析。

（四）建筑室内外照明

天然采光因自然条件及时间地点的限制而具有一定局限性。建筑不仅在夜间必须采用室内电光源照明，某些要求和场合下，白天室内、夜间室外也要用电光源照明，这就要求建筑设计人员必须掌握一定的照明知识。

1. 电光源（表 2.4.1）

主要电光源类型、参数、特点及其主要使用场　　表 2.4.1

<table>
<tr><th>类型</th><th colspan="3">名称</th><th>常用功率/W</th><th>光效/(lm/W)</th><th>寿命/h</th><th>色温/K</th><th>显色指数/Ra</th><th>特点</th><th>使用场所</th></tr>
<tr><td rowspan="3">热辐射光源</td><td rowspan="2">白炽灯</td><td>反射型灯</td><td>投光灯泡
反光灯泡
镀银碗形灯</td><td rowspan="2">15～200</td><td rowspan="2">7～20</td><td rowspan="2">1000</td><td rowspan="2">2800</td><td rowspan="2">95～99</td><td rowspan="2">体积小，易于控光，环境温度要求低，使用方便。红光较多，散热量大，受电压变化及机械振动影响大，寿命短，发光效率低</td><td rowspan="2">住宅、酒店、陈列、应急照明</td></tr>
<tr><td colspan="2">异形装饰灯</td></tr>
<tr><td>卤钨灯</td><td colspan="2">双玻壳单端卤钨灯双插脚普通照明卤钨灯</td><td>5～1000</td><td>12～21</td><td>2000</td><td>2850</td><td>95～99</td><td>与白炽灯相比体积小、寿命长、光效高、光色好、光输出稳定</td><td>商业、工厂、陈列、车站、大面积投光场所</td></tr>
<tr><td rowspan="4">气体放电光源</td><td>荧光灯</td><td colspan="2">交流电源带启动器预热阴极荧光灯、快速启动荧光灯、瞬时启动荧光灯、高频预热阴极荧光灯</td><td rowspan="2">3～125</td><td rowspan="2">32～90</td><td rowspan="2">3000～10000</td><td rowspan="2">2700～6500</td><td rowspan="2">50～93</td><td>发光效率较高，发光表面亮度低，光色好品种多，寿命较长，灯管表面温度较低。尺寸较大，对温湿度较敏感，普通型易受射频干扰有频闪效应</td><td rowspan="2">工厂、学校、办公、医院、商业、美术馆、酒店、公共场所</td></tr>
<tr><td colspan="3">紧凑型荧光灯</td><td>放电管弯曲拼接成一定形状并将灯与镇流器一体化，与普通荧光灯比较体积更小，可直接代替白炽灯</td></tr>
<tr><td colspan="3">荧光高压汞灯</td><td>50～1000</td><td>31～52</td><td>3500～12000</td><td>6000</td><td>40～50</td><td>发光效率高、寿命长，光色差</td><td>广场、街道、工厂、码头、施工场地或不需认真分辨颜色的大面积场所</td></tr>
<tr><td colspan="3">金属卤化物灯</td><td>70～1000</td><td>70～110</td><td>6000～20000</td><td>4500～7000</td><td>60～95</td><td>构造与发光原理与荧光高压汞灯相同，添加了金属卤化物，发光效率更高，光色更好，较为理想的照明光源</td><td>广场、工厂、码头、港口、机场、体育场</td></tr>
</table>

续表

类型	名称		常用功率/W	光效/(lm/W)	寿命/h	色温/K	显色指数/Ra	特点	使用场所
气体放电光源	钠灯	高压钠灯	50～1000	41～120	8000～24000	≥2000	20、40、60	光效高、寿命长、透雾能力强，常用于户外和道路照明	广场、街道、工厂、码头、车站
		低压钠灯	18～180	100～175	3000	—	—	主要是黄光，显色性差，室内极少用	城市城郊道路
	氙灯		75～5000	110～140	12000	3000～6000	≥75	光谱与阳光相似、功率大、光通大，含紫外线	常用于广场等大面积场所，安装高度宜大于 20m
	冷阴极荧光灯		10～30	35～53	20000	2700～6500	85～99	灯管细、体积小、耐振动、能耗低、光效高、亮度高、光色好、寿命长、可频繁启动	常用于建筑装饰照明
	高频无极感应灯		20～200	≥60	60000～100000	2700～6400	80	不需要电极、没有频闪、显色好、输出光通量恒定、瞬间启动	工厂、广场、办公、学校、场馆、车站、码头、机场、隧道、道路
固体发光光源	LED灯		单体 0.05～1	60～160	30000～50000	—	70～90	光色纯，彩度大、辐射光谱窄、寿命长、体积小、相应快、控制灵活。单体功率小需组合、需散热	应用广泛

2. 灯具

灯具是光源所需的灯罩及其附件的总称，是能透光、分配和改变光源光分布并保护固定光源的器具。

1）灯具的光特性

（1）配光曲线：设定光源的光通量为 1000 lm，以极坐标的形式将灯具在各个方向的发光强度绘制出来所形成的平面示意图，见图 2.4.1。使用时应根据实际光源的光通量乘修正系数 $\Phi/1000$。

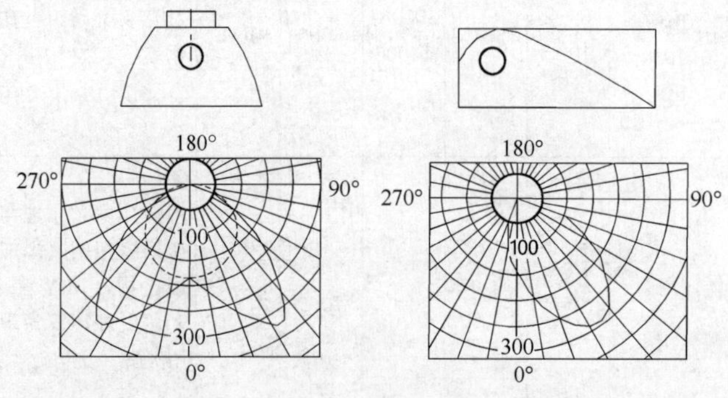

图 2.4.1　灯具发光强度平面示意图

（2）空间等照度曲线：设定光源的光通量为 1000 lm 绘制，使用时以灯到计算点的水平距离和垂直距离查读相应曲线点的照度值，乘以 $\Phi/1000$ 即可得到计算点的照度值。

（3）遮光角：灯具防止眩光的特性，指光源最边缘点与灯具出光口连线和水平线之间的夹角，以 γ 表达，见图 2.4.2。

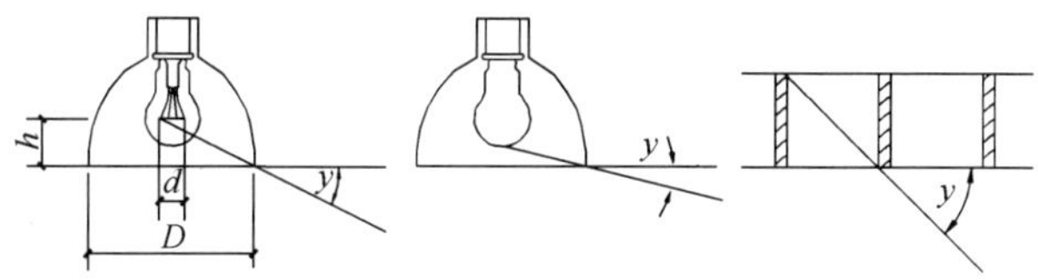

图 2.4.2　遮光角

计算式：

$$\tan\gamma=\frac{2h}{D+d}$$

（4）灯具效率：灯具发出的总光通量 Φ 与灯具内所有光源发出的总光通量 Φ_Q 之比，用 η 表达，也称为灯具光输出比：

$$\eta=\frac{\Phi}{\Phi_Q}$$

（5）《建筑照明设计标准》GB 50034—2013 第 3.3.2 条规定，在满足眩光限制和配光要求条件下，应选用效率或效能高的灯具，并应符合下列规定：

灯具效率效能与出光口形式　　　　**表 2.4.2**

电光源灯具效率效能		灯具出光口形式							
		开敞式	保护罩		格栅	透光罩	保护罩	反射式	直射式
			透明	棱镜					
直管形荧光灯灯具效率/%		75	70	55	65	—	—	—	—
紧凑型荧光灯筒灯灯具效率/%		55	50		45	—	—	—	—
小功率金属卤化物筒灯灯具效率/%		60	55		50	—	—	—	—
高强度气体放电灯灯具		75	—		60		—	—	—
发光二极管筒灯灯具能效（lm/W）	2700K	—	—		55	—	60	—	—
	3000K	—	—		60		65	—	—
	4000K	—	—		65	—	70	—	—
发光二极管平面灯灯具能效（lm/W）	2700K	—	—		—	—	—	60	65
	3000K	—	—		—	—	—	65	70
	4000K	—	—		—	—	—	70	75

2）灯具分类

灯具在不同场合有不同的分类方法，国际照明委员会按光通量在上、下半球的分布将灯具划分为五类，照明方面的特点见表 2.4.3。

灯具类别及其照明特点　　　　**表 2.4.3**

灯具类别	光通量的近似分布/%		光照特性	主要使用场所
	上半球	下半球		
直接型	0～10	90～100	灯具效率高、室内表面的反射比对照度影响小、价格低、维护费用小。顶棚暗、易眩光，光线方向性强，阴影浓重	深罩型常用于工厂，广阔配光常用于广场道路，蝠翼型常用于教室照明和垂直面照度要求较高的室内场所及低而宽的房间

续表

灯具类别	光通量的近似分布/%		光照特性	主要使用场所
	上半球	下半球		
半直接型	10～40	60～90	灯具效率中等，亮度分布均匀，阴影稍淡	
漫射型	40～60	40～60	灯具效率中等，亮度分布均匀，光线柔和，基本无眩光	
半间接型	60～90	10～40	灯具效率中等，亮度分布均匀，光线柔和，室内表面的反射比对照度影响中等。透明部分易集尘，降低灯具效率，下半部表面亮度高	
间接型	90～100	0～10	亮度分布均匀，光线柔和，基本无阴影。光通利用率低，价格及维护费用较高	医院、餐厅等公共建筑

3. 室内照明

1）照明方式

（1）一般照明：用于对光的投射方向没有特殊要求、工作面上没有特别需要提高可见度的工作点、工作点很密或不固定的场所，为照亮整个场所而设置的均匀照明。灯具一般均匀地分布在场所上空，在工作面上形成均匀的照度。

（2）分区一般照明：一个建筑空间内对某特定区域设计成不同照度来照亮该区域的一般照明。如开敞办公室中的办公区、讨论区、休息区等。

（3）局部照明：设置在要求照度高或对光线方向性有特殊要求的作业区域，专门为照亮该局部的照明方式。除宾馆客房外，不应单独采用。

（4）混合照明：由一般照明和局部照明组成的照明方式，既能解决整个场所的均匀照明，又能满足场所中局部对高照度和光线方向的要求。在高照度要求下，这是最经济的照明方式，也是建筑中大量使用的照明方式。

（5）重点照明：为突显建筑空间内的局部，提高该区域或目标物的照度的照明方式。

（6）照明种类的确定还应符合下列规定：

室内工作及相关辅助场所，均应设置正常照明。

当下列场所正常照明电源失效时，应设置应急照明：需确保正常工作或活动继续进行的场所，应设置备用照明；需确保处于潜在危险之中的人员安全的场所，应设置安全照明；需确保人员安全疏散的出口和通道，应设置疏散照明。

需在夜间非工作时间值守或巡视的场所应设置值班照明。

需警戒的场所，应根据警戒范围的要求设置警卫照明。

在危及航行安全的建筑物、构筑物上，应根据相关部门的规定设置障碍照明。

2）照明标准

基于作业对象的视觉特征、工作面分布密度等条件确定照明方式后，应根据识别对象的最小尺寸、识别对象与背景亮度对比等要求，依据照明标准来考虑房间照明的数量和质量。

《建筑照明设计标准》GB 50034—2013：照度标准值应按 0.5 lx、1 lx、2 lx、3 lx、5 lx、10 lx、15 lx、20 lx、30 lx、50 lx、75 lx、100 lx、150 lx、200 lx、300 lx、500 lx、750 lx、1000 lx、1500 lx、2000 lx、3000 lx、5000 lx 分级。

照度标准值规定的是作业面或参考平面的照度值。

《建筑照明设计标准》GB 50034—2013 规定了居住建筑、图书馆、办公建筑、商店建筑、观演建筑、旅馆建筑、医疗建筑、教育建筑、博览建筑、美术馆、科技馆、博物馆、会展建筑、交通建筑、金融建筑、体育建筑、工业建筑等类型建筑各场所及通用房间或场所的照明标准值。

有电视转播的运动场所除照度、均匀度、眩光、显色指数等要求外，还增加了相关色温要求，除射箭射击，照度均为比赛场地主摄像机方向的使用照度值。

备用照明的照度标准值应符合下列规定：供消防作业及救援人员在火灾时继续工作场所，应符合现行国家标准《建筑设计防火规范》GB 50016 的有关规定；医院手术室、急诊抢救室、重症监护室等应维持正常照明的照度；其他场所的照度值除另有规定外，不应低于该场所一般照明照度标准值的 10%。

安全照明的照度标准值应符合下列规定：医院手术室应维持正常照明的 30%照度；其他场所不应低于该场所一般照明照度标准值的 10%，且不应低于 15 lx。

疏散照明的地面平均水平照度值应符合下列规定：水平疏散通道不应低于 1 lx，人员密集场所、避难层（间）不应低于 2 lx；垂直疏散区域不应低于 5 lx；疏散通道中心线的最大值与最小值之比不应大于 40∶1；寄宿制幼儿园和小学的寝室、老年公寓、医院等需要救援人员协助疏散的场所不应低于 5 lx。

（1）照明数量

符合下列一项或多项条件，作业面或参考平面的照度标准值可按标准分级提高一级：视觉要求高的精细作业场所，眼睛至识别对象的距离大于 500mm；连续长时间紧张的视觉作业，对视觉器官有不良影响；识别移动对象，要求识别时间短促而辨认困难；视觉作业对操作安全有重要影响；识别对象与背景辨认困难；作业精度要求高，且产生差错会造成很大损失；视觉能力显著低于正常能力；建筑等级和功能要求高。

符合下列一项或多项条件，作业面或参考平面的照度标准值可按标准分级降低一级：进行很短时间的作业；作用精度或速度无关紧要；建筑等级和功能要求较低。

作业面背景区域一般照明的照度不宜低于作业面邻近周围照度的 1/3。

设计照度与照度标准值的偏差不应超过±10%。

作业面邻近周围照度可低于作业面照度一个等级，但当作业面照度≤200 lx 时，邻近周围照与作业面照度相同。

照明装置必须进行维护，设计时应按《建筑照明设计标准》50034—2013 取维护系数值。

（2）照明质量

眩光限制：眩光（Dazzle）分为直接眩光和间接眩光，是指视野中由于不适宜亮度分布，或在空间或时间上存在极端的亮度对比，以致引起视觉不舒适和降低物体可见度的视觉条件。视野内产生人眼无法适应之光亮感觉，可能引起厌恶、不舒服甚或丧失明视度。除了要限制直接眩光，还要限制作业面上的反射眩光和光幕反射。

直接型灯具的遮光角不小于表 2.4.4 时，可有效地防止直接眩光。

直接型灯具亮度与遮光角 **表 2.4.4**

光源平均亮度/（kcd/m²）	遮光角（°）1～20	10
20～50	15	
50～500	20	
≥500	30	

公共建筑和工业建筑常用房间或场所中不舒适眩光采用统一眩光值（*UGR*）评价，是度量处于视觉环境中的照明装置发出的光对人眼引起不舒适感主观反应的心理参量。相关计算及取值见《建筑照明设计标准》GB 50034—2013 附录 A，了解熟记 *UGR* 最大允许值为 19、22、25 的房间及场所。

体育馆的眩光值 GR 计算见《建筑照明设计标准》GB 50034—2013 附录 B。

光幕反射就是作业面上规则反射与漫反射重叠出现的现象。减弱光幕反射的措施：尽量使用无光纸和不闪光墨水，使视觉作业和作业房间内的表面为无光泽的表面；提高照度以弥补亮度对比的损失（做法不一定经济）；减少来自干扰区的光；尽量使光线从侧面来，视觉作业避开光源的规则反射区域；采用合理的灯具配光，尽可能增大光源的仰角；有视觉显示终端的工作场所，在与灯具中垂线成 65°～90°范围内的灯具平均亮度限值（cd/m²）应符合表 2.4.5 的规定。

灯具平均亮度限值 **表 2.4.5**

屏幕分类	灯具平均亮度限值	
	屏幕亮度大于 200cd/m²	屏幕亮度小于 200cd/m²
亮背景暗字体或图像	3000	1500
暗背景亮字体或图像	1500	1000

（3）照明均匀度

作业面背景区域一般照明的照度不宜低于作业面邻近周围照度的 1/3。

体育场馆要求较高，具体如下：

有电视转播要求的体育场馆，其比赛时场地照明应符合下列规定：比赛场地水平照度最小值与最大值之比不应小于 0.5；比赛场地水平照度最小值与平均值之比不应小于 0.7；比赛场地主摄像机方向的垂直照度最小值与最大值之比不应小于 0.4；比赛场地主摄像机方向的垂直照度最小值与平均值之比不应小于 0.6；比赛场地平均水平照度宜为平均垂直照度的 0.75～2.0；观众席前排的垂直照度值不宜小于场地垂直照度的 0.25。

无电视转播要求的体育场馆，其比赛时场地的照度均匀度应符合下列规定：业余比赛时，场地水平照度最小值与最大值之比不应小于 0.4，最小值与平均值之比不应小于 0.6；专业比赛时，场地水平照度最小值与最大值之比不应小于 0.5，最小值与平均值之比不应小于 0.7。

（4）反射比

视场内各表面的亮度比较均匀，人眼看时才会最舒服和最有效率，因此要求室内各表面亮度保持一定的比例。长时间工作房间内表面反射比要求见表 2.4.6。

长时间工作房间内表面反射比 表 2.4.6

表面名称	反射比
顶棚	0.6~0.9
墙面	0.3~0.8
地面	0.1~0.5
作业面	0.2~0.6

3）光源与灯具选择

（1）光源选择

高度较低的房间，如办公室、教室、会议室及仪表、电子等生产车间宜采用细管径直管型荧光灯；商店营业厅宜采用细管径直管型荧光灯、紧凑型荧光灯或小功率的金属卤化物灯；高度较高的工业厂房，应按照生产使用要求，采用金属卤化物灯或高压钠灯，也可以采用大功率细管径荧光灯；一般照明场所不宜采用荧光高压汞灯，不应采用自镇流荧光高压汞灯；一般情况下，室内外照明不应采用普通照明白炽灯，对电磁干扰要求严格且无其他替代光源时方可使用，采用时其额定功率不应超过 100W。

长期工作或停留的房间或场所，照明光源的显色指数（*Ra*）不应小于 80。在灯具安装高度大于 8m 的工业建筑场所，*Ra* 可低于 80，但必须能够辨别安全色。

选用同类光源的色容差不应大于 5SDCM。

当选用发光二极管灯光源时，其色度应满足下列要求：长期工作或停留的房间或场所，色温不宜高于 4000K，特殊显色指数 R9 应大于零；在寿命期内发光二极管灯的色品坐标与初始值的偏差在国家标准《均匀色空间和色差公式》GB/T 7921—2008 规定的 CIE 1976 均匀色度标尺图中，不应超过 0.007；发光二极管灯具在不同方向上的色品坐标与其加权平均值偏差在国家标准《均匀色空间和色差公式》GB/T 7921—2008 规定的 CIE 1976 均匀色度标尺图中，不应超过 0.004。

室内照明光源色表特征及适用场所宜符合表 2.4.7 的规定。

室内照明光源色表特征及适用场所 表 2.4.7

相关色温/K	色表特征	适用场所
<3300	暖	客房、卧室、病房、酒吧
3300~5300	中间	办公室、教室、阅览室、商场、诊室、检验室、实验室、控制室、机加工车间、仪表装配
>5300	冷	热加工车间、高照度场所

（2）灯具选择

潮湿的场所，应采用相应防护等级的防水灯具或带防水灯头的开敞式灯具。

有腐蚀性气体或蒸汽的场所，宜采用防腐蚀密闭式灯具。若采用开敞式灯具，各部分应有防腐蚀或防水措施。

高温场所，宜采用散热性能好、耐高温的灯具。

有尘埃的场所，应按防尘的相应防护等级选择适宜的灯具。

装有锻锤、大型桥式吊车等振动或摆动较大场所使用的灯具，应有防振和防脱落措施。

易受机械损伤、光源自行脱落可能造成人员伤害或财产损失的场所使用的灯具，应有防护措施。

有爆炸或火灾危险场所使用的灯具，应符合国家现行相关标准和规范的有关规定。

有洁净要求的场所，应采用不易积尘、易于擦拭的洁净灯具。

需防止紫外线照射的场所，应采用隔紫灯具或无紫外线光源。

直接安装在可燃材料表面的灯具，应采用标有“F”标志的灯具。

4）灯具布置

一般照明的灯具布置，目标是作业面上的照度均匀，主要通过控制灯具的距高比（灯具计算高度与灯具间距的比例）获得，靠墙灯具至墙距离减少到间距的20%～30%。

布置时应考虑照明场所的建筑结构形式、工艺设备、动力管道及安全维修等技术要求。

5）照明计算

照明计算的目的是求出需要的光源功率，或按预定功率核算照度是否达到要求。

（1）常用的利用系数法：

$$\Phi=\frac{AE}{NC_{\mathrm{u}}K}$$

式中 Φ——一个灯具内灯的总定额光通量，lm；

E——照明标准规定的平均照度值，lx；

A——工作面面积，m^2；

N——灯具个数；

C_{u}——利用系数（查灯具光度数据表）；

K——维护系数。

（2）此外还有流明法：

$$E_{\mathrm{av}}=\frac{N\cdot\Phi\cdot U\cdot K}{A}$$

式中 E_{av}——照明设计标准规定的照度标准值，lx；

N——照明装置（灯具）数量；

Φ——一个照明装置（灯具）内光源发出的光通量，lm；

U——利用系数，查选用灯具的光度数据表（无量纲）；

K——维护系数，见表2.4.8；

A——工作面（房间）面积，m^2。

环境与维护系数 **表2.4.8**

环境污染特性		房间或场所举例	灯具最少擦拭次数/（次/年）	维护系数值 K
室内	清洁	卧室、办公室、影院、剧场、餐厅、阅览室、教室、病房、客房、仪器仪表装配间、电子元器件装配间、检验室、商店营业厅、体育馆、体育场等	2	0.80
	一般	机场候机厅、候车室、机械加工车间、机械装配车间、农贸市场等	2	0.70
	污染严重	公用厨房、锻工车间、铸工车间、水泥车间等	3	0.60
开敞空间		雨篷、站台	2	0.65

4. 环境照明

1）室内环境照明

（1）空间亮度的合理分布：将室内空间划分为视觉注视中心、活动区、顶棚区、周边区域等若干区域，按使用要求予以不同的亮度处理；

（2）强调照明技术：运用扩散照明、直射光照明、背景照明、墙体泛光照明、投光照明等强调照明形式，达成突出室内某些局部的造型、轮廓、艺术性等需求；

（3）突出照明艺术：重视光线的扩散和集中，适当增加较亮的光斑作闪烁处理活跃气氛，处理好光源光色与物体色的关系，完整、充分地表现观视对象；

（4）满足心理需求：照明应将空间使用者向开敞感、透明感、轻松感、私密感、活力感等积极感受引导，避免产生恐怖、不安全、黑洞等不良心理感受；

（5）光环境对视觉与心理的作用很大程度上依具体个人的气质、喜好、性格而异，没有固定的模式可解决所有问题，需在实践中总结。

2）室外环境照明

包括城市功能照明和夜间景观照明，建筑师应能配合电气专业人员处理好夜景照明设计。

（1）建筑物夜景照明

建筑物立面照明常用的三种照明方式：轮廓照明、泛光照明、透光照明，三种方式单独或组合同时采用。

轮廓照明：以黑暗的夜空背景、利用灯光直接勾画建筑物或构筑物轮廓的照明方式。一般采用冷阴极荧光灯、霓虹灯、LED、紧凑型荧光灯等沿建筑物各层级轮廓线安装，以期达到连续光带效果。

泛光照明：用投光灯照亮一个体量较大的景物或场地，使其被照射面照度比其周围环境照度明显高的照明方式。通过有层次地照亮整个建筑物或其中某些突出部分，利用阴影和光色变化，表达建筑的形体。灯具除了安装在建筑物本身（如阳台、雨篷、出挑部等），也可以安装在附近地面上（需防止暴露在观众视野范围内，影响美观并产生眩光），还可以安装在邻近的灯杆、建筑之上。泛光照明主要用于体形较大、轮廓不突出的建筑物，所需照度取决于建筑物的重要性、所处光环境和本身表面的反光特性。

透光照明：利用室内光线向外透射的照明方式，此方式需注意建筑窗和幕墙的透光性。

（2）城市广场照明和道路照明

城市广场照明：要求亮度适宜，相同功能区的明亮程度均匀一致，力求不出现眩光，灯具、灯杆不影响使用功能，便于维护管理。

道路照明：要求路面的平均亮度小于等于 2.0cd/m^2，路面亮度的总均匀度（即最小亮度与最大亮度的比值）大于等于 0.4，道路照明的眩光限制，快速路、主干道、次干道环境比（*SR*）大于等于 0.5，并具备一定对道路的走向、线型、坡度等的诱导性。

（3）室外照明的光污染

光污染是干扰光或过量的光辐射对人体健康和人类生存环境造成的负面影响的总称。为限制室外照明的光污染，应对室外照明进行合理规划，采用先进的设计理念和方法，合理选择灯具和光源，妥善布置灯具，有效控制方向和范围。

（五）采光和照明节能的一般原则和措施

1. 照明功率密度值

（1）照明功率密度值 lighting power density（LPD）：单位面积上一般照明的安装功率（包括光源、镇流器或变压器等附属用电器件），单位为瓦特每平方米（W/m^2），是照明节能的主要评价指标。

（2）《建筑照明设计标准》GB 50034—2013 中，规定了各类型建筑照明功率密度的要求，住宅建筑见表 6.3.1，图书馆建筑见表 6.3.2，美术馆见表 6.3.8-1，科技馆见表 6.3.8-2，博物馆见表 6.3.8-3。

（3）《建筑照明设计标准》GB 50034—2013 中的第 6.3.3、6.3.4、6.3.5、6.3.6、6.3.7、6.3.9、6.3.10、6.3.11、6.3.12、6.3.13、6.3.14、6.3.15 条为强制性条文，规定了办公建筑、商店建筑（营业厅需重点照明时限值增加 $5W/m^2$）、旅馆建筑、医疗建筑、教育建筑、会展建筑、交通建筑、金融建筑、工业建筑、公共和工业建筑非爆炸危险场所等类型建筑的照明功率密度限值，同时规定当房间或场所的室形指数值等于或小于 1 时，其照明功率密度限值应增加，但增加值不应超过限值的 20%，当房间或场所的照度标准值提高或降低一级时，其照明功率密度限值应按比例提高或折减。

2. 绿色照明设计

重点在于照明设计节能，即在确保不降低作业视觉要求的条件下，最有效地利用照明用电。

（1）建筑室内照度、统一眩光值、一般显色指数等指标满足《建筑照明设计标准》GB 50034—2013 中的有关要求，主要功能房间的采光系数满足《建筑采光设计标准》GB 50033—2013 的要求；

（2）采用高效长寿命光源（现多以 LED 光源为主）；

（3）选用高效灯具，对于气体放电灯还要选用配套的高质量电子镇流器或节能电感镇流器；

（4）选用配光合理的灯具；

（5）根据视觉作业要求，确定合理的照度标准值，并选用合适的照明方式；

（6）室内顶棚、墙面、地面宜采用浅色装饰；

（7）工业企业的车间、宿舍和住宅等场所的照明用电均应单独计量；

（8）大面积使用普通镇流器的气体放电灯的场所，宜在灯具附近单独装设补偿电容器，使功率因数提高至 0.85 以上，并减少非线性电路元件——气体放电灯产生的高次谐波对电网的污染，改善电网波形；

（9）室内照明线路宜分细，多设开关，位置适宜，便于分区开关灯；

（10）室外照明宜采用自动控制方式或智能照明控制方式等节电措施；

（11）近窗的灯具应单设开关，并采用自动控制方式或智能照明控制方式；

（12）根据场所使用的时段特点，采用延时自动熄灭、夜间定时开关或降低照度的自动控制装置；

（13）充分考虑当地光气候状况并利用天然光，采用导光、反光等技术，尽可能进行日光采光，提高地下空间平均采光系数不小于0.5%的面积与首层地下室面积的比例；

（14）利用太阳能作为照明能源；

（15）照明场所中的装饰性照明灯具总功率的50%计入照明功率密度值的计算；

（16）采用智能化照明管理系统，制定有效的运行维护管理制度，定期检查、调试设备并根据运行数据进行运行优化。

（六）历年考题解析

1. 建筑采光和照明基本原理

光的特性

光及其传播的特性是考察的重点，应熟悉掌握波长、可见光、光路、光色等概念，了解各种光现象产生的原理。[1）～3）题]

1）（2003）可见光的波长范围为(　　)。

A. 380～780nm　　B. 480～980nm

C. 380～880nm　　D. 280～780nm

答案：A

2）（2007）下列哪个颜色的波长最长？(　　)

A. 紫色　　B. 黄色

C. 红色　　D. 绿色

答案：C

3）（2010）下列哪种电磁辐射波长最长？(　　)

A. 紫外线　　B. 红外线

C. 可见光　　D. X射线

答案：B

解析：考的都是概念，硬知识。

视觉

了解视觉形成的过程及人眼的结构组成，掌握视觉活动特点，熟悉视野、明视觉、暗视觉等概念。[4）～6）题]

4）（2004）建筑照明一般属于以下哪种视觉？(　　)

A. 暗视觉　　B. 明视觉

C. 中间视觉　　D. 介于暗视觉和明视觉之间

解析：建筑照明的目的是提供一个明亮近似于白天的光环境，所以属于明视觉。

答案：B

5）（2007）明视觉的光谱效率最大值在下列哪个波长处？(　　)

A. 455nm　　B. 555nm

C. 655nm　　D. 755nm

答案：B

6)（2009）在明视觉条件下，人眼对下列哪种颜色光最敏感？（　　）

A. 红色光　　B. 橙色光

C. 黄绿色光　　D. 蓝色光

答案：C

解析：考的多是概念原理，硬知识。

光度学

光度学是在人眼视觉的基础上，研究可见光的测试、计量和计算的学科，需掌握主要单位坎德拉、流明、勒克斯等，了解基本光度物理量如立体角、光通量、发光强度、照度、亮度等的概念及相互关系，并掌握相关计算公式及公式中的物理量概念。

了解可见度及其影响因素，掌握材料的反射比、透射比、吸收比等光学性质概念，规则反射、规则透射、漫反射、漫透射、混合反射、混合透射等材料光学性质是考察的常见点。[7)～15）题]

7)（2003）亮度是指（　　）。

A. 发光体射向被照面上的光通量密度

B. 发光体射向被照空间内的光通量密度

C. 发光体射向被照空间的光通量的量

D. 发光体在视线方向上单位面积的发光强度

答案：D

8)（2003）以下哪种材料的透射比为最高？（　　）

A. 乳白玻璃　　B. 有机玻璃

C. 压光玻璃　　D. 磨砂玻璃

答案：B

9)（2004）在下面的几种材料中，哪种是漫透射材料？（　　）

A. 毛玻璃　　B. 乳白玻璃

C. 压花玻璃　　D. 平玻璃

答案：B

10)（2004）发光强度是指发光体射向（　　）。

A. 被照面上的光通量密度　　B. 被照空间内的光通量密度

C. 被照空间内光通量的量　　D. 被照面上的单位面积的光通量

答案：B

11)（2004）当点光源垂直照射在 1m 距离的被照面时的照度为 E_1 时，至被照面的距离增加到 3m 时的照度 E_2 为原照度 E_1 的多少？（　　）

A. 1/3　　B. 1/6

C. 1/9　　D. 1/12

答案：C

解析：根据定义，受光照面的照度和距光源距离的平方成反比关系。

12）（2005）将一个灯由桌面竖直向上移动，在移动过程中，不发生变化的量是（　　）。

A. 灯的光通量　　B. 桌面上的发光强度

C. 桌面的水平面照度　　D. 桌子表面亮度

答案：A

13）（2006）均匀扩散材料的最大发光强度与材料表面法线所成的角度为（　　）。

A. 0°　　B. 30°

C. 60°　　D. 90°

答案：A

14）（2008）当光投射到漫反射表面的照度相同时，下列哪个反射比的亮度最高？（　　）

A. 70　　B. 60

C. 50　　D. 40

答案：A

15）（2010）下列哪项对应的单位是错误的？（　　）

A. 光通量：lm　　B. 亮度：lm/m^2

C. 发光强度：cd　　D. 照度：lx

答案：B（应为 cd/m^2）

解析：考察的重点是概念、原理、单位。

色度和颜色

了解颜色的基本特性及光源色、物体色、有彩色、无彩色等概念，掌握色调、明度、彩度的性质，掌握光源色、物体色的不同混合方式，熟悉颜色定量的几个系统。三原色、孟塞尔表色系统是常见考点。[16）～19）题]

16）（2008）下列哪项指标不属于孟塞尔颜色体系的三属性指标？（　　）

A. 色调　　B. 明度

C. 亮度　　D. 彩度

答案：C

17）红（R）、绿（G）、蓝（B）、三种光色等量混合，其合成的光色是（　　）。

A. 黑色　　B. 杂色

C. 白色　　D. 混合色

答案：C

解析：光源色三原色等量混合成白色，物体色三原色（C、Y、M）等量相加合成黑色。

18）5R4/13 所表示的颜色是（　　）。

A. 彩度为 5 明度为 4 的红色　　B. 彩度为 4 明度为 13 的红色

C. 彩度为 5 明度为 13 的红色　　D. 明度为 4 彩度为 13 的红色

答案：D

解析：在孟塞尔系统中，有彩色的表色方法是色调、明度/彩度。5R 是色调，4 是明度，13 是彩度。故后两者对即可，没必要纠结色调是什么。

19）N7.5/所表示的颜色是（　　）。

A. 色调为 7.5 的无彩色　　B. 明度为 7.5 的无彩色

C. 彩度为 7.5 的无彩色　　D. 表示方法不正确

答案：B

解析：在孟塞尔系统中，无彩色的表色方法是 N 明度/，N 表示无彩色，7.5 是明度。

光源的色温和显色性

熟悉掌握光源色温、相关色温、光源的显色性等概念，了解常见光源的色温及显色性。[20）～22）题]

20）（2003）下列哪种光源的色温为冷色？（　　）

A. 6000K　　B. 5000K

C. 4000K　　D. 3000K

答案：A

21）（2008）显色指数的单位是（　　）。

A. %　　B. 无量纲

C. *Ra*　　D. 度

答案：B

22）（2010）以下哪种光源应用色温来表示其颜色特性？（　　）

A. 荧光灯　　B. 高压钠灯

C. 金属卤化物灯　　D. 白炽灯

答案：D

解析：考的多是概念原理，硬知识。

2. 建筑采光设计标准与计算

除了本书，还需研读《建筑采光设计标准》GB 50033—2013。

光气候

掌握光气候概念，熟悉太阳直射光、天空漫射光和地面反射光产生的原理，了解以云量界定的晴天和全云天的定义，采光设计中，多采用最不利于采光的全云天作为制订设计标准的依据，全国划分为五个光气候区，分别取相应的采光设计标准，对晴天较多的地区，按其所处纬度进行修正。[23）～27）题]

23）（2003、2004）乌鲁木齐地区（Ⅲ类光气候区）的光气候系数为（　　）。

A. 0.9　　B. 1.0

C. 1.10　　D. 1.20

答案：B

24）（2005）全云天空天顶亮度为地平线附近天空亮度的几倍？（　　）

A. 1 倍　　B. 2 倍

C. 3 倍　　D. 4 倍

答案：C

解析：全云天情况下，与地面成 θ 角处天空亮度计算公式：$L_\theta=\frac{1+2\sin\theta}{3}\cdot L_z$。

25）（2009）全云天时，下列哪项因素对建筑室内采光所产生的天然光照度无影响？（　　）

A. 太阳高度角　　B. 天空云状

C. 大气透明度　　D. 太阳直射光

答案：D

解析：全云天无太阳直射光。

26）（2010）全云天时，下列哪个因素对侧面采光建筑的室内照度影响最小？

A. 太阳高度角　　B. 天空云状

C. 采光窗朝向　　D. 天空的大气透明度

答案：C

解析：全云天状态时，天顶最亮，接近地平线处天空最暗，故侧窗的朝向不重要。

27）（2010）我国分几个光气候区？（　　）

A. 4 个区　　B. 5 个区

C. 6 个区　　D. 7 个区

答案：B

采光标准

重点考察对采光系数概念的理解和对建筑自然采光的设计标准《建筑采光设计标准》GB 50033—2013 中各类型建筑采光系数标准值的掌握，尤其其中的强制性要求。要求掌握各光气候区的室外天然光设计时采光标准值及光气候系数 K 的选用方法。[28）～32）题]

28）（2005）医院病房的采光系数标准值为（　　）。

A. 0.5%　　B. 1.0%

C. 2.0%　　D. 3.0%

答案：C

29）（2006）标准的采光系数计算，采用的是哪种光？（　　）

A. 直射光　　B. 扩散光

C. 主要是直射光＋少量扩散光　　D. 主要扩散光＋少量直射光

答案：B

30）（2006）博物馆展厅的侧面采光系数标准值为（　　）。

A. 0.5%　　B. 1%

C. 2%　　D. 3%

答案：C

31）（2009）下列哪种房间的采光系数标准值最高？（　　）

A. 教室　　B. 绘图室

C. 会议室　　D. 办公室

答案：C

解析：熟记类型建筑采光系数标准值。

32）在重庆修建一栋机加工车间，其窗口面积要比北京（　　）。

A. 增加120%　　B. 增加20%

C. 相等　　D. 减少20%

答案：B

解析：查《建筑采光设计标准》GB 50333—2013 表 3.0.4 光气候系数 K，北京为Ⅲ区，K 值为 1.00，重庆为Ⅴ区，K 值为 1.20，所以面积要增加 20%。

采光窗

了解侧窗和天窗的种类、惯常使用场所、采光特点、采光效率，熟悉各种窗在改善采光效率时的常用设计手法。各种天窗的采光特点效率是常见考点，需重视。[33）～39）题]

33）（2003、2007、2009）在相同采光口面积条件下，下列哪种天窗的采光效率最高？（　　）

A. 矩形天窗　　B. 平天窗

C. 锯齿形天窗　　D. 梯形天窗

答案：B

解析：考的是各种类型天窗的采光效率，本书中前有描述。

34）（2005）在宽而浅的房间中，采用下列哪种侧窗的采光均匀性好？（　　）

A. 正方形窗　　B. 竖长方形窗

C. 横向带窗　　D. 圆形窗

答案：C

解析：考的是各种类型侧窗的采光效果，本书中前有描述。

35）（2008）全云天时，下列哪项不是侧窗采光提高采光效率的措施？（　　）

A. 窗台高度不变，提高窗上沿高度　　B. 窗上沿高度不变，降低窗台高度

C. 窗台和窗上沿的高度不变，增加窗宽　　D. 窗台和窗上沿的高度不变，减少窗宽

答案：D

解析：全云天自然光为漫射光，加大侧窗面积可提高采光效率，反之则不是。

36）（2008）关于矩形天窗采光特性的描述，下列哪项是错误的？（　　）

A. 天窗位置高度增高，其照度平均值降低

B. 天窗宽度增大，其照度均匀度变好

C. 相邻天窗轴线间距减小，其照度均匀度变差

D. 窗地比增大，其采光系数增大

答案：C

37）（2009）在侧窗采光口面积相等和窗底标高相同的条件下，下列表述错误的是（　　）。

A. 正方形采光口的采光量最高

B. 竖长方形采光口在房间进深方向采光均匀度好

C. 横长方形采光口的采光量最少

D. 横长方形采光口在房间宽度方向采光均匀度差

答案：D

解析：考概念。

38）（2010）下列哪种类型窗的采光效率最高？（　　）

A. 木窗　　B. 钢窗

C. 铝窗　　D. 塑料窗

答案：B

解析：此题较偏。《建筑采光设计标准》GB/T 50033—2001 附录 D 表 D8 中有各种窗结构的挡光折减系数，查阅可知钢窗的采光效率最高。

39）（2010）为满足学校教室侧面采光达到标准规定的效果，不宜采取下列哪项措施？（　　）

A. 不改变窗高提高窗高度　　B. 增加窗高尺寸

C. 降低窗高尺寸　　D. 减少窗间墙宽度

答案：C

解析：考的是侧窗增加进光量设计手法，不要被 3%采光系数干扰，可无视。

采光设计

掌握采光设计原则和基本过程，了解采光系数标准值、光反射比、窗地面积比、采光有效进深、有效采光面积等主要考点的概念，熟悉窗洞形式确定、洞口面积及位置确定等设计手段，熟记主要类型建筑的窗地面积比和以采光均匀度、防止窗眩光等确保采光质量的手段，了解博物馆、美术馆等特殊场所的采光设计。[40）～44）题]

40）（2004）在高侧窗采光的展室中，展品的上边沿与窗口的下边沿与眼睛所形成的下列哪种角度可避免窗对观众的直接眩光？（　　）

A. ＞10°时　　B. ＞14°时

C. ＜14°时　　D. ＜10°时

答案：B

解析：采用浅色饰面降低亮度对比，可有效减少眩光感。

41）（2007）晴天时降低侧窗采光直接眩光的错误措施是（　　）。

A. 降低窗间墙与采光窗的亮度对比　　B. 提高窗间墙与采光窗的亮度对比

C. 设置遮阳窗帘　　D. 采用北向采光窗

答案：B

解析：提高亮度对比的做法等于增强眩光感。

42）（2008）博物馆采光设计不宜采取下列哪种措施？（　　）

A. 限制天然光照度　　B. 消除紫外线辐射

C. 防止产生反射眩光和映像　　D. 采用改变天然光光色的采光材料

答案：D

解析：改变天然光光色会令人感到展品颜色失真。

43）（2010）侧面采光时，为提高室内的采光效果，采取下列哪项措施是不利

的？（　　）

A. 加大采光口面积　　B. 降低室内反射光

C. 减少窗结构挡光　　D. 缩短建筑室内进深

答案：B

解析：降低室内反射光会降低侧面采光效率。

44）计划兴建一纺织厂的织布车间，采光设计时，宜选用采光窗的形式为（　　）。

A. 侧窗　　B. 矩形天窗

C. 横向天窗　　D. 锯齿形天窗

答案：D

解析：根据场所要求和窗的采光特点选择窗洞的形式，纺织厂和轻工业厂房要求防止直射阳光进入室内、光线均匀、方向性强，且室内温度和湿度容易调节，锯齿形天窗刚好满足。

采光计算

掌握侧面采光、顶部采光的原理和主要公式，了解利用系数的选取方法。［45）、46）题］

45）侧面采光口的总透光系数与下列哪个系数无关？（　　）

A. 采光材料的透光系数　　B. 室内构件的挡光折减系数

C. 窗结构的挡光折减系数　　D. 窗玻璃的污染折减系数

答案：B

解析：《建筑采光设计标准》GB 50333—2013 第 6.0.2 条，侧面采光的总透光系数和室内构件的挡光折减系数无关。

46）在侧面采光计算中，采光系数与下列哪项因素无关？（　　）

A. 房间尺寸　　B. 建筑物长度

C. 窗口透光材料　　D. 窗口外建筑物的距离和高度

答案：B

解析：《建筑采光设计标准》GB 50333—2013 第 6.0.2 条，侧面采光计算与房间尺寸、透光材料、窗外遮挡物有关，建筑物的长度与采光系数的计算无关。

3. 建筑室内外照明

除了本书，还需研读《建筑照明设计标准》GB 50034—2013。

电光源

要求熟悉掌握主要电光源类型、参数、特点及其主要使用场所。［47）～50）题］

47）（2004、2008）下列哪种光源的寿命最长？（　　）

A. 高压钠灯　　B. 金属卤化物灯

C. 白炽灯　　D. 荧光灯

答案：A

48）（2007）下列哪种灯的显色性最佳？（　　）

A. 白炽灯　　B. 三基色荧光灯

C. 荧光高压汞灯 D. 金属卤化物灯

答案：A

49）（2009）下列哪种光源的光效最高？（ ）

A. 金属卤化物灯 B. 荧光灯

C. 高压钠灯 D. 荧光高压汞灯

答案：C

50）（2010）下列哪种光源的发光效率最高且寿命最长？（ ）

A. 普通高压钠灯 B. 金属卤化物灯

C. 荧光高压汞灯 D. 荧光灯

答案：A

解析：均见本书中的电光源特性表，可见熟记的重要性。

灯具

了解灯具透光、分配和改变光源光分布并保护固定光源的性能，掌握灯具的配光曲线、空间等照度曲线、遮光角、灯具效率（灯具光输出比）等光特性的概念及这些特性的主要计算式，熟悉电光源配置灯具后的效能效率。灯具按光通量在上、下半球分布划分的五个灯具类型在照明方面特点也是考察点。[51）～55）题]

51）（2004）下列哪种灯具的下半球的光通量百分比值（所占光通量的百分比）为间接型灯具？（ ）

A. 60%～90% B. 40%～60%

C. 10%～40% D. 0～10%

答案：D

解析：灯具按其光通量在上、下半球分布划分为五类，下半球的光通量百分比值就是其划分的依据。

52）（2006）国家标准中规定的荧光灯格栅灯具的灯具效率不应低于（ ）。

A. 55% B. 60%

C. 65% D. 70%

答案：C

解析：《建筑照明设计标准》GB 50034—2013 中有具体规定。

53）（2007）下列哪种荧光灯灯具效率最高？（ ）

A. 开敞式灯具 B. 带透明保护罩灯具

C. 格栅灯具 D. 带棱镜保护罩灯具

答案：A

解析：见本书中的灯具效率效能表；顾名思义可知，开敞式不经透射折射，效率应该高。

54）（2008）关于灯具特性的描述，下列哪项是错误的？（ ）

A. 直接型灯具效率高 B. 直接型灯具产生照度高

C. 间接型灯具维护使用费少 D. 间接型灯具的光线柔和

答案：C

解析：间接型灯具构造相对复杂，维护使用费用较高。

55)（2010）下列哪项关于灯具特性的描述是错误的？（　　）

A. 灯具的配光曲线是按光源发出的光通量为 1000 lm 绘制的

B. 灯具的遮光角是灯罩边沿和发光体边沿的连线与水平线的夹角

C. 灯具效率是从灯具内发射出的光通量与在灯具内的全部光源发射出的总光通量之比

D 灯具产生的眩光与灯具的出光口亮度有关

答案：D

解析：灯具产生的眩光由遮光角、出光口亮度、视看角度共同作用，并非灯具的固有特性。

室内照明

熟悉掌握一般照明、分区一般照明、局部照明、混合照明、重点照明等各种照明方式的概念、特点和常见使用场所，了解应急照明、备用照明、安全照明、疏散照明、值班照明、警卫照明、障碍照明等特殊照明方式的基本要求。

掌握照明标准、照度标准值的概念，了解照明数量及其等级，关注照明质量提高尤其眩光限制、灯具布置控制照明均匀度及控制室内表面反射比的各种方法，熟记统一眩光值（UGR）评价法最大允许值为 19、22、25 的房间及场所，熟悉居住建筑、图书馆、办公建筑、商店建筑、观演建筑、旅馆建筑、医疗建筑、教育建筑、博览建筑、美术馆、科技馆、博物馆、会展建筑、交通建筑、金融建筑、体育建筑、工业建筑等类型建筑各场所及通用房间或场所的照明标准值，注意有电视转播的运动场所除水平照度、均匀度、眩光、显色指数等要求外，还增加了相关色温的要求。

掌握光源和灯具选择的一般原则，了解照明光源的显色指数、色容差的概念，熟记室内照明光源色表特征及适用场所，掌握利用系数法、流明法照明的计算公式。[56）～65）题]

56)（2004）下列哪种教室照明布灯方法可减少眩光效应？（　　）

A. 灯管轴平行于黑板面　　B. 灯管轴与黑板面成 45°角

C. 灯管轴与黑板面成 30°角　　D. 灯管轴垂直于黑板面

答案：D

解析：在题目的四种方式中，灯管轴垂直于黑板面布置照射到黑板的光最少。

57)（2006）下列哪个参数与眩光值（GR）计算无关？（　　）

A. 由灯具发出的直接射向眼睛所产生的光幕亮度

B. 由环境所引起直接入射到眼睛的光所产生的光幕亮度

C. 所采用灯具的效率

D. 观察者眼睛上的亮度

答案：C

解析：查记眩光值（GR）的计算公式，其中并无灯具效率的内容。

58)（2006）在工作场所内不应只采用下列哪种照明方式？（　　）

A. 一般照明　　B. 分区一般照明

C. 局部照明　　D. 混合照明

答案：C

解析：《建筑照明设计标准》GB 50034—2004 中有规定，工作场所内不应只采用局部照明。

59）（2007、2008、2009）用流明法计算房间照度时，下列哪项参数与照度计算无直接关系？（　　）

A. 灯的数量　　B. 房间的维护系数

C. 灯具效率　　D. 房间面积

答案：C

解析：查记流明法的计算公式，其中并无灯具效率的内容。

60）（2007）高度较低的办公房间宜采用下列哪种光源？（　　）

A. 粗管径直管型荧光灯　　B. 细管径直管型荧光灯

C. 紧凑型荧光灯　　D. 小功率金属卤化物灯

答案：B

解析：《建筑照明设计标准》中有规定，灯具安装高度较低房间宜采用细管型直管型三基色荧光灯。

61）（2007）下列哪种措施会造成更强烈的室内照明直接眩光？（　　）

A. 采用遮光角大的灯具　　B. 提高灯具反射面的反射比

C. 采用低亮度的光源　　D. 提高灯具的悬挂高度

答案：B

解析：根据直接眩光发生的原理，采用遮光角大的灯具、采用低亮度的光源、提高灯具的悬挂高度，均可降低直接眩光。

62）（2008）下列哪种场所的照明宜采用中间色表（3300～5300K）的光源？（　　）

A. 办公室　　B. 宾馆客房

C. 酒吧间　　D. 热加工车间

答案：A

解析：色温（3300～5300K）属中间色调，适合办公、阅读等场所。

63）（2008）下列哪种照度是现行《建筑照明设计标准》中规定的参考平面上的照度？（　　）

A. 平均照度　　B. 维持平均照度

C. 最小照度　　D. 最大照度

答案：B

解析：考概念。

64）（2009）下列哪种照明方式既可获得高照度和均匀的照明，又最经济？（　　）

A. 一般照明　　B. 分区照明

C. 局部照明　　D. 混合照明

答案：D

解析：混合照明既能解决整个场所的均匀照明，又能满足场所中局部对高照度和光线方向的要求，在高照度要求下，混合照明是最经济的照明方式。

65）（2010）按统一眩光值（UGR）计算公式计算的不舒适眩光与下列哪项参数无直接关系？（　　）

A. 背影亮度　　　　B. 灯具亮度

C. 灯具的位置指数　　　　D. 灯具的遮光角

答案：D

解析：查记统一眩光值（UGR）的计算公式，其中并无灯具遮光角的内容参入。

环境照明

熟悉室内环境照明技术，掌握空间亮度合理分布的原则，了解扩散照明、直射光照明、背景照明、墙体泛光照明、投光照明等强调照明形式的特点和适用场所。熟悉轮廓照明、泛光照明、透光照明这三种建筑物立面照明常用照明方式的特性和使用方法，了解城市广场照明、道路照明的要求和特点，掌握限制室外照明光污染的主要方法。[66）题]

66）下列哪一项不属于建筑大面积照明艺术处理？（　　）

A. 光梁、光带　　　　B. 光檐

C. 水晶吊灯　　　　D. 格片式发光顶棚

答案：C

解析：水晶吊灯属单个灯具，不属于建筑大面积照明艺术处理。

4. 采光和照明节能的一般原则与措施

照明功率密度值

掌握照明节能的主要评价指标照明功率密度值的概念，熟悉《建筑照明设计标准》GB 50034—2013 中规定的类型建筑照明功率密度要求，了解照明功率密度限值增加或折减的条件和变化值的限值。[67）、68）题]

67）（2009）下列哪个房间的照明功率密度最大？（　　）

A. 医院化验室　　　　B. 学校教室

C. 宾馆客房　　　　D. 普通办公室

答案：A

68）（2010）下列哪类房间的照明功率密度的现行值最大？（　　）

A. 一般超市营业厅　　　　B. 旅馆的多功能厅

C. 学校教室　　　　D. 医院病房

答案：B

解析：查记《建筑照明设计标准》GB 50034—2013 中规定的类型建筑照明功率密度值。

绿色照明设计

熟悉掌握照明设计节能的主要方法，高效长寿命光源、合适的照明方式、利用天然光等是常见考点。[69）、70）题]

69）（2003、2004）下列哪种管径（φ）的荧光灯最不节能？（　　）

A. T12（φ38）灯　　　　B. T10（φ32）灯

C. T8（φ26）灯　　　　D. T5（φ16）灯

答案：A

解析：荧光灯管径越大越不节能。

70）（2010）下列场所所采用的照明技术措施，哪项是最节能的？（ ）

A. 办公室采用普通荧光灯　　B. 车站大厅采用间接型灯具

C. 商店大厅采用直接型灯具　　D. 宾馆客房采用普通照明白炽灯

答案：C

解析：允许使用的场所中，直接型灯具光效率最高，设备投资最少，维护费用最少，故最经济节能。

参考资料：

1. 金招芬，朱颖心．建筑环境学．北京：中国建筑工业出版社，2001.
2. 西安建筑科技大学，华南理工大学，重庆大学，清华大学编著，刘加平主编．建筑物理：第四版．北京：中国建筑工业出版社，2009.
3. 中华人民共和国住房和城乡建设部．建筑采光设计标准：GB 50033—2013. 北京：中国建筑工业出版社，2012.
4. 中华人民共和国住房和城乡建设部．建筑照明设计标准：GB 50034—2013. 北京：中国建筑工业出版社，2013.
5. Michael Bass. Handbook of optics volume II：Devices，measurements and properties：2nd Ed. McGraw-Hill，1995.
6. The NIST. Base unit definitions：Candela Reference on Constants-Units，and Uncertainty：Retrieved 8. February 2008.
7. Mandelstam，L I. Light Scattering by Inhomogeneous Media. Zh Russ Fiz-Khim Ova 58：381，1926.
8. Born and Wolf. Principles of Optics. New York Pergamon Press INC，1959.
9. Bryant，Robert H. Lumens，Illuminance，Foot-candles and bright shiny beads. The LED Light Retrieved Oct 4，2010.
10. Barry N Taylor. The Metric System：The International System of Units（SI）. U. S. Department of Commerce，1992.
11. 部分插图来自互联网．

（七）模　拟　题

1. 可见光的波长是(　　)nm。

A. 180～580　　B. 280～680

C. 380～780　　D. 480～880

2. 人眼的明适应时间比暗适应时间(　　)。

A. 长　　B. 短

C. 一样　　D. 因人而异

3. 人们观看工件时在视线周围(　　)范围内看起来比较清楚。

A. 15°　　B. 30°

C. 45°　　D. 60°

4. 人双眼不动时的视野范围为(　　)。

A. 水平面 180°、垂直面 130°　　B. 水平面 150°、垂直面 130°

C. 水平面 150°、垂直面 120°　　D. 水平面 135°、垂直面 120°

5. 离光源 1m 处的发光强度是 100cd，在同一方向，离光源 2m 处的发光强度是（　）cd。

A. 25　　B. 50

C. 100　　D. 200

6. 如果在 100W 白炽灯下 1m 处的照度为 120 lx，那么灯下 2m 处的照度为（　）lx。

A. 30　　B. 40

C. 60　　D. 120

7. 6mm 有机玻璃的可见光透射比约为（　）。

A. 0.6　　B. 0.75

C. 0.85　　D. 0.9

8. 在下面几种材料中，哪种不是漫反射材料？（　）

A. 粉刷　　B. 砖墙

C. 石膏　　D. 粗糙金属表面

9. 下列哪种白色饰面材料的光反射比最大？（　）

A. 大白粉刷　　B. 石膏

C. 白色瓷砖　　D. 白色水磨石

10. 当光透射到均匀扩散表面上时，下列哪种反射比表面给人的亮度感觉最高？（　）

A. 50　　B. 60

C. 75　　D. 90

11. 下列哪个光亮度的对应单位是错误的？（　）

A. 光通量：lm　　B. 亮度：cd/m^2

C. 发光强度：cd　　D. 照度：lux

12. 影响识别物体的清晰程度在下列各种因素中，与哪种因素无关？（　）

A. 物体的几何形状　　B. 物体所形成的角度

C. 物体的亮度　　D. 物体与背景的亮度对比

13. 在孟塞尔表色系统，颜色的三属性是（　）。

A. 色调、明度、彩度　　B. 色相、饱和度、明度

C. 色相、色调、饱和度　　D. 色调、彩度、饱和度

14. 下列说法哪一个是对的？（　）

A. 对于光源色的混合使用减色法，物体色则使用加色法

B. 对于光源色、物体色的混合都使用减色法

C. 对于光源色的混合使用加色法，物体色则使用减色法

D. 对于光源色、物体色的混合都使用加色法

15. 下列哪种光源的色表用色温来表征？（　）

A. 白炽灯　　B. 氙灯

C. 高压钠灯　　D. LED 灯

16. 15000 lx 是我国下列哪类光气候区的室外天然光设计照度？（ ）

A. Ⅰ　　B. Ⅱ

C. Ⅲ　　D. Ⅳ

17. 全云天时，下列哪个天空部位的亮度最低？（ ）

A. 在天空 90°仰角处　　B. 在天空 45°仰角处

C. 在天空的地平线附近处　　D. 在太阳位置处

18. 全云天时，下列哪个天空部位的亮度为最亮？（ ）

A. 在天空 90°仰角处　　B. 在天空 45°仰角处

C. 在天空的地平线附近处　　D. 在太阳位置处

19. 下列哪个城市不属于Ⅳ类光气候区？（ ）

A. 上海　　B. 济南

C. 郑州　　D. 武汉

20. 全云天空亮度分布的特点，在下列各种叙述中，哪个正确？（ ）

A. 天空的地平线附近处亮度最高

B. 天顶亮度是接近地平线处天空亮度的 3 倍

C. 在天空 90°仰角处亮度最低

D. 天顶亮度是接近地平线处天空亮度的 1/3 倍

21. 西安市所在的光气候区是（ ）区。

A. Ⅰ　　B. Ⅱ

C. Ⅲ　　D. Ⅳ

22.《建筑采光设计标准》GB 50033—2013 中采光设计计算使用的是（ ）模型。

A. 全晴天空　　B. 半云天空

C. 平均天空　　D. 全云天空

23. 在上海设计教室，如果用单侧窗采光，其最小开窗面积应是教室地板面积的（ ）。

A. 1/4　　B. 1/5

C. 1/6　　D. 1/8

24. 在窄而深的房间中，采用下列哪种侧窗时采光均匀性最好？（ ）

A. 圆形窗　　B. 横长方形窗

C. 竖长方形窗　　D. 正方形窗

25. 下列关于矩形天窗采光特性的描述，哪项是错误的？（ ）

A. 采光系数越接近跨中处越大

B. 天窗宽度越大，采光均匀度越差

C. 天窗位置高度越高，采光均匀度越好

D. 相邻天窗轴线间距离越小，采光均匀度越好

26. 下列哪个房间的采光系数标准最低值为最大？（ ）

A. 一般病房　　B. 住宅卧室

C. 普通教室　　D. 工程设计室

27. 教育建筑中，普通教室的采光系数标准值为（ ）。

A. 1.0%　　B. 1.5%
C. 2.0%　　D. 3.0%

28. 下列天窗在采光系数相同条件下，天窗的开窗面积从低到高的排序，以下哪项正确？（　　）

A. 矩形天窗、平天窗、梯形天窗、锯齿形天窗
B. 梯形天窗、锯齿形天窗、平天窗、矩形天窗
C. 平天窗、锯齿形天窗、矩形天窗、梯形天窗
D. 平天窗、梯形天窗、锯齿形天窗、矩形天窗

29. 在房间采光系数相同条件下，下列哪种天窗的开窗面积为最大？（　　）

A. 矩形天窗　　B. 平天窗
C. 锯齿形天窗　　D. 梯形天窗

30. 在采光系数相同的情况下，下列哪项是正确的？（　　）

A. 锯齿形天窗比矩形天窗的采光量提高 50%
B. 梯形天窗比矩形天窗的采光量提高 50%
C. 平天窗比矩形天窗的采光量提高 50%
D. 横向天窗与矩形天窗的采光量几乎相同

31. 博物馆布置展品时，为了避免直接眩光，观看位置到窗口连线与到展品边缘连线的夹角应该大于（　　）。

A. 14°　　B. 28°
C. 30°　　D. 60°

32. 为防止外面镶有玻璃的展品呈现参观者的影像，应采取下述哪一条措施？（　　）

A. 展品照度低于参观者照度　　B. 展品照度高于参观者照度
C. 展品照度大大低于参观者照度　　D. 展品照度大大高于参观者照度

33. 下列哪种减少窗眩光措施是不正确的？（　　）

A. 工作的视觉不是窗口　　B. 采用室内外遮挡设施
C. 加大作业区直射阳光　　D. 窗周围墙面采用浅色饰面

34. 常见建筑室内各表面的反射比，下列哪个不正确？（　　）

A. 顶棚 0.60～0.9　　B. 墙面 0.40～0.60
C. 地面 0.10～0.50　　D. 工作台面 0.20～0.60

35. 下列哪种光源的光效最高？（　　）

A. 白炽灯　　B. 荧光灯
C. 金属卤化物灯　　D. LED 灯

36. 下列哪种光源为热辐射光源？（　　）

A. 高压钠灯　　B. 氙灯
C. 高频无极感应灯　　D. 卤钨灯

37. 荧光灯的显色指数 Ra 为（　　）。

A. 95～99　　B. 50～93
C. 40～50　　D. 60～95

38. 下列哪种灯具的下半球光通量比值（所占总光通量的百分比）为半直接型灯

具？（　　）

A. 90%～100%　　B. 60%～90%

C. 40%～60%　　D. 10%～40%

39. 下列减少室内人工照明所产生的反射眩光的做法，哪种不正确？（　　）

A. 改变灯具或工作面的位置　　B. 提高光源的亮度

C. 单灯功率不变，增加光源数　　D. 增加灯具反射比

40. 下列哪种房间的照度标准值最高？（　　）

A. 观众厅　　B. 观众休息

C. 排演厅　　D. 化妆室

41. 在下列哪种房间宜采用中间色温的荧光灯？（　　）

A. 酒吧　　B. 宾馆客房

C. 起居室　　D. 办公室

42. 住宅建筑用照明光源的一般显色指数不应低于（　　）。

A. 90　　B. 80

C. 70　　D. 60

43. 无电视转播的运动场所照明要求，下列哪项不对？（　　）

A. 水平照度　　B. 眩光

C. 显色指数　　D. 相关色温

44. 有电视转播的运动场所的照度要求是指（　　）。

A. 观众视线方向的使用照度值　　B. 比赛场地主摄像机方向的使用照度值

C. 水平照度值　　D. 垂直照度值

45. 下列哪个参数与统一眩光值（UGR）的计算式无关？（　　）

A. 观察者方向每个灯具的亮度

B. 背景亮度

C. 各灯具发光部分对观察者眼镜所形成的立体角

D. 灯具的数量

46. 在医院病房中，宜采用（　　）型灯具。

A. 直接型　　B. 半直接型

C. 半间接型　　D. 间接型

47. 下列哪一项里采用的照明方式不适宜？（　　）

A. 候车（机）大厅：一般照明　　B. 宾馆大堂：局部照明

C. 商店营业厅：混合照明　　D. 开放式办公室：分区一般照明

48. 图书馆建筑阅览室的照明功率密度现行值为≤（　　）W/m^2。

A. 7.0　　B. 8.0

C. 9.0　　D. 10.0

49. 一般商店营业厅的照明功率密度的现行值为≤（　　）W/m^2。

A. 7.0　　B. 8.0

C. 9.0　　D. 10.0

50. 一般办公室照明中，采用下列哪种光源最节能？（　　）

A. 白炽灯　　B. 卤钨灯
C. 粗管径（38mm）荧光灯　　D. 细管径（26mm）荧光灯

51. 在一个车间内布置几台车床，照度要求很高，宜采用下述哪种照明方式？（　　）
A. 一般照明　　B. 混合照明
C. 局部照明　　D. 重点照明

52.《建筑照明设计标准》GB 50034—2013 中规定的照度是指参考平面上的(　　)。
A. 房间或场所的最小照度值　　B. 房间或场所的维持平均照度值
C. 房间或场所的最大照度值　　D. 房间或场所的瞬间照度值

53. 人员密集场所、避难层（间）疏散照明的地面平均水平照度值不应低于(　　)。
A. 5 lx　　B. 3 lx
C. 2 lx　　D. 1 lx

54. 下面的几种色温中，哪种属于暖色调？(　　)
A. ＜3300K　　B. ＜4000K
C. 4000K～5300K　　D. ＞5300K

55. 对辨色要求高的设计工作室，要求照明光源的一般显色指数 R_a 是(　　)。
A. 70 以上　　B. 80 以上
C. 90 以上　　D. 95 以上

56. 眩光光源或灯具偏离视线(　　)就无眩光影响。
A. 13°　　B. 30°
C. 45°　　D. 60°

57. 在利用系数法照明计算中，灯具的利用系数与下列各项中哪一项无关？(　　)
A. 灯具内灯的总定额光通量　　B. 平均照度值
C. 灯具效率　　D. 灯具的数量

58. 下列哪种不属于建筑物夜景轮廓照明常用的光源？(　　)
A. 冷阴极荧光灯　　B. LED
C. 紧凑型荧光　　D. 投光灯

59. 照明设计节能的措施，以下哪个不正确？(　　)
A. 工业企业车间的照明用电单独计量
B. 室内照明少设开关，便于总控
C. 近窗的灯具单设开关
D. 装饰灯具总功率的50%计入照明功率密度值

答案：

1. C	2. B	3. B	4. A	5. C	6. A	7. C	8. D	9. B	10. D
11. D	12. A	13. A	14. C	15. A	16. C	17. C	18. A	19. C	20. B
21. D	22. D	23. C	24. C	25. B	26. D	27. D	28. D	29. A	30. D
31. A	32. B	33. C	34. B	35. D	36. D	37. B	38. B	39. B	40. D
41. D	42. B	43. D	44. B	45. D	46. D	47. B	48. C	49. D	50. D
51. B	52. B	53. C	54. A	55. B	56. D	57. C	58. D	59. B	

第三章　建 筑 声 学

（一）考 纲 分 析

1. 考试大纲

现行考纲：了解建筑声学的基本原理；了解城市环境噪声与建筑室内噪声允许标准；了解建筑隔声设计与吸声材料和构造的选用原则；了解建筑设备噪声与振动控制的一般原则；了解室内音质评价的主要指标及音质设计的基本原则。

2021年版考纲：了解建筑声学的基本原理；掌握建筑隔声设计与吸声材料和构造的选用原则；掌握室内音质评价的主要指标及音质设计的基本原则；了解城市环境噪声与建筑室内噪声允许标准；了解建筑设备噪声与振动控制的一般原则。能够运用建筑声学综合技术知识，判断、解决该专业工程实际问题。

2. 考试大纲解读

1）现行版考纲解读

（1）了解建筑声学的基本原理：要求了解声音基本概念和特性，掌握和运用常用的公式和数据。

（2）掌握建筑隔声设计与吸声材料和构造的选用原则：要求熟练掌握隔声设计的原理和原则，掌握不同材料和构造的隔声和吸声性能特点，可以运用公式简单计算。

（3）掌握室内音质评价的主要指标及音质设计的基本原则：要求掌握音质评价主要指标的概念和常用数据；掌握音质设计的基本流程和方法，定性分析室内音质的优劣。

（4）了解城市环境噪声与建筑室内噪声允许标准：要求掌握和熟记常用标准的数据。

（5）了解建筑设备噪声与振动控制的一般原则：要求掌握常见环境噪声允许标准，消声降噪的常用措施和不同效果。

2）2021年版考纲解读

与现行考纲相比，2021年版考纲增加了“能够运用建筑声学综合技术知识，判断，解决该专业工程实际问题”这一点，可以看出，新版考纲更加强调在工程实践中运用相关技术与知识。

（二）建筑声学的基本原理

建筑声学研究与建筑环境有关的声学问题，包括厅堂音质和噪声控制两部分内容。前者是为各种听音场所建立最佳的语言或音乐的听闻条件；后者则为减少噪声和振动的干扰。两者相对独立但密切相关。建筑声学与许多学科有交叉联系，解决建筑声学问题往往需要综合考虑相关学科的配合。

1. 声音、声波及其传播

声源：振动的固体、液体、气体。声源振动引起弹性媒质的压力变化，并在弹性媒质中传播的机械波称为声波。声源在空气中振动，使邻近的空气振动并以波动的方式向四周传播开来，传入人耳，引起耳膜振动，通过听觉神经产生声音的感觉。

声波的传播是能量的传递，而非质点的转移。空气质点总是在其平衡点附近来回振动而不传向远处。声波在空气中传播声波属纵波，即质点的振动方向和波的传播方向相平行。

声线：声线是假想的垂直于波阵面的直线，主要用于几何声学中对声传播的跟踪。声波的传播方向可用声线来表示。

考点关注：声音的产生和传播方式。

例题 1：（2004）声音的产生来源于物体的何种状态？（　　）

A. 受热　　　　B. 受冷

C. 振动　　　　D. 静止

答案：C

解析：本题考查声音产生的基本概念。

2. 声波的基本物理量

1）频率

一秒钟内振动的次数称为频率，记作 f，单位赫兹（Hz）。如果系统不受其他外力，没有能量损耗的振动，称为"自由振动"，其振动频率叫作该系统的"固有频率"记作 f_0。

人耳能感受到的声波的频率范围大约在 20～20000Hz 之间。低于 20Hz 声波称为次声波，高于 20000Hz 称为超声波。在建筑声学中，通常把 125～250Hz 及以下称为低频，500～1000Hz 称为中频，2000～4000Hz 及以上称为高频。

声压：空气质点由于声波作用而产生振动时所引起的大气压力起伏。（空气压强的变化量，10^{-5}～10^{10} Pa 量级）

2）声速

声速的大小与声源无关，而与媒质的弹性、密度和温度有关。声音在固体中传播最快，流体次之，在气体中最慢。

空气中声速与温度的关系如下：

$$c=331.4\sqrt{1+\theta/273}$$

常温下声速近似值：340m/s。固液体中的声速：钢 5000m/s；松木 3320m/s；水 1450m/s；软木 500m/s。

3）波长

波长 λ 与频率 f、声速 c 的关系为：

$$c=\lambda\cdot f$$

考点关注：声音的频率、声速和波长的特性。

例题 2：（2008）声波在下列介质中传播最快？（　　）

A. 空气　　　　B. 水

C. 钢　　　　D. 松木

答案：C

4）声音传播的特性

（1）反射、折射

反射：光滑表面对声波的反射遵循平方反比定律。反射波的强度取决于它们与“像”的距离以及反射表面对声波吸收的程度。与平面反射相比，凹面反射波将产生聚焦，凸面反射波将产生扩散。

折射：声波在传播的过程中，遇到不同介质的分界面时，除了反射外，还会发生折射，从而改变声波的传播方向。温度与风向对声音的传播方向产生影响。

（2）绕射、扩散

绕射：声波通过障板上的孔洞时，并不像光线那样直线传播，而能绕到障板的背后改变原来的传播方向，在它的背后继续传播，这种现象称为绕射（亦称为衍射）。当声波在传播过程中遇到一块尺度比波长大得多的障板时，声波将被反射。如声源发出的是球面波经反射后仍为球面波。

（3）吸收、透射

声的吸收：声波入射到建筑构件时，声能的一部分被反射，一部分透过构件，还有一部分由于构件的振动或声音在其中传播时介质摩擦、传热而被损耗，我们称之为被材料吸收。

声波在空气中传播时，由于振动的空气质点之间的摩擦而使一小部分声能转化为热能，称为空气对声能的吸收。

单位时间内入射总声能 E_0，构件吸收声能为 E_α，则材料的吸声系数 $\alpha=E_\alpha/E_0$，吸声量$=S_\alpha$（S 为材料的面积）。α 值大的称为吸声材料。

声音透射：声波入射到建筑构件时，声能的一部分被反射，一部分被吸收，还有一部分透过建筑部件传到另一侧空间去。

材料的透声能力一般用透射系数 τ 来表示，在工程中习惯用隔声量 R 来表示，

$$R=10\lg\frac{1}{\tau}$$

R 越大则隔声量越大。

考点关注：声音传播的特性，反射、折射、绕射（衍射）、扩散产生的条件。

例题 3：（2010）声波入射到无限大墙板时，不会出现以下哪种现象？（　　）

A. 反射　　　　B. 透射

C. 衍射　　　　D. 吸收

解析：本题考查声音传播特性。

答案：C

例题 4：（2008）声波传播中遇到比其波长相对尺寸较小的障板时，会出现下列哪种情况？（　　）

A. 反射　　　　B. 绕射

C. 干涉　　　　　　　　　　　　D. 扩散

答案：B

例题 5：（2006）声波遇到哪种较大面积的界面，会产生声扩散现象？（　　）

A. 凸曲面　　　　　　　　　　　B. 凹曲面

C. 平面　　　　　　　　　　　　D. 软界面

解析：本题考查声音传播特性。凹面反射波将产生聚焦，凸面反射波将产生扩散。

答案：A

3. 声音的计量和听觉

1）声功率

声功率是衡量声波能量大小的物理量，即单位时间内声源向外辐射的总声能量，记作 W，单位为瓦（W）或 μW。在计量时应注意所指的频率范围。通常声源的平均声功率是很小的，正常讲话的声功率大致为 10～50μW，演员歌唱的声功率为 100～300μW。充分利用人们讲话和演唱发出的有限功率是建筑声学研究的主要内容。

2）声强

声强是衡量声音强弱的物理量，即单位时间内在垂直于声波传播方向的单位面积上的所通过的声能，记作 I，单位是 W/m^2。声强与声源的振幅有关。振幅越大，声强越大；振幅越小，声强越小。

在无反射的自由声场中，点声源发出球面波，距声源中心为 r 的球面上的声强为：

$$I=\frac{W}{4\pi r^2} \quad (\mathrm{W/m^2})$$

式中　W——声源声功率，W。

对于平面波，声线互相平行，声能没有变化，声强不变，与距离无关。

声波在介质中传播，声能总是有损耗的。声音频率越高，损耗越大。

3）声压

声波传播时，使空气压强发生变化，成为声压。声压与大气压相比是很小的，正常说话的声压相当于大气压的百万分之一左右。声音的强弱只同声压（又称瞬时声压）的某段时间平均值有关。这种声压的平均值成为有效声压。一般使用时，声压是有效声压的简称。

声压与声强有密切关系。自由声场中，某处的声强 I 与该处声压的平方成正比，与介质密度和声速的乘积成反比：

$$I=p/\rho_0 c$$

式中　p——有效声压，Pa；

ρ_0——空气密度，kg/m^3；

c——空气中的声速，m/s。

4）声压级、声强级和声功率级

级：通常取一个物理量的两个数值之比的对数称为该物理量的“级”。

声强级：其定义就是声音的强度 I 和基准声强 I_0 之比的常用对数，单位为贝尔（BL）。但一般不用贝尔，而用它的十分之一作单位，称为分贝（dB）。

$$L_I = 10\log_{10}\frac{I}{I_0}$$

基准声强 $I_0 = 10^{-12}\ W/m^2$。

同样可以用分贝为单位来定义声压级。

$$L_p = 20\log_{10}\frac{P}{P_0}\quad (dB)$$

基准声压 $P_0 = 2\times10^{-5}\ N/m^2$。

声功率以“级”表示便是声功率级，单位也是分贝。

$$L_w = 10\ \log_{10}\frac{W}{W_0}\ (dB)$$

基准声功率级 $W_0 = 10^{-12}\ W$。

考点关注：级与分贝的概念。

例题 6：(2009) 人耳对声音响度变化程度的感觉，更接近于以下哪个量值的变化程度？(　　)

A. 声压值　　　　B. 声强值

C. 声强的对数值　　　　D. 声功率值

答案：C

例题 7：(2005) 噪声对人影响的常用计量单位是(　　)。

A. 分贝 (dB)　　　　B. 帕 (Pa)

C. 分贝 [dB (A)]　　　　D. 牛顿/平方米 (N/m^2)

解析：本题考查噪声评价的物理量和单位。常用 A 声级评价噪声对人的影响，计量单位为 dB (A)。

答案：C

5) 声压级与距离的关系

对于点声源，距离增加一倍，声压级衰减 6dB；对于线声源，声波以柱状波辐射，距离增加一倍，声压级衰减 3dB；对于面声源，声压级不因距离增加而降低。

点声源向自由声场辐射声能的条件下，距声源 r 处声压级与声功率级的关系为

$$L_p = L_W - 20\lg r - 11$$

点声源向半自由声场（声源至于刚性地面）辐射声能的条件下，则关系为

$$L_p = L_W - 10\lg r - 8$$

6) 声源叠加

两个声源叠加（I、P、W 声级同理）：

$$L_P = L_{P_1} + 10\lg(1 + 10^{-\frac{L_{p_1} - L_{p_2}}{10}})$$

n 个相同声源 L_1 叠加：

$$L = L_1 - 10\lg n$$

由上式可知，两个相同声源叠加，声级增加了 10 lg2 =3dB。如果 2 个声压级差大于 10dB 时，增量可以忽略不计。

多个声压级叠加时，可先叠加 2 个较大的声压级，得出总声压级，再与第三个叠加，直至两者相差 10dB 以上时不再叠加。

考点关注：声压级的基本概念和原理，掌握声压级计算公式，能够做简单计算。两个数值不相等的声压级叠加（$L_{p_1}>L_{p_2}$），总声压级计算；n 个声压级相等声音 L_1 的叠加，总声压级计算。两个声压级相等声音叠加时，总声压级比一个声音的声压级增加 3dB。

例题 8：（2009）有两台空调室外机，每台空调外机单独运行时，在空间某位置产生的声压级均为 45dB，若这两台空调室外机同时运行，在该位置的总声压级是（　　）。

A. 48dB　　B. 51dB

C. 54dB　　D. 90dB

答案：A

例题 9：（2008）室内有两个声压级相等的噪声源，室内总声压级与单个声源声压级相比较应增加（　　）

A. 1dB　　B. 3dB

C. 6dB　　D. 1 倍

答案：B

例题 10：（2007）机房内有两台同型号的噪声源，室内总噪声为 90dB，单台噪声源的声级应为（　　）。

A. 84dB　　B. 85dB

C. 86dB　　D. 87dB

答案：D

例题 11：（2010）有四台同型号冷却塔按正方形布置。仅一台冷却塔运行时，在正方形中心、距地面 1.5m 处的声压级为 70dB，问四台冷却塔同时运行该处的声压级是多少？（　　）

A. 73dB　　B. 76dB

C. 79dB　　D. 82dB

答案：B

7）响度级、总响度

听觉是人们对声音的主观反应，从标准听阈曲线看，低于 800Hz，听觉灵敏度随频率降低而降低；800～1500Hz，听阈没有显著变化；3000～4000Hz，是最灵敏的听觉范围；高于 6000Hz，灵敏度又减小。听阈与痛阈曲线之间，是听觉区域。

引入响度级表示声音的强弱，它考虑了人耳对不同频率的灵敏度变化，是主观量。声音的响度级等于等响的 1000Hz 纯音（纯音只具有单一频率）的声压级，单位是方（phon）。

声级计是利用声-电转换系统并反映人耳听觉特征的测量设备，即按一定的频率计权和时间计权测量声压级和声级的仪器，是声环境测量中常用的仪器之一。

国际电工委员会规定的声级计权特性有 A、B、C、D 四种频率计权特征。其中 A 计权参考 40 方等响线，对 500Hz 以下的声音有较大衰减，模拟人耳对低频声不敏感的特性。用 A 计权网络测得的声级称为 A 计权声级，简称 A 声级，单位是 dB（A）。

考点关注：衡量声音与人耳听闻感受关系密切的物理量，以及人耳听闻的特性。等响度曲线反映了人耳对 2000～4000Hz 的声音最敏感，1000Hz 以下时，人耳的灵敏度随频率的降低而减少。A 声级正是反映了声音的这种特性频率计权得出的总声级。

例题 12：(2008) 等响度曲线反映了人耳对哪种频段的声音感受不太敏感？( )

A. 低频　　B. 中频

C. 中、高频　　D. 高频

答案：A

例题 13：(2007) 常用的 dB (A) 声学计量单位反映人耳对声音有哪种特性？( )

A. 时间计权　　B. 频率计权

C. 最大声级　　D. 平均声级

答案：B

8) 声源的指向性

当声源尺度与波长相差不多或更大时，它就不是点声源，可视为由许多点声源所组成，叠加的结果各方向的辐射就不一样，因而具有指向性。

人的头和扬声器与低频声的波长相比是小的，这种情况下可视为无指向性点声频，但对高频声，就具有明显的指向性。所以，厅堂形状的设计、扬声器位置的布置，都要考虑声源的指向性。

9) 频谱、声的三要素

频谱反映了复声中不同频率组合的强度分布特性。它可以是线状谱（如乐器发出的声音）或连续谱（如大多数噪声）。滤波器可将闻声的频率高低相差达 1000 倍的变化范围，划分成若干较小的频段，这就是通常所说的频带或频程。它由下限频率 f_1 和上限频率 f_2 规定带宽。f_1、f_2 又称为截止频率。工程应用上常用的频带宽是倍频带（或称倍频程）。一个倍频带是上限频率为下限频率两倍频带，即 $f_2=2f_1$。实际应用上往往只用 63～8000Hz 八个或 125～4000Hz 六个倍频带就可以了。

声音的强弱、音调的高低和音色的好坏，是声音的基本性质，即所谓声音三要素。声音的强弱可用声强级、声压级或总声级等表示。音调是频率高、低的听觉属性，是主观生理上的等效频率。音调的高低主要取决于声音的频率，频率越高，音调也越高。

音色是反映复音的一种特性。在复音（如乐音）中，频率最低的声音振幅最大，称为基音。除了频率为 f_0 的基音外，还有频率为 f_0 整数倍的，如频率为 $2f_0$、$3f_0$、$4f_0$……的声音，称为泛音（或谐音）。复音就是由基音泛音组成的。音色是由声源所发出的泛音的数目、泛音的频率和振幅（或强弱）决定的。知道了某种声音的配音和泛音所组成的频谱，就可以模仿出这种声音来。

考点关注：声音的强弱、音调的高低和音色的好坏，是声音的基本性质，即所谓声音三要素。

例题 14：(2009) 声音的三要素是指( )。

A. 层次、立体感、方向感　　B. 频谱、时差、丰满

C. 强弱、音调、音色　　D. 音调、音度、层次

答案：C

10) 时差效应

人耳在短时间间隙里出现的相同的声音的积分（整合）能力，即听成一个声音而不是若干个单独的声音，这种现象称为时差效应。一般认为，两个同样声音可以集成为一个的时差是 50ms，相当于声波在空气中 17m 的行程。

回声是反射声中的一个特殊现象。厅堂设计中出现回声将成为严重的音质缺陷，为了消除回声，就应使到达听者的直达声与反射声之间的时差小于 50ms。回声的消除还可用吸声材料（结构）或设置扩散结构等方法，不只是缩小直达声与反射声的声程差。

考点关注：回声的基本概念和原理。根据哈斯效应，两个声音传到人耳的时间差如果大于 50ms（声程差为 17m）就可能分辨出它们是断续的，即回声。

例题 15：(2010) 反射声比直达声最少延时多长时间就可听出回声？（　　）

A. 40ms　　B. 50ms

C. 60ms　　D. 70ms

答案：B

例题 16：(2006) 两个声音传至耳的时间差大于多少毫秒（ms）时，人们就会分辨出它们是断续的？（　　）

A. 25ms　　B. 35ms

C. 45ms　　D. 50ms

答案：D

11）双耳听闻效应

声定位，是由于声音到达两耳的时间差和声压级差，较远的耳朵处于声影区，声压级低。由于声波衍射，声影的影响对低频不明显。当频率高于 1400Hz 左右时，强度差起主要作用；而低于 1400Hz 时则时间差起主要作用。人耳确定声源远近的准确度较差，而确定方向相当准确，特别是左右水平方向上的分辨方位能力要比上下竖直方向强得多。

双耳听闻效应在厅堂音质设计中占有重要的地位。目前，剧场观众厅扩声系统中的扬声器倾向于配置在台口上方，也是考虑到人耳左右水平方向的分辨能力远大于上下垂直方向而确定的，从而克服了过去把扬声器组配置在台口两侧造成部分听众感到声音来自侧向的缺陷，避免使听众明显地感到扬声器发出的声音与讲演者的直达声来自不同的方向。

12）掩蔽

一个人的听觉系统能同时分辨几个声音，但若其中某个声音的声压级明显增大，别的声音就难以听清甚至听不到了。一个声音的听阈因为另一个掩蔽声音的存在而提高的现象称为听觉掩蔽，提高的数值称为掩蔽量。掩蔽量与很多因素有关，主要取决于这两个声音的相对强度和频率结构。一个既定频率的声音容易受到相同频率声音的掩蔽，声压级越高，掩蔽量越大。低频声能够有效地掩蔽高频声，高频声对低频声的掩蔽作用不大。

（三）噪声控制

1. 噪声的危害和控制噪声的标准

1）噪声与听力保护

噪声是指妨碍人们正常生产、工作、学习和生活的声音。超过 45dB（A）的噪声级就会对正常人的睡眠发生影响；人们若长期工作在像织布车间、金属结构车间等声压级达到 80～90dB 以上的高噪声级环境中，就会从开始时的暂时性“听觉疲劳”发展到噪声性耳聋；声压级达到 140～150dB 的暴震声，可以使人的听觉器官发生急性外伤。

2）城市噪声控制

城市噪声的种类有交通噪声、建筑施工噪声、工业生产噪声、社会生活噪声等。交通噪声是最主要的噪声。

（1）噪声评价量

① 噪声评价数（NR）：用于评价噪声的可接受性以保护听力和保证语言通信，避免噪声干扰。对声环境现状确定噪声评价数的方法是：先测量各个倍频带声压级，再把倍频带噪声谱叠加在 *NR* 曲线上，以频谱与 *NR* 曲线相切的最高 *NR* 曲线编号，代表该噪声的噪声评价数。国际标准化组织（ISO）推荐采用噪声评价 NR 曲线来进行评价。

② 语言干扰级（SIL）：用于评价噪声对语言掩蔽（干扰）的单值量。其方法是以中频率 500，1000，2000 和 4000Hz 3 个倍频带噪声声压级的算术平均值作为语言干扰级。语言干扰级只反映人们所处环境的噪声背景。

③ 昼夜等效声级（L_{dn}）：人们对夜间的噪声比较敏感，因此对所有在夜间 8 小时出现的噪声级均以比实际值高出 10dB 来处理，这样就得到一个对夜间有 10dB 补偿的昼夜等效声级。

（2）噪声控制

首先，调查噪声现状，以确定噪声的声压级；同时了解噪声产生的原因以及周围情况。其次，根据噪声现状和有关噪声允许标准，确定所需降低噪声声压级数值。再次，还利用自然条件创造愉悦声景。最后，根据需要和能，采用综合的降噪措施。

航空港用地一般都划定在远离市区的地方。城市总体规划的编制，应能预见将会增加的噪声源以及可能的影响范围。

对现有城市的改建规划，应当依据城市的基本噪声源，做出噪声级等值线分布，并据以调整城市区域对噪声敏感的用地，拟定解决噪声污染的综合性城市建设措施。

减少城市噪声干扰主要措施：

① 与噪声源保持必要的距离。当与干道的距离小于 15m 时，来自交通车流的噪声衰减，接近于反平方比定律，因为这时是单一车辆的噪声级起决定作用；如果接受点与干道距离超过 15m，距离每增加一倍，噪声级大致降低 4dB。沿干道建筑物的接受点对于干道视线范围受到限制的遮挡会使接受点的噪声有所降低。

② 利用屏障降低噪声。实体墙、路堤或类似的地面坡度变化，以及对噪声干扰不敏感的建筑物，均可作为对噪声干扰敏感建筑物的声屏障。一般隔声屏障可使高频声降低 15～25dB。

有效的声屏障应有足够重量使声音衰减，保养费用少，不易破坏。应能在不同现场条件下装配，并且便于分段维修，有良好的视觉效果。屏障应设置在靠近噪声源或需要防护的地方。

③ 屏障与不同地面条件组合的降噪。如：距离＋软质地面、距离＋浓密森林＋软地面、距离＋硬或软地面＋屏障等。

④ 绿化减噪

选用常绿灌木（高度、宽度均不小于 1m）与常绿乔木组成的林带，林带宽度不小于 10～15m，林带中心的树行高度超过 10m，株间距以不影响树木生长成熟后树冠的展开为度，以便形成整体绿墙。

⑤ 降噪路面

有空隙的铺面材料可减弱行驶中摩擦噪声。

考点关注：熟练掌握噪声控制的原则。

例题 17：（2008）噪声控制的原则，主要是对下列哪个环节进行控制？（　　）

A. 在声源处控制　　　　B. 在声音的传播途径中控制

C. 个人防护　　　　D. A、B、C 全部

解析：本题考查噪声控制的原则。噪声控制的原则，主要是控制声源的输出和声的传播途径，以及对接收者进行保护。

答案：D

例题 18：（2007）我国城市区域环境振动标准所采取的评价量是（　　）。

A. 水平振动加速度级　　　　B. 垂直振动加速度级

C. 振动速度级　　　　D. 铅锤向 z 计权振动加速度级

解析：本题考查城市区域环境振动标准所采取的评价量的概念。我国城市区域环境振动标准所采取的评价量是铅锤向 z 计权振动加速度级。

答案：D

3）噪声的允许标准

（1）城市区域环境噪声标准

《声环境质量标准》GB 3096—2008 规定的各类声功能区环境噪声限值见表 3.3.1。

各类声功能区环境噪声限值 [L_{eq} dB（A）]　　表 3.3.1

类别	适用区域	昼间（6：00～22：00）	夜间（22：00～6：00）
0	康复疗养区等特别需要安静的区域	50	40
1	居民住宅、医疗卫生、文化教育、科研设计、行政办公为主要功能、需要保持安静的区域	55	45
2	商业金融、集市贸易为主要功能，或者居住、商业、工业混杂，需要维护住宅安静的区域	60	50
3	工业生产、仓储物流为主要功能，需要防止工业噪声对周围环境产生严重影响的区域	65	55
4a	高速公路、一级公路、二级公路、城市快速路、城市主干路、城市次干路、城市轨道交通（地面段）、内河航道两侧区域	70	55
4b	铁路干级两侧区域	70	60

注：1　本表的数值和《工业企业厂界环境噪声排放标准》GB 12348—2008 相同。测量点选在工业企业厂界外 1.0m，高度 1.2m 以上；当厂界有围墙且周围有受影响的噪声敏感建筑物时，测点应选在厂界外 1m，高于围墙 0.5m 以上的位置。

2　夜间偶发噪声的最大声级超过限值的幅度不得高 15dB（A）。

（2）民用建筑噪声允许标准

①《民用建筑隔声设计规范》GB 50118—2010 对住宅、学校、医院、旅馆、办公、商业建筑室内允许噪声级见表 3.3.2。

民用建筑室内允许噪声级 单位：dB（A） **表 3.3.2**

建筑类别	房间名称	时间	高要求标准		低限标准
住宅	卧室	昼间夜间	≤40 ≤30		≤45 ≤37
	起居室（厅）		≤40		≤45
学校	语言教室、阅览室		≤40		
	普通教室、实验室、计算机房；音乐教室、琴房；教师办公室、休息室、会议室		≤45		
	舞蹈教室；健身房；教学楼中封闭的走廊、楼梯间		≤50		
医院	听力测听室		—		≤25
	化验室、分析实验室；人工生殖中心净化区		—		≤40
	各类重症监护室；病房、医护人员休息室	昼间 夜间	≤40 ≤35		≤45 ≤40
	诊室；手术室、分娩室		≤40		≤45
	洁净手术室		—		≤50
	候诊厅、入口大厅		≤50		≤55
办公建筑	单人办公室；电视电话会议室		≤35		≤40
	多人办公室；普通会议室		≤40		≤45
商业建筑	员工休息室		≤40		≤45
	餐厅		≤45		≤55
	商场、商店、购物中心、会展中心		≤50		≤55
	走廊		≤50		≤60
旅馆			特级	一级	二级
	客房	昼间 夜间	≤35 ≤30	≤40 ≤35	≤45 ≤40
	办公室、会议室		≤40	≤45	≤45
	多用途厅		≤40	≤45	≤50
	餐厅、宴会厅		≤45	≤50	≤55

注：声学指标等级与旅馆建筑等级的对应关系：特级——五星级以上旅游饭店及同档次旅馆建筑；一级——三、四星级旅游饭店及同档次旅馆建筑；二级——其他档次旅馆建筑。

允许噪声级测点应选在房间中央，与各反射面（如墙壁）的距离应大于 1.0m，测点高度 1.2～1.6m，室内允许噪声级采用 A 声级作为评价量，应为关窗状态下昼间(6：00～22：00)和夜间（22：00～6：00）时间段的标准值。

② 表 3.3.3 列出了不同建筑的室内允许噪声值（参考值）。

各种建筑室内允许噪声值（参考值） **表 3.3.3**

房间名称	允许的噪声评价数 N	允许的 A 声级/dB（A）
广播录音室	10～20	20～30
音乐厅、剧院的观众厅	15～25	25～35
电视演播室	20～25	30～35
电影院观众厅	25～30	35～40
图书馆阅览室、个人办公室	30～35	40～45
会议室	30～40	40～45
体育馆	35～45	45～55
开敞办公室	40～45	50～55

③ 墙和楼板空气声隔声标准

《民用建筑隔声设计规范》GB 50118—2010 规定的民用建筑构件各部位的空气声隔声标准见表 3.3.4。从表中看出，构件的隔声量越大，标准越高。

民用建筑构件各部位的空气声隔声标准 **表 3.3.4**

建筑类别	隔楼和楼板部位	空气声隔声单值评价量+频率修正量/dB	
		高要求标准	低限标准
住宅	分户墙、分户楼板	$R_w+C>50$	$R_w+C>45$
	分隔住宅和非居住用途空间的楼板	—	$R_w+C_{tr}>51$
	卧室、起居室（厅）与邻户房间之间	$D_{nT,w}+C\geqslant50$	$D_{nT,w}+C\geqslant45$
	住宅和非居住用途空间分隔楼板上下的房间之间	—	$D_{nT,w}+C_{tr}\geqslant51$
	相邻两户的卫生间之间	$D_{nT,w}+C\geqslant45$	—
	外墙	$R_w+C_{tr}\geqslant50$	
	户（套）门	$R_w+C\geqslant25$	
	户内卧室墙	$R_w+C\geqslant35$	
	户内其他分室墙	$R_w+C\geqslant30$	
	临交通干道的卧室、起居室（厅）的窗	$R_w+C_{tr}\geqslant30$	
	其他窗	$R_w+C_{tr}\geqslant25$	
学校	语言教室、阅览室的隔墙与楼板	$R_w+C>50$	
	普通教室与各种产生噪声的房间之间的隔墙、楼板	$R_w+C>50$	
	普通教室之间的隔墙与楼板	$R_w+C>45$	
	音乐教室、琴房之间的隔墙与楼板	$R_w+C>45$	
	外墙	$R_w+C_{tr}\geqslant45$	
	临交通干线的外窗	$R_w+C_{tr}\geqslant30$	
	其他外窗	$R_w+C_{tr}\geqslant25$	
	产生噪声房间的门	$R_w+C_{tr}\geqslant25$	
	其他门	$R_w+C\geqslant20$	
	语言教室、阅览室与相邻房间之间	$D_{nT,w}+C\geqslant50$	
	普通教室与各种产生噪声的房间之间	$D_{nT,w}+C\geqslant50$	
	普通教室之间	$D_{nT,w}+C\geqslant45$	
	音乐教室、琴房之间	$D_{nT,w}+C\geqslant45$	
医院	病房与产生噪声的房间之间的隔墙、楼板	$R_w+C_{tr}>55$	$R_w+C_{tr}>50$
	手术室与产生噪声的房间之间的隔墙、楼板	$R_w+C_{tr}>50$	$R_w+C_{tr}>45$
	病房之间及病房、手术室与普通房间之间的隔墙、楼板	$R_w+C>50$	$R_w+C>45$
	诊室之间的隔墙、楼板	$R_w+C>45$	$R_w+C>40$
	听力测听室的隔墙、楼板	—	$R_w+C>50$
	体外震波碎石室、核磁共振室的隔墙、楼板	—	$R_w+C_{tr}>50$
	外墙	$R_w+C_{tr}\geqslant45$	
	外窗	$R_w+C_{tr}\geqslant30$（临街一侧病房）	
		$R_w+C_{tr}\geqslant25$（其他）	
	门	$R_w+C\geqslant30$（听力测听室）	
		$R_w+C\geqslant20$（其他）	

续表

<table>
<tr><th rowspan="2">建筑类别</th><th rowspan="2">隔楼和楼板部位</th><th colspan="6">空气声隔声单值评价量+频率修正量/dB</th></tr>
<tr><th colspan="3">高要求标准</th><th colspan="3">低限标准</th></tr>
<tr><td rowspan="6">医院</td><td>病房与产生噪声的房间之间</td><td colspan="3">$D_{nT,w}+C_{tr}\geqslant 55$</td><td colspan="3">$D_{nT,w}+C_{tr}\geqslant 50$</td></tr>
<tr><td>手术室与产生噪声的房间之间</td><td colspan="3">$D_{nT,w}+C_{tr}\geqslant 50$</td><td colspan="3">$D_{nT,w}+C_{tr}\geqslant 45$</td></tr>
<tr><td>病房之间及手术室、病房与普通房间之间</td><td colspan="3">$D_{nT,w}+C\geqslant 50$</td><td colspan="3">$D_{nT,w}+C\geqslant 45$</td></tr>
<tr><td>诊室之间</td><td colspan="3">$D_{nT,w}+C\geqslant 45$</td><td colspan="3">$D_{nT,w}+C\geqslant 40$</td></tr>
<tr><td>听力测听室与毗邻房间之间</td><td colspan="3"></td><td colspan="3">$D_{nT,w}+C\geqslant 50$</td></tr>
<tr><td>体外震波碎石室、核磁共振室与毗邻房间之间</td><td colspan="3"></td><td colspan="3">$D_{nT,w}+C_{tr}\geqslant 50$</td></tr>
<tr><td rowspan="8">办公建筑</td><td>办公室、会议室与产生噪声的房间之间的隔墙、楼板</td><td colspan="3">$R_w+C_{tr}>50$</td><td colspan="3">$R_w+C_{tr}>45$</td></tr>
<tr><td>办公室、会议室与普通房间之间的隔墙、楼板</td><td colspan="3">$R_w+C>50$</td><td colspan="3">$R_w+C>45$</td></tr>
<tr><td>外墙</td><td colspan="6">$R_w+C_{tr}\geqslant 45$</td></tr>
<tr><td>临交通干道的办公室、会议室外窗</td><td colspan="6">$R_w+C_{tr}\geqslant 30$</td></tr>
<tr><td>其他外窗</td><td colspan="6">$R_w+C_{tr}\geqslant 25$</td></tr>
<tr><td>门</td><td colspan="6">$R_w+C_{tr}\geqslant 20$</td></tr>
<tr><td>办公室、会议室与产生噪声的房间之间</td><td colspan="3">$D_{nT,w}+C_{tr}\geqslant 50$</td><td colspan="3">$D_{nT,w}+C_{tr}\geqslant 45$</td></tr>
<tr><td>办公室、会议室与普通房间之间</td><td colspan="3">$D_{nT,w}+C\geqslant 50$</td><td colspan="3">$D_{nT,w}+C\geqslant 45$</td></tr>
<tr><td rowspan="4">商业建筑</td><td>健身中心、娱乐场所与噪声敏感房间之间的隔墙、楼板</td><td colspan="3">$R_w+C_{tr}>60$</td><td colspan="3">$R_w+C_{tr}>55$</td></tr>
<tr><td>购物中心、餐厅、会展中心等与噪声敏感房间之间的隔墙、楼板</td><td colspan="3">$R_w+C_{tr}>50$</td><td colspan="3">$R_w+C_{tr}>45$</td></tr>
<tr><td>健身中心、娱乐场所等与噪声敏感房间之间</td><td colspan="3">$D_{nT,w}+C_{tr}\geqslant 60$</td><td colspan="3">$D_{nT,w}+C_{tr}\geqslant 55$</td></tr>
<tr><td>购物中心、餐厅、会展中心等与噪声敏感房间之间</td><td colspan="3">$D_{nT,w}+C_{tr}\geqslant 50$</td><td colspan="3">$D_{nT,w}+C_{tr}\geqslant 45$</td></tr>
<tr><td rowspan="9">旅馆</td><td></td><td colspan="2">特级</td><td colspan="2">一级</td><td colspan="2">二级</td></tr>
<tr><td>客房之间的隔墙、楼板</td><td colspan="2">$R_w+C>50$</td><td colspan="2">$R_w+C>45$</td><td colspan="2">$R_w+C>40$</td></tr>
<tr><td>客房与走廊之间的隔墙</td><td colspan="2">$R_w+C>45$</td><td colspan="2">$R_w+C>45$</td><td colspan="2">$R_w+C>40$</td></tr>
<tr><td>客房外墙（含窗）</td><td colspan="2">$R_w+C_{tr}>40$</td><td colspan="2">$R_w+C_{tr}>35$</td><td colspan="2">$R_w+C_{tr}>30$</td></tr>
<tr><td>客房外窗</td><td colspan="2">$R_w+C_{tr}\geqslant 35$</td><td colspan="2">$R_w+C_{tr}\geqslant 30$</td><td colspan="2">$R_w+C_{tr}\geqslant 25$</td></tr>
<tr><td>客房门</td><td colspan="2">$R_w+C\geqslant 30$</td><td colspan="2">$R_w+C\geqslant 25$</td><td colspan="2">$R_w+C\geqslant 20$</td></tr>
<tr><td>客房之间</td><td colspan="2">$D_{nT,w}+C\geqslant 50$</td><td colspan="2">$D_{nT,w}+C\geqslant 45$</td><td colspan="2">$D_{nT,w}+C\geqslant 40$</td></tr>
<tr><td>走廊与客房之间</td><td colspan="2">$D_{nT,w}+C\geqslant 40$</td><td colspan="2">$D_{nT,w}+C\geqslant 40$</td><td colspan="2">$D_{nT,w}+C\geqslant 35$</td></tr>
<tr><td>室外与客房</td><td colspan="2">$D_{nT,w}+C_{tr}\geqslant 40$</td><td colspan="2">$D_{nT,w}+C_{tr}\geqslant 35$</td><td colspan="2">$D_{nT,w}+C_{tr}\geqslant 30$</td></tr>
</table>

注：声学指标等级与旅馆建筑等级的对应关系：特级——五星级以上旅游饭店及同档次旅馆建筑；一级——三、四星级旅游饭店及同档次旅馆建筑；二级——其他档次的旅馆建筑。

此外，设有活动隔断的会议室、多功能大厅，其活动隔断的空气声隔声性能 $R_w+C\geqslant$ 35dB；电影院观众厅与放映机房之间隔墙隔声量不宜小于 45dB，相邻观众厅之间隔声量为低频不应小于 50dB，中高频不应小于 60dB。

④ 楼板撞击声隔声标准

《民用建筑隔声设计规范》GB 50118—2010 规定的建筑楼板撞击声隔声标准见表 3.3.5。

民用建筑楼板撞击声隔声标准　　表 3.3.5

<table>
<tr><td rowspan="2">建筑类别</td><td rowspan="2">隔楼和楼板部位</td><td colspan="4">撞击声隔声单值评价量/dB</td></tr>
<tr><td colspan="2">高要求标准</td><td colspan="2">低限标准</td></tr>
<tr><td>住宅</td><td>卧室、起居室（厅）的分户楼板</td><td colspan="2">$L_{n,w}<65$
$L'_{nT,w}\le 65$</td><td colspan="2">$L_{n,w}<75$
$L'_{nT,w}\le 65$</td></tr>
<tr><td rowspan="4">学校</td><td>语言教室、阅览室与上层房间之间的楼板</td><td colspan="4">$L_{n,w}<65$，$L'_{nT,w}\le 65$</td></tr>
<tr><td>普通教室、实验室、计算机房与上层产生噪声的房间之间的楼板</td><td colspan="4">$L_{n,w}<65$，$L'_{nT,w}\le 65$</td></tr>
<tr><td>琴房、音乐教室之间的楼板</td><td colspan="4">$L_{n,w}<65$，$L'_{nT,w}\le 65$</td></tr>
<tr><td>普通教室之间的楼板</td><td colspan="4">$L_{n,w}<75$，$L'_{nT,w}\le 75$</td></tr>
<tr><td rowspan="2">医院</td><td>病房、手术室与上层房间之间的楼板</td><td colspan="2">$L_{n,w}<65$
$L'_{nT,w}\le 65$</td><td colspan="2">$L_{n,w}<75$
$L'_{nT,w}\le 75$</td></tr>
<tr><td>听力测听室与上层房间之间的楼板</td><td colspan="2"></td><td colspan="2">$L'_{nT,w}\le 65$</td></tr>
<tr><td>办公建筑</td><td>办公室、会议室顶部的楼板</td><td colspan="2">$L_{n,w}<65$
$L'_{nT,w}\le 65$</td><td colspan="2">$L_{n,w}<75$
$L'_{nT,w}\le 75$</td></tr>
<tr><td>商业建筑</td><td>健身中心、娱乐声所等与噪声敏感房间之间的楼板</td><td colspan="2">$L_{n,w}<45$
$L'_{nT,w}\le 75$</td><td colspan="2">$L_{n,w}<50$
$L'_{nT,w}\le 50$</td></tr>
<tr><td rowspan="2">旅馆</td><td></td><td>特级</td><td colspan="2">一级</td><td>二级</td></tr>
<tr><td>客房与上层房间之间的楼板</td><td>$L_{n,w}<55$
$L'_{nT,w}\le 55$</td><td colspan="2">$L_{n,w}<65$
$L'_{nT,w}\le 65$</td><td>$L_{n,w}<75$
$L'_{nT,w}\le 75$</td></tr>
</table>

注：1　声学指标等级与旅馆建筑等级的对应关系：特级——五星级以上旅游饭店及同档次旅馆建筑；一级——三、四星级旅游饭店及同档次旅馆建筑；二级——其他档次的旅馆建筑。

2　$L_{n,w}$——计权规范化撞击声压级（实验室测量）；

$L'_{nT,W}$——计权标准化撞击声压级（现场测量）。

⑤ 工业企业内各类工作场所噪声限值见表 3.3.6（《工业企业噪声控制设计规范》GB/T 50087—2013）。

工业企业内各类工作场所噪声限值　　表 3.3.6

工作场所	噪声限值/dB（A）
生产车间	85
车间内值班室、观察室、休息室、办公室、实验室、设计室室内背景噪声级	70
正常工作状态下精密装配线、精密加工车间、计算机房	70
主控室、集中控制室、通信室、电话总机房、消防值班室、一般办公室、会议室、设计室、实验室室内背景噪声级	60
医务室、教室、值班宿舍室内背景噪声级	85

注：1　生产车间噪声限值为每周工作 5d，每天工作 8h 等效声级；对于每周工作 5d，每天工作时间不是 8h，需计算 8h 等效声级；对于每周工作日不是 5 天，需计算 40h 等效声级。

2　室内背景噪声级指室外传入室内的噪声级。

考点关注：应熟记常见建筑类型噪声控制标准数值。

例题 19：（2006）我国工业企业生产车间内的噪声限值为（　　）。

A. 75dB（A） B. 80dB（A）

C. 85dB（A） D. 90dB（A）

解析：本题考查规范规定的工业企业生产车间内的噪声限值。《工作场所有害因素职业接触限值 第 2 部分：物理因素》GBZ 2.2—2007 第 11.2.1 条表 9 规定：工作场所噪声职业接触限值为 85dB（A）。

答案：C

例题 20：（2006）在《民用建筑隔声设计规范》GBJ 118—88（已废止）中，旅馆客房室内允许噪声级分为几个等级？（ ）

A. 5 B. 4

C. 3 D. 2

解析：本题考查规范规定的旅馆客房室内允许噪声级的分级要求。根据《民用建筑隔声设计规范》GBJ 118—88（已废止），旅馆客房室内允许噪声级分为：特级、一级、二级 3 个等级。

答案：C

例题 21：（2005）我国城市居民、文教区的昼间环境噪声等效声级的限值标准为（ ）。

A. 50dB（A） B. 55dB（A）

C. 60dB（A） D. 65dB（A）

解析：本题考查规范规定的城市居民、文教区的昼间环境噪声等效声级的限值标准。《声环境质量标准》规定我国城市居民、文教区昼间环境噪声等效声级的限值标准为 55dB（A），夜间为 45dB（A）。

答案：B

2. 建筑噪声控制

1）噪声控制的原则

在声源处降低是最根本、最直接、最有效的措施。其次可以在噪声传播的途径中采取各种措施进行综合理。这些措施包括：（1）合理的总体布局和建筑平、剖面设计，可降低噪声 10～40dB；（2）吸声减噪处理，可降低噪声 8～10dB；（3）建筑构件的隔声处理，可降低噪声 10～60dB；（4）通风设备的消声处理，可降低噪声 10～50dB。

2）建筑设计与噪声控制

（1）在进行总图设计，应使建筑物尽可能远离噪声源，把对噪声不敏感的房间布置在临噪声源的一侧。安静要求较高的民用建筑，宜布置在本区域主要噪声源夏季主导风向的上风侧。

（2）采用内天井布置时，应考虑天井四周房间的用途，避免互相干扰。

（3）进行合理分区，把产生高噪声的房间其他房间分开，并将噪声源集中布置。

（4）在住宅建筑设计中，厨房、厕所、电梯机房等不得设在卧室和起居室的上层，也不得将电梯与卧室、起居室相邻布置。

（5）采用隔声屏障和隔声罩。隔声屏障的隔声量随宽度和高度增大而增大，屏障表面宜布置吸声材料。

（6）利用门斗或套间，并在其中布置吸声材料，使其成为隔声的“声闸”（“声锁”）。

（7）利用交错布置房门或“障壁墙”来增大声的传播距离以降低噪声级。

（8）当室内采用吊顶时，分户墙必须将吊顶内的空间完全分隔开。

考点关注：熟练掌握控制城市和建筑噪声的措施和效果。

例题 22：（2005）用隔声屏障的方法控制城市噪声，对降低下列哪种频段的噪声较为有效？（　　）

A. 低频　　B. 中、低频

C. 中频　　D. 高频

解析：本题考查隔声屏障的隔声原理和特性。隔声屏障可以将声音波长短的高频声吸收或反射回去，使屏障后面形成“声影区”，在声影区内感到噪声明显下降。对波长较长的低频声，由于容易绕射过去，因此隔声效果较差。

答案：D

例题 23：（2008）声闸的内表面应（　　）。

A. 抹灰　　B. 贴墙纸

C. 贴瓷砖　　D. 贴吸声材料

解析：本题考查声闸的构造做法。声闸内表面应做成强吸声处理。声闸内表面的吸声量越大，隔声效果越好，所以应该贴吸声材料。

答案：D

3. 室内吸声减噪

为了消减被噪声“包围”的感觉，可以在室内的顶棚、地面和墙面上布置吸声材料，或在房间中悬挂空间吸声体，使室内噪声源的反射声（混响声）被吸收减弱。这时听者所接收到的声音，主要是来自噪声源的直达声。这种控制噪声的方法称为“吸声减噪”，常常可使噪声降低 8～10dB，适用于原有吸声较少、混响声较强的房间。

室内吸声减噪量的计算方式如下：

$$L_p = L_w + 10\lg\left(\frac{1}{4\pi r^2} + \frac{4}{R}\right)$$

$$R = \frac{S\bar{\alpha}}{1-\bar{\alpha}}$$

式中 L_p——室内某点的声压级，dB；

L_w——声源声功率级，dB；

r——离开声源的距离，m；

R——房间常数，m^2；

S——室内总表面积，m^2；

$\bar{\alpha}$——室内平均吸声系数。

室内某点的声压级 L_p 由声源功率级 L_w 以及直达声（离开声源的距离 r）和混响声（房间常数 R）决定。r 较小时，主要是直达声；随着距离 r 的增大，直达声减小；当距离增大到一定时，直达声与混响声相等。这一距离称为“混响半径”r_c 或“临界半径”。在混响半径处应有：

$$\frac{1}{4\pi r_c^2}=\frac{4}{R}$$

$$r_c=0.14\sqrt{R}$$

当 r 很大时，直达声相对混响声可以忽略，室内声压级即为混响声声压级。

对室内平均吸声系数较小的房间采取吸声减噪措施较为有效。这时房间常数近似等于房间总吸声量 A，室内吸声减噪量也可由以下公式计算：

$$\Delta L_p=10\lg\left(\frac{A_2}{A_1}\right)$$

$$\Delta L_p=10\lg\left(\frac{\overline{\alpha}_2}{\overline{\alpha}_1}\right)$$

由上式可知，吸声量增大一倍，室内声压级降低 3dB。因此，对于室内原有较大吸声量的房间，不宜采用增大室内吸声量的吸声减噪方法。

考点关注：声压级的计算原理和参数概念；吸声降噪的基本原理和措施。

例题 24：(2010) 室内表面为坚硬材料的大空间，有时需要进行吸声降噪处理。对于吸声降噪的作用，以下哪种说法是正确的？(　　)

A. 仅能减弱直达声　　B. 仅能减弱混响声

C. 既能减弱直达声，也能减弱混响声　　D. 既不能减弱直达声，也不能减弱混响声

答案：B

例题 25：(2009) 某一机房内，混响半径（直达声压与混响声压相等的点到声源的声中心的距离）为 8m。通过在机房内表面采取吸声措施后，以下哪个距离（距声源）处的降噪效果最小？(　　)

A. 16m　　B. 12m

C. 8m　　D. 4m

答案：D

4. 消声与噪声控制

消声器是一种可使气流通过同时降低噪声级的装置，大致可分为阻性消声器和抗性消声器两大类。阻性消声器是将消声能量转化为热能，从而达到消声的目的。抗性消声器主要不是直接吸收声能，而是借助管道截面的突然扩张或收缩，或旁接共振腔，使沿管道传播的部分气流噪声在突变处向声源方向反射回去，以此达到消声的目的。阻性消声器主要消除中高频的噪声，抗性消声器则主要消除低频噪声。

(四) 建筑隔声

声波可以通过围护结构的孔洞和缝隙直接传入建筑空间，也可透过围护结构传播，这两种情况的声音都是经由空气传播的，一般称为“空气传声”或“空气声”。第三种情况是围护结构受到直接的撞击或振动作用，声音直接通过围护结构传用而发生，并从某些建筑物的部件如墙体、楼板等再辐射出来，最后作为空气声传入人耳。这种声音传播的方式称为“固体传声”或“撞击声”。

考点关注：空气传声和固体传声的概念和原理。

例题 26：（2010）住宅楼三层住户听到的以下噪声中，哪个噪声不是空气声？（　　）

A. 窗外的交通噪声　　B. 邻居家的电视声

C. 地下室的水泵噪声　　D. 室内的电脑噪声

答案：C

1. 隔绝空气声

透过围护结构的声能 E 与入射的总声能 E_0 之比值即透声系数，用符号 τ 来表示，则围护结构对空气声的隔声量 R 为：

$$R=10\lg\frac{1}{\tau}$$

式中　R——隔声量，dB；

τ——围护结构的透声系数，$\tau=E/E_0$。

使用较多的单一数值指标是空气声计权隔声量 R_w。R_w 指标考虑了人耳听觉的频率特性及建筑中典型噪声源的频率特性，因此能较好地反映构件的隔声能力，并便于不同构件隔声能力的比较。

1）单层匀质密实墙的空气声隔声

单层匀质密实墙的隔声量大小主要与入射频率和墙的单位面积质量有关。声波无规则入射时隔声量 R 的计算式为：

$$R=20\lg f+20\lg M-48$$

式中　f——入射声频率，Hz；

M——墙体单位面积质量，kg/m^2。

上式说明墙的单位面积质量越大，隔声效果越好，这一规律称为“质量定律”。质量定律说明，当墙的材料已经决定后，为增加其隔声量，唯一的办法是增加墙的厚度，厚度增加一倍，单位面积质量即增加一倍，隔声量增加 6dB；该定律还表明，低频的隔声比高频的隔声要困难。在吻合临界频率 f_c 处的隔声量低谷也称“吻合谷”。一般硬而厚的墙体可降低吻合临界频率，在隔声设计中应设法使“吻合效应”不发生在主要的声频范围（125～4000Hz）。

考点关注：隔声的质量定律是经常考查的内容之一，应熟练掌握质量定律的原理和简单计算。

例题 27：（2009）某 50mm 厚单层匀质密实墙板对 100Hz 声音量为 20dB。根据隔声的“质量定律”，若单层密实墙板的厚度变为 100mm，其对 100Hz 声音的隔声量是（　　）。

A. 20dB　　B. 26dB

C. 32dB　　D. 40dB

答案：B

例题 28：（2006）下列哪种板材隔绝空气声的隔声量最大？

A. 140 陶粒混凝土板（$238kg/m^2$）　　B. 70 加气混凝土砌块（$70kg/m^2$）

C. 20 刨花板（$13.8kg/m^2$）　　D. 12 厚石膏板（$8.8kg/m^2$）

答案：A

例题 29：（2008）匀质墙体，其隔声量与其单位面积的质量（面密度）呈什么关系？（ ）

A. 线性　　　　B. 指数

C. 对数　　　　D. 三角函数

答案：C

2）双层匀质密实墙的空气声隔声

由于双层墙中间的空气层具有弹性（可看作与两侧墙壁相连的“弹簧”），这样，声波所引起的第一层墙壁的振动在通过空气层传给第二层墙壁时，就会由于空气层的弹性变形而使传递给第二层墙壁的振动大为减弱，从而提高了双层墙总体的隔声量。与单层墙相比，同样重的双层墙可有 10dB 左右的隔声增量。空气层增大（空气层厚度宜小于 50mm），隔声量随之增大，但空气层增大到 80mm 以上量，隔声量增加就不明显了。刚性连接可以较多地传递声能，因此称为“声桥”。

双层墙的隔声量还会因为发生共振而下降。双层墙和空气间层其实是组成了固有频率为 f_0 的振动系统：

$$f_0=\frac{600}{\sqrt{L}}\sqrt{\frac{1}{M_1}+\frac{1}{M_2}}$$

式中 M_1、M_2——每层墙壁的面密度，kg/m^2；

L——空气层的厚度，cm。

对于那些频率大于 1.414 倍固有频率的声音，双层墙的隔声量才会有明显的提高，才能在声学上优于重量相同的匀质单层墙。另外，对双层墙分别采用不同厚度的墙体，可以使各层的吻合谷错开，以减轻吻合效应的不利影响。

3）轻墙的空气声隔声

建筑设计和建筑工业化的趋势是采用轻质隔墙代替厚重的隔墙，但是这种隔墙的隔声量较小，可采用下列措施来增加隔声量：

（1）双层轻质隔墙间设空气层，将空气间层的厚度增加到 75mm 以上时，在大多数的频带内可以增加隔声量 8～10dB。

（2）以多孔材料填充轻质墙体之间的空气层。

（3）增加轻质墙体的层数和填充材料的种类，为了避免轻墙的吻合效应，可使各层材料的质量不等，以错开吻合谷。

考点关注：双层墙主要是利用空气间层的弹性减振作用提高隔声能力。

例题 30：（2005）双层墙能提高隔声能力主要是下列哪项措施起作用？（ ）

A. 表面积增加　　　　B. 体积增加

C. 空气层间层　　　　D. 墙厚度增加

解析：本题考查双层墙体的隔声原理。

答案：C

4）门窗的空气声隔声

（1）门是墙体中隔声较差的部件，普通未做隔声处理的门，其空气直接隔声量常低于 20dB，门四周的缝隙也是传声的途径。提高门的隔声能力关键在于门扇及其周边缝隙的处理，为了达到较高的隔声量，可以用设置“声闸”的方法，即设置双层门并在双层门之间的门斗内壁贴强吸声材料。

（2）窗是建筑围护结构隔声最薄弱的部件，普通的3mm厚玻璃窗，隔声量在25dB以下。可开启的窗很难有较高的隔声量，隔声窗通常是指不开启的观察窗。设计隔声窗时，可采用5mm以上的厚玻璃，层数可在两层以上，各层玻璃的厚度应不相同，以错开"吻合谷"，同时，两层玻璃不应平行，以免引起共振。另外，两层玻璃之间的窗樘上，应布置强吸声材料，双层玻璃的间距应尽可能大，最好能在200mm以上。

5）组合墙体空气声隔声

组合墙体是指实体墙和门窗的组合。组合墙体隔声设计时应相应地提高门窗的隔声量，较为合理的做法是使门窗的隔声量比实体墙低10dB左右。

考点关注：组合墙体空气声隔声的方法。

例题31：（2004）组合墙（即带有门或窗的隔墙）中，墙的隔声量选择哪种方法合理？（　　）

A. 低于门或窗的隔声量　　B. 等于门或窗的隔声量

C. 可不考虑门或窗的隔声量　　D. 大于门或窗的隔声量

答案：D

例题32：（2006）组合墙（即带有门或窗的隔墙）中，墙的隔声量应比门或窗的隔声量高多少才能有效隔声？（　　）

A. 3dB　　B. 6dB

C. 8dB　　D. 10dB

答案：D

2. 隔绝固体声（撞击声）

与空气声相比，由撞击声引起的撞击声级一般也较高，影响范围更为广泛，因此对固体声（撞击声）的隔绝就成为提高室内声环境质量很重要的方面。在我国制订的《民用建筑隔声设计规范》GB 50118—2010中，是以楼板部位的计权标准化撞击声压级来规定撞击声的隔声标准的。

1）计权标准化撞击声压级

工程上常用计权撞击声压级来评价楼板的撞击声隔声性能。一般来说，楼板厚度增大一倍，撞击声压级约减小10dB；楼板重量增加一倍，撞击声压级只是降低3～4dB。可见增大厚度较为有利。

2）楼板撞击声的隔绝措施

楼板要承受各种荷载，按照结构的要求，它必须有一定的厚度与重量，因此有一定的隔绝空气声的能力。但是由于人们的行走、拖动家具、物体的撞击声等引起固体振动所辐射的噪声，对楼下的干扰特别严重。楼板下的撞击声压级，取决于楼板的弹性模量、密度、厚度等因素，主要取决于楼板的厚度。

改善楼板隔绝撞击声的措施主要有：

（1）在承重楼板上铺放弹性面层。这对于改善楼板隔绝中高频撞击声的性能有显著的效应。

（2）浮筑构造。在楼板承重层与面层之间设置弹性垫层，以减轻结构的振动。

（3）在承重楼板下加设吊顶。这对于改善楼板隔绝空气噪声和撞击声的性能都有明显的效用。吊顶与楼板的连接宜用弹性连接，且连接点在满足强度的情况下要少。

3）振动的隔离

对于固体传声的隔绝首先应该在振源与建筑围护结构之间采取有效的隔振措施，如设置钢弹簧、橡胶、软木、毛毡、塑料等隔振垫，尤其是钢弹簧和橡胶。

安装在钢弹簧上的隔振机座，和钢弹簧组成了一个隔振系统，该系统的共振频率 f_0 为：

$$f_0=\frac{5}{\sqrt{d}}$$

式中，d 是加上重量后弹簧的压缩量，称为静态压缩量，单位是 cm。

当机器的振动频率（或机器的每秒转数）大于 $1.414f_0$，才会有隔振作用。而有效的隔振机座可使传到基础、围护结构的振动降低，有时可使噪声级降低 5～10dB。

考点关注：隔绝固体声（撞击声）的原理、方法和效果是常见的考查要点，应熟练掌握。

例题 33：（2009）某住宅楼三层的住户受位于地下室的变压器振动产生的噪声干扰，若要排除这一噪声干扰，应该采取以下哪项措施？（　　）

A. 加厚三层房间的地面楼板

B. 加厚地下变电室的顶部楼板

C. 在地下变电室的顶面、墙面装设吸声材料

D. 在变压器与基座之间加橡胶垫

答案：D

例题 34：（2009）为减少建筑设备噪声的影响，应首先考虑采取下列哪项措施？（　　）

A. 加强设备机房围护结构的隔声能力

B. 在设备机房的顶面、墙面设置吸声材料

C. 选用低噪声建筑设备

D. 加强受干扰房间围护结构的隔声能力

答案：C

例题 35：（2006）改善楼板隔绝撞击声性能的措施之一是在楼板表面铺设面层（如地毯类），它对降低哪类频率的声波尤为有效？（　　）

A. 高频　　B. 中频

C. 中、低频　　D. 低频

答案：A

例题 36：（2004）机器设备采用隔振机座，对建筑物内防止下列哪种频率的噪声干扰较为有效？（　　）

A. 高频　　B. 中高频

C. 中频　　D. 低频

答案：D

考点关注：应熟练掌握隔振系统隔振效果与干扰力频率、固有频率的关系。

例题 37：(2005) 隔振系统的干扰力频率（f）与固有频率（f_0）之比，必须满足多大，才能取得有效的隔振效果？（　　）

A. 0.2　　B. 0.5

C. 1.0　　D. $\sqrt{2}$

解析：本题考查隔振系统隔振效果与干扰力频率、固有频率的关系。当隔振系统的干扰力频率（f）与固有频率（f_0）之比大于$\sqrt{2}$时，才能取得有效的隔振效果。

答案：D

（五）吸声材料与构造

1. 多孔吸声材料

多孔材料是应用广泛的吸声材料，如超细玻璃棉、玻璃棉、岩棉、矿棉、沥青玻璃毡、木丝板、软质纤维板、微孔吸声砖等。

多孔材料吸声机理：材料中有许多微小间隙和连续气泡，具有一定通气性。当声波入射，引起小孔或间隙中空气的振动。空气质点自由地压缩、稀疏，但紧靠材料孔壁表面的空气质点振动速度较慢。由于摩擦和空气的粘滞阻力，空气质点的动能转为热能；此外，空气与孔壁之间发生热交换，使部分声能转为热能被吸声。吸声系数随声波频率提高而增加。

考点关注：多孔吸声材料的吸声特性和吸声机理是经常考查的内容，应熟练掌握。

例题 38：(2010) 对中、高频声有良好的吸收，背后留有空气时还能吸收低频声。以下哪种类型的吸声材料或吸声结构具备上述接特点？（　　）

A. 多孔吸声材料　　B. 薄板吸声结构

C. 穿孔板吸声结构　　D. 薄膜吸声结构

答案：A

例题 39：(2010) 多孔吸声材料最基本的吸声机理特征是（　　）。

A. 纤维细密　　B. 适宜的容重

C. 良好的通气性　　D. 互不相通的多孔性

答案：C

例题 40：(2009) 由相同密度的玻璃棉构成的下面 4 种吸声构造中，哪种构造对 125Hz 声音吸收最大？（　　）

A. 25 厚玻璃棉板墙　　B. 50 厚玻璃棉板墙

C. 100 厚玻璃棉板墙　　D. 100 厚玻璃棉板＋100 厚空腔墙

答案：D

影响吸声特性的因素包括：

1) 材料中空气的流阻

多孔材料的吸声特性受空气黏性的影响最大。空气流阻，是指空气流稳定地流过材料时，材料两面的静压差和流速之比。从吸声性能考虑，多孔材料存在最佳的空气流阻。材料受潮，首先降低对高频声的吸声，继而扩大其影响范围。

2）孔隙率

孔隙率，是指材料中的空隙体积和材料总体积之比。多孔材料的孔隙率一般都在70%以上，多数达到90%。

3）材料厚度

对同一种材料，实际上常以材料的厚度、容重等来控制其吸声特性。同一种多孔材料，厚度增加，中、低频吸声系数增加，其吸声的有效频率范围也扩大。但材料厚度增加到一定值，低频吸声增加明显，高频吸声影响小。通常按照中、低频范围所需要的吸声系数值选择材料厚度。

考点关注：多孔吸声材料的吸声特性。

例题41：(2008) 一般厚50mm的多孔吸声材料，它的主要吸声频段在(　　)。

A. 低频　　B. 中频

C. 中、高频　　D. 高频

答案：C

4）材料表观密度

随着材料表观密度的增加，吸声系数有所不同。一般来说，一种多孔材料的表观密度有其最佳值。

5）材料背后的空气层

对于厚度、表观密度一定的多孔材料，当其与坚实壁面之间留有空气层时，吸声特性会有所改变，低频吸声系数增加。

6）饰面的影响

为了尽可能地保持多孔材料的吸声特性，饰面应具有良好透气性能。可使用金属网、塑料窗纱、透气性好的纺织品等。也可以使用厚度小于0.05mm的塑料薄膜、穿孔薄膜和穿孔率在20%以上的薄穿孔板等。使用穿孔板面层，低频吸声系数将有所提高；使用薄膜面层，中频吸声系数将有所提高。

考点关注：多孔性吸声材料外饰面对其吸声性能的影响是考查的内容。应熟记相关材料要求。

例题42：(2006) 在多孔性吸声材料外包一层塑料薄膜，膜厚多少才不会影响它的吸声性能？(　　)

A. 0.2mm　　B. 0.15mm

C. 0.1mm　　D. 小于0.05mm

(注：此题2004年考过)

答案：D

例题43：(2005) 下列哪种罩面材料对多孔材料的吸声能力影响为最小？(　　)

A. 0.5mm薄膜　　B. 钢板网

C. 穿孔率10%的穿孔板　　D. 三合板

答案：B

2. 空腔共振吸声结构

共振结构的吸声机理：不透气软质膜状材料（如塑料、帆布）或薄板，与其背后的封闭空气层形成一个质量—弹簧共振系统。当收到声波作用时，在该系统共振频率附近具有最大的声吸收。

最简单的空腔共振吸声结构是亥姆霍兹共振器。共振器的共振频率可用下式计算：

$$f_0=\frac{c}{2\pi}\sqrt{\frac{S}{V\ (t+\delta)}}$$

式中 f_0——共振频率，Hz；

c——声速，一般取 34000cm/s；

S——颈口面积，cm^2；

V——空腔容积，cm^3；

t——孔颈深度（即板的厚度），cm；

δ——开口末端修正量，cm；因为颈部空气柱两端附近的空气也参加振动，故需要修正；对于直径为 d 的圆孔，$\delta=0.8d$。

穿孔板吸声结构共振频率：

$$f_0=\frac{c}{2\pi}\sqrt{\frac{p}{L\ (t+\delta)}}$$

式中 f_0——共振频率，Hz；

c——声速，cm/s；

L——板后空气层厚度，cm；

t——板的厚度，cm；

δ——孔口末端修正量，$g=0.8d$，cm；

p——穿孔率，即穿孔面积与总面积之比。

圆孔按正方形排列时：

$$p=\frac{\pi}{4}\left(\frac{d}{D}\right)^2$$

圆孔按等边三角形排列时：

$$p=\frac{\pi}{2\sqrt{3}}\left(\frac{d}{D}\right)^2$$

式中，d 为孔径，D 为孔距。

当穿孔板需要喷涂油漆时，保持多孔材料的透气性很重要。应在板上喷涂油漆之后再安装多孔材料。

当穿孔板用作室内吊顶，背后空气层厚度超过 20cm 时，为了较精确地计算共振频率，应采用下列公式：

$$f_0=\frac{c}{2\pi}\sqrt{\frac{p}{L(t+\delta)+pL^2/3}}$$

由于空腔较深，在低频范围将出现共振吸收。若在板后铺放多孔材料，还将使高频具有良好的吸声特性。这种吸声结构具有较宽的吸声特性。

考点关注：穿孔板吸声结构的共振频率是经常考查的内容，应熟练掌握共振频率的计算公式及其参数概念，并能做简单计算。

例题 44：（2006）采取哪种措施，可有效降低穿孔板吸声结构的共振频率？（　　）

A. 增大穿孔率　　B. 增加板后空气层厚度

C. 增大板厚　　D. 板材硬度

答案：B

例题 45：（2007）决定穿孔板吸声结构共振频率的主要参数是(　　)。

A. 板厚　　B. 孔径

C. 穿孔率和板后空气层厚度　　D. 孔的排列形式

答案：C

例题 46：（2010）如何使穿孔板吸声结构在很宽的频率范围内有较大的吸声系数？（　　）

A. 加大孔径　　B. 加大穿孔率

C. 加大穿孔板背后的空气层厚度　　D. 在穿孔板背后加多孔吸声材料

答案：D

3. 薄膜、薄板吸声结构

薄板吸声结构的吸声原理为：薄板吸声结构在声波作用下发生振动时，由于板内部和木龙骨间出现摩擦损耗，使声能转变为机械振动，最后转变为热能而起到吸声作用。

选用薄膜或薄板吸声结构时，较薄的板，因为容易振动可吸收较多。吸声系数峰值在低于 200～300Hz 的范围，随着薄板单位面积重量的增加以及薄板背后空气层厚度的增加，吸声系数峰值向低频移动。在薄板背后的空气层里填多孔材料，吸声系数峰值增加。薄板表面涂层，对吸声性能无影响。

1）薄膜等具有不透气、柔软、受张时有弹性等特性。薄膜材料可与其背后封闭的空气层形成共振系统。对于不受张拉或张力很小的膜，共振频率 f_0 可按下式计算：

$$f_0=\frac{1}{2\pi}\sqrt{\frac{\rho c^2}{M_0 L}}\approx\frac{600}{\sqrt{M_0 L}}$$

式中　f_0——共振频率，Hz；

M_0——膜的单位面积质量，kg/m^2；

L——膜与刚性壁之间空气层的厚度，cm；

ρ——空气密度，kg/m^3。

通常薄膜吸声结构的共振频率在 200～1000Hz 范围内，最大吸声系数为 0.3～0.4，一般可把它作为中频范围的吸声材料。

2）薄板吸声结构

把胶合板、硬质纤维板、石膏板、石棉水泥板或金属板等板材的同边固定在框架上，连同板后的封闭空气层，可共同构成薄板共振吸声结构。

因为低频声比高频声更容易激起薄板振动，所以它具有低频的吸声特性。工程常用的薄板共振吸声结构的共振频率在 80～300Hz，其吸声系数为 0.2～0.5。这种结构的共振频率 f_0 可用下式计算：

$$f_0=\frac{1}{2\pi}\sqrt{\frac{\rho c^2}{M_0 L}+\frac{K}{M_0}}=\sqrt{\frac{1.4\times10^7}{M_0 L}+\frac{K}{M_0}}$$

式中　f_0——共振频率，Hz；

M_0——板的单位面积质量，kg/m^2；

L——板与刚性壁之间空气层的厚度，cm；

K——结构的刚度因素，$kg/(m^2 \cdot s^2)$。一般板材的 K 值为 $1\times10^6 \sim 3\times10^6 kg/(m^2 \cdot s^2)$。

考点关注：薄板构造的吸声原理。

例题 47：(2005) 建筑中使用的薄板构造，其共振频率主要在下列哪种频率范围？(　　)

A. 高频　　B. 中、高频

C. 中频　　D. 低频

答案：D

4. 其他类型的吸声结构

1）强吸声结构

吸声尖劈是消声室中最常用的强吸声结构，其构造是用 $\phi3.2 \sim 3.5$ 钢筋制成所需形状和尺寸的框子，在框架上粘缝布类罩面材料，内填棉状多孔材料，尖劈的吸声系数需在 0.99 以上。达到此要求的最低频率称为“截止频率”f_0，并以此表示尖劈的特性。尖劈的截止频率 f_0 约为 $0.2c/l$，其中 c 为声速。增加尖部长度 l 可降低 f_0。

除了吸声尖劈之外，在强吸声结构中，还有在界面平铺多孔材料的。多孔材料厚度较大，也可做到对宽频带声音的强吸收。

考点关注：吸声尖劈的吸声特性和主要使用场所。

例题 48：(2004) 吸声尖劈构造最常用于下列哪种场所？(　　)

A. 录音室　　B. 消声室

C. 音乐厅　　D. 电影院

答案：B

2）帘幕

若幕布、窗帘等离墙面、窗玻璃有一定距离，就好像在多孔材料背后设置了空气层，尽管没有完全封闭，对中高频甚至低频仍具有一定的吸声作用。设帘幕离刚性壁的距离为 L，具有吸声峰值的频率是 $f=(2n-1)\cdot c/4L$，n 为正整数。

3）洞口

向室外自由声场敞开的洞口，从室内的角度来看，它是完全吸声的，对所有频率的吸声系数均为 1。若洞口不是朝向自由声场时，其吸声系数通常就小于 1。

4）人和家具

人和室内家具也能够吸收声音，因此人和家具实际上也是吸声体。其吸声特性用每个人或每件家具的吸声量表示。它们与个数（或件数）的乘积即为总吸声量。为了保证室内音质受听众多少的影响不至太大，空场状态下单个椅子的吸声量，应尽可能相当于一个听众的吸声量。

5）微穿孔板

用板厚和孔径均在 1mm 以下，穿孔率为 1%～3%的薄金属板与背后空气层组成。由于穿孔细而密，因而比穿孔板声阻大。微穿孔板结构不需要在板后配置多孔吸声材料，使结构大为简化。

考点关注：微穿孔板吸声构造的特性和吸声原理。

例题49：（2006）微穿孔板吸声构造在较宽的频率范围内有效的吸声系数，其孔径应控制在多大范围？（　　）

A. 5mm　　　　B. 3mm

C. 2mm　　　　D. 小于1mm

答案：D

5. 吸声材料的选用

（1）混响室法的测量条件得出的吸声系数比较符合实际情况，对于驻波管法测得的吸声系数应在使用前先换算为混响室法吸声系数。

（2）建筑吸声材料的使用应该结合多方面的功能要求。

（六）室内声学原理

1. 几何声学

几何声学就是用声学的观点研究声波在封闭空间中传播的科学。利用几何声学的方法可以得到一个很直观的声音在室内传播的图形。直达声及反射声的分布情况对听者有很大影响，声学设计通常只着重研究前一、二次反射声，并控制其分布情况，以改善室内音质。

2. 统计声学

对于任一接收点，其所接收的声音可以简单地看作由三部分组成：第一部分为直达声，即自声源未经反射直接传到接收点的声音；第二部分为早期反射声，它是指在直达声之后相对延迟时间为50ms内到达的反射声；第三部分为混响声，它是在前次反射后陆续到达的、经过多次反射的声音的统称。混响声的长短与强度将影响厅堂音质，如清晰度和丰满度等。

混响时间是指声音已达到稳态后停止声源，平均声能密度自原始值衰变到其百万分之一（60dB）所需要的时间。

1）赛宾公式

19世纪末，赛宾通过试验研究，建立了赛宾公式：

$$T_{60}=\frac{0.161V}{A}$$

式中　T_{60}——混响时间，s；

A——室内表面吸声量，$A=S\cdot\bar{\alpha}$；

$\bar{\alpha}$——室内平均吸声系数，$\bar{\alpha}=\frac{S_1\alpha_1+S_2\alpha_2+\cdots+S_n\alpha_n}{S_1+S_2+\cdots+S_n}$；

V——房间容积，m^3；

S——室内总表面积，m^2；

α_1，α_2，…，α_n——各种不同材料的吸声系数；

S_1，S_2，…，S_n——各种不同材料的表面积，m^2。

应该注意，上式适合于 $\bar{\alpha}<0.2$ 的情况，否则将产生较大误差。

2）伊林公式

当考虑到室内表面和空气的吸收作用后，得出伊林公式为：

$$T_{60}=\frac{0.161V}{-S\ln(1-\bar{\alpha})+4mV}$$

式中 $4m$——空气吸声系数，一般在计算中可按相对湿度 60%，室内温度 20℃计。采用伊林公式，特别是在室内吸声量较大时（$\bar{\alpha}>0.2$），计算结果更接近于实测值。估计算混响时间时，通常要计算 125、250、1000、2000 和 4000Hz 六个频率的值。

这两个公式有以下假设条件：首先，室内的声音是充分扩散的，即室内任一点声音强度一样，而且在任何方向上的强度也一样；其次，室内声音按同样的比例被室内各表面吸收，即吸收是均匀的。

考点关注：混响时间的概念、计算公式及其主要参数的含义是考查的重要内容，应熟练掌握。

例题 50：（2010）在房间内某点测得连续声源稳态声的声压级为 90dB，关断声源后该点上声压级变化过程为：0.5s 时 75dB，1.0s 时 68dB，1.5s 时 45dB，2.0s 时 30dB。该点上的混响时间是多少？（　　）

A. 0.5s　　　　B. 1.0s

C. 1.5s　　　　D. 2.0s

答案：D

例题 51：（2010）用赛宾公式计算混响时间是有限制条件的。当室内平均吸声系数小于多少时，计算结果才与实际情况比较接近？（　　）

A. 0.1　　　　B. 0.2

C. 0.3　　　　D. 0.4

答案：B

例题 52：（2009）当室内声场达到稳态，声源停止发声后，声音衰减多少分贝所经历的时间是混响时间？（　　）

A. 40dB　　　　B. 40dB

C. 50dB　　　　D. 60dB

答案：D

3）混响时间计算的精确性

混响时间计算值与实测值一般会有 10%左右的误差，产生误差的原因主要是：

（1）混响时间计算公式是假设室内声场充分扩散、室内声吸收是均匀的条件下导出的。在实践中，声场很不均匀，室内吸收分布很不均匀。

（2）一个厅堂里对材料的使用状况，不可能具备混响室的扩散条件。

3. 室内声压级计算

已知声功率，可利用下式计算声源不同距离处的声压级：

$$L_p = 10\lg W + 10\lg\left(\frac{Q}{4\pi r^2} + \frac{4}{R}\right) + 120$$

式中　W——声源的声功率，W；

r——离开声源的距离，m；

R——房间常数，$R=\frac{S\bar{\alpha}}{1-\bar{\alpha}}$，$m^2$；

$\bar{\alpha}$——室内平均吸声系数；

S——室内总表面积，m^2；

Q——声源的指向性因素，见表 3.6.1。

考点关注：室内点声源的声压级的计算原理和参数概念，应熟记。

点声源在室内不同位置时的指向性因素　　表 3.6.1

指向性因素	$Q=1$	$Q=2$	$Q=4$	$Q=8$
点声源位置	房间中心	壁面中心	两壁面交线上	角落上

例题 53：(2010) 某房间的容积为 $10000m^3$，房间内表面吸声较少，有一点声源在房间中部连续稳定地发声。在室内常温条件下，房间内某处的声压级与以下哪项无关？(　　)

A. 声源的声功率　　B. 离开声源的距离

C. 房间常数　　D. 声速

答案：D

4. 房间的声共振

1) 驻波

驻波：就是驻定的声压起伏。当在传播方向遇到垂直的刚性反射面时，用声压表示的入射波在反射时没有振幅和相位的变化，入射波和反射波相互干涉就形成了驻波。

产生驻波的条件是：

$$L = n \cdot \frac{\lambda}{2} \quad (n\text{ 为正整数})$$

相应的频率是：

$$f = \frac{c}{\lambda} = \frac{nc}{2L} \quad (n\text{ 为正整数})$$

2) 房间共振

房间共振：房间内复杂的共振系统，在声波的作用下也会产生驻波或称简正振动、简正波。

当房间受到声源激发时，简正频率及其分布决定于房间的边长及其相互比例，在小的建筑空间，如果其三维尺度是简单的整数比，则可被激发的简正频率相对较少并且可能只叠合（或称简并）在某些较低的频率，这就会使那些与简正频率（房间的共振频率）相同的声音被大大加强，导致原有的声音频率畸变，使人们感到听闻的声音失真，即出现房间共振现象。

根据驻波形成的原理，在矩形房间内三对平行表面上下、左右、前后间，只要其距离是λ/2 的整数倍，就可以产生相应方向上的轴向共振，相应的轴向共振频率为 f_{n_x}，f_{n_y}，为 f_{n_z}。在三维空间中，除了轴向驻波外，还会出现切向驻波和斜向驻波。计算矩形房间共振（包括轴向共振、切向共振、斜向共振三种共振）频率的普遍公式为：

$$f_{n_x,n_y,n_z}=\frac{c}{2}\sqrt{\left(\frac{n_x}{L_x}\right)^2+\left(\frac{n_y}{L_y}\right)^2+\left(\frac{n_z}{L_z}\right)^2}$$

式中 L_x，L_y，L_z——分别为房间的长、宽 、高，m；

n_x，n_y，n_z——分别为任意正整数（也可以是 0，但不能同时为 0）。

为了克服“简并”现象，使房间共振频率范围展宽，避免集中于某几个频率，需选择合适的房间尺寸、比例和形状，以改变房间的简正方式。应避免房间边长相同或形成简单整数比。正方体房间是最不利的。此外，将房间的墙面或顶棚做成不规则形状，或将吸声材料不规则地配置在室内界面上，也可以减少房间共振引起的不良影响。

考点关注：熟练掌握“简并”现象的原理和避免措施。

例题 54：(2006) 为了克服“简并”现象，使其共振频率分布可能均匀，房间几何尺寸应取哪种比例合适？（　　）

A. 7×7×7　　B. 6×6×9

C. 6×7×8　　D. 8×8×9

答案：C

(七) 厅 堂 音 质 设 计

1. 厅堂音质评价

1）音质主观评价

音质是指房间中传声的质量。房间音质的主要决定因素是混响、反射声序列时空结构和噪声级。对语言声主要是清晰度和可懂度，也要求具有一定的响度，同时要求频谱的均衡、不失真。对于音乐声，主要是清晰度（明晰度）、响度、丰满度、空间感和平衡感等方面的要求。同时，无论是语言听闻还是音乐声听闻，共同的前提是避免质缺陷。音质缺陷主要指噪声干扰、回声干扰及颤动回声干扰等。

(1) 语言声音质主观评价

语言清晰度是指对无字义联系的语言号（单字或音节），通过厅堂的传输，能被听众正确辨认的百分数。语言声听闻要求可懂度达到 95%以上，清晰度达到 85%以上。当清晰度在 60%以下时，听音感到费力，难懂；在 60%～80%时，听者需集中注意力才能听懂说话的内容。

语言声音质主要评价还包括响度和音色方面的评判。

(2) 音乐声音质主观评价

一般认为好的音质应具有四个方面的特征：a. 在丰满度与清晰度之间具有恰当的平衡；b. 具有合适的响度；c. 具有一定的空间感；d. 具有良好的音色，即低、中、高频各声部取得良好的平衡，音色不畸变、不失真。

2）音质客观评价

（1）混响时间与早期衰变时间

混响时间与音质的丰满度和清晰度有关。一般而言，对于以语言听闻为主的厅堂，不希望混响时间过长，以1s左右为宜；而对于以听音乐为主的厅堂，则希望混响时间较长些，如达到1.5～2.2s。各类厅堂混响时间参数参见表3.7.1～表3.7.3。

观演建筑观众厅频率为500～1000Hz满场混响时间范围　　表3.7.1

建筑类别	混响时间（中值）/s	适用容积/m^3	说明
歌剧、舞剧剧场	1.1～1.6	1500～15000	选自《剧场、电影院和多用途厅堂建筑声学设计规范》GB/T 50356—2005
话剧、戏曲剧场	0.9～1.3	1000～10000	
会堂、报告厅、多用途礼堂	0.8～1.4	500～20000	
普通电影院	0.7～1.0	500～10000	
立体声电影院	0.5～0.8	500～10000	
歌舞厅	0.6～0.9（下限） 0.7～1.2（上限）		选自《歌舞厅扩声系统的声学特性指标与测量方法》WH 0301—93

观演建筑观众厅各频率混响时间相对于500～1000Hz的值　　表3.7.2

建筑类别	125Hz	250Hz	2000Hz	4000Hz
歌剧院	1.0～1.3	1.0～1.15	0.9～1.0	0.8～1.0
话剧、戏曲院	1.0～1.2	1.0～1.1		
会堂、报告厅、多用途礼堂	1.0～1.3	1.0～1.15		
普通电影院、立体声电影院	1.0～1.2	1.0～1.1		
歌舞厅	1.0～1.4	1.0～1.2	0.8～1.0	0.7～1.0

其他建筑空间混响时间推荐值（500～1000Hz平均值）　　表3.7.3

厅堂类型	T_{60}/s	厅堂类型	T_{60}/s
音乐厅	1.5～2.2	电视演播室（音乐）	0.6～1.0
体育馆（多功能）	<2.0	教室	0.8～1.0
音乐录音室（自然混响）	1.2～1.6	视听教室	0.4～0.8
电视演播室（语音）	0.5～0.7		

考点关注：熟练掌握室内音质主观和客观评价量的主要内容。

例题55：(2007) 室内音质的主要客观评价量是（　　）。

A. 丰满度和亲切感

B. 清晰度和可懂度

C. 立体感

D. 声压级、混响时间和反射声的时空分布

答案：D

（2）声压级

与音质响度感密切相关的物理指标是声压级。对语言声和音乐可以选择不同的声压级标准。对于语言声，要求声压级应至少达到 50～55dB，信噪比（即语言声压级与背景噪声声压级之差）要达到 10dB 以上。对于音乐演出，演出时动态范围大，给如何评价听音乐演出时的响度感带来困难。一般希望强音标志乐段（f）的平均声压级 L_{pf} 达到 90dB 左右，响度感觉就比较满意，且空间感也出得来。

（3）明晰度与快速语言传输指数

研究表明，直达声之后 50ms（对于语言声）或 80ms（对于音乐声）内到达的早期反射声能与在此后到达的后期反射声能（或称混响声能）之比，对音质具有重要意义。早后期反射声能比值高，对改善音质清晰度有利。

（4）早期侧向能量因子

不仅早期反射声能的大小对音质有影响，而且这些反射声能到达的方向对音质也有影响。来自侧向的早期反射声能与音质的空间感有关。

（5）混响时间频率特性

为了使音乐各声部和语声的低、中、高频的分量平衡，使音色不失真，还必须照顾到低、中、高频声能之间自然的、恰当的比例关系。厅堂混响时间频率特性，应在规范规定的范围之内。这种混响时间频率特性对不同厅堂有不同的具体要求，如对于录音室等场所，以尽量平直为宜。

2. 音质设计的内容

（1）选址、总平面设计、房间合理配置。

（2）确定房间容积、每座容积。

（3）设计厅堂的体形，有效声能合理布置，避免音质缺陷。

（4）混响设计、吸声材料及构造设计。

（5）电声系统设计。

（6）允许噪声级控制措施。

（7）内装前声学测试。

（8）完工后测量及评价。

（9）缩尺模型。

考点关注：厅堂音质设计的流程和内容是常见考查的内容，应熟练而全面掌握。

例题 56：（2010）为了比较全面地进行厅堂音质设计，根据厅堂的使用功能，应按以下哪一组要求做？（　　）

A. 确定厅堂的容积、设计厅堂的体形、设计厅堂的混响、配置电声系统

B. 设计厅堂的体形、设计厅堂的混响、选择吸声材料与设计声学构造、配置电声系数

C. 确定厅堂的容积、设计厅堂的混响、选择吸声材料与设计声学构造、配置电声系统

D. 设计厅堂的体形、设计厅堂的混响、选择吸声材料与设计声学构造

答案：A

3. 容积的确定

当进行厅堂音质设计时，特别对于以自然声演出为主的观演建筑，都主张尽量不用或少用吸声材料。这时，观众的吸声量要占到厅堂总吸声量的 2/3 甚至 75%以上，厅堂的容积，特别是每座容积（即厅堂的容积除以观众总人数）对混响就具有举足轻重的作用。厅堂的容积，特别是每座容积，还影响到厅堂的响度。若每座容积取值恰当，就可以在尽可能少用吸声材料的情况下，获得合适的混响时间（表 3.7.4）。

厅堂不用扩声系统时的最大容积（推荐值）　　表 3.7.4

厅堂类型	最大容积/m^3
音乐厅	25000
教室	500
讲演厅	3000
话剧院	10000
室内乐厅	10000

考点关注：确定厅堂容积主要考虑的因素。

例题 57：(2007) 从建筑声学设计解度考虑，厅堂容积的主要确定原则是(　　)。

A. 声场分布　　B. 舞台大小

C. 合适的响度和混响时间　　D. 直达声和反射声

解析：本题考查影响厅堂容积的主要因素。容积大小直接影响声音的响度和混响时间，与声场分布、直达声和反射声、舞台大小没有直接关系。

答案：C

4. 体形设计

1) 充分利用声源的直达声

(1) 缩短直达声传播距离

对厅堂的纵向长度应加以控制，一般应使之小于 35m。当观众席位超过 1500 座时，宜采用一层悬挑式楼座；当观众席位超过 2500 座时，宜采用二层或多层楼座。

(2) 适应声源的指向性

厅堂的平面形状应当适应声源的指向性。在以自然人声演出的大厅中，应将大部分观众席布置在以声源为顶点的 140°角的范围内。

(3) 避免听众的掠射吸收和减少座椅吸收效应

观众席沿纵剖面一般应有足够的起坡，通常按照视线设计的地面升起坡度，也同时能满足声学的要求。

2) 争取和控制早期反射声

在厅堂体形设计中，应注意争取提供给观众较多的早期反射声。尤其应着重考虑舞台附近各反射表面的形状、大小、倾角对早期反射声的影响。利用相同的几何声线作图法，可从厅堂的平面求出侧墙的反射面，从厅堂的剖面求出吊顶的反射面，使来自侧向和顶面的反射声线较均匀地覆盖个观众席。

从声线分析图中，可以求出直达声与早期反射声的时间间隔，并控制延迟时间在50ms以内。

3）进行适当的扩散处理

欲使声能扩散，可以采取下述措施：

（1）吸声材料均匀或随机布置

在顶棚或墙面上，交错布置具有不同声阻抗的吸声面和反射面，可以使入射声波发生扩散反射。

（2）布置扩散构件

在室内界面或墙面上，交错布置能使能扩散的构件，或使顶棚和墙面凹凸起状，或悬吊各种几何形状的扩散体，都能起到使声能扩散的作用。欲取得良好的扩散效果，扩散体的尺寸应满足以下关系：

$$a \geqslant \frac{2}{\pi}\lambda$$

$$b \geqslant 0.15a$$

$$\lambda \leqslant g \leqslant 3\lambda$$

式中 a——扩散体宽度，m；

b——扩散体凸出高度，m；

λ——能被有效地扩散的最低频率声波的波长，m；

g——扩散体间隔，m。

为了使扩散体尺寸不致过大，对于一般厅堂，频率下限可定为200Hz。

考点关注：扩散体的尺寸与声波波长的关系。

例题58：（2007）为使厅堂内声音尽可能扩散，在设计扩散体的尺寸时，应考虑的主要因素是（　　）。

A. 它应小于入射声波的波长　　B. 它与入射声波波长相当

C. 它与两侧墙的间距相当　　D. 它与舞台大小有关

答案：B

4）防止声学缺陷的产生

（1）房间共振

应合理选择房间的尺度（长、宽、高），尤其体积小于700m^{3}的小房间，更应注意避免选用构成简单正整数比的三维尺度。

（2）声聚集

凹曲面的墙面或顶棚，可能引起声聚集现象，使声能分布严重不均，应加以避免。

（3）回声与颤动回声

当直达声过后，存在延时超过50ms到达的强反射声时，就可能形成回声。观众厅中最容易产生回声的部位是后墙以及与后墙相接的顶棚和楼座挑台栏板，这些部位把声反射到观众厅池座的前区和舞台。在容易产生回声的后墙面布置吸声材料，或进行扩散处理，或适当改变其倾角。

颤动回声（或称多重回声）是由于声波在特定界面间往复反射所产生的。避免颤动回声的措施与消除回声干扰的措施大体相同，如进行吸声扩散处理及改变界面的相对倾角，避免相互平行的界面等。

（4）声影区

声影区是指由于障碍物对声波的遮挡使直达声或早期反射声不能到达的区域。观众席较多的大厅，一般要设挑台，以改善观众席后部的视觉条件。如挑台下空间过深，则易遮挡来自顶棚的反射声，在该区域形成影区。为避免声影区的形成，对于音乐厅，应控制挑台的开口比（$D/H=1$）或张口角度（$\theta=45°$）；对于歌剧院和多功能厅，则应使 $D/H=2$（或 $\theta=25°$）。

考点关注：厅堂体形设计的基本内容和方法。

例题 59：（2009）下述哪条不是厅堂体形设计的基本设计原则？（　　）

A. 保证每位观众都能得到来自声源的直达声

B. 保证前次反射声的良好分布

C. 保证室内背景噪声低于相关规范的规定值

D. 争取充分的声扩散反射

解析：保证室内背景噪声低于相关规范的规定值要从墙体构造和平面布局解决，与厅堂体形设计无关。

答案：C

5. 混响设计

1）选择最佳混响时间及其频率特性

不同用途的厅堂具有不同的最佳混响时间。在选定中频（500Hz 及 1000Hz 的平均值）最佳混响时间值以后，还要确定各倍频带中心频率的混响时间，即混响时间频率特性。一般而言，混响时间频率特性以平直为佳，但对于音乐厅，低频混响时间可比中频略长；对于以语言听闻为主的大厅，应有较平直的混响时间频率特性。

2）混响时间计算

混响时间的计算一般列表进行，其主要步骤如下：

（1）根据观众厅或房间室内设计图，计算室内体积 V 和总表面积 S。

（2）根据混响时间计算公式，求出室内平均吸声系数 a。平均吸声系数 a 乘以室内总表面积 S，即为室内所需的总吸声量 A。

（3）计算室内固有吸声量，即家具、观众、舞台口、耳面光口、走道、通风口等的吸声量总和。

（4）查出材料及构件的吸声系数，参考艺术装修的要求，从中选择适当的装修材料及构造方式，确定相应的面积，以满足所需增加的吸声量，使各倍频带的混响时间能达到最佳中频值及频率特性的要求。

3）室内装修材料构件的选择和布置

从声学角度讲，为了争取和控制早期反射声，对舞台口周围的墙面、顶棚宜设计成声反射面，观众厅的后墙宜布置成吸声面以消除回声干扰。如所需增加的吸声量较多时，可在顶棚的中后部及四周边缘或侧墙的适当部位布置吸声材料。

对舞台空间内的界面也宜作适当的吸声处理，使舞台空间的混响时间与观众厅大体相同。耳面光及通风口内部也宜适当布置吸声材料。

考点关注：熟悉和掌握混响计算中常用固定参数的数值，如舞台、洞口等。

例题 60：（2005）计算剧场混响时间时，舞台开口的吸声系数应取多大值较为合适？（　　）

A. 1.0　　B. 0.3～0.5

C. 0.2　　D. 0.1

解析：舞台开口的吸声系数一般应取 0.3～0.5。

答案：B

6. 厅堂音质的缩尺模型试验

缩尺模型试验的目的是了解早期反射声和声场分布状况，预测由体形造成的声学缺陷，核对混响时间的计算结果。

由于模型比实物缩小 n 倍（即线长度缩小 n 倍），测试频率将相应提高 n 倍。

考点关注：缩尺模型实验中对实验频率的要求。

例题 61：（2007）在一个 1/20 的厅堂音质模型实验中，对 500Hz 的声音，模型实验时应采取多少 Hz 的声源？（　　）

A. 500Hz　　B. 1000Hz

C. 5000Hz　　D. 10000Hz

答案：D

7. 典型厅堂的音质设计

1）剧场

剧场的类型多，主要有歌剧院、舞剧院、话剧院等，还有一种多功能厅。剧场声学设计的基本要求见前面的论述，建筑声学设计应与建筑设计、室内装饰装修设计同步。

剧场观众厅每座容积宜符合表 3.7.5 的规定。

观众厅每座容积　　**表 3.7.5**

剧场类别	容积指标/(m^3/座)
歌剧、舞剧	5.0～8.0
话剧、戏曲	4.0～6.0
多用途	4.0～7.0

专用歌舞剧院的混响时间可取 1.2～1.6s，但以 1.3s 为佳，频率特性见前论述。其背景声级当具有自然声演出时宜采用 NC-25（甲级）或 NR-30（乙级）噪声评价曲线，无自然声演出时宜采用 NC-30（甲级）或 NR-35（乙级）噪声评价曲线。

舞台空间应做吸声处理，其混响时间宜与观众厅空场混响时间一致。

2）电影院

电影院可基本划分为两种类型：一种是普通电影院，一种是宽银幕立体声电影院。普通电影院的混响时间以 1.0s 左右为宜。从银幕后扬声器发出的直达声应先到达观众，与任何第一次反射声的时差，不宜超过 50ms。银幕至最远排观众的距离不宜超过 36m，银幕后墙应作吸声处理，立体声电影院要求更短的混响时间，如 0.65～0.9s 比较合适。立体声电影院不宜设楼座，对于矩形平面，长宽比以 1.5 左右为宜。立体声影院两侧墙应作吸声或扩散处理，或设计成倾斜墙面，使来自侧墙的反射声落入观众区。观众厅的后墙应采用防止回声的全频带强吸声结构。

立体声影院所需的吸声量较大，可在主扬声器附近墙面（包括银幕后墙）和顶棚作强吸声处理。

电影院观众厅混响时间，应根据观众厅的实际容积按下列公式计算确定：

500Hz 时的上限公式为：

$$T_{60} \leqslant 0.07653V^{0.287353}$$

500Hz 时的下限公式为：

$$T_{60} \geqslant 0.032808V^{0.333333}$$

式中 T_{60}——观众厅混响时间（s）；

V——观众厅的实际容积（m^3）。

特级、甲级、乙级电影院观众厅混响时间的频率特性宜按表 3.7.6 控制，丙级电影院观众厅混响时间频率特性应符合表 3.7.6 中 125Hz、250Hz、500Hz、1000kHz、2000kHz、4000kHz 的规定。

特、甲、乙级电影院观众厅混响时间的频率特性（与 500Hz 混响时间的比值）表 3.7.6

63Hz	125Hz	250Hz	500Hz	1000Hz	2000Hz	4000Hz	8000Hz
1.00～1.75	1.00～1.50	1.00～1.25	1.00	0.85～1.00	0.70～1.00	0.55～1.00	0.40～0.90

观众厅宜利用休息厅、门厅、走廊等公共空间作为隔声降噪措施，观众厅出入口宜设置声闸。当放映机及空调系统同时开启时，空场情况下观众席背景噪声不应高于 NR 噪声评价曲线对应的声压级（表 3.7.7）。

电影院观众席背景噪声的声压级 表 3.7.7

电影院等级	特级	甲级	乙级	丙级
观众席背景噪声/dB	NR25	NR30	NR35	NR40

观众厅与放映机房之间隔墙应做隔声处理，中频（500～1000Hz）隔声量不宜小于 45dB。相邻观众厅之间隔声量为低频不应小于 50dB，中高频不应小于 60dB。观众厅隔声门的隔声量不应小于 35dB。设有声闸的空间应做吸声减噪处理。

3）音乐厅

音乐厅的混响时间允许值为 1.5～2.8s，最佳值 1.8～2.2s。若低于 1.5s，音质就偏于干涩。音乐厅的背景噪声要求很低，音乐厅的背景噪声至少应满足 NR-20 标准。由于乐台与观众厅处于同一空间，其上空的顶棚常较高，因此需悬吊顶棚反射板来为乐师和观众提供早期反射声。

4）体育馆

由于体育馆容积较大，因此必须使用电声系统。体育馆的混响时间应以 80%的观众数为满座，并以此作为设计计算和验收的依据。综合体育馆比赛大厅按等级和容积规定的满场 500～1000Hz 混响时间指标及各频率混响时间相对于 500～1000Hz 混响时间的比值，宜符合表 3.7.8 和表 3.7.9 的规定。

综合体育馆比赛大厅满场 500～1000Hz 混响时间　　表 3.7.8

综合体育馆等级	体育馆按等级在不同容积（m^3）下的混响时间/s		
	>80000	40000～80000	<40000
特级、甲级	1.7	1.4	1.3
乙级	1.9	1.5	1.4
丙级	2.1	1.7	1.5

注：所规定的混响时间指标允许±0.15s 的变动范围。

各频率混响时间相对于 500～1000Hz 混响时间的比值　　表 3.7.9

频率/Hz	125	250	2000	4000
比值	1.0～1.2	1.0～1.1	0.9～1.0	0.8～0.9

体育馆容积较大，为了缩短混响时间，通常需要布置较多的吸声材料，可在墙面和顶部布置吸声材料，还可悬吊空间吸声体来增加吸声量。

当体育馆比赛大厅、贵宾休息室、扩声控制室、评论员室和扩声播音室无人占用时，在通风、空调、调光等设备正常运转条件下，厅（室）的背景噪声限值宜符合表 3.7.10 的规定。

体育馆比赛大厅等厅（室）背景噪声限值　　表 3.7.10

厅（室）类别	体育馆不同等级厅（室）的噪声限值	
	特级、甲级	乙级、丙级
比赛大厅	NR-35	NR-40
贵宾休息室	NR-30	NR-35
扩声控制室	NR-35	NR-40
评论员室	NR-30	NR-30
扩声播音室	NR-30	NR-30

参考资料：

1. 声环境质量标准：GB 3096—2008［S］.
2. 民用建筑隔声设计规范：GB 50118—2010［S］.
3. 剧场、电影院和多用途厅堂建筑声学技术规范：GB/T 50356—2005［S］.
4. 工业企业噪声控制设计规范：GB/T 50087—2013［S］.
5. 体育声馆声学设计及测量规程：JGJ/T 131—2012［S］.
6. 西安建筑科技大学、华南理工大学、重庆大学、清华大学．建筑物理［M］．北京：中国建筑工业出版社，2009.
7. 项端祈．实用建筑声学［M］．北京：中国建筑工业出版社，1992.

（八）建筑声学历年考题解析

历年考题解析

1）声音基本概念和特性

声音传播的特性是考察的重点，应全面而熟练了解基本概念、波长、频率与反射、折射、绕射、扩散、聚焦等现象产生的原理。

（1）反射、折射

反射：光滑表面对声波的反射遵循平方反比定律。反射波的强度取决于它们与“像”的距离以及反射表面对声波吸收的程度。与平面反射相比，凹面反射波将产生聚焦，凸面反射波将产生扩散。

折射：声波在传播的过程中，遇到不同介质的分界面时，除了反射外，还会发生折射，从而改变声波的传播方向。温度与风向对声音的传播方向产生影响。

（2）绕射、扩散

绕射：声波通过障板上的孔洞时，并不像光线那样直线传播，而能绕到障板的背后改变原来的传播方向，在它的背后继续传播，这种现象称为绕射（亦称为衍射）。当声波在传播过程中遇到一块其尺度比波长大得多的障板时，声波将被反射；遇到比波长小得很多的障板，声音会发生绕射。如声源发出的是球面波经反射后仍为球面波。（第1～8题）

1.（2010）声波入射到无限大墙板时，不会出现以下哪种现象？（　　）

A. 反射　　B. 透射

C. 衍射　　D. 吸收

答案：C

2.（2008）声波传播中遇到比其波相对尺寸较小的障板时，会出现下列哪种情况？（　　）

A. 反射　　B. 绕射

C. 干涉　　D. 扩散

答案：B

3.（2007）尺度较大的障板，对中、高频声波有下列哪种影响？（　　）

A. 无影响　　B. 反射

C. 绕射　　D. 透射

答案：B

4.（2006）高频声波在传播途径上，遇到相对尺寸较大的障板时，会产生哪种声学现象？（　　）

A. 反射　　B. 干涉

C. 扩散　　D. 绕射

答案：A

5.（2006）声波遇到哪种较大面积的界面，会产生声扩散现象？（　　）

A. 凸曲面　　B. 凹曲面

C. 平面　　D. 软界面

答案：A

6.（2005）低频声波在传播径上遇到相对尺寸较小的障板时，会产生下列哪种声现象？（　　）

A. 反射　　B. 干涉

C. 扩散　　D. 绕射

答案：D

7. (2005) 声波遇到下列哪种形状的界面会产生声聚焦现象？(　　)

A. 凸曲面　　B. 凹曲面

C. 平面　　D. 不规则曲面

答案：B

8. (2004) 声波传至比其波长大很多的坚实障板，产生下列哪种情况？(　　)

A. 反射　　B. 干涉

C. 扩散　　D. 绕射

答案：A

应熟练了解回声的基本概念和原理。根据哈斯效应，两个声音传到人耳的时间差如果大于 50ms（声程差为 17m）就可能分辨出它们是断续的。(第 9～10 题)

9. (2010) 反射声比直达声最少延时多长时间就可听出回声？(　　)

A. 40ms　　B. 50ms

C. 60ms　　D. 70ms

答案：B

10. (2006) 两个声音传至耳的时间差大于多少毫秒（ms）时，人们就会分辨出他们是断续的？(　　)

A. 25ms　　B. 35ms

C. 45ms　　D. 50ms

答案：D

应熟练了解声压级的基本概念和原理，掌握声压级计算公式，能够做简单计算。两个数值不相等的声压级叠加（$L_{p_1} > L_{p2}$），其总声压级为：$L_P = L_{P_1} + 10\lg\left(1 + 10^{-\frac{L_{p_1} - L_{p_2}}{10}}\right)$；$n$ 个声压级相等声音 L_1 的叠加，其总声压级为：$L = L_1 + 10\lg n$。两个声压级相等声音叠加时，总声压级比一个声音的声压级增加 3dB。(第 11～16 题)

11. (2009) 有两台空调室外机，每台空调室外机单独运行时，在空间某位置产生的声压级均为 45dB，若这两台空调室外机同时运行，在该位置的总声压级是(　　)。

A. 48dB　　B. 51dB

C. 54dB　　D. 90dB

答案：A

12. (2008) 室内有两个声压级相等的噪声源，室内总声压级与单个声源声压级相比较应增加(　　)。

A. 1dB　　B. 3dB

C. 6dB　　D. 1 倍

答案：B

13. (2007) 机房内有两台同型号的噪声源，室内总噪声为 90dB，单台噪声源的声级应为多少？(　　)

A. 84dB　　B. 85dB

C. 86dB　　D. 87dB

答案：D

14. (2010) 有四台同型号冷却塔按正方形布置。仅一台冷却塔运行时，在正方形中心、距地面 1.5m 处的声压级为 70dB，问四台冷却塔同时运行该处的声压级是多少？(　　)

A. 73dB　　B. 76dB

C. 79dB　　D. 82dB

答案：B

15. (2009) 声音的三要素是指(　　)。

A. 层次、立体感、方向感　　B. 频谱、时差、丰满

C. 强弱、音调、音色　　D. 音调、音度、层次

解析：本题考查声音的物理特性。声音的强弱、音调的高低和音色的好坏，是声音的基本性质，即所谓声音三要素。

答案：C

16. (2008) 声波在下列哪种介质中传播速度最快？(　　)

A. 空气　　B. 水

C. 钢　　D. 松木

解析：本题考查声波在不同介质中传播速度的特点。介质的密度越大，声音的传播速度越快。

答案：C

应熟练了解衡量声音与人耳听闻感受关系密切的物理量，以及人耳听闻的特性。人耳对声音响度变化程度的感觉更接近声强级的变化$\left(L_I=10\ \lg\frac{I}{I_0}\right)$，即声强的对数值。等响度曲线反映了人耳对 2000～4000Hz 的声音最敏感，1000Hz 以下时，人耳的灵敏度随频率的降低而减少。A 声级正是反映了声音的这种特性频率计权得出的总声级。(第 17～22 题)

17. (2009) 人耳对声音响度变化程度的感觉，更接近于以下哪个量值的变化程度？(　　)

A. 声压值　　B. 声强值

C. 声强的对数值　　D. 声功率值

答案：C

18. (2008) 等响度曲线反映了人耳对哪种频段的声音感受不太敏感？(　　)

A. 低频　　B. 中频

C. 中、高频　　D. 高频

答案：A

19. (2007) 常用的 dB (A) 声学计量单位反应下列人耳对声音有哪种特性？(　　)

A. 时间计权　　B. 频率计权

C. 最大声级　　D. 平均声级

答案：B

20.（2005）噪声对人影响的常用计量单位是（　　）。

A. 分贝（dB）　　　　B. 帕（Pa）

C. 分贝（A）[dB（A）]　　　　D. 牛顿/平方米（N/m^2）

解析：本题考查噪声评价的物理量和单位。常用A声级评价噪声对人的影响，计量单位为dB（A）。

答案：C

21.（2004）声音的产生来源于物体的何状态？（　　）

A. 受热　　　　B. 受冷

C. 振动　　　　D. 静止

解析：本题考查声音产生的基本特性。声音来源于振动的物体。

答案：C

22.（2004）单一频率的声音称之为什么？（　　）

A. 噪声　　　　B. 纯音

C. 白噪声　　　　D. 粉红噪声

解析：本题考查纯音的基本概念。噪声是一类引起人烦躁，或音量过强而危害人体健康的声音；白噪声是指在较宽的频率范围内，各等带宽的频带所含的噪声能量相等的噪声；粉红噪声是在与频带中心频率对成正比的带宽（如倍频程带宽）内具有相等功率的噪声或振动。纯音是具有单一频率的声音。

答案：B

2）室内声学原理

混响时间的基本概念和简单计算是考查的重点，应熟练掌握混响计算公式及各参数的含义。

赛宾公式

$$T_{60}=\frac{0.161V}{A}$$

式中　T_{60}——混响时间，s；

A——室内表面吸声量，$A=S\cdot\bar{\alpha}$；

$\bar{\alpha}$——室内平均吸声系数$\bar{\alpha}=\frac{S_1\alpha_1+S_2\alpha_2+\cdots+S_n\alpha_n}{S_1+S_2+\cdots+S_n}$；

V——房间容积，m^3；

S——室内总表面积，m^2；

$\alpha_1, \alpha_2, \cdots, \alpha_n$——各种不同材料的吸声系数；

$S_1, S_2, \cdots, S_n$——各种不同材料的表面积，m^2。

上式适合于$\bar{\alpha}<0.2$的情况，否则将产生较大误差。

伊林公式

当考虑到室内表面和空气的吸收作用后，得出的伊林公式为：

$$T_{60}=\frac{0.161V}{-S\ln(1-\bar{\alpha})+4mV}$$

式中　$4m$——空气吸声系数，一般在计算中可按相对湿度 60%，室内温度 20℃计。采用伊林公式，特别是在室内吸声量较大时（$\bar{\alpha}>0.2$），计算结果更接近于实测值。估计算混响时间时，通常要计算 125、250、1000、2000 和 4000Hz 六个频率的值。（第 23～28 题）

23.（2010）在房间内某点测得连续声源稳态声的声压级为 90dB，关断声源后该点上声压级变化过程为：0.5s 时 75dB，1.0s 时 68dB，1.5s 时 45dB，2.0s 时 30dB。该点上的混响时间是多少？（　　）

A. 0.5s　　　　B. 1.0s

C. 1.5s　　　　D. 2.0s

答案：D

24.（2010）用赛宾公式计算混响时间是有限制条件的。当室内平均吸声系数小于多少时，计算结果才与实际情况比较接近？（　　）

A. 0.1　　　　B. 0.2

C. 0.3　　　　D. 0.4

答案：B

25.（2009）当室内声场达到稳态，声源停止发声后，声音衰减多少分贝所经历的时间是混响时间？（　　）

A. 40dB　　　　B. 40dB

C. 50dB　　　　D. 60dB

答案：D

26.（2009）用赛宾公式计算某大厅的混响时间时，用不到以下哪个参数？（　　）

A. 大厅的体积　　　　B. 大厅的内表面积

C. 大厅内表面的平均吸声系数　　　　D. 大厅地面坡度

答案：D

27.（2008）在计算室内混响时间时，应在下列哪种频段考虑空气的吸收？（　　）

A. 低频　　　　B. 中频

C. 中、低频　　　　D. 高频

答案：D

28.（2004）混响时间是指室内声波自稳态级衰减多少分贝（dB）所需时间？（　　）

A. 30　　　　B. 40

C. 50　　　　D. 60

答案：D

3）吸声及材料与构造

多孔吸声材料的吸声特性和吸声机理是经常考查的内容，应熟练掌握。多孔性吸声材料最基本的吸声机理特征是有良好通气性。多孔吸声材料或吸声特性对中、高频声良好吸收，背后留有空气层时还能吸收低频声。多孔材料随着厚度的增加，中、低频范围的吸声

系数会有所增加，并且吸声材料的有效频率范围也会扩大。（第 29～33 题）

29. （2010）对中、高频声有良好的吸收，背后留有空气时还能吸收低频声，以下哪种类型的吸声材料或吸声结构具备上述特点？（　　）

A. 多孔吸声材料　　B. 薄板吸声结构

C. 穿孔板吸声结构　　D. 薄膜吸声结构

答案：A

30. （2010）多孔吸声材料最基本的吸声机理特征是(　　)。

A. 纤维细密　　B. 适宜的容重

C. 良好的通气性　　D. 互不相通的多孔性

答案：C

31. （2009）由相同密度的玻璃棉构成的下面 4 种吸声构造中，哪种构造对 125Hz 声音吸收最大？（　　）

A. 25 厚玻璃棉板墙　　B. 50 厚玻璃棉板墙

C. 100 厚玻璃棉板墙　　D. 100 厚玻璃棉板＋100 厚空腔墙

答案：D

32. （2010）如何使穿孔板吸声结构在很宽的频率范围内有较大的吸声系数？（　　）

A. 加大孔径　　B. 加大穿孔率

C. 加大穿孔板背后的空气层厚度　　D. 在穿孔板背后加多孔吸声材料

解析：本题考查改善穿孔板吸声结构吸声系数的措施和原理。穿孔板吸声结构吸收中频，加大孔径、加大穿孔率、加大穿孔板背后的空气层厚度只能改变吸收的频率即共振频率，在穿孔板背后加多孔吸声材料能增加中高频的吸收，其共振频率向低频转移。

答案：D

33. （2008）一般厚 50mm 的多孔吸声材料，它的主要吸声频段在(　　)。

A. 低频　　B. 中频

C. 中、高频　　D. 高频

解析：本题考查多孔吸声材料的吸声特性。

答案：C

穿孔板吸声结构的共振频率是经常考查的内容，应熟练掌握共振频率的计算公式及其参数概念，并能做简单计算。穿孔板的共振频率由下式计算：$f_0=\frac{c}{2\pi}\sqrt{\frac{P}{L\ (t+\delta)}}$，式中 c 为声速，p 为穿孔率，L 为板后空气层厚度，t 为板厚，δ 为空口末端修正量。（第 34～37 题）。

34. （2006）采取哪种措施，可有效降低穿孔板吸声结构的共振频率？（　　）

A. 增大穿孔率　　B. 增加板后空气层厚度

C. 增大板厚　　D. 板材硬度

答案：B

35. （2007）决定穿孔板吸声结构共振频率的主要参数是（　　）。

A. 板厚　　B. 孔径

C. 穿孔率和板后空气层厚度　　　　D. 孔的排列形式

答案：C

36.（2007）薄板吸声构造的共振频率一般在下列哪个频段？（　　）

A. 高频段　　　　B. 中频段

C. 低频段　　　　D. 全频段

解析：本题考查薄板吸声构造吸声原理。薄板吸声构造的共振频率一般在低频段。

答案：C

37.（2006）微穿孔板吸声构造在较宽的频率范围内有效高的吸声系数，其孔径应控制在多大范围？（　　）

A. 5mm　　　　B. 3mm

C. 2mm　　　　D. 小于 1mm

解析：本题考查微穿孔板吸声构造的吸声原理。小于 1mm 的穿孔称为微穿孔板。孔小则周边与截面之比大，孔内空气与孔颈壁摩擦阻力，消耗的声能多，吸声效果好。

答案：D

多孔性吸声材料外饰面对其吸声性能的影响是考查的内容。应熟记相关材料要求。为了尽可能地保持多孔材料的吸声特性，罩面材料必须具有良好的透气性；也可采用厚度小于 0.05mm 的极薄柔软塑料薄膜，它对多孔材料表面的通气性影响较小。（第 38～41 题）

38.（2006）在多孔性吸声材料外包一层塑料薄膜，膜厚多少才不会影响它的吸声性能？（　　）

A. 0.2mm　　　　B. 0.15mm

C. 0.1mm　　　　D. 小于 0.05mm

答案：D

39.（2005）下列哪种罩面材料对多孔材料的吸声能力影响最小？（　　）

A. 0.5mm 薄膜　　　　B. 钢板网

C. 穿孔率 10%的穿孔板　　　　D. 三合板

答案：B

40.（2005）建筑中使用的薄板构造，其共振频率主要在下列哪种频率范围？（　　）

A. 高频　　　　B. 中、高频

C. 中频　　　　D. 低频

解析：本题考查薄板构造的吸声原理。薄板构造的共振频率主要在低频范围。

答案：D

41.（2004）吸声尖劈构造最常用于下列哪种场所？（　　）

A. 录音室　　　　B. 消声室

C. 音乐厅　　　　D. 电影院

解析：本题考查吸声尖劈的主要使用场所。吸声尖劈是消声室中常用强吸声结构。

答案：B

4）隔声、隔振及材料与构造

42.（2010）以下哪项措施不能降低楼板撞击声的声级？（　　）

A. 采用较厚的楼板　　B. 在楼板表面铺设柔软材

C. 在楼板结构层与面层之间做弹性垫层　　D. 大楼板下做隔声吊顶

解析：本题考查降低撞击声声级的措施和原理。撞击声的隔绝措施有：弹性面层处理，如B项；弹性垫层处理，如C项；做隔声吊顶，如D项。

答案：A

43.（2010）各种建筑构件空气声隔声性能的单值评价量是（　　）。

A. 计权隔声量　　B. 平均隔声量

C. 1000Hz的隔声量　　D. A声级的隔声量

解析：本题考查空气声隔声性能的单值评价量的基本概念。建筑构件空气声隔声性能的单值评价量是以频率计权的隔声量。

答案：A

吻合效应的现象和产生原理是经常考查的内容，应熟练掌握。吻合效应会使双层材料隔声能力下降，为减少效应，应使两层材料的厚度和容重明显不同或不平行。（第44～46题）

44.（2010）吻合效应会使双层中空玻璃声能力下降，为减小该效应采取以下哪项措施？（　　）

A. 加大两层玻璃之间距离　　B. 在两层玻璃之间充注惰性气体

C. 使两层玻璃的厚度明显不同　　D. 使两层玻璃的厚度相同

解析：本题考查减小吻合效应的措施和原理。吻合效应会使双层中空玻璃声能力下降，为减少效应，应使两层玻璃的厚度明显不同。

答案：C

45.（2007）为避免双层隔声窗产生共振与吻合效应，两扇窗玻璃在安装与选材上应注意（　　）。

A. 平行安装、厚度相同　　B. 平行安装、厚度不等

C. 不平行安装、厚度相同　　D. 不平行安装、厚度不等

解析：本题考查避免双层隔声窗产生共振与吻合效应的原理和方法。为避免这种吻合效应叠加的现象，应使两层窗不等厚、两层窗质量不同或两层不平行。

答案：D

46.（2009）墙板产生吻合效应时，将使隔声量（　　）。

A. 大幅度上升　　B. 轻微上升

C. 保持不变　　D. 大幅度下降

解析：本题考查吻合效应的概念和产生原理。墙板产生吻合效应时其隔声性能变坏，隔声量大幅度下降。

答案：D

隔绝楼板振动的技术措施是考查的内容之一，应熟练掌握振动控制的原则和措施。对

于固体传声的隔绝首先应该在振源与建筑围护结构之间采取有效的隔振措施，如设置钢弹簧、橡胶、软木、毛毡、塑料等隔振垫，尤其是钢弹簧和橡胶。设备隔振不仅可有效降低振动干扰，而且能有效地降低固体传声。机器设备振动频率主要是低频，采取隔振机座，对建筑物内防止低频的噪声干扰较为有效。

改善楼板隔绝撞击声的措施主要有：

(1) 在承重楼板上铺放弹性面层。这对于改善楼板隔绝中，高频撞击声的性能有显著的效应。

(2) 浮筑构造。在楼板承重层与面层之间设置弹性垫层，以减轻结构的振动。

(3) 在承重楼板下加设吊顶。这对于改善楼板隔绝空气噪声和撞击声的性能都有明显的效用。吊顶与楼板的连接宜用弹性连接，且连接点在满足强度的情况下要少。(第 47～54 题)

47. (2009) 下面 4 种楼板构造中混凝土楼板厚度相同，哪种构造隔绝撞击声的能力最差？(　　)

A. 地毯 +混凝土楼板　　B. 大理石+混凝土楼板

C. 混凝土面层+ 弹性层+混凝土楼板　　D. 混凝土楼板+弹性挂钩+石膏板

答案：B

48. (2009) 某住宅楼三层的住户受位于地下室的变压器振动产生的噪声干扰，若要排除这一噪声干扰，应该采取以下哪项措施？(　　)

A. 加厚三层房间的地面楼板

B. 加厚地下变电室的顶部楼板

C. 在地下变电室的顶面、墙面装设吸声材料

D. 在变压器与基座之间加橡胶垫

答案：D

49. (2009) 为减少建筑设备噪声的影响，应首先考虑采取下列哪项措施？(　　)

A. 加强设备机房围护结构的隔声能力

B. 在设备机房的顶面、墙面设置吸声材料

C. 选用低噪声建筑设备

D. 加强受干扰房间围护结构的隔声能力

答案：C

50. (2006) 改善楼板隔绝撞击声性能的措施之一是在楼板表面铺设面层（如地毯类），它对降低哪类频率的声波尤为有效？(　　)

A. 高频　　B. 中频

C. 中、低频　　D. 低频

答案：A

51. (2006) 建筑物内设备隔振不仅有效地降低振动干扰，而且对降低哪种声波也有明显效果？(　　)

A. 固体声　　B. 纯音

C. 空气声　　D. 复合声

答案：A

52. (2004) 楼板表面铺设柔软材料，对降低哪些频段的撞击声效果最显著？（ ）

A. 低频　　B. 中频

C. 高频　　D. 中、低频

答案：C

53. (2004) 机器设备采用隔振机座，对建筑物内防止下列哪种频率的噪声干扰较为有效？（ ）

A. 高频　　B. 中、高频

C. 中频　　D. 低频

答案：D

54. (2005) 隔振系统的干扰力频率（f）与固有频率（f_0）之比，必须满足多大，才能取得有效的隔振效果？（ ）

A. 0.2　　B. 0.5

C. 1.0　　D. $\sqrt{2}$

解析：本题考查隔振系统隔振效果与干扰力频率、固有频率的关系。当隔振系统的干扰力频率（f）与固有频率（f_0）之比大于$\sqrt{2}$时，才能取得有效的隔振效果。

答案：D

隔声的质量定律是经常考查的内容之一，应熟练掌握质量定律的原理和简单计算。根据质量定律，$R=20\lg f+20\lg M-48$，当墙体质量增加一倍，隔声量增加 6dB。单层匀质密实墙板厚度加一倍，即相当于墙体质量增加一倍。(第 55～57 题)

55. (2009) 某 50mm 厚单层匀质密实墙板对 100Hz 声音量为 20dB。根据隔声的“质量定律”，若单层密实墙板的厚度变为 100mm，其对 100Hz 声音的隔声量是（ ）。

A. 20dB　　B. 26dB

C. 32dB　　D. 40dB

答案：B

56. (2006) 下列哪种板材隔绝空气声的隔声量最大？（ ）

A. 140 陶粒混凝土板（238kg/m^2）　　B. 70 加气混凝土砌块（70kg/m^2）

C. 20 刨花板（13.8kg/m^2）　　D. 12 厚石膏板（8.8kg/m^2）

答案：A

57. (2008) 匀质墙体，其隔声量与单位面积的质量（面密度）呈什么关系？（ ）

A. 线性　　B. 指数

C. 对数　　D. 三角函数

答案：C

58. (2008) 声闸的内表面应（ ）。

A. 抹灰　　B. 贴墙纸

C. 贴瓷砖　　D. 贴吸声材料

解析：本题考查声闸的构造做法。声闸内表面应做强吸声处理。声闸内表面的吸声量越大，隔声效果越好，所以应该贴吸声材料。

答案：D

59. (2008) 在住宅建筑设计中，面临楼梯间或公共走廊的户门，其隔声量不应小于多少？(　　)

A. 15dB　　B. 20dB

C. 25dB　　D. 30dB

解析：本题考查住宅建筑规范对分户门隔声量的数值规定。《民用建筑隔声设计规范》GB 50118—2010 表 4.2.6 规定，外墙、户门和户内分室墙的空气声隔声标准，户门的空气声计权隔声量＋粉红器材声频谱修正量为 25dB。

答案：C

60. (2005) 双层墙能提高隔声能力主要是下列哪项措施起作用？(　　)

A. 表面积增加　　B. 体积增加

C. 空气层间层　　D. 墙厚度增加

解析：本题考查双层墙体的隔声原理。双层墙主要是利用空气间层的弹性减振作用提高隔声能力。

答案：C

61. (2010) 室内表面为坚硬材料的大空间，有时需要进行吸声降噪处理。对于吸声降噪的作用，以下哪种说法是正确的？(　　)

A. 仅能减弱直达声

B. 仅能减弱混响声

C. 既能减弱直达声，也能减弱混响声

D. 既不能减弱直达声，也不能减弱混响声

解析：本题考查吸声降噪的基本原理。吸声降噪不能低直达声，只能降低混响声（反射声）。通过吸声降噪处理可以使房间室内平均声压级降低 6～10dB。

答案：B

62. (2010) 某房间的容积为 10000m^3，房间内表面吸声较少，有一点声源在房间中部连续稳定地发声。在室内常温条件下，房间内某处的声压级与以下哪项无关？(　　)

A. 声源的声功率　　B. 离开声源的距离

C. 房间常数　　D. 声速

解析：本题考查室内计算点声源的声压级的计算原理和参数概念。室内计算点声源的声压级：

$$L_p=10\lg W+10\lg\left(\frac{Q}{4\pi r^2}+\frac{4}{R}\right)+120$$

式中　W——声源的功率，W；

r——测点和声源间的距离，m；

R——房间常数，m^2；

Q——声源的指向性因数。

答案：D

63. (2009) 的某一机房内，混响半径（直达声压与混响声压相等的点到声源的声中心的距离）为 8m。通过在机房内表面采取吸声措施后，以下哪个距离（距声源）处的降

噪效果最小？（　　）

A. 16m　　　　B. 12m

C. 8m　　　　D. 4m

解析：本题考查混响半径与吸声减噪的关系。在混响半径处直达声能和反射声能相等，小于混响半径处直达声声能强，吸声处理对该处的降噪效果小。

答案：D

64.（2006）为了克服"简并"现象，使其共振频率分布尽可能均匀，房间几何尺寸应取哪种尺寸比例合适？（　　）

A. 7×7×7　　　　B. 6×6×9

C. 6×7×8　　　　D. 8×8×9

解析：本题考查克服"简并"现象中对房间几何尺寸的要求。为避免共振频率重叠的"简并"现象，房间尺寸应尽量避免形成简单的整数比。

答案：C

5）室内音质设计（第65～74题）

65.（2010）为了比较全面地进行厅堂音质设计，根据厅堂的使用功能，应按以下哪一组要求做？（　　）

A. 确定厅堂的容积、设计厅堂的体形、设计厅堂的混响、配置电声系统

B. 设计厅堂的体形、设计厅堂的混响、选择吸声材料与设计声学构造、配置电声系统

C. 确定厅堂的容积、设计厅堂的混响、选择吸声材料与设计声学构造、配置电声系统

D. 设计厅堂的体形、设计厅堂的混响、选择吸声材料与设计声学构造

解析：本题考查厅堂音质设计的流程和内容。确定厅堂的容积、设计厅堂的体形、设计厅堂的混响、配置电声系统是进行厅堂音质设计的常规做法。

答案：A

66.（2009）下述哪条不是厅堂体形设计的基本设计原则？（　　）

A. 保证每位观众都能得到来自声源的直达声

B. 保证前次反射声的良好分布

C. 保证室内背景噪声低于相关规范的规定值

D. 争取充分的声扩散反射

解析：本题考查厅堂体形设计的内容。保证室内背景噪声低于相关规范的规定值要从墙体构造和平面布局解决，与厅堂体形设计无关。

答案：C

67.（2007）从建筑声学设计解度考虑，厅堂容积的主要确定原则是（　　）。

A. 声场分布　　　　B. 舞台大小

C. 合适的响度和混响时间　　　　D. 直达声和反射声

解析：本题考查影响厅堂容积的主要因素。容积大小直接影响声音的响度和混响时间，与声场分布、直达声和反射声、舞台大小没有直接关系。

答案：C

68.（2008）剧院内的允许噪声级一般采用哪类噪声评价指数（N）?（　　）

A. N=15～20　　B. N=20～25

C. N=25～30　　D. N=30～35

解析：本题考查剧院的允许噪声级的指标，应熟记。剧院的允许噪声级可采用N=20～25。

答案：B

69.（2007）室内音质的主要客观评价量是(　　)。

A. 丰满度和亲切感

B. 清晰度和可懂度

C. 立体感

D. 声压级、混响时间和反射声的时空分布

解析：本题考查室内音质客观评价量的主要内容，注意与主观评价量的区别。丰满度和亲切感、清晰度和可懂度、立体感基本都是主观评价量。声压级、混响时间和反射声的时空分布都是客观评价量。

答案：D

70.（2007）在一个1/20的厅堂音质模型实验中，对500Hz的声音，模型实验时应采取多少Hz的声源?（　　）

A. 500Hz　　B. 1000Hz

C. 5000Hz　　D. 10000Hz

解析：本题考查缩尺模型实验中对实验频率的要求。厅堂音质模型实验，模型比实物缩小n倍（即线长度缩小n倍），测试频率将相应提高n倍。

答案：D

71.（2007）为使厅堂内声音尽可能扩散，在设计扩散体的尺寸时，应考虑的主要因素是(　　)。

A. 它应小于入射声波的波长　　B. 它与入射声波波长相当

C. 它与两侧墙的间距相当　　D. 它与舞台大小有关

解析：本题考查扩散体的尺寸与声波波长的关系。当声波波长与扩散体尺寸相近时，扩散体就能起有效的扩散作用。

答案：B

72.（2005）体育馆比赛大厅的混响时间应控制在多大范围合适?（　　）

A. 4s　　B. 3s

C. 2s　　D. 1s

解析：本题考查体育馆比赛大厅的混响时间数据，应熟记。按《体育声馆声学设计及测量规程》JGJ/T 131—2012第2.2.1条、2.2.2条的规定，混响时间不小于1.3s，不大于3s。

答案：C

73.（2005）计算剧场混响时间时，舞台开口的吸声系数应取多大值较为合适?（　　）

A. 1.0　　B. 0.3～0.5

C. 0.2　　　　　　　　　　D. 0.1

解析：本题考查舞台开口的吸声系数，应熟记。舞台开口的吸声系数一般应取0.3～0.5。

答案：B

74. 下列室内声学现象中，不属于声学缺陷的是（　　）。

A. 回声　　　　　　　　　　B. 声聚焦

C. 声扩散　　　　　　　　　D. 声影

解析：本题考查声学缺陷的类型。回声、声聚焦和声影都属于声学缺陷，声扩散能使室内声场均匀。

答案：C

6）噪声控制（第 75～90 题）

75. （2010）以下哪项措施不能提高石膏板轻钢龙骨隔墙的隔声能力？（　　）

A. 增加石膏板的面密度

B. 增加石膏板之间空气层的厚度

C. 增加石膏板之间的刚性连接

D. 在石膏板之间的空腔内填充松软的吸声材料

解析：本题考查提高材料隔声性能的方法和原理。根据质量定律，增加石膏板的面密度，可提高隔墙的隔声能力；增加石膏板之间空气层的厚度，隔声量提高；在石膏板之间的空腔内填充松软的吸声材料，隔声量提高。

答案：C

76. （2010）住宅楼三层住户听到的以下噪声中，哪个噪声不是空气声？（　　）

A. 窗外的交通噪声　　　　　B. 邻居家的电视声

C. 地下室的水泵噪声　　　　D. 室内的电脑噪声

解析：本题考查空气声和固体声的概念。地下室的水泵噪声是通过楼板和墙体振动传到三层住户的，不是空气声。

答案：C

77. （2009）《民用建筑隔声设计规范》GBJ 118—88 中规定的住宅分户墙空气声隔声性能（隔声量）的低限值是多少？（　　）

A. 35dB　　　　　　　　　　B. 40dB

C. 45dB　　　　　　　　　　D. 50dB

解析：本题考查规范规定的住宅分户墙空气声隔声性能（隔声量）。根据现行《民用建筑隔声设计规范》GB 50118—2010 表 4.2.1，参照住宅分户墙空气声隔声性能的低限值是 45dB。

答案：C

78. （2008）噪声控制的原则，主要是对下列哪个环节进行控制？（　　）

A. 在声源处控制　　　　　　B. 在声音的传播途径中控制

C. 个人防护　　　　　　　　D. A、B、C 全部

解析：本题考查噪声控制的原则。噪声控制的原则，主要是控制声源的输出和声的传

播途径，以及对接收者进行保护。

答案：D

79.（2008）住宅建筑室内允许噪声限值，应低于所在区域的环境噪声标准值多少分贝？（　　）

A. 3dB（A） B. 5dB（A）

C. 10dB（A） D. 15dB（A）

解析：本题考查《声环境质量标准》GB 3096—2008 关于住宅建筑室内允许噪声限值的规定。根据《声环境质量标准》GB 3096—2008，居住、文教机关为主的区域，其环境噪声 L_{eq} 昼间≤55dB，夜间≤45dB，根据《民用建筑隔声设计规范》，室风允许噪声级 dB（A）；住宅白天≤50dB，夜间≤40dB。所以住宅建筑室内允许噪声限值，应低于所在区域的环境噪声标准值 5dB。

答案：B

80.（2008）旅馆建筑中的会议室、多功能大厅，其活动隔断的空气声计权隔声量不应低于多少？（　　）

A. 20dB B. 25dB

C. 30dB D. 35dB

解析：本题考查规范规定的活动隔断的空气声计权隔声量。根据《民用建筑隔声设计规范》GB 50118—2010 第 7.3.3 条，设有活动隔断的会议室、多用途厅，其活动隔断的空气声隔声性能不应低于 35dB。

答案：D

81.（2007）某声学用房，其室内需满足 NR-25（噪声标准曲线）要求，此时该室内 A 声级应为多少？（　　）

A. 20dB（A） B. 25dB（A）

C. 30dB（A） D. 35dB（A）

解析：本题考查 NR-25（噪声标准曲线）中的常用室内 A 声级数值。从各种建筑室内允许噪声值可以看出，允许的噪声评价数 N 与允许的 A 声级之间相差 10dB。

答案：D

82.（2007）在民用建筑中，对固定在墙体上的管路系统等设施，应采取下列哪种声学措施？（　　）

A. 吸声 B. 消声

C. 隔振 D. 隔声

解析：本题考查穿墙管道的隔声措施。根据《住宅建筑规范》GB 50368—2005 7.1.4 条，水、暖、电、气管线穿过楼板和墙体时，空洞周边应采取密封隔声措施。

答案：D

83.（2007）我国城市区域环境振动标准所采取的评价量是（　　）。

A. 水平振动加速度级 B. 垂直振动加速度级

C. 振动速度级 D. 铅锤向 z 计权振动加速度级

解析：本题考查城市区域环境振动标准所采取的评价量的概念。我国城市区域环境振动标准所采取的评价量是铅锤向 z 计权振动加速度级。

答案：D

84.（2006）我国工业企业生产车间内的噪声限值为（　　）。

A. 75dB（A）　　　　B. 80dB（A）

C. 85dB（A）　　　　D. 90dB（A）

解析：本题考查规范规定的工业企业生产车间内的噪声限值。《工作场所有害因素职业接触限值　第 2 部分：物理因素》GBZ 2.2—2007 第 11.2.1 条表 9 规定：工作场所噪声职业接触限值为 85dB（A）。

答案：C

85.（2006）在《民用建筑隔声设计规范》中，旅馆客房室内允许噪声级分为几个等级？（　　）

A. 5　　　　B. 4

C. 3　　　　D. 2

解析：本题考查规范规定的旅馆客房室内允许噪声级的分级要求。根据 GB 50118—2010，旅馆客房室内允许噪声级分为特级、一级、二级 3 个等级。

答案：C

86.（2006）旅馆客房之间的送、排风管道，必须采取消声降噪措施，其消声量的选取原则为（　　）。

A. 大于客房间隔墙的隔声量　　　　B. 小于客房间隔墙的隔声量

C. 相当于客房间隔墙的隔声量　　　　D. 任意选取

解析：本题考查送、排风管道消声量的选取原则。根据声学原理，消声量应相当于毗邻客房间隔墙的隔声量。

答案：C

87.（2005）用隔声屏障的方法控制城市噪声，对降低下列哪种频段的噪声较为有效？（　　）

A. 低频　　　　B. 中、低频

C. 中频　　　　D. 高频

解析：本题考查隔声屏障的隔声原理和特性。隔声屏障可以将声音波长短的高频声吸收或反射回去，使屏障后面形成“声影区”，在声影区内感到噪声明显下降。对波长较长的低频声，由于容易绕射过去，因此隔声效果较差。

答案：D

88.（2005）我国城市居民、文教区的昼间环境噪声等效声级的限值标准为（　　）。

A. 50dB（A）　　　　B. 55dB（A）

C. 60dB（A）　　　　D. 65dB（A）

解析：本题考查规范规定的城市居民、文教区的昼间环境噪声等效声级的限值标准。《声环境质量标准》GB 3096—2008 规定我国城市居民、文教区昼间环境噪声等效声级的限值标准为 55dB（A），夜间为 45dB（A）。

答案：B

89.（2004）机房内铺设吸声材料，其主要目的是减少哪类声波的强度，从而降低机房的噪声级？（　　）

A. 直达声　　B. 反射声

C. 透射声　　D. 绕射声

解析：本题考查吸声减噪的原理和方法。房间的噪声由直达声和反射声组成，吸声材料吸掉的是反射声。

答案：B

90. (2004) 噪声评价曲线（NR 曲线）中所标出的数字（如 NR40）是表示下列哪个中心频率（Hz）倍频带的声压级值？（　　）

A. 250　　B. 500

C. 1000　　D. 2000

解析：本题考查噪声评价曲线（NR 曲线）的原理和使用方法。从噪声评价曲线（NR 曲线）来看，在每一条曲线上中心频率为 1000Hz 的倍频带声压级值等于噪声评价指数 N。

答案：C

城市噪声的主要类型是考查的要点之一，应熟记。城市区域环境主要有交通噪声、生活噪声、施工噪声、工业噪声，影响大、范围最广的噪声源为交通噪声。(第 91～92 题)

91. (2008) 我国城市扰民公害诉讼率占首位的是什么？（　　）

A. 水污染　　B. 空气污染

C. 城市垃圾　　D. 噪声污染

答案：D

92. (2004) 目前，对我国城市区域环境噪声影响大、范围最广的噪声源来自哪里？

A. 生活噪声　　B. 施工噪声

C. 工业噪声　　D. 交通噪声

答案：D

组合墙（即带有门或窗的隔墙）的隔声设计是考查要点之一，应熟记设计原理和相关参数。门窗是隔声的薄弱环节，组合墙的隔声设计通常采用"等透射量"原理，即使门、窗、墙的声透射量 $S\cdot\Gamma$（声透射量等于构件面积 S 乘以声透射系数 Γ）大致相等，通常门的面积大致为墙面积 1/5～1/10，墙的隔声量只要比门或窗高出 10dB 即可。(第 93～94 题)

93. (2006) 组合墙（即带有门或窗的隔墙）中，墙的隔声量应比门或窗的隔声量高多少才能有效隔声？（　　）

A. 3dB　　B. 6dB

C. 8dB　　D. 10dB

94. (2004) 组合墙（即带有门或窗的隔墙）中，墙的隔声量应选择哪种方法合理？

A. 低于门或窗的隔声量　　B. 等于门或窗的隔声量

C. 可不考虑门或窗的隔声量　　D. 大于门或窗的隔声量

答案：D

（九）模 拟 题

1. 关于声源指向性，下列哪一项正确？（　　）

A. 点声源有方向性　　B. 声源方向性与声源大小无关

C. 频率越低，声源指向性越强　　D. 声源尺寸比波长越大，指向性越强

2. 观众厅采用 1.2m 高的声柱，以下说法错误的是（　　）。

A. 该声柱有指向性　　B. 声音的频率越高，指向性越强

C. 声音的频率越低，指向性越强　　D. 声柱可视为线声源

3. 125Hz 的声波入射到 20cm 宽的障板时，会产生（　　）。

A. 反射　　B. 干涉

C. 扩散　　D. 绕射

4. 下面哪个要素不是声音的三要素？（　　）

A. 强弱　　B. 音调

C. 频谱　　D. 音色

5. 人耳对下面哪个频段的声音最灵敏？（　　）

A. ＜800Hz　　B. 800～1500 Hz

C. 3000～4000 Hz　　D. ＞6000 Hz

6. 声压级为 0dB 的 3 个声音，叠加以后的声压级为（　　）。

A. 没有声音　　B. 3dB

C. 4.8dB　　D. 6dB

7. 有两个机器发出声音的声压级分别为 60dB 和 80dB，如果这两个机器同时工作，这时的声压级为（　　）。

A. 70dB　　B. 80dB

C. 90dB　　D. 140dB

8. 观众厅侧向反射声与直达声的声程差大于（　　）时，会出现回声？

A. 12m　　B. 15m

C. 17m　　D. 10m

9. 声波在下列哪种介质中传播速度最慢？（　　）

A. 空气　　B. 水

C. 铁　　D. 软木

10. 要使人耳的主观听闻的响度增加一倍，声压级要增加（　　）。

A. 2dB　　B. 3dB

C. 6dB　　D. 10dB

11. 声压级为 $P=4\times10^{-5}$（N/m^2）时，声压级为（　　）？

A. 4dB　　B. 6dB

C. 8dB　　D. 12dB

12. 声音的强弱主要由声音的（　　）决定。

A. 声压级　　B. 频谱

C. 频率　　D. 波长

13. 要使室外点声源接收点的声压级提高约 9 dB，接受点与声源的距离需增加(　　)?

A. 1 倍　　B. 2 倍

C. 3 倍　　D. 9 倍

14. 在室外线声源的情况下，接受点与声源的距离减少一半，声压提高(　　)?

A. 6dB　　B. 3dB

C. 2dB　　D. 1dB

15. 在一自由声场上，距离面声源 8m 远处的直达声压级为 50dB，则距离面声源 4m 处的声压级为(　　)。

A. 56dB　　B. 53dB

C. 50dB　　D. 80dB

16. 在用伊林公式计算混响时间时，哪个频段的声音需要考虑空气吸收的影响?(　　)

A. 125Hz　　B. 500Hz

C. 1000Hz　　D. 2000Hz

17. 声波传播遇到水面时，除反射外，还会发生（　　）。

A. 绕射　　B. 聚焦

C. 扩散　　D. 折射

18. 下面四个房间（长×宽×高，单位为 m）中，哪个房间的音质最好?(　　)

A. 8×8×6　　B. 5×4×4

C. 5×5×3.6　　D. 3.6×6×8

19. 声波入射到建筑构件时，声能不会出现哪种状态?(　　)

A. 反射　　B. 折射

C. 透射　　D. 吸收

20. 关于掩蔽效应，以下说法错误的是(　　)。

A. 人耳可以同时分辨几个声音

B. 高频声能有效地掩蔽低频声

C. 低频声能有效地掩蔽高频声

D. 既定频率声音的声压级越高，掩蔽量越大

21. 观众厅内表面不宜出现凹曲面，是由于这样的表面容易产生(　　)。

A. 反射　　B. 折射

C. 聚焦　　D. 吸收

22. 下面哪项不是影响多孔吸声材料吸声特性的主要因素?(　　)

A. 材料中空气的流阻　　B. 孔隙率

C. 材料厚度　　D. 表面加设金属网

23. 下面所列的材料，哪些不属于多孔吸声材料?(　　)

A. 玻璃棉　　B. 木丝板

C. 矿棉　　D. 拉毛水泥墙面

24. 在多孔性吸声材料外加一层薄穿孔板，穿孔板穿孔率不应小于多少？（　　）

A. 5%　　B. 10%

C. 20%　　D. 30%

25. 采取下列哪种措施，可有效提高穿孔板吸声结构的共振频率？（　　）

A. 减小穿孔率　　B. 减小板后空气层厚度

C. 减小板厚　　D. 减小板材硬度

26. 在穿孔板吸声结构内填充多孔材料会使共振频率向下列哪个频段方向移动？（　　）

A. 低频　　B. 中频

C. 中、高频　　D. 高频

27. 微穿孔板吸声构造在较宽的频率范围内有较高吸声系数，其孔径应控制在（　　）。

A. 5mm　　B. 3mm

C. 2mm　　D. 小于1mm

28. 吸声尖劈常用于哪种场合？（　　）

A. 消声室　　B. 教室

C. 厂房　　D. 剧院

29. 观众厅的通风洞口，其吸声系数为（　　）。

A. 0.0　　B. 0.4

C. 0.5　　D. 1.0

30. 根据质量定律，下面说法错误的是（　　）。

A. 增加墙的厚度，隔声量增加　　B. 单位面积质量增加，隔声量增加

C. 高频的隔声比低频的隔声要困难　　D. 低频的隔声比高频的隔声要困难

31. 下列同样厚度的不同墙体，哪种隔声量最小？（　　）

A. 空心页岩砖墙　　B. 实心页岩砖墙

C. 加气混凝土砌块墙　　D. 混凝土空心砌块墙

32. 有一堵180mm厚砖墙隔声量为45dB，如果做成360mm厚砖墙，其隔声量为多少？（　　）

A. 48 dB　　B. 51 dB

C. 57 dB　　D. 90 dB

33. 为了增加隔声效果，声闸的顶棚和墙面应如何处理？（　　）

A. 抹灰　　B. 贴墙纸

C. 水泥拉毛　　D. 做穿孔板背衬玻璃棉

34. 旅馆建筑中的会议室、多功能大厅，其活动隔断的空气声计权隔声量+频谱修正量不应低于（　　）。

A. 25 dB　　B. 30 dB

C. 35 dB　　D. 40 dB

35. 隔振系统的干扰力频率（f）与固有频率（f_0）之比，必须满足（　　），才能获得有效的隔振效果。

A. 0.2　　B. 0.5

C. 1.0　　D. $\sqrt{2}$以上

36. 我国城市区域环境振动标准所采用的评价量是(　　)。

A. 水平振动加速度级　　B. 垂直振动加速度级

C. 振动速度级　　D. 铅直向 z 计权振动加速度级

37. 在楼板表面铺设面层（如地毯类），对降低哪类频率的声波尤为有效？(　　)

A. 高频　　B. 中频

C. 中、低频　　D. 低频

38. 建筑物内设备隔振不仅有效地降低振动干扰，而且对降低下列哪种声波也有明显效果？(　　)

A. 固体声　　B. 纯音

C. 空气声　　D. 复合声

39. 下面哪个频率不是常用的倍频带？(　　)

A. 500Hz　　B. 1000 Hz

C. 3000 Hz　　D. 4000 Hz

40. 剧场观众厅一般将扬声器配置在台口上方，主要是考虑(　　)。

A. 声源的指向性

B. 人耳对水平方向声音的分辨能力远大于垂直方向

C. 人耳对垂直方向声音的分辨能力远大于水平方向

D. 人耳确定声源远近的准确度较差

41. 为了使 125Hz 的低频声音充分扩散，扩散体的尺寸约为(　　)。

A. 2.0m　　B. 2.7m

C. 3.4m　　D. 4.5m

42. 以自然声演出为主的剧场设有楼座时，挑台的挑出深度宜小于楼座下开口净高的(　　)。

A. 1 倍　　B. 1.2 倍

C. 1.5 倍　　D. 2 倍

43. 剧院舞台也应做吸声处理，其混响时间宜与(　　)一致？

A. 观众厅满场　　B. 观众厅空场

C. 观众厅半场　　D. 音响控制室

44. 从建筑声学设计考虑，综合体育馆混响时间控制在多大范围合适？(　　)

A. 0.8～1.2s　　B. 1.0～1.5s

C. 1.3～2.1s　　D. 1.8～2.5s

45. 在一个 1/10 的厅堂音质模型试验中，对 500Hz的声音，模型试验时应采用多少频率的声源？(　　)

A. 500Hz　　B. 1000Hz

C. 5000Hz　　D. 10000Hz

46. 噪声对人影响的常用计量单位是(　　)

A. 分贝（dB）　　B. 巴（Pa）

C. 分贝（A）[dB（A）]　　D. 牛顿/平方米（N/m^2）

47.《城市区域环境噪声标准》GB 3096—2008 中给出了城市五类区域的环境噪声限值，该标准中所用的评价量为(　　)。

A. L_{PA}　　B. L_{Aeq}

C. L_{dn}　　D. L_n

48. 在《民用建筑隔声设计规范》GB 50118—2010 中，医院临街外窗的空气声隔声标准应大于(　　)。

A. 25dB　　B. 30dB

C. 35dB　　D. 40dB

49. 以居住、文教机关为主的区域，其昼、夜间环境噪声限值分别为(　　)dB（A）。

A. 50，40　　B. 55，45

C. 60，50　　D. 65，55

50. 住宅建筑室内允许噪声限值是(　　)，应低于所在区域的环境噪声标准值。

A. 5dB，3dB　　B. 10dB，8dB

C. 15dB，10dB　　D. 20dB，15dB

51. 某声学用房，其室内需满足 NR-25（噪声标准曲线）要求，此时该室内 A 声级应为(　　)。

A. 20dB（A）　　B. 25dB（A）

C. 30dB（A）　　D. 35dB（A）

52. 在《民用建筑隔声设计规范》GB 50118—2010 中，住宅临交通干道的外窗的空气声隔声标准应大于(　　)。

A. 25dB　　B. 30dB

C. 35dB　　D. 40dB

53.《民用建筑隔声设计规范》GB 50118—2010 中，住宅外墙的空气声隔声标准应大于(　　)。

A. 40dB　　B. 50dB

C. 55dB　　D. 45dB

54. 对室内平均吸声系数较小的房间采取吸声减噪措施较为有效，吸声量增大一倍，室内声压级降低(　　)？

A. 2dB　　B. 3dB

C. 5dB　　D. 10dB

55. 某一机房内，混响半径（直达声压与混响声压相等的点到声源的声中心的距离）为 15m。通过在机房内表面采取吸声措施后，以下哪个距离（距声源）处的降噪效果最好？(　　)

A. 8m　　B. 10m

C. 14m　　D. 16m

56. 下列哪项不是增加轻质隔墙的空气声隔声量的措施？(　　)

A. 双层轻质隔墙间设空气层

B. 以多孔材料填充轻质墙体之间的空气层

C. 增加轻质墙体的层数

D. 使各层材料的质量相等

57. 房间的噪声降低值与(　　)无关。

A. 隔墙的隔声量　　B. 接收室的吸声量

C. 发声室的吸声量　　D. 隔墙的面积

58. 下列噪声控制措施不合理的是(　　)。

A. 使建筑远离噪声源

B. 采用隔声屏障

C. 采用隔声罩

D. 把建筑布置在主要噪声源夏季主导风向的下风向

59. 旅馆客房之间的送、排风管道，必须采取消声降噪措施，其消声量的选取原则为(　　)。

A. 大于客房间隔墙的隔声量　　B. 小于客房间隔墙的隔声量

C. 相当于客房间隔墙的隔声量　　D. 任意选取

60. 第一个声音的声压是第二个声音的 2 倍，如果第一个声音的声压级是 60dB，第二个声音的声压级是(　　)。

A. 44dB　　B. 54dB

C. 66dB　　D. 30dB

答案

1. D	2. C	3. C	4. C	5. C	6. C	7. B	8. C	9. A	10. D
11. B	12. A	13. B	14. B	15. C	16. D	17. D	18. D	19. B	20. B
21. C	22. D	23. D	24. C	25. A	26. D	27. B	28. A	29. B	30. C
31. C	32. B	33. D	34. C	35. D	36. D	37. A	38. A	39. C	40. B
41. B	42. B	43. B	44. C	45. C	46. C	47. B	48. B	49. B	50. B
51. D	52. B	53. D	54. B	55. D	56. D	57. C	58. D	59. C	60. B

第二部分　建 筑 设 备

第一章　建筑给水排水

（一）建 筑 给 水

［考纲分析］

《全国一级注册建筑师资格考试大纲（2002年版）》中第4.4条对建筑给水的内容提出了要求，即“了解冷水储存、加压及分配”。《全国一级注册建筑师资格考试大纲（2021年版）》对建筑给水的要求未变。从往年考试命题情况看，每年会出现4～6个单选题。以下根据考试需要，对建筑给水进行要点式分析。

［知识储备］

建筑给水系统是将城镇供水管网或自备水源供水管网的水引入室内，经配水管输送至各种配水龙头、生产机组和消防设备等用水点，并满足各用水点对水质、水量、水压的要求。

建筑内部生活给水系统，一般由引入管、给水管道、给水附件、配水设施、贮水和加压设备等构成。其中贮水设备主要有贮水池和水箱，加压设备主要有水泵、气压给水装置和变频调速给水装置。

根据供水用途不同，建筑给水可分为生活给水系统、生产给水系统、消防给水系统。建筑给水设计应根据建筑物的性质、高度、室外管网所能提供的水压、各种卫生器具和生产机组所需的压力及用水点的分布情况选择给水方式。最基本的给水方式有直接供水方式，设水池、水泵和水箱的供水方式，分区供水方式。其中，分区供水方式又有分区并联供水方式、分区串联供水方式、分区减压阀减压供水方式等。按照水平配水干管的敷设位置不同给水系统的管网布置方式可以分为下行上给式、上行下给式和环状式。

知识要点1　用水定额

考题一（2014-43）下列哪类不计入小区给水设计正常用水量？（　　）

A. 居民生活用水量　　B. 消防用水量

C. 绿化用水量　　D. 未预见用水及管网漏水

［答案］B

考题二（2014-44）下列场所用水定额不含食堂用水的是（　　）。

A. 酒店式公寓　　B. 托儿所

C. 养老院　　D. 幼儿园

［答案］A

考题三（2012-43）绿化浇灌定额的确定因素中不包括下列哪项？（　　）

A. 气象条件　　B. 植物种类、浇灌方式

C. 土壤理化状态　　D. 水质

［答案］D

［知识快览］

生活用水量受当地气候、生活习惯、建筑物使用性质、卫生器具和用水设备的完善程度、生活水平以及水价等很多因素影响，故用水量不均匀。生活用水量可以根据现行的《建筑给水排水设计标准》中的用水定额（经多年的实测数据统计得出）进行计算。《建筑给水排水设计标准》GB 50015—2019 中关于建筑给水用水量的规定如下：

3.2.1　住宅生活用水定额及小时变化系数，可根据住宅类别、建筑标准、卫生器具设置标准等因素按表 3.2.1 确定。

注：1　当地主管部门对住宅生活用水定额有具体规定时，应按当地规定执行。

2　别墅生活用水定额中含庭院绿化用水和汽车抹车用水，不含游泳池补充水。

3.2.2　公共建筑的生活用水定额及小时变化系数，可根据卫生器具完善程度、区域条件和使用要求按表 3.2.2 确定。

注：1　中等院校、兵营等宿舍设置公用卫生间和盥洗室，当用水时段集中时，最高日小时变化系数 K_h 宜取高值 6.0～4.0；其他类型宿舍设置公用卫生间和盥洗室时，最高日小时变化系数 K_h 宜取低值 3.5～3.0。

2　除注明外，均不含员工生活用水，员工最高日用水定额为每人每班 40～60L，平均日用水定额为每人每班 30～45L。

3　大型超市的生鲜食品区按菜市场用水。

4　医疗建筑用水中已含医疗用水。

5　空调用水应另计。

3.2.3　绿化浇灌用水定额应根据气候条件、植物种类、土壤理化性状、浇灌方式和管理制度等因素综合确定。当无相关资料时，小区绿化浇灌最高日用水定额可按浇灌面积 1.0～3.0L/(m^2・d) 计算。干旱地区可酌情增加。

3.2.4　小区道路、广场的浇洒最高日用水定额可按浇洒面积 2.0～3.0L/(m^2・d) 计算。

3.2.6　民用建筑空调循环冷却水系统的补充水量，应根据气候条件、冷却塔形式、浓缩倍数等因素确定，可按本标准第 3.11.14 条的规定确定。

3.2.7　汽车冲洗用水定额应根据冲洗方式、车辆用途、道路路面等级和沾污程度等确定，汽车冲洗最高日用水定额可按表 3.2.7 计算。

3.2.9　给水管网漏失水量和未预见水量应计算确定，当没有相关资料时漏失水量和未预见水量之和可按最高日用水量的 8%～12%计。

3.7.1　建筑给水设计用水量应根据下列各项确定：

1　居民生活用水量；

2　公共建筑用水量；

3　绿化用水量；

4 水景、娱乐设施用水量；

5 道路、广场用水量；

6 公用设施用水量；

7 未预见用水量及管网漏失水量；

8 消防用水量；

9 其他用水量。

条文说明：消防用水量仅用于校核管网计算，不计入日常用水量。

[考点分析与应试指导]

主要考用水定额的确定。考题会依据《建筑给水排水设计标准》“3.2 用水定额和水压”和“3.7 设计流量和管道水力计算”设计选项，考生需要熟悉规范中的条文及条文说明，尤其不能忽视了条文中的小注。由于命题方式和命题点比较固定，容易掌握。考试中应该是难度一般的题目，难易程度：B级。

知识要点 2 贮水池

考题（2006-52 改）生活饮用水水池的设置，下列哪项是错误的？（　　）

A. 建筑屋内的生活饮用水水池体，不得利用建筑物的本体结构作为水池的壁板、底板及顶盖

B. 生活饮用水水池与其他用水水池并列设置时，应有各自独立的池壁

C. 生活饮用水水池（箱）内贮水更新时间不宜超过 24h

D. 建筑物内生活饮用水水池上方的房间不应有厕所、浴室、厨房、污水处理间等

[答案] C

[知识快览]

贮水池在给水系统中是贮存和调节水量的构筑物。当建筑物所需水量、水压明显不足，或者用水量很不均匀，市政供水管网难以满足时，应当设置贮水池。《建筑给水排水设计标准》GB 50015—2019 中关于贮水池的设置要点：

3.3.15　供单体建筑的生活饮用水池（箱）与消防用水的水池（箱）应分开设置。

3.3.16　建筑物内的生活饮用水水池（箱）体，应采用独立结构形式，不得利用建筑物的本体结构作为水池（箱）的壁板、底板及顶盖。

生活饮用水水池（箱）与消防用水水池（箱）并列设置时，应有各自独立的池（箱）壁。

3.3.17　建筑物内的生活饮用水水池（箱）及生活给水设施，不应设置于与厕所、垃圾间、污（废）水泵房、污（废）水处理机房及其他污染源毗邻的房间内；其上层不应有上述用房及浴室、盥洗室、厨房、洗衣房和其他产生污染源的房间。

3.3.18　生活饮用水水池（箱）的构造和配管，应符合下列规定：

1 人孔、通气管、溢流管应有防止生物进入水池（箱）的措施；

2 进水管宜在水池（箱）的溢流水位以上接入；

3 进出水管布置不得产生水流短路，必要时应设导流装置；

4 不得接纳消防管道试压水、泄压水等回流水或溢流水；

5 泄水管和溢流管的排水应间接排水，并应符合本标准第 4.4.13 条、第 4.4.14 条

的规定；

6 水池（箱）材质、衬砌材料和内壁涂料，不得影响水质。

3.3.19 生活饮用水水池（箱）内贮水更新时间不宜超过48h。

3.13.9 小区生活用贮水池设计应符合下列规定：

1 小区生活用贮水池的有效容积应根据生活用水调节量和安全贮水量等确定，并应符合下列规定：

1）生活用水调节量应按流入量和供出量的变化曲线经计算确定，资料不足时可按小区加压供水系统的最高日生活用水量的15%～20%确定；

2）安全贮水量应根据城镇供水制度、供水可靠程度及小区供水的保证要求确定；

3）当生活用水贮水池贮存消防用水时，消防贮水量应符合现行的国家标准《消防给水及消火栓系统技术规范》GB 50974的规定。

2 贮水池大于50m³宜分成容积基本相等的两格。

3 小区贮水池设计应符合国家现行相关二次供水安全技术规程的要求。

3.13.10 当小区的生活贮水量大于消防贮水量时，小区的生活用水贮水池与消防用贮水池可合并设置，合并贮水池有效容积的贮水设计更新周期不得大于48h。

3.13.11 埋地式生活饮用水贮水池周围10m内，不得有化粪池、污水处理构筑物、渗水井、垃圾堆放点等污染源。生活饮用水水池（箱）周围2m内不得有污水管和污染物。

[考点分析与应试指导]

主要考贮水池的设置要点。考题会依据《建筑给水排水设计标准》"3.3水质和防水质污染"和"3.13小区室外给水"中有关水池的规范条文设计选项，考生需要非常熟悉规范条文，特别是条文中的数据。考生复习该知识点时定性内容应理解记忆，定量内容要强化记忆。考试中是有一定难度的题目，不易得分。难易程度：C级。

知识要点3 水箱

考题（2012-45）以下饮用水箱配管示意图哪个正确？（ ）

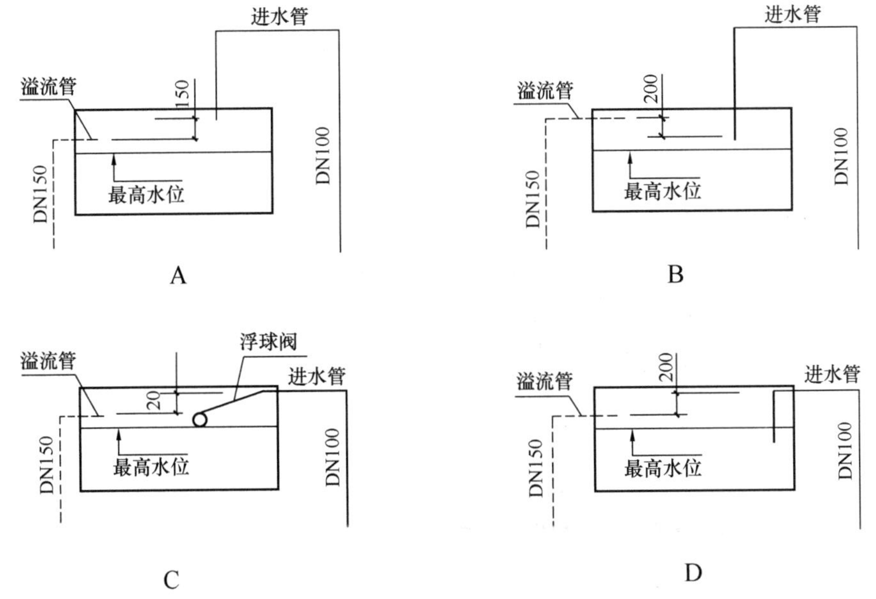

[答案] A

[知识快览]

水箱在给水系统中使用较广，主要起到贮存、调节水量，稳定水压的作用。《建筑给水排水设计标准》GB 50015—2019 中关于水箱的设置要点：

3.2.12 生活饮用水水池（箱）的构造和配管，应符合下列规定：

1 人孔、通气管、溢流管应有防止生物进入水池（箱）的措施；

2 进水管宜在水池（箱）的溢流水位以上接入；

3 进出水管布置不得产生水流短路，必要时应设导流装置；

4 不得接纳消防管道试压水、泄压水等回流水或溢流水；

5 泄水管和溢流管的排水应间接排水，并应符合本标准第 4.4.13 条、第 4.4.14 条的规定；

6 水池（箱）材质、衬砌材料和内壁涂料，不得影响水质。

3.3.4 卫生器具和用水设备等的生活饮用水管配水件出水口应符合下列规定：

1 出水口不得被任何液体或杂质所淹没；

2 出水口高出承接用水容器溢流边缘的最小空气间隙，不得小于出水口直径的 2.5 倍。

3.3.5 生活饮用水水池（箱）进水管应符合下列规定：

1 进水管口最低点高出溢流边缘的空气间隙不应小于进水管管径，且不应小于 25mm，可不大于 150mm；

2 当进水管从最高水位以上进入水池（箱），管口处为淹没出流时，应采取真空破坏器等防虹吸回流措施；

3 不存在虹吸回流的低位生活饮用水贮水池（箱），其进水管不受以上要求限制，但进水管仍宜从最高水面以上进入水池。

[考点分析与应试指导]

主要考水箱的设置要点。考题会依据《建筑给水排水设计标准》“3.3 水质和防水质污染”中有关水箱的规范条文设计选项，考生需要非常熟悉规范条文，特别是对管径大小、进水管口与溢流水位空气间隙的要求。考生复习该知识点时应能够根据规范条文及条文说明，能够采用图示方法表达水箱的设置，以加深理解。考试中是难度较高的题目，容易丢分。难易程度：D 级。

知识要点 4 加压设备

考题一（2006-59）建筑物内的给水泵房，下述哪项减振措施是错误的（ ）。

A. 应选用低噪声的水泵机组

B. 水泵机组的基础应设置减振装置

C. 吸水管和出水管上应设置减振装置

D. 管道支架、吊架的设置无特殊要求

[答案] D

考题二（2008-53）多台水泵从吸水总管上自灌吸水时，水泵吸水管与吸水总管的连接应采用（ ）。

A. 管顶平接　　　　　　　　　　B. 管底平接
C. 管中心平接　　　　　　　　　D. 低于吸水总管管底连接

［答案］A

[知识快览]

水泵是给水系统中的主要升压设备。《建筑给水排水设计标准》GB 50015—2019 中关于增压设备、泵房的设计要求：

3.9.6　当每台水泵单独从水池（箱）吸水有困难时，可采用单独从吸水总管上自灌吸水，吸水总管应符合下列规定：

1　吸水总管伸入水池（箱）的引水管不宜少于 2 条，当一条引水管发生故障时，其余引水管应能通过全部设计流量。每条引水管上应设阀门；

2　引水管宜设向下的喇叭口，喇叭口的设置应符合本规范第 3.9.5 条中吸水管喇叭口的相应规定；

3　吸水总管内的流速应小于 1.2m/ s；

4　水泵吸水管与吸水总管的连接，应采用管顶平接，或高出管顶连接。

3.9.10　建筑物内的给水泵房，应采用下列减振防噪措施：

1　应选用低噪声水泵机组；

2　吸水管和出水管上应设置减振装置；

3　水泵机组的基础应设置减振装置；

4　管道支架、吊架和管道穿墙、楼板处，应采取防止固体传声措施；

5　必要时，泵房的墙壁和天花应采取隔音吸音处理。

3.9.13　水泵基础高出地面的高度应便于水泵安装，不应小于 0.10m；泵房内管道管外底距地面或管沟底面的距离，当管径不大于 150mm 时，不应小于 0.20m，当管径大于或等于 200mm 时，不应小于 0.25m。

3.9.14　泵房内宜有检修水泵场地，检修场地尺寸宜按水泵或电机外形尺寸四周有不小于 0.7m 的通道确定。泵房内配电柜和控制柜前面通道宽度不宜小于 1.5m。泵房内宜设置手动起重设备。

[考点分析与应试指导]

主要考水泵和水泵房的设置。考题会依据《建筑给水排水设计标准》“3.9 增压设备、泵房”设计选项，考生应掌握给水泵的选择，水泵机组安装、管道安装，以及泵房建筑结构等设计要求。复习以熟悉为主，考试中应该是比较简单的得分题。难易程度：A 级。

知识要点 5　给水方式

考题（2014-47）超过 100m 的高层建筑生活给水供水方式宜采用(　　)。

A. 垂直串联供水　　　　　　　　B. 垂直分区并联供水
C. 分区减压供水　　　　　　　　D. 市政管网直供水

［答案］A

[知识快览]

给水方式是建筑内部给水系统的供水方案。《建筑给水排水设计标准》GB 50015—

2019 中关于给水供水方案的选择要求如下：

3.4.1 建筑物内的给水系统应符合下列规定：

1 应充分利用城镇给水管网的水压直接供水；

2 当城镇给水管网的水压和（或）水量不足时，应根据卫生安全、经济节能的原则选用贮水调节和加压供水方式；

3 当城镇给水管网水压不足，采用叠压供水系统时，应经当地供水行政主管部门及供水部门批准认可；

4 给水系统的分区应根据建筑物用途、层数、使用要求、材料设备性能、维护管理、节约供水、能耗等因素综合确定；

5 不同使用性质或计费的给水系统，应在引入管后分成各自独立的给水管网。

3.4.2 卫生器具给水配件承受的最大工作压力，不得大于 0.60MPa。

3.4.3 当生活给水系统分区供水时，各分区的静水压力不宜大于 0.45MPa；当设有集中热水系统时，分区静水压力不宜大于 0.55MPa。

3.4.4 生活给水系统用水点处供水压力不宜大于 0.20MPa，并应满足卫生器具工作压力的要求。

3.4.5 住宅入户管供水压力不应大于 0.35MPa，非住宅类居住建筑入户管供水压力不宜大于 0.35MPa。

3.4.6 建筑高度不超过 100m 的建筑的生活给水系统，宜采用垂直分区并联供水或分区减压的供水方式；建筑高度超过 100m 的建筑，宜采用垂直串联供水方式。

[考点分析与应试指导]

主要考给水系统的选择和设计要求。考题会依据《建筑给水排水设计标准》"3.4 系统选择"设计选项，考生应掌握给水方式及其适用条件，掌握竖向分区压力的要求。复习要综合考试教材和规范条文一起复习，考试中应该是难度一般的题目，理解知识点后还是比较容易得分的。难易程度：B 级。

知识要点 6 给水管道敷设

考题一（2014-48）高层建筑给水立管不宜采用（ ）。

A. 钢管　　B. 塑料和金属复合管

C. 不锈钢管　　D. 塑料管

[答案] D

考题二（2008-52）下面哪一种阀的前面不得设置控制阀门？（ ）

A. 减压阀　　B. 泄压阀

C. 排气阀　　D. 安全阀

[答案] D

考题三（2006-53）管道井的设置，下述哪项是错误的？（ ）

A. 需进人维修管道的管道井，其维修人员的工作通道净宽度不宜小于 0.6m

B. 管道井应隔层设外开检修门

C. 管道井检修门的耐火极限应符合消防规范的规定

D. 管道井井壁及竖向防火隔断应符合消防规范的规定

［答案］B

［知识快览］

给水系统采用的管材有金属管、塑料管和复合管。《建筑给水排水设计标准》GB 50015—2019 中关于管材的选用要求如下：

3.5.2 室内的给水管道，应选用耐腐蚀和安装连接方便可靠的管材，可采用不锈钢管、铜管、塑料给水管和金属塑料复合管及经防腐处理的钢管。高层建筑给水立管不宜采用塑料管。

3.13.22 小区室外埋地给水管道管材，应具有耐腐蚀和能承受相应地面荷载的能力，可采用塑料给水管、有衬里的铸铁给水管、经可靠防腐处理的钢管等管材。

给水管道的布置受建筑结构、用水要求、配水点和室外给水管道的位置，以及供暖、通风、空调、供电等其他建筑设备工程管线布置的影响。管道布置与敷设应确保供水安全和良好的水力条件，力求经济合理。《建筑给水排水设计标准》GB 50015—2019 对管道的敷设要求如下：

3.6.10 给水引入管与排水排出管的净距不得小于 1m。建筑物内埋地敷设的生活给水管与排水管之间的最小净距，平行埋设时不宜小于 0.50m；交叉埋设时不应小于 0.15m，且给水管应在排水管的上面。

3.6.14 管道井尺寸应根据管道数量、管径、间距、排列方式、维修条件，结合建筑平面和结构形式等确定。需进人维修管道的管井，维修人员的工作通道净宽度不宜小于 0.6m。管道井应每层设外开检修门。管道井的井壁和检修门的耐火极限和管道井的竖向防火隔断应符合现行国家标准《建筑设计防火规范》GB 50016 的规定。

3.13.15 由城镇管网直接供水的小区室外给水管网应布置成环状网，或与城镇给水管连接成环状网。环状给水管网与城镇给水管的连接管不应少于 2 条。

3.13.16 小区的室外给水管道应沿区内道路敷设，宜平行于建筑物敷设在人行道、慢车道或草地下。管道外壁距建筑物外墙的净距不宜小于 1m，且不得影响建筑物的基础。

3.13.17 小区的室外给水管道与其他地下管线及乔木之间的最小净距，应符合本标准附录 E 的规定。

3.13.18 室外给水管道与污水管道交叉时，给水管道应敷设在污水管道上面，且接口不应重叠。当给水管道敷设在下面时，应设置钢套管，钢套管的两端应采用防水材料封闭。

3.13.19 室外给水管道的覆土深度，应根据土壤冰冻深度、车辆荷载、管道材质及管道交叉等因素确定。管顶最小覆土深度不得小于土壤冰冻线以下 0.15m，行车道下的管线覆土深度不宜小于 0.70m。

3.13.20 敷设在室外综合管廊（沟）内的给水管道，宜在热水、热力管道下方，冷冻管和排水管的上方。给水管道与各种管道之间的净距，应满足安装操作的需要，且不宜小于 0.3m。

3.13.21 生活给水管道不应与输送易燃、可燃或有害的液体或气体的管道同管廊（沟）敷设。

为调节水量水压，关断水流，控制水流方向和水位，给水系统中需要安装各式阀门，常用的有截止阀、止回阀、减压阀、安全阀等。关于阀门的选择与安装，《建筑给水排水设计标准》GB 50015—2019 要求如下：

3.5.4　室内给水管道的下列部位应设置阀门：

1　从给水干管上接出的支管起端；

2　入户管、水表前和各分支立管；

3　室内给水管道向住户、公用卫生间等接出的配水管起端；

4　水池（箱）、加压泵房、水加热器、减压阀、倒流防止器等处应按安装要求配置。

3.5.6　给水管道的下列管段上应设置止回阀，装有倒流防止器的管段处，可不再设置止回阀：

1　直接从城镇给水管网接入小区或建筑物的引入管上；

2　密闭的水加热器或用水设备的进水管上；

3　每台水泵的出水管上。

3.5.11　减压阀的设置应符合下列规定：

1　减压阀的公称直径宜与其相连管道管径一致；

2　减压阀前应设阀门和过滤器；需要拆卸阀体才能检修的减压阀，应设管道伸缩器或软接头，支管减压阀可设置管道活接头；检修时阀后水会倒流时，阀后应设阀门；

3　干管减压阀节点处的前后应装设压力表，支管减压阀节点后应装设压力表；

4　比例式减压阀、立式可调式减压阀宜垂直安装，其他可调式减压阀应水平安装；

5　设置减压阀的部位，应便于管道过滤器的排污和减压阀的检修，地面宜有排水设施。

3.5.12　当给水管网存在短时超压工况，且短时超压会引起使用不安全时，应设置持压泄压阀。持压泄压阀的设置应符合下列规定：

1　持压泄压阀前应设置阀门；

2　持压泄压阀的泄水口应连接管道间接排水，其出流口应保证空气间隙不小于 300mm。

3.5.13　安全阀阀前、阀后不得设置阀门，泄压口应连接管道将泄压水（气）引至安全地点排放。

3.5.14　给水管道的排气装置设置应符合下列规定：

1　间歇性使用的给水管网，其管网末端和最高点应设置自动排气阀；

2　给水管网有明显起伏积聚空气的管段，宜在该段的峰点设自动排气阀或手动阀门排气；

3　给水加压装置直接供水时，其配水管网的最高点应设自动排气阀；

4　减压阀后管网最高处宜设置自动排气阀。

3.5.15　给水管道的管道过滤器设置应符合下列规定：

1　减压阀、持压泄压阀、倒流防止器、自动水位控制阀、温度调节阀等阀件前应设置过滤器；

2　水加热器的进水管上，换热装置的循环冷却水进水管上宜设置过滤器；

3　过滤器的滤网应采用耐腐蚀材料，滤网网孔尺寸应按使用要求确定。

3.13.23　室外给水管道的下列部位应设置阀门：

1　小区给水管道从城镇给水管道的引入管段上；

2　小区室外环状管网的节点处，应按分隔要求设置；环状管宜设置分段阀门；

3　从小区给水干管上接出的支管起端或接户管起端。

3.13.24　室外给水管道阀门宜采用暗杆型的阀门，并宜设置阀门井或阀门套筒。

[考点分析与应试指导]

主要考给水管材的选择、阀门的设置和管道的敷设要求。考题会依据《建筑给水排水设计标准》"3.5 管材、附件和水表"、"3.6 管道布置和敷设"和"3.13 小区室外给水"设计选项。其中有关阀门设置的条文较多，考生应重点掌握。复习时应熟悉条文内容并和工程实际相结合，考试中应该是难度较高的题目，容易丢分。难易程度：D级。

知识要点7　游泳池

考题（2005-71）游泳池设计要求，以下哪条错误？（　　）

A. 成人戏水池水深宜为1.5m

B. 儿童游泳池水深不得大于0.6m

C. 进入公共游泳池、游乐池的通道应设浸脚消毒池

D. 比赛用跳水池必须设置水面制波装置

[答案] A

[知识快览]

游泳池是供人们在水中以规定的各种姿势划水前进或进行活动的人工建造的水池；水上游乐池是供人们在水上或水中娱乐、休闲和健身的各种游乐设施和水池。《建筑给水排水设计标准》GB 50015—2019中关于游泳池和水上游乐池的设置要点规定如下：

3.9.26　幼儿戏水池的水深宜为0.3～0.4m，成人戏水池的水深宜为1.0m。（此条已删除，原建水规范2003版内容）

3.9.27　儿童游泳池的水深不得大于0.6m，当不同年龄段所用的池子合建在一起时，应采用栏杆将其分隔开。（此条已删除，原建水规范2003版内容）

3.10.5　游泳池和水上游乐池水应循环使用。游泳池和水上游乐池的池水循环周期应根据池的类型、用途、池水容积、水深、游泳负荷等因数确定。

3.10.6　不同使用功能的游泳池应分别设置各自独立的循环系统。水上游乐池循环水系统应根据水质、水温、水压和使用功能等因素，设计成一个或若干个独立的循环系统。

3.10.13　游泳池和水上游乐池的池水必须进行消毒杀菌处理。

3.10.22　游泳池和水上游乐池的进水口、池底回水口和泄水口应配设格栅盖板，格栅间隙宽度不应大于8mm。泄水口的数量应满足不会产生对人体造成伤害的负压。通过格栅的水流速度不应大于0.2m/s。

3.10.23　进入公共游泳池和水上游乐池的通道，应设置浸脚消毒池。

3.10.25　比赛用跳水池必须设置水面制波和喷水装置。

[考点分析与应试指导]

主要考游泳池的设计。考题会依据《建筑给水排水设计标准》3.10 游泳池和水上游乐池。复习时应熟悉条文内容及其条文说明，并在游泳时留意观察游泳池的构造，与规范条文相对应，帮助理解规范内容。考试中应该是难度一般的题目，难易程度：B级。

知识要点 8　冷却塔

考题（2010-52）关于冷却塔的设置规定，下列做法中错误的是（　　）。

A. 远离对噪声敏感的区域

B. 远离热源、废气和烟气排放口区域

C. 布置在建筑物的最小频率风向的上风侧

D. 可不设置在专用的基础上而直接改置在屋面上

［答案］D

［知识快览］

循环冷却水系统通常以循环水是否与空气直接接触而分为密闭式和敞开式系统，民用建筑空气调节系统一般可采用敞开式循环冷却水系统。采用间接换热方式的冷却水系统，可采用密闭式。当建筑物内有需要全年供冷的区域，在冬季气候条件适宜时宜利用冷却塔作为冷源提供空调用冷水。《建筑给水排水设计标准》GB 50015—2019 中关于冷却塔的设置要点规定如下：

3.11.3　冷却塔位置的选择应根据下列因素综合确定：

1　气流应通畅，湿热空气回流影响小，且应布置在建筑物的最小频率风向的上风侧；

2　冷却塔不应布置在热源、废气和烟气排放口附近，不宜布置在高大建筑物中间的狭长地带上；

3　冷却塔与相邻建筑物之间的距离，除满足塔的通风要求外，还应考虑噪声、飘水等对建筑物的影响。

3.11.6　冷却塔的布置应符合下列要求：

1　冷却塔宜单排布置；当需多排布置时，塔排之间的距离应保证塔排同时工作时的进风量，并不宜小于冷却塔进风口高度的 4 倍；

2　单侧进风塔的进风面宜面向夏季主导风向；双侧进风塔的进风面宜平行夏季主导风向；

3　冷却塔进风侧离建筑物的距离，宜大于塔进风口高度的 2 倍；冷却塔的四周除满足通风要求和管道安装位置外，尚应留有检修通道，通道净距不宜小于 1.0m。

3.11.7　冷却塔应安装在专用的基础上，不得直接设置在楼板或屋面上。当一个系统内有不同规格的冷却塔组合布置时，各塔基础高度应保证集水盘内水位在同一水平面上。

3.11.8　环境对噪声要求较高时，冷却塔可采取下列措施：

1　冷却塔的位置宜远离对噪声敏感的区域；

2　应采用低噪声型或超低噪声型冷却塔；

3　进水管、出水管、补充水管上应设置隔振防噪装置；

4　冷却塔基础应设置隔振装置；

5　建筑上应采取隔声吸音屏障。

［考点分析与应试指导］

主要考冷却塔的布置。考题会依据《建筑给水排水设计标准》“3.11 循环冷却水及冷却塔”设计选项。重点掌握冷却塔位置的选择与布置要求，考生最好能够参观到实际工程，以便对条文内容的理解。考试中应该是比较简单的得分题。难易程度：A 级。

知识要点9 水景

考题（2011-45）关于水景水池溢水口的作用，以下哪项错误？（　　）

A. 维持一定水位　　B. 进行表面排污

C. 便于清扫水池　　D. 保持水面清洁

［答案］C

［知识快览］

水景工程指人工制造水的各种有观赏性的景观，包含人工喷泉、瀑布、珠泉、溪流和镜池等，广泛用于公园、广场、中庭等场所。水景的基本组成包括各种喷头、配水管道、循环水泵、补水管道、溢流泄流排水管道、控制设备、照明设备、水池及其他附属设备。

水景水池设置溢水口的目的是维持一定的水位和进行表面排污、保持水面清洁；大型水景设置一个溢水口不能满足要求时，可设若干个均匀布置在水池内。泄水口是为了水池便于清扫、检修和防止停用时水质腐败或结冰，应尽可能采用重力泄水。由于水在喷射过程中的飞溅和水滴被风速池外是不可能完全避免的，故在喷水池的周围应设排水设施。

《建筑给水排水设计标准》GB 50015—2019 中关于水景的设计要点如下：

3.12.2　水景用水应循环使用。循环系统的补充水量应根据蒸发、飘失、渗漏、排污等损失确定，室内工程宜取循环水流量的 1%～3%；室外工程宜取循环水流量的 3%～5%。

3.12.3　水景工程应根据喷头造型分组布置喷头。喷泉每组独立运行的喷头，其规格宜相同。

3.12.4　水景工程循环水泵宜采用潜水泵，并应符合下列规定：

1　应直接设置于水池底；

2　娱乐性水景的供人涉水区域，不应设置水泵；

3　循环水泵宜按不同特性的喷头、喷水系统分开设置；

4　循环水泵流量和扬程应按所选喷头形式、喷水高度、喷嘴直径和数量，以及管道系统水头损失等经计算确定；

5　娱乐性水景的供人涉水区域，因景观要求需要设置水泵时，水泵应干式安装，不得采用潜水泵，并采取可靠的安全措施。

3.12.5　当水景水池采用生活饮用水作为补充水时，应采取防止回流污染的措施，补水管上应设置用水计量装置。

3.12.6　有水位控制和补水要求的水景水池应设置补充水管、溢流管、泄水管等管道。在池的周围宜设排水设施。

［考点分析与应试指导］

主要考水景的基本组成。考题会依据《建筑给水排水设计标准》“3.12 水景”设计选项。复习时应熟悉条文内容及其条文说明，并留意观察身边的水景，与规范条文相对应，帮助理解规范内容。考试中应该是难度一般的题目，难易程度：B级。

（二）建筑内部热水系统

［考纲分析］

《全国一级注册建筑师资格考试大纲（2002 版）》中第 4.4 条对建筑内部热水系统的要求是“了解热水加热方式及供应系统”。《全国一级注册建筑师资格考试大纲（2021 年版）》对建筑内部热水系统的要求增加了“太阳能生活热水系统”。从往年考试命题情况看，每年会出现 1～2 个单选题。以下根据考试需要，对建筑内部热水系统进行要点式分析。

［知识储备］

随着我国经济的发展，居民生活水平的提高，生活和生产活动中人们对热水供应的需求越来越高。医院、宾馆、大型公共建筑及各类娱乐场所，均设置有较为完善的热水供应系统。在住宅建筑中，住户也都装上了热水系统。

热水的加热方式有直接加热和间接加热。直接加热也称一次换热，是以燃气、燃油、燃煤为燃料的热水锅炉，把冷水直接加热到所需热水温度，或者是将蒸汽或高温水通过穿孔管或喷射器直接通入冷水混合制备热水。间接加热也称二次换热，是将热媒通过水加热器把热量传递给冷水达到加热冷水的目的，在加热过程中热媒（如蒸汽）与被加热水不直接接触。常用加热方式有热水锅炉直接加热、煤气加热器加热、电加热器加热、太阳能热水器加热、汽水混合加热、容积式换热器间接加热、快速加热器间接加热、容积式换热器与快速加热器串联加热等。

热水系统按供应范围不同分为局部热水供应系统、集中热水供应系统、区域热水供应系统；按设置循环管网的方式不同分为无循环热水供应系统、半循环热水供应系统、全循环热水供应系统；按热水管网运行方式不同分为全日循环热水供应系统和定时循环热水供应系统；按热水供应系统是否敞开分为开式热水供应系统和闭式热水供应系统。

知识要点 1　热水加热方式

考题（2014-54）局部热水供应系统不宜采用的热源是（　　）。

A. 废热　　　　B. 太阳能

C. 电能　　　　D. 燃气

［答案］A

［知识快览］

节约能源是我国的基本国策，在设计中应对工程基地附近进行调查研究，全面考虑热源的选择进而确定热水的加热方式。《建筑给水排水设计规标准》GB 50015—2019 中有关热源选择的知识要点如下：

6.3.1　集中热水供应系统的热源应通过技术经济比较，并应按下列顺序选择：

1　采用具有稳定、可靠的余热、废热、地热，当以地热为热源时，应按地热水的水温、水质和水压，采取相应的技术措施处理满足使用要求；

2　当日照时数大于1400h/a且年太阳辐射量大于4200MJ/m^2及年极端最低气温不低于−45℃的地区，采用太阳能，全国各地日照时数及年太阳能辐照量应按本标准附录H取值；

3　在夏热冬暖、夏热冬冷地区采用空气源热泵；

4　在地下水源充沛、水文地质条件适宜，并能保证回灌的地区，采用地下水源热泵；

5　在沿江、沿海、沿湖，地表水源充足、水文地质条件适宜，以及有条件利用城市污水、再生水的地区，采用地表水源热泵；当采用地下水源和地表水源时，应经当地水务、交通航运等部门审批，必要时应进行生态环境、水质卫生方面的评估；

6　采用能保证全年供热的热力管网热水；

7　采用区域性锅炉房或附近的锅炉房供给蒸汽或高温水；

8　采用燃油、燃气热水机组、低谷电蓄热设备制备的热水。

6.3.2　局部热水供应系统的热源宜按下列顺序选择：

1　符合本标准第6.3.1条第2款条件的地区宜采用太阳能；

2　在夏热冬暖、夏热冬冷地区宜采用空气源热泵；

3　采用燃气、电能作为热源或作为辅助热源；

4　在有蒸汽供给的地方，可采用蒸汽作为热源。

6.3.5　采用蒸汽直接通入水中或采取汽水混合设备的加热方式时，宜用于开式热水供应系统。

[考点分析与应试指导]

主要考热源的选择。考题会依据《建筑给水排水设计标准》6.3.1～6.3.5的条文内容设计选项。由于是单项选择题，命题人倾向于考查热水供应系统优先选用的热源或者不宜采用的热源。考生复习时应熟悉条文内容并进行归纳总结。由于命题方式和命题点比较固定，容易掌握。考试中应该是难度一般的题目，难易程度：B级。

知识要点2　热水供应系统

考题（2006-57改）集中热水供应系统的热水，下述哪项是错误的？（　　）

A. 应合理布置循环管道，减少能耗

B. 单栋建筑的集中热水供应系统应设热水回水管和循环水泵保证干管和立管中的热水循环

C. 对使用水温要求不高且不多于3个的非沐浴用水点，当其热水供水管长度大于15m时，可不设热水回水管

D. 循环管道应采用同程布置的方式

[答案] D

[知识快览]

在锅炉房、热交换站或加热间将水集中加热后，通过热水管网输送到整幢或几幢建筑的热水系统称集中热水供应系统。集中热水供应系统适用于热水用量较大，用水点比较集中的建筑，如较高级居住建筑、旅馆、公共浴室、医院、疗养院、体育馆、游泳池、大型饭店等公共建筑，布置较集中的工业企业建筑等。《建筑给水排水设计标准》GB 50015—2019中有关集中热水供应系统管网布置的要点如下：

6.3.10 集中热水供应系统应设热水循环系统，并应符合下列规定：

1 热水配水点保证出水温度不低于45℃的时间，居住建筑不应大于15s，公共建筑不应大于10s；

2 应合理布置循环管道，减少能耗；

3 对使用水温要求不高且不多于3个的非沐浴用水点，当其热水供水管长度大于15m时，可不设热水回水管。

6.3.11 小区集中热水供应系统应设热水回水总管和总循环水泵保证供水总管的热水循环，其所供单栋建筑的热水供、回水循环管道的设置应符合本标准第6.3.12条的规定。

6.3.12 单栋建筑的集中热水供应系统应设热水回水管和循环水泵保证干管和立管中的热水循环。

6.3.13 采用干管和立管循环的集中热水供应系统的建筑，当系统布置不能满足第6.3.10条第1款的要求时，应采取下列措施：

1 支管应设自调控电伴热保温；

2 不设分户水表的支管应设支管循环系统。

6.3.14 热水循环系统应采取下列措施保证循环效果：

1 当居住小区内集中热水供应系统的各单栋建筑的热水管道布置相同，且不增加室外热水回水总管时，宜采用同程布置的循环系统。当无此条件时，宜根据建筑物的布置、各单体建筑物内热水循环管道布置的差异等，在单栋建筑回水干管末端设分循环水泵、温度控制或流量控制的循环阀件。

2 单栋建筑内集中热水供应系统的热水循环管宜根据配水点的分布布置循环管道：

1）循环管道同程布置；

2）循环管道异程布置，在回水立管上设导流循环管件、温度控制或流量控制的循环阀件。

3 采用减压阀分区时，除应符合本标准第3.5.10条、第3.5.11条的规定外，尚应保证各分区热水的循环。

4 太阳能热水系统的循环管道设置应符合本标准第6.6.1条第6款的规定。

5 设有3个或3个以上卫生间的住宅、酒店式公寓、别墅等共用热水器的局部热水供应系统，宜采取下列措施：

1）设小循环泵机械循环；

2）设回水配件自然循环；

3）热水管设自调控电伴热保温。

6.6.1 太阳能热水系统的选择应遵循下列原则：

1 公共建筑宜采用集中集热、集中供热太阳能热水系统；

2 住宅类建筑宜采用集中集热、分散供热太阳能热水系统或分散集热、分散供热太阳能热水系统；

3 小区设集中集热、集中供热太阳能热水系统或集中集热、分散供热太阳能热水系统时应符合本标准第6.3.6条的规定；太阳能集热系统宜按分栋建筑设置，当需合建系统时，宜控制集热器阵列总出口至集热水箱的距离不大于300m；

4 太阳能热水系统应根据集热器构造、冷水水质硬度及冷热水压力平衡要求等经比较确定采用直接太阳能热水系统或间接太阳能热水系统；

5　太阳能热水系统应根据集热器类型及其承压能力、集热系统布置方式、运行管理条件等经比较采用闭式太阳能集热系统或开式太阳能集热系统；开式太阳能集热系统宜采用集热、贮热、换热一体间接预热承压冷水供应热水的组合系统；

6　集中集热、分散供热太阳能热水系统采用由集热水箱或由集热、贮热、换热一体间接预热承压冷水供应热水的组合系统直接向分散带温控的热水器供水，且至最远热水器热水管总长不大于 20m 时，热水供水系统可不设循环管道；

7　除上款规定外的其他集中集热、集中供热太阳能热水系统和集中集热、分散供热太阳能热水系统的循环管道设置应按本标准第 6.3.14 条执行。

[考点分析与应试指导]

主要考集中热水供应系统循环管道的布置。考题会依据《建筑给水排水设计标准》6.3.10～6.3.14 以及 6.6.1 的条文内容设计选项。考生复习时应认真阅读条文说明，理解集中热水供应系统设置回水循环管道的目的，抓住热水循环管道“宜”采用同程布置的方式而不是“应”采用同程布置等细节内容。由于命题方式和命题点比较固定，容易掌握。考试中应该是难度一般的题目，难易程度：B 级。

知识要点 3　饮水供应

考题（2011-50）下列管道直饮水系统的设计要求中哪项有误？（　　）

A. 水质应符合《饮用净水水质标准》的要求

B. 宜以天然水体作为管道直饮水原水

C. 应设循环管道

D. 宜采用调速泵组直接供水方式

[答案] B

[知识快览]

直饮水为直接可饮用的水，其供应方式可以分为桶装饮用水供应方式、带有水深度处理功能的饮水机分散式供应方式和管道直饮水供应方式。管道直饮水供应方式是将自来水作集中深度处理和消毒后，用管道将饮用水直接送至用户，用户使用饮水水嘴直接饮用的供水方式。《建筑给水排水设计标准》GB 50015—2019 中有关饮水供应的设计要点如下：

6.9.3　管道直饮水系统应符合下列规定：

1　管道直饮水应对原水进行深度净化处理，水质应符合现行行业标准《饮用净水水质标准》CJ 94 的规定。

2　管道直饮水水嘴额定流量宜为 0.04～0.06L/s，最低工作压力不得小于 0.03MPa。

3　管道直饮水系统必须独立设置。

4　管道直饮水宜采用调速泵组直接供水或处理设备置于屋顶的水箱重力式供水方式。

5　高层建筑管道直饮水系统应竖向分区，各分区最低处配水点的静水压，住宅不宜大于 0.35MPa，公共建筑不宜大于 0.40MPa，且最不利配水点处的水压，应满足用水水压的要求。

6　管道直饮水应设循环管道，其供、回水管网应同程布置，当不能满足时，应采取保证循环效果的措施。循环管网内水的停留时间不应超过 12h。从立管接至配水龙头的支管管段长度不宜大于 3m。

7　办公楼等公共建筑每层自设终端净水处理设备时，可不设循环管道。

6.9.6　管道直饮水系统管道应选用耐腐蚀，内表面光滑，符合食品级卫生、温度要求的薄壁不锈钢管、薄壁铜管、优质塑料管。开水管道金属管材的许用工作温度应大于 100℃。

6.9.7　开水管道应采取保温措施。

6.9.8　阀门、水表、管道连接件、密封材料、配水水嘴等选用材质均应符合食品级卫生要求，并与管材匹配。

[考点分析与应试指导]

主要考管道直饮水系统的设计。考题会依据《建筑给水排水设计标准》“6.9 饮水供应”的条文内容设计选项。考生复习时应认真阅读条文内容及条文说明，理解管道直饮水系统独立设置、采用调速泵组直接供水、设置循环管道的目的和意义。由于命题方式和命题点比较固定，容易掌握。考试中应该是难度一般的题目，难易程度：B 级。

（三）水污染的防治及抗震措施

[考纲分析]

《全国一级注册建筑师资格考试大纲（2002 版）》中第 4.4 条要求“了解建筑给排水系统水污染的防治及抗震措施”。《全国一级注册建筑师资格考试大纲（2021 年版）》删除了该部分对抗震措施的要求，变更为“了解建筑给排水系统水污染的防治措施”。从往年考试命题情况看，每年会出现 0～1 个单选题。以下根据考试需要，对水污染的防治及抗震措施进行要点式分析。

[知识储备]

从自来水厂引入建筑物的生活用水水质应符合《生活饮用水卫生标准》，但是如果建筑内部给水系统的设计、施工或者维护不当，均有可能出现水质污染现象。造成水质污染的原因可能是：(1) 贮水池（箱）中的制作材料或防腐涂料选择不当。(2) 水在贮水池（箱）中停留时间过长。(3) 贮水池（箱）管理不当。(4) 回流污染。

形成回流污染的原因主要有：(1) 给水系统的埋地管道或阀门等附件连接不严密，平时渗漏，当饮用水断流，管道中出现负压时，被污染的下水或阀门井中的积水即会通过渗漏处，进入给水系统。(2) 放水附件安装不当，出水口设在卫生器具或用水设备溢流水位下，或溢流管堵塞，而器具或设备中留有污水，室外给水管网又因事故供水压力下降，当开启放水附件时，污水即会在负压作用下，吸入给水管道。(3) 饮用水管连接不当，如给水管与大便器（槽）的冲洗管直接相连，并用普通阀门控制冲洗，当给水系统压力下降时，开启阀门也会出现回流污染现象；饮用水与非饮用水管道直接连接。

知识要点 1　水质

考题（2009-51）下列生活饮用水的表述，哪条错误？（　　）

A. 符合现行的国家标准《生活饮用水卫生标准》要求的水

B. 只要通过消毒就可以直接饮用的水

C. 是指供生食品的洗涤、烹饪用水

D. 供盥洗、沐浴、洗涤衣物用水

［答案］B

［知识快览］

生活饮用水是指供生食品的洗涤、烹饪；盥洗、沐浴、衣物洗涤、家具擦洗、地面冲洗的用水。生活杂用水指用于便器冲洗、绿化浇水、室内车库地面和室外地面冲洗的水。《建筑给水排水设计标准》GB 50015—2019 对生活用水的水质提出如下要求：

3.3.1　生活给水系统的水质，应符合现行的国家标准《生活饮用水卫生标准》GB 5749 的要求。

3.3.2　当采用中水为生活杂用水时，生活杂用水系统的水质应符合现行国家标准《城市污水再生利用 城市杂用水水质》GB/T 18920 的要求。

《生活饮用水卫生标准》GB 5749—2006 对生活饮用水提出如下水质卫生要求：

(1) 生活饮用水中不得含有病原微生物。

(2) 生活饮用水中化学物质不得危害人体健康。

(3) 生活饮用水中放射性物质不得危害人体健康。

(4) 生活饮用水的感官性状良好。

(5) 生活饮用水应经消毒处理。

［考点分析与应试指导］

主要考生活饮用水的水质要求。考题会依据《建筑给水排水设计标准》3.3.1～3.3.2 的条文内容及条文说明设计选项。考生复习时应结合《生活饮用水卫生标准》GB 5749 的内容一同复习。本考点内容少，考试中应该是比较简单的得分题。难易程度：A 级。

知识要点 2　水污染防治措施

考题（2014-46）城市给水管道与用户自备水源管道连接的规定，正确的是(　　)。

A. 自备水源优于城市管网水质可连接

B. 严禁连接

C. 安装了防倒流器可连接

D. 安装了止回阀的可连接

［答案］B

［知识快览］

针对建筑给水管网有可能造成水质污染的原因，《建筑给水排水设计标准》GB 50015—2019 给出了下列防水质污染的措施：

3.1.2　自备水源的供水管道严禁与城镇给水管道直接连接。

3.1.3　中水、回用雨水等非生活饮用水管道严禁与生活饮用水管道连接。

3.1.4　生活饮用水应设有防止管道内产生虹吸回流、背压回流等污染的措施。

3.3.4　卫生器具和用水设备等的生活饮用水管配水件出水口应符合下列规定：

1　出水口不得被任何液体或杂质所淹没；

2 出水口高出承接用水容器溢流边缘的最小空气间隙，不得小于出水口直径的2.5倍。

3.3.7 从生活饮用水管道上直接供下列用水管道时，应在用水管道的下列部位设置倒流防止器：

1 从城镇给水管网的不同管段接出两路及两路以上至小区或建筑物，且与城镇给水管形成连通管网的引入管上；

2 从城镇生活给水管网直接抽水的生活供水加压设备进水管上；

3 利用城镇给水管网直接连接且小区引入管无防回流设施时，向气压水罐、热水锅炉、热水机组、水加热器等有压容器或密闭容器注水的进水管上。

3.3.8 从小区或建筑物内的生活饮用水管道系统上接下列用水管道或设备时，应设置倒流防止器：

1 单独接出消防用水管道时，在消防用水管道的起端；

2 从生活用水与消防用水合用贮水池中抽水的消防水泵出水管上。

3.3.13 严禁生活饮用水管道与大便器（槽）、小便斗（槽）采用非专用冲洗阀直接连接。

[考点分析与应试指导]

主要考防水质污染的措施。考题会依据《建筑给水排水设计标准》3.1.2～3.3.13以及3.13.11的条文内容设计选项。考生复习时应认真阅读条文说明，既要掌握如何防水质污染，又要理解其中缘由。由于命题比较灵活，不易得分，难易程度：C级。

知识要点3 抗震措施

考题（2005-65）我国目前对7～9度地震区设置了规范标准，给排水设防应在什么范围内？（ ）。

A. 6～7度　　B. 7～8度

C. 7～9度　　D. 8～9度

[答案] C

[知识快览]

由于我国某些地区处在地壳地震断裂带附近，由此引发的大小地震会对给水排水设施产生负面影响，因此在给水排水系统的设计、施工中需要采取一定的抗震措施。《室外给水排水和燃气热力工程抗震设计规范》GB 50032—2003对给排水的设防做了如下规定：

1.0.3 抗震设防烈度为6度及高于6度地区的室外给水、排水和燃气、热力工程设施，必须进行抗震设计。

1.0.8 对位于设防烈度为6度地区的室外给水、排水和燃气、热力工程设施，可不作抗震计算；当本规范无特别规定时，抗震应按7度设防的有关要求采用。

3.1.2 地震区的大、中城市中给水、燃气和热力的管网和厂站布局，应符合下列要求：

1 给水、燃气干线应敷设成环状；

2 热源的主干线之间应尽量连通；

3 净水厂、具有调节水池的加压泵房、水塔和燃气贮配站、门站等，应分散布置。

10.3.1 给水和燃气管道的管材选择，应符合下列要求：

1 材质应具有较好的延性；

2 承插式连接的管道，接头填料宜采用柔性材料；

3 过河倒虹吸管或架空管应采用焊接钢管；

4 穿越铁路或其他主要交通路线以及位于地基土为液化土地段的管道，宜采用焊接钢管。

[考点分析与应试指导]

主要考室外给排水抗震设防烈度的要求。考题会依据《室外给水排水和燃气热力工程抗震设计规范》“1 总则”中的条文命题。考试中应该是比较简单的得分题。难易程度：A级。

（四）消 防 给 水

 **[考纲分析]**

《全国一级注册建筑师资格考试大纲（2002版）》中第4.4条对消防给水的内容提出了要求，即“了解消防给水与自动灭火系统”。《全国一级注册建筑师资格考试大纲（2021年版）》对消防给水的要求未变。从往年考试命题情况看，每年会出现4～6个单选题。以下根据考试需要，对消防给水进行要点式分析。

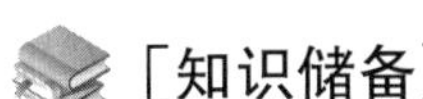

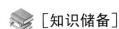

[知识储备]

水是不燃液体，它的来源丰富，取用方便，价格便宜，是最常用的天然灭火剂。它的主要灭火机理是冷却和窒息，其中冷却功能是灭火的主要作用。以水为灭火剂的方式主要有消火栓灭火系统和自动喷水灭火系统。

建筑消火栓给水系统是把室外给水系统提供的水通过管道系统直接或经加压（外网压力不能满足需要时）输送到建筑物内，用于扑救火灾而设置的固定灭火设备，是建筑物中最基本的灭火设施。建筑消火栓给水系统一般由水枪、水带、消火栓、消防管道、消防水池、高位水箱、水泵接合器及增压水泵等组成。

根据《建筑设计防火规范》GB 50016—2014规定，下列建筑或场所应设置室内消火栓系统：

（1）建筑占地面积大于300m²的厂房和仓库；

（2）高层公共建筑和建筑高度大于21m的住宅建筑；

注：建筑高度不大于27m的住宅建筑，设置室内消火栓系统确有困难时，可只设置干式消防竖管和不带消火栓箱的DN65的室内消火栓。

（3）体积大于5000m³的车站、码头、机场的候车（船、机）建筑、展览建筑、商店建筑、旅馆建筑、医疗建筑和图书馆建筑等单、多层建筑；

（4）特等、甲等剧场，超过800个座位的其他等级的剧场和电影院等以及超过1200个座位的礼堂、体育馆等单、多层建筑；

（5）建筑高度大于15m或体积大于10000m³的办公建筑、教学建筑和其他单、多层民用建筑。

自动喷水灭火系统是一种在火灾发生时，能自动打开喷头喷水灭火并同时发出火警信号的消防灭火设施。自动喷水灭火系统由水源、加压贮水设备、喷头、管网、报警装置等组成。根据喷头的常开、闭形式和管网充水与否分为湿式自动喷水灭火系统、干式自动喷水灭火系统、预作用喷水灭火系统、雨淋喷水灭火系统和水幕系统。

根据《建筑设计防火规范》GB 50016—2014 规定，除本规范另有规定和不宜用水保护或灭火的场所外，下列高层民用建筑或场所应设置自动灭火系统，并宜采用自动喷水灭火系统：

(1) 一类高层公共建筑（除游泳池、溜冰场外）及其地下、半地下室；

(2) 二类高层公共建筑及其地下、半地下室的公共活动用房、走道、办公室和旅馆的客房、可燃物品库房、自动扶梯底部；

(3) 高层民用建筑内的歌舞娱乐放映游艺场所；

(4) 建筑高度大于 100m 的住宅建筑。

根据《建筑设计防火规范》GB 50016—2014 规定，除本规范另有规定和不宜用水保护或灭火的场所外，下列单、多层民用建筑或场所应设置自动灭火系统，并宜采用自动喷水灭火系统：

(1) 特等、甲等剧场，超过 1500 个座位的其他等级的剧场，超过 2000 个座位的会堂或礼堂，超过 3000 个座位的体育馆，超过 5000 人的体育场的室内人员休息室与器材间等；

(2) 任一层建筑面积大于 1500m^2 或总建筑面积大于 3000m^2 的展览、商店、餐饮和旅馆建筑以及医院中同样建筑规模的病房楼、门诊楼和手术部；

(3) 设置送回风道（管）的集中空气调节系统且总建筑面积大于 3000m^2 的办公建筑等；

(4) 藏书量超过 50 万册的图书馆；

(5) 大、中型幼儿园，老年人照料设施；

(6) 总建筑面积大于 500m^2 的地下或半地下商店；

(7) 设置在地下或半地下或地上四层及以上楼层的歌舞娱乐放映游艺场所（除游泳场所外），设置在首层、二层和三层且任一层建筑面积大于 300m^2 的地上歌舞娱乐放映游艺场所（除游泳场所外）。

知识要点 1　灭火剂

考题一（2012-56）根据《建筑设计防火规范》规定，具有使用方便、器材简单、价格低廉、效果良好特点的主要灭火剂是(　　)。

A. 泡沫　　B. 干粉

C. 水　　D. 二氧化碳

[答案] C

考题二（2014-58）由于环保问题目前被限制生产和使用的灭火剂是(　　)。

A. 二氧化碳　　B. 卤代烷

C. 干粉　　D. 泡沫

［答案］B

［知识快览］

火灾是指在时间或空间上由于燃烧失去控制造成的灾害。灭火就是采取一定的技术措施破坏燃烧条件，使燃烧反应终止的过程。灭火的基本原理包括冷却、窒息、隔离和化学抑制。灭火剂有水基灭火剂、泡沫灭火剂、气体灭火剂、干粉灭火剂。以水为灭火剂的方式：消火栓灭火系统、消防水炮灭火系统、自动喷水灭火系统、水喷雾灭火系统和细水雾灭火系统。

卤代烷灭火剂曾经是一种在世界范围内广泛使用的气体灭火剂，但是20世纪80年代初有关专家研究表明，卤代烷对大气臭氧层有破坏作用，危害人类的生存环境，1990年6月在英国伦敦由57个国家共同签订了《蒙特利尔议定书》（修正案），决定逐步停止生产和逐步限制使用氟利昂、卤代烷灭火剂。我国于1991年6月加入了《蒙特利尔议定书》（修正案）缔约国行列，承诺2005年停止生产卤代烷1211灭火剂，2010年停止生产卤代烷1301灭火剂。

［考点分析与应试指导］

主要考灭火剂的应用。考生应掌握灭火剂的种类及其灭火机理，重点掌握由于环保原因卤代烷灭火剂被限制生产和使用。本考点是常考点，但是属于认知型的内容，考试中应该是比较简单的得分题。难易程度：A级。

知识要点2　室外消火栓

考题一（2010-63）关于室外消火栓布置的规定，以下哪项是错误的？（　　）

A. 间距不应大于120m　　B. 保护半径应不大于150m

C. 距房屋外墙不宜大于5m　　D. 设置地点应有相应的永久性固定标识

［答案］C

考题二（2010-62）关于甲、乙、丙类液体储罐区室外消火栓的布置规定，以下哪项是正确的？（　　）

A. 应设置在防火堤内

B. 应设置在防护墙外

C. 距罐壁15m范围内的消火栓，应计算在该罐可使用的数量内

D. 因火灾危险性大，每个室外消火栓的用水量应按5L/s计算

［答案］B

［知识快览］

消防给水由室外消防给水系统、室内消防给水系统共同组成。室外消火栓给水系统是城镇、居住区、建（构）筑物最基本的消防设施，其主要作用是供给室内外消防设备的水源。《消防给水及消火栓系统技术规范》GB 50974—2014关于室外消火栓的布置规定要点如下：

7.2.2　市政消火栓宜采用直径DN150的室外消火栓，并应符合下列要求：

1　室外地上式消火栓应有一个直径为150mm或100mm和两个直径为65mm的栓口；

2　室外地下式消火栓应有直径为100mm和65mm的栓口各一个。

7.2.5　市政消火栓的保护半径不应超过150m，间距不应大于120m。

7.2.6　市政消火栓应布置在消防车易于接近的人行道和绿地等地点，且不应妨碍交通，并应符合下列规定：

1　市政消火栓距路边不宜小于 0.5m，并不应大于 2.0m；

2　市政消火栓距建筑外墙或外墙边缘不宜小于 5.0m；

3　市政消火栓应避免设置在机械易撞击的地点，确有困难时，应采取防撞措施。

7.2.11　地下式市政消火栓应有明显的永久性标志。

7.3.1　建筑室外消火栓的布置除应符合本节的规定外，还应符合本规范第 7.2 节的有关规定。

7.3.2　建筑室外消火栓的数量应根据室外消火栓设计流量和保护半径经计算确定，保护半径不应大于 150.0m，每个室外消火栓的出流量宜按 10L/s～15L/s 计算。

7.3.3　室外消火栓宜沿建筑周围均匀布置，且不宜集中布置在建筑一侧；建筑消防扑救面一侧的室外消火栓数量不宜少于 2 个。

7.3.4　人防工程、地下工程等建筑应在出入口附近设置室外消火栓，且距出入口的距离不宜小于 5m，并不宜大于 40m。

7.3.5　停车场的室外消火栓宜沿停车场周边设置，且与最近一排汽车的距离不宜小于 7m，距加油站或油库不宜小于 15m。

7.3.6　甲、乙、丙类液体储罐区和液化烃罐罐区等构筑物的室外消火栓，应设在防火堤或防护墙外，数量应根据每个罐的设计流量经计算确定，但距罐壁 15m 范围内的消火栓，不应计算在该罐可使用的数量内。

[考点分析与应试指导]

主要室外消火栓的设置。考题会依据《消防给水及消火栓系统技术规范》GB 50974—2014“7.2 市政消火栓”和“7.3 室外消火栓”的条文内容设计选项。考生复习时应认真阅读相关条文，特别是建筑室外消火栓的布置应同时满足 7.2 节和 7.3 节的条文要求，即市政消火栓的设置要求同样适用于室外消火栓的设置。由于规范条文中数据比较多，命题时又常考查考生对数据掌握的精准度，容易丢分，难易程度：C 级。

知识要点 3　消防水源

考题一（2006-60）消防给水水源选择，下述哪项是错误的？（　　）

A. 城市给水管网

B. 枯水期最低水位时能保证消防给水，并设置有可靠的取水设施的室外水源

C. 消防水池

D. 生活专用水池

[答案] D

考题二（2010 改）关于高层民用建筑中容量大于 500m^3 的消防水池的设计规定，以下哪项是正确的？（　　）

A. 可与生活饮用水池合并成一个水池

B. 不分设两格能独立使用的消防水池

C. 补水时间不超过 48h，可以不分设两格能独立使用的消防水池

D. 宜分设两格能独立使用的消防水池

［答案］D

［知识快览］

消防水源水质应满足水灭火设施本身，及其灭火、控火、抑制、降温和冷却等功能的要求。室外消防给水其水质可以差一些，如河水、海水、池塘等，并允许一定的颗粒物存在，但室内消防给水如消火栓、自动喷水等对水质要求较严，颗粒物不能堵塞喷头和消火栓水枪等，平时水质不能有腐蚀性，要保护管道。《消防给水及消火栓系统技术规范》GB 50974—2014 对消防水源提出了如下要求：

4.1.3 消防水源应符合下列规定：

1 市政给水、消防水池、天然水源等可作为消防水源，宜采用市政给水管网供水；

2 雨水清水池、中水清水池、水景和游泳池宜作为备用消防水源。

4.1.4 消防给水管道内平时所充水的 pH 值应为 6.0～9.0

4.1.5 严寒、寒冷等冬季结冰地区的消防水池、水塔和高位消防水池等应采取防冻措施。

4.1.6 雨水清水池、中水清水池、水景和游泳池必须作为消防水源时，应有保证在任何情况下均能满足消防给水系统所需的水量和水质的技术措施。

4.3.1 符合下列规定之一时，应设置消防水池：

1 当生产、生活用水量达到最大时，市政给水管网或入户引入管不能满足室内、室外消防给水设计流量；

2 当采用一路消防供水或只有一条入户引入管，且室外消火栓设计流量大于 20L/s 或建筑高度大于 50m；

3 市政消防给水设计流量小于建筑室内外消防给水设计流量。

4.3.6 消防水池的总蓄水有效容积大于 500m^3时，宜设两格能独立使用的消防水池；当大于 1000m^3时，应设置能独立使用的两座消防水池。每格（或座）消防水池应设置独立的出水管，并应设置满足最低有效水位的连通管，且其管径应能满足消防给水设计流量的要求。

4.3.11-5 高层民用建筑高压消防给水系统的高位消防水池总有效容积大于 200m^3时，宜设置蓄水有效容积相等且可独立使用的两格；当建筑高度大于 100m 时应设置独立的两座。每格（或座）应有一条独立的出水管向消防给水系统供水。

［考点分析与应试指导］

主要考消防水源的选择和消防水池的设置。考题会依据《消防给水及消火栓系统技术规范》GB 50974—2014“4 消防水源”的条文内容设计选项。消防水源的选择应结合条文说明复习，以便理解条文内容。消防水池重点加强条文中有关数据的记忆。由于规范条文中数据比较多，命题时又常考查考生对数据掌握的精准度，容易丢分，难易程度：C 级。

知识要点 4 供水设施

考题一（2003-63）以下叙述哪条错误？（ ）

A. 一组消防水泵吸水管不应少于两条

B. 当一组消防水泵吸水管其中一条损坏时，其余的出水管应仍能通过 50%用水量

C. 消防水泵房应有不少于两条出水管直接与环状管网连接

D. 消防水泵宜采用自灌式引水

[答案] B

考题二（2011-55 改）下列关于消防水泵房的设计要求中哪项错误？（　）

A. 其疏散门应紧靠建筑物的安全出口

B. 消防水泵应确保从接到启泵信号到水泵正常运转的自动启动时间不大于 2min

C. 在火灾情况下操作人员能够坚持工作

D. 不宜独立建造

[答案] A

考题三（2006-63 改）高位消防水箱的设置高度应保证最不利点消火栓的静水压力。当一类高层公共建筑的建筑高度不超过 100m 时，最不利点消火栓静水压力应不低于(　　)。

A. 0.07MPa　　B. 0.09MPa

C. 0.10MPa　　D. 0.15MPa

[答案] C

考题四（2006-62）水泵接合器应设在室外便于消防车使用的地点，距室外消火栓或消防水池的距离宜为(　　)。

A. 50m　　B. 15～40m

C. 10m　　D. 5m

[答案] B

[知识快览]

在室外给水管网不能满足室内消火栓给水系统的水压要求时需要设置增压和贮水设备。**消防水泵**是消火栓系统最常用的增压设备，《消防给水及消火栓系统技术规范》GB 50974—2014 中有关消防水泵的设置要点如下：

5.1.6　消防水泵的选择和应用应符合下列规定：

1　消防水泵的性能应满足消防给水系统所需流量和压力的要求；

2　消防水泵所配驱动器的功率应满足所选水泵流量扬程性能曲线上任何一点运行所需功率的要求；

3　当采用电动机驱动的消防水泵时，应选择电动机干式安装的消防水泵；

4　流量扬程性能曲线应为无驼峰、无拐点的光滑曲线，零流量时的压力不应大于设计工作压力的 140%，且宜大于设计工作压力的 120%；

5　当出流量为设计流量的 150%时，其出口压力不应低于设计工作压力的 65%；

6　泵轴的密封方式和材料应满足消防水泵在低流量时运转的要求；

7　消防给水同一泵组的消防水泵型号宜一致，且工作泵不宜超过 3 台；

8　多台消防水泵并联时，应校核流量叠加对消防水泵出口压力的影响。

5.1.12　消防水泵吸水应符合下列规定：

1　消防水泵应采取自灌式吸水；

2　消防水泵从市政管网直接抽水时，应在消防水泵出水管上设置有空气隔断的倒流防止器；

3　当吸水口处无吸水井时，吸水口处应设置旋流防止器。

5.1.13　离心式消防水泵吸水管、出水管和阀门等，应符合下列规定：

1　一组消防水泵，吸水管不应少于两条，当其中一条损坏或检修时，其余吸水管应仍能通过全部消防给水设计流量；

2　消防水泵吸水管布置应避免形成气囊；

3　一组消防水泵应设不少于两条的输水干管与消防给水环状管网连接，当其中一条输水管检修时，其余输水管应仍能供应全部消防给水设计流量；

4　消防水泵吸水口的淹没深度应满足消防水泵在最低水位运行安全的要求，吸水管喇叭口在消防水池最低有效水位下的淹没深度应根据吸水管喇叭口的水流速度和水力条件确定，但不应小于 600mm。当采用旋流防止器时，淹没深度不应小于 200mm。

5.5.12　消防水泵房应符合下列规定：

1　独立建造的消防水泵房耐火等级不应低于二级；

2　附设在建筑物内的消防水泵房，不应设置在地下三层及以下，或室内地面与室外出入口地坪高差大于 10m 的地下楼层；

3　附设在建筑物内的消防水泵房，应采用耐火极限不低于 2.0h 的隔墙和 1.50h 的楼板与其他部位隔开，其疏散门应直通安全出口，且开向疏散走道的门应采用甲级防火门。

5.5.13　当采用柴油机消防水泵时宜设置独立消防水泵房，并应设置满足柴油机运行的通风、排烟和阻火设施。

11.0.3　消防水泵应确保从接到启泵信号到水泵正常运转的自动启动时间不应大于 2min。

消防水箱是消火栓系统最常用的贮水设备，它对扑救初期火灾起着重要作用。《消防给水及消火栓系统技术规范》GB 50974—2014 中有关高位消防水箱的设置要点如下：

5.2.2　高位消防水箱的设置位置应高于其所服务的水灭火设施，且最低有效水位应满足水灭火设施最不利点处的静水压力，并应按下列规定确定：

1　一类高层公共建筑，不应低于 0.10MPa，但当建筑高度超过 100m 时，不应低于 0.15MPa；

2　高层住宅、二类高层公共建筑、多层公共建筑，不应低于 0.07MPa，多层住宅不宜低于 0.07MPa；

3　工业建筑不应低于 0.10MPa，当建筑体积小于 20000m^{3}时，不宜低于 0.07MPa；

4　自动喷水灭火系统等自动水灭火系统应根据喷头灭火需求压力确定，但最小不应小于 0.10MPa。

5.2.4　高位消防水箱的设置应符合下列规定：

1　当高位消防水箱在屋顶露天设置时，水箱的人孔以及进出水管的阀门等应采取锁具或阀门箱等保护措施；

2　严寒、寒冷等冬季冰冻地区的消防水箱应设置在消防水箱间内，其他地区宜设置在室内，当必须在屋顶露天设置时，应采取防冻隔热等安全措施；

3　高位消防水箱与基础应牢固连接。

水泵接合器是连接消防车向室内消防给水系统加压供水的装置。《消防给水及消火栓系统技术规范》GB 50974—2014 中有关水泵接合器的设置要点如下：

5.4.7　水泵接合器应设在室外便于消防车使用的地点，且距室外消火栓或消防水池的距离不宜小于 15m，并不宜大于 40m。

5.4.8　墙壁消防水泵接合器的安装高度距地面宜为 0.70m；与墙面上的门、窗、孔、洞的净距离不应小于 2.0m，且不应安装在玻璃幕墙下方；地下消防水泵接合器的安装，应使进水口与井盖底面的距离不大于 0.40m，且不应小于井盖的半径。

5.4.9　水泵接合器处应设置永久性标志铭牌，并应标明供水系统、供水范围和额定压力。

[考点分析与应试指导]

主要考消防水泵、消防水箱和水泵接合器。考题会依据《消防给水及消火栓系统技术规范》GB 50974—2014“5 供水设施”的条文内容设计选项。由于规范条文中数据比较多，命题时又常考查考生对数据掌握的精准度的掌握程度，因此考生复习时应重点加强条文中有关数据的记忆。考试中容易丢分，难易程度：C 级。

知识要点 5　室内消火栓

考题一（2014-56 改）下列室内消火栓设置要求，错误的是(　　)。

A. 包括设备层在内的每层均应设置

B. 消防电梯间前室应设置

C. 栓口与设置消火栓墙面成 90°角

D. 栓口离地面高度 1.5m

[答案] D

考题二（2008-63）有关消防软管卷盘设计及使用的规定，以下哪一条是正确的？(　　)

A. 只能由专业消防人员使用

B. 消防软管卷盘用水量可不计入消防用水总量

C. 消防软管卷盘喷嘴口径应不小于 19.00mm

D. 安装高度无任何要求

[答案] B

[知识快览]

消火栓设备由水枪、水带和消火栓组成，均安装与消火栓箱内。消火栓的选型应根据使用者、火灾危险性、火灾类型和不同灭火功能等因素综合确定。《消防给水及消火栓系统技术规范》GB 50974—2014 中有关室内消火栓的设置要点如下：

7.4.2　室内消火栓的配置应符合下列要求：

1　应采用 DN65 室内消火栓，并可与消防软管卷盘或轻便水龙设置在同一箱体内；

2　应配置公称直径 65 有内衬里的消防水带，长度不宜超过 25.0m；消防软管卷盘应配置内径不小于 ϕ19 的消防软管，其长度宜为 30.0m；轻便水龙应配置公称直径 25 有内衬里的消防水带，长度宜为 30.0m；

3　宜配置当量喷嘴直径 16mm 或 19mm 的消防水枪，但当消火栓设计流量为 2.5L/s 时宜配置当量喷嘴直径 11 mm 或 13mm 的消防水枪；消防软管卷盘和轻便水龙应配置当量喷嘴直径 6mm 的消防水枪。

7.4.3 设置室内消火栓的建筑，包括设备层在内的各层均应设置消火栓。

7.4.5 消防电梯前室应设置室内消火栓，并应计入消火栓使用数量。

7.4.7 建筑室内消火栓的设置位置应满足火灾扑救要求，并应符合下列规定：

1 室内消火栓应设置在楼梯间及其休息平台和前室、走道等明显易于取用，以及便于火灾扑救的位置；

2 住宅的室内消火栓宜设置在楼梯间及其休息平台；

3 汽车库内消火栓的设置不应影响汽车的通行和车位的设置，并应确保消火栓的开启；

4 同一楼梯间及其附近不同层设置的消火栓，其平面位置宜相同；

5 冷库的室内消火栓应设置在常温穿堂或楼梯间内。

7.4.8 建筑室内消火栓栓口的安装高度应便于消防水龙带的连接和使用，其距地面高度宜为1.1m；其出水方向应便于消防水带的敷设，并宜与设置消火栓的墙面成90°角或向下。

7.4.11 消防软管卷盘和轻便水龙的用水量可不计入消防用水总量。

7.4.14 住宅户内宜在生活给水管道上预留一个接DN15消防软管或轻便水龙的接口。

[考点分析与应试指导]

主要考室内消火栓的布置和配置。考题会依据《消防给水及消火栓系统技术规范》GB 50974—2014“7.4室内消火栓”的条文内容设计选项。重点掌握室内消火栓的设置位置，消火栓口径、消防水枪喷嘴直径、消火栓栓口的安装高度等数据。由于命题方式和命题点比较固定，容易掌握。考试中应该是难度一般的题目，难易程度：B级。

知识要点6 消防电梯井

考题（2009-60）消防电梯井的设置要求，以下哪条错误？（ ）

A. 井底应设置排水设施

B. 排水井容量不小于$2m^3$

C. 消防电梯与普通电梯梯井之间应用耐火极限不小于1.5h的隔墙隔开

D. 排水泵的排水量应不小于10L/s

[答案] C

[知识快览]

对于高层建筑，消防电梯能节省消防员的体力，使消防员能快速接近着火区域，提高战斗力和灭火效果。《建筑设计防火规范》GB 50016—2014有关消防电梯的设置要点如下：

7.3.2 消防电梯应分别设置在不向防火分区内，一且每个防火分区不应少于1台。相邻两个防火分区可共用1台消防电梯。

7.3.6 消防电梯井、机房与相邻电梯井、机房之间应设置耐火极限不低于2.00h的防火隔墙，隔墙上的门应采用甲级防火门。

7.3.7 消防电梯的井底应设置排水设施，排水井的容量不应小于$2m^3$，排水泵的排水量不应小于10L/s。消防电梯间前室的门口宜设置挡水设施。

[考点分析与应试指导]

主要考消防电梯井的设置。考题会依据《建筑设计防火规范》“7.3 消防电梯”的条文内容设计选项。重点掌握消防电梯井底排水设施的设置。由于命题方式和命题点比较固定，容易掌握。考试中应该是难度一般的题目，难易程度：B级。

知识要点7　自动喷水灭火系统

考题一（2009-60）应设置自动喷水灭火系统的场所，以下哪条错误？（　　）

A. 特等、甲等剧院

B. 超过1500座位的非特等、非甲等剧院

C. 超过2000个座位的会堂

D. 3000个座位以内的体育馆

[答案] D

考题二（2014-61）不属于闭式洒水喷头的自动喷水灭火系统是（　　）。

A. 湿式系统、干式系统　　B. 雨淋系统

C. 预作用系统　　D. 重复启闭预作用系统

[答案] B

考题三（2014-59）自动喷水灭火系统的水质无须达到（　　）。

A. 生活饮用水标准　　B. 无污染

C. 无悬浮物　　D. 无腐蚀

[答案] A

[知识快览]

自动喷水灭火系统是当今世界上公认的最为有效的自动灭火设施之一，是应用最广泛、用量最大的自动灭火系统。《建筑设计防火规范》GB 50016—2014对自动灭火系统的设置场所规定如下：

8.3.4　除本规范另有规定和不宜用水保护或灭火的场所外，下列单、多层民用建筑或场所应设置自动灭火系统，并宜采用自动喷水灭火系统：

1　特等、甲等剧场，超过1500个座位的其他等级的剧场，超过2000个座位的会堂或礼堂，超过3000个座位的体育馆，超过5000人的体育场的室内人员休息室与器材间等；

2　任一层建筑面积大于1500m^{2}或总建筑面积大于3000m^{2}的展览、商店、餐饮和旅馆建筑以及医院中同样建筑规模的病房楼、门诊楼和手术部；

3　设置送回风道（管）的集中空气调节系统且总建筑面积大于3000m^{2}的办公建筑等；

4　藏书量超过50万册的图书馆；

5　大、中型幼儿园，老年人照料设施；

6　总建筑面积大于500m^{2}的地下或半地下商店；

7　设置在地下或半地下或地上四层及以上楼层的歌舞娱乐放映游艺场所（除游泳场所外），设置在首层、二层和三层且任一层建筑面积大于300m^{2}的地上歌舞娱乐放映游艺场所（除游泳场所）。

自动喷水灭火系统中湿式自动喷水灭火系统、干式自动喷水灭火系统、预作用式喷水灭火系统为喷头常闭的灭火系统；雨淋喷水灭火系统、水幕系统为喷头常开的灭火系统。《自动喷水灭火系统设计规范》GB 50084—2017 对系统选型做了如下规定：

4.2.2 环境温度不低于 4℃ 且不高于 70℃的场所应采用湿式系统。

4.2.3 环境温度低于 4℃或高于 70℃的场所，应采用干式系统。

4.2.4 具有下列要求之一的场所应采用预作用系统：

1 系统处于准工作状态时严禁误喷的场所；

2 系统处于准工作状态时严禁管道充水的场所；

3 用于替代干式系统的场所。

4.2.6 具有下列条件之一的场所，应采用雨淋系统：

1 火灾的水平蔓延速度快、闭式喷头的开放不能及时使喷水有效覆盖着火区域的场所；

2 设置场所的净空高度超过本规范 6.1.1 条的规定，且必须迅速扑灭初期火灾的场所；

3 火灾危险等级为严重危险级Ⅱ级的场所。

《自动喷水灭火系统设计规范》GB 50084—2017 对供水做了如下规定：

10.1.1 系统用水应无污染、无腐蚀、无悬浮物。可由市政或企业的生产、消防给水管道供给，也可由消防水池或天然水源供给，并应确保持续喷水时间内的用水量。

10.1.2 与生活用水合用的消防水箱和消防水池，其储水的水质，应符合饮用水标准。

10.1.3 严寒与寒冷地区，对系统中遭受冰冻影响的部分，应采取防冻措施。

10.1.4 当自动喷水灭火系统中设有 2 个及以上报警阀组时，报警阀组前宜设环状供水管道。

[考点分析与应试指导]

主要考自动喷水灭火系统的设置场所、自动喷水灭火系统的分类和自动喷水灭火系统的供水水质。考题会依据《建筑设计防火规范》“8.3 自动灭火系统”、《自动喷水灭火系统设计规范》“4.2 系统选型”和“10 供水”中的条文命题。复习以熟悉为主，考试中应该是比较简单的得分题。难易程度：A 级。

（五）建 筑 排 水

[考纲分析]

《全国一级注册建筑师资格考试大纲（2002 版）》中第 4.4 条对建筑内部排水系统的要求是“了解污水系统及透气系统、雨水系统”。《全国一级注册建筑师资格考试大纲（2021 年版）》对建筑排水的要求未变。从往年考试命题情况看，每年会出现 6～7 个单选题。以下根据考试需要，对建筑内部排水系统进行要点式分析。

[知识储备]

建筑内部排水系统的功能是将人们在日常生活和工业生产过程中使用过的、受到污染的水以及降落到屋面的雨水和雪水收集起来，及时排到室外。建筑内部排水系统分为污废水排水系统和屋面雨水排水系统两大类。按照污废水的来源，污废水排水系统又分为生活排水系统和工业废水排水系统。按污水与废水在排放过程中的关系，生活排水系统和工业废水排水系统又分为合流制和分流制两种体制。

建筑内部污废水排水系统的基本组成部分有：卫生器具和生产设备的受水器、排水管道、清通设备和通气管道。在有些建筑物的污废水排水系统中，根据需要还设有污废水的提升设备和局部处理构筑物。卫生器具又称卫生洁具，是建筑内部排水系统的起点，是用来满足日常生活和生产过程中各种卫生要求，收集和排除污废水的设备，如坐便器、洗脸盆、浴盆、洗涤盆等。排水管道系统由器具排水管（含存水弯）、排水横支管、排水立管和排出管等组成。为了疏通排水管道，在室内排水系统中，一般均需设置清扫口、检查口、检查井等清通设备。通气管的作用是把管道内产生的有害气体排至大气中，以免影响室内的环境卫生，减轻废水、废气对管道的腐蚀，并在排水时向管内补给空气，减轻立管内的气压变化幅度，防止洁具的水封受到破坏，保证水流通畅。

屋面雨水排水系统按建筑内是否有雨水管道可分为外排水系统和内排水系统。外排水系统又分为檐沟外排水和天沟外排水。檐沟外排水由檐沟和敷设在建筑物外墙的立管组成，适用于一般居住建筑，屋面面积比较小的公共建筑和单跨工业建筑。天沟外排水由天沟、雨水斗和排水立管组成，一般用于低层建筑及大面积厂房，室内不允许设置雨水管道时，多采用天沟外排水。屋面雨水内排水系统由雨水斗、连接管、悬吊管、立管、排出管、埋地干管和附属构筑物几部组成，常用于多跨工业厂房，及屋面设天沟有困难的壳形屋面、锯齿形屋面、有天窗的厂房等。屋面雨水排水系统按雨水在管道内的流态分为重力流和压力流两类。重力流是指管内未充满雨水，管内气水混合，雨水主要在重力作用下流动。压力流是指管内充满雨水，主要在负压抽吸作用下流动，这种系统也称为虹吸式系统，适用于工业厂房、公共建筑的大型屋面雨水排水。屋面雨水内排水系统根据每根立管连接的雨水斗个数又可以分为单斗和多斗雨水排水系统。单斗雨水排水系统的一根悬吊管连接一个雨水斗；多斗雨水排水系统的一根悬吊管连接两个以上雨水斗。

知识要点1　排水系统选择

考题一（2010-66）新建居住小区的排水系统应采用（　　）。

A. 生活排水与雨水合流系统

B. 生活排水与雨水分流系统

C. 生活污水与雨水合流系统

D. 生活废水与雨水合流并与生活污水分流系统

[答案] B

考题二（2014-49）下列建筑排水中，不包括应单独排水至水处理或回收构筑物的是（　　）。

A. 机械自动洗车台冲洗水

B. 用作回水水源的生活排水管

C. 营业餐厅厨房含大量油脂的洗涤废水

D. 温度在40℃以下的锅炉排水

［答案］D

［知识快览］

建筑内部排水系统的排水体制分为合流制和分流制。如果将污水、废水和雨水分别设置管道排出建筑物外的称为分流制，若将污水和废水一根管道排出则称为合流制。合流制的优点是工程总造价比分流制少，而分流制的优点是有利于污水和废水的分别处理和再利用。《建筑给水排水设计标准》GB 50015—2019 对排水系统的选择做了如下规定：

4.1.5　小区生活排水与雨水排水系统应采用分流制。

4.2.1　生活排水应与雨水分流排出。

4.2.2　下列情况宜采用生活污水与生活废水分流的排水系统：

1　当政府有关部门要求污水、废水分流且生活污水需经化粪池处理后才能排入城镇排水管道时；

2　生活废水需回收利用时。

4.2.4　下列建筑排水应单独排水至水处理或回收构筑物：

1　职工食堂、营业餐厅的厨房含有油脂的废水；

2　洗车冲洗水；

3　含有致病菌、放射性元素等超过排放标准的医疗、科研机构的污水；

4　水温超过 40℃的锅炉排污水；

5　用作中水水源的生活排水；

6　实验室有害有毒废水。

4.2.5　建筑中水原水收集管道应单独设置，且应符合现行的国家标准《建筑中水设计标准》GB 50336 的规定。

［考点分析与应试指导］

主要考小区与建筑内排水系统的选择。考题会依据《建筑给水排水设计标准》“4.2 系统选择”中的条文命题。考生应在理解排水体制的含义及合流制与分流制的优缺点基础之上，熟悉规范条文及其条文说明，考试中应该是比较简单的得分题。难易程度：A 级。

知识要点 2　地漏和存水弯

考题一（2008-67 改）关于地漏的选择，以下哪条错误？（　　）

A. 应优先采用具有防涸功能的地漏

B. 严禁采用钟罩式地漏

C. 公共浴室不宜采用网框式地漏

D. 食堂、厨房宜采用网框式地漏

［答案］　C

考题二（2010-69）以下存水弯的设置说法哪条错误？（　　）

A. 构造内无存水弯的卫生器具与生活污水管道连接时，必须在排水口下设存水弯

B. 医院门诊、病房不在同一房间内的卫生器具不得共用存水弯

C. 医院化验室、试验室不在同一房间内的卫生器具可共用存水弯

D. 存水弯水封深度不得小于 50mm

［答案］C

［知识快览］

地漏主要设置在厕所、浴室、盥洗室、卫生间及其他需要从地面排水的房间内，用以排除地面积水。《建筑给水排水设计标准》GB 50015—2019 中关于地漏的设置和选用规定如下：

4.3.5　地漏应设置在有设备和地面排水的下列场所：

1　卫生间、盥洗室、淋浴间、开水间；

2　在洗衣机、直饮水设备、开水器等设备的附近；

3　食堂、餐饮业厨房间。

4.3.6　地漏的选择应符合下列规定：

1　食堂、厨房和公共浴室等排水宜设置网筐式地漏；

2　不经常排水的场所设置地漏时，应采用密闭地漏；

3　事故排水地漏不宜设水封，连接地漏的排水管道应采用间接排水；

4　设备排水应采用直通式地漏；

5　地下车库如有消防排水时，宜设置大流量专用地漏。

4.3.7　地漏应设置在易溅水的器具或冲洗水嘴附近，且应在地面的最低处

存水弯是在卫生器具排水管上或卫生器具内部设置一定高度的水柱，防止排水管道系统中的气体窜入室内的附件，存水弯内一定高度的水柱称为水封。《建筑给水排水设计标准》GB 50015—2019 中关于存水弯的设置要点如下：

4.3.10　下列设施与生活污水管道或其他可能产生有害气体的排水管道连接时，必须在排水口以下设存水弯：

1　构造内无存水弯的卫生器具或无水封的地漏；

2　其他设备的排水口或排水沟的排水口。

4.3.11　水封装置的水封深度不得小于 50mm，严禁采用活动机械活瓣替代水封，严禁采用钟式结构地漏。

4.3.12　医疗卫生机构内门诊、病房、化验室、试验室等不在同一房间内的卫生器具不得共用存水弯。

4.3.13　卫生器具排水管段上不得重复设置水封。

［考点分析与应试指导］

主要考地漏和存水弯的设置。考题会依据《建筑给水排水设计标准》“4.3 卫生器具、地漏及存水弯”中的条文命题。考生应在理解存水弯构造特点及其作用的基础之上，熟悉规范条文及其条文说明，考试中应该是比较简单的得分题。难易程度：A 级。

知识要点 3　排水管道布置与敷设

考题一（2014-50）建筑物内排水管道不可以穿越的部位是（　　）。

A. 风道　　　　B. 管槽

C. 管道井　　　　D. 管沟

［答案］A

考题二（2010-70）下列哪一种室内排水管道敷设方式是正确的？（　　）

A. 排水横管直接布置在食堂备餐的上方

B. 穿越生活饮用水池部分的上方

C. 穿越生产设备基础

D. 塑料排水立管与家用灶具边净距大于 0.4m

[答案] D

考题三（2011-60）关于排水管的敷设要求，以下哪项错误？（　　）

A. 住宅卫生间器具排水管均应穿过底板设于下一层顶板上

B. 排水管宜地下埋设

C. 排水管可在地面、楼板下明设

D. 可设于气温较高且全年无结冻区域的建筑外墙上

[答案] A

考题四（2011-51）以下哪类排水可以与下水道直接连接？（　　）

A. 食品冷藏库房排水

B. 医疗灭菌消毒设备排水

C. 开水房带水封地漏

D. 生活饮用水贮水箱溢流管

[答案] C

[知识快览]

室内排水管道的布置应力求管线最短、转弯最少，使污水以最佳水力条件排至室外管网；管道的布置不得影响、妨碍房屋的使用和室内各种设备的正常运行；管道布置还应便于安装和维护管理，满足经济和美观的要求。排水管道的敷设分明装和暗装两种。《建筑给水排水设计标准》GB 50015—2019 中关于管道布置和敷设的要求如下：

4.4.1 室内排水管道布置应符合下列规定：

1 自卫生器具排至室外检查井的距离应最短，管道转弯应最少；

2 排水立管宜靠近排水量最大或水质最差的排水点；

3 排水管道不得敷设在食品和贵重商品仓库、通风小室、电气机房和电梯机房内；

4 排水管道不得穿过变形缝、烟道和风道；当排水管道必须穿过变形缝时，应采取相应技术措施；

5 排水埋地管道不得布置在可能受重物压坏处或穿越生产设备基础；

6 排水管、通气管不得穿越住户客厅、餐厅，排水立管不宜靠近与卧室相邻的内墙；

7 排水管道不宜穿越橱窗、壁柜，不得穿越贮藏室；

8 排水管道不应布置在易受机械撞击处；当不能避免时，应采取保护措施；

9 塑料排水管不应布置在热源附近；当不能避免，并导致管道表面受热温度大于60℃时，应采取隔热措施；塑料排水立管与家用灶具边净距不得小于 0.4m；

10 当排水管道外表面可能结露时，应根据建筑物性质和使用要求，采取防结露措施。

4.4.2 排水管道不得穿越下列场所：

1 卧室、客房、病房和宿舍等人员居住的房间；

2 生活饮用水池（箱）上方；

3 遇水会引起燃烧、爆炸的原料、产品和设备的上面；

4 食堂厨房和饮食业厨房的主副食操作、烹调和备餐的上方。

4.4.3 住宅厨房间的废水不得与卫生间的污水合用一根立管。

4.4.4 生活排水管道敷设应符合下列规定：

1 管道宜在地下或楼板填层中埋设，或在地面上、楼板下明设；

2 当建筑有要求时，可在管槽、管道井、管窿、管沟或吊顶、架空层内暗设，但应便于安装和检修；

3 在气温较高、全年不结冻的地区，管道可沿建筑物外墙敷设；

4 管道不应敷设在楼层结构层或结构柱内。

4.4.5 当卫生间的排水支管要求不穿越楼板进入下层用户时，应设置成同层排水。

4.4.6 同层排水形式应根据卫生间空间、卫生器具布置、室外环境气温等因素，经技术经济比较确定。住宅卫生间宜采用不降板同层排水。

4.4.12 下列构筑物和设备的排水管与生活排水管道系统应采取间接排水的方式：

1 生活饮用水贮水箱（池）的泄水管和溢流管；

2 开水器、热水器排水；

3 医疗灭菌消毒设备的排水；

4 蒸发式冷却器、空调设备冷凝水的排水；

5 贮存食品或饮料的冷藏库房的地面排水和冷风机溶霜水盘的排水。

4.4.15 室内生活废水在下列情况下，宜采用有盖的排水沟排除：

1 废水中含有大量悬浮物或沉淀物需经常冲洗；

2 设备排水支管很多，用管道连接有困难；

3 设备排水点的位置不固定；

4 地面需要经常冲洗。

4.4.17 室内生活废水排水沟与室外生活污水管道连接处，应设水封装置。

4.10.3 室外生活排水管道下列位置应设置检查井：

1 在管道转弯和连接处；

2 在管道的管径、坡度改变、跌水处；

3 当检查井井间距超过表 4.10.3 时，在井距中间处。

4.10.4 检查井生活排水管的连接应符合下列规定：

1 连接处的水流转角不得小于 90°；当排水管管径小于或等于 300mm 且跌落差大于 0.3m 时，可不受角度的限制；

2 室外排水管除有水流跌落差以外，管顶宜平接；

3 排出管管顶标高不得低于室外接户管管顶标高；

4 小区排出管与市政管渠衔接处，排出管的设计水位不应低于市政管渠的设计水位。

[考点分析与应试指导]

主要考室内排水管道的布置。考题会依据《建筑给水排水设计标准》“4.4 管道布置和敷设”中的条文命题。考生应熟悉规范条文及其说明，重点掌握黑体强制性条文。复习时应对照实际工程理解条文内容，并分析对排水管道布置提出要求的背后原因。由于命题特点固定，命题内容具有重复性，虽然是常考点，但不是难点。考试中应该是难度一般的题目，难易程度：B 级。

知识要点 4 排水管材和附件

考题（2009-71）在建筑物内优先采用的排水管是（ ）。

A. 塑料排水管　　B. 普通排水铸铁管

C. 混凝土管　　D. 钢管

［答案］A

［知识快览］

建筑室内排水管材有塑料管材和金属管材两大类。其中常用的塑料排水管材是硬聚氯乙烯（PVC-U）排水管，常用的金属排水管是铸铁排水管。《建筑给水排水设计标准》GB 50015—2019 中关于排水管材的选用规定如下：

4.6.1 排水管材选择应符合下列规定：

1 室内生活排水管道应采用建筑排水塑料管材、柔性接口机制排水铸铁管及相应管件；通气管材宜与排水管管材一致；

2 当连续排水温度大于 40℃时，应采用金属排水管或耐热塑料排水管；

3 压力排水管道可采用耐压塑料管、金属管或钢塑复合管。

4.6.2 生活排水管道应按下列规定设置检查口：

1 排水立管上连接排水横支管的楼层应设检查口，且在建筑物底层必须设置；

2 当立管水平拐弯或有乙字管时，在该层立管拐弯处和乙字管的上部应设检查口；

3 检查口中心高度距操作地面宜为 1.0m，并应高于该层卫生器具上边缘 0.15m；当排水立管设有 H 管时，检查口应设置在 H 管件的上边；

4 当地下室立管上设置检查口时，检查口应设置在立管底部之上；

5 立管上检查口的检查盖应面向便于检查清扫的方向。

4.6.3 排水管道上应按下列规定设置清扫口：

1 连接 2 个及 2 个以上的大便器或 3 个及 3 个以上卫生器具的铸铁排水横管上，宜设置清扫口；连接 4 个及 4 个以上的大便器的塑料排水横管上宜设置清扫口；

2 水流转角小于 135°的排水横管上，应设清扫口；清扫口可采用带清扫口的转角配件替代；

3 当排水立管底部或排出管上的清扫口至室外检查井中心的最大长度大于表 4.6.3-1 的规定时，应在排出管上设清扫口；

4 排水横管的直线管段上清扫口之间的最大距离，应符合表 4.6.3-2 的规定。

4.6.4 排水管上设置清扫口应符合下列规定：

1 在排水横管上设清扫口，宜将清扫口设置在楼板或地坪上，且应与地面相平，清扫口中心与其端部相垂直的墙面的净距离不得小于 0.2m；楼板下排水横管起点的清扫口与其端部相垂直的墙面的距离不得小于 0.4m；

2 排水横管起点设置堵头代替清扫口时，堵头与墙面应有不小于 0.4m 的距离；

3 在管径小于 100mm 的排水管道上设置清扫口，其尺寸应与管道同径；管径大于或等于 100mm 的排水管道上设置清扫口，应采用 100mm 直径清扫口；

4 铸铁排水管道设置的清扫口，其材质应为铜质；塑料排水管道上设置的清扫口宜与管道相同材质；

5　排水横管连接清扫口的连接管及管件应与清扫口同径，并采用45°斜三通和45°弯头或由两个45°弯头组合的管件；

6　当排水横管悬吊在转换层或地下室顶板下设置清扫口有困难时，可用检查口替代清扫口。

4.6.5　生活排水管道不应在建筑物内设检查井替代清扫口。

[考点分析与应试指导]

主要考排水管材的选择和地漏的设置与选择。考题会依据《建筑给水排水设计标准》"4.6管材和配件"中的条文命题。考生应熟悉规范条文及其说明，重点掌握管材的选择，地漏的设置场所和选择。考试中应该是比较简单的得分题，难易程度：A级。

知识要点5　通气管

考题一（2009-68）关于伸顶通气管的作用和设置要求，以下哪条是错误的？（　　）

A. 排除排水管中的有害气体至屋顶释放

B. 平衡室内排水管中的压力波动

C. 通气管可用于雨水排放

D. 生活排水管立管顶端，应设伸顶通气管

[答案] C

考题二（2006-69）伸顶通气管的设置，下列哪项做法是错误的？（　　）

A. 通气管高出屋面0.25m，其顶端装设网罩

B. 在距通气管3.5m地方有一窗户，通气管口引向无窗一侧

C. 屋顶为休息场所，通气管口高出屋面2m

D. 伸顶通气管的管径与排水立管管径相同

[答案] A

[知识快览]

卫生器具排水时，立管内的空气由于受到水流的压缩或抽吸，管内气流会产生正压或负压变化，这个压力变化幅度如果超过了存水弯水封深度就会破坏水封。因此，为了平衡排水系统中的压力，需要设置通气管与大气相通，以泄放正压或通过补给空气来减小负压，使排水管内气流压力接近大气压力，保护卫生器具水头使排水管内水流畅通，并可排除排水管道中污浊的有害气体至大气中。通气管伸顶通气管和辅助通气管两大类。常用的辅助通气管系统包括专用通气立管、主通气立管、副通气立管、环形通气管、器具通气管、结合通气管等。《建筑给水排水设计标准》GB 50015—2019中关于通气管的设置要点如下：

4.7.2　生活排水管道的立管顶端应设置伸顶通气管。当伸顶通气管无法伸出屋面时，可设置下列通气方式：

1　宜设置侧墙通气时，通气管口的设置应符合本标准第4.7.12条的规定；

2　当本条第1款无法实施时，可设置自循环通气管道系统，自循环通气管道系统的设置应符合本标准第4.7.9条、第4.7.10条的规定；

3　当公共建筑排水管道无法满足本条第1款、第2款的规定时，可设置吸气阀。

4.7.3　除本标准第4.7.1条规定外，下列排水管段应设置环形通气管：

1　连接4个及4个以上卫生器具且横支管的长度大于12m的排水横支管；

2　连接6个及6个以上大便器的污水横支管；

3　设有器具通气管；

4　特殊单立管偏置时。

4.7.4　对卫生、安静要求较高的建筑物内，生活排水管道宜设置器具通气管。

4.7.5　建筑物内的排水管道上设有环形通气管时，应设置连接各环形通气管的主通气立管或副通气立管。

4.7.6　通气立管不得接纳器具污水、废水和雨水，不得与风道和烟道连接。

4.7.12　高出屋面的通气管设置应符合下列规定：

1　通气管高出屋面不得小于0.3m，且应大于最大积雪厚度，通气管顶端应装设风帽或网罩；

2　在通气管口周围4m以内有门窗时，通气管口应高出窗顶0.6m或引向无门窗一侧；

3　在经常有人停留的平屋面上，通气管口应高出屋面2m，当屋面通气管有碍于人们活动时，可按本标准第4.7.2条规定执行；

4　通气管口不宜设在建筑物挑出部分的下面；

5　在全年不结冻的地区，可在室外设吸气阀替代伸顶通气管，吸气阀设在屋面隐蔽处；

6　当伸顶通气管为金属管材时，应根据防雷要求设置防雷装置。

4.7.17　伸顶通气管管径应与排水立管管径相同。最冷月平均气温低于－13℃的地区，应在室内平顶或吊顶以下0.3m处将管径放大一级。

[考点分析与应试指导]

主要考伸顶通气管和通气立管的设置要求。考题会依据《建筑给水排水设计标准》"4.7通气管"中的条文命题。考生应熟悉规范条文及其说明，重点掌握伸顶通气管的设置。本考点是高频考点，考生应重点掌握。由于规范条文中数据比较多，命题时又常考查考生对数据掌握的精准度的掌握程度，因此考生复习时应重点加强条文中有关数据的记忆。考试中容易丢分，难易程度：C级。

知识要点6　集水池

考题（2010-71）下列哪一项不符合建筑物室内地下室污水集水池的设计规定？（　　）

A. 设计最低水位应满足水泵的吸水要求　B. 池盖密封后，可不设通气管

C. 池底应有不小于0.05坡度坡向泵位　D. 应设置水位指示装置

[答案] B

[知识快览]

民用和公共建筑的地下室、人防建筑、消防电梯底部集水坑内以及工业建筑内部标高低于室外地坪的车间和其他用水设备房间排放的污废水，若不能自流排至室外检查井时，必须提升排出，因此在上述建筑空间附近应设集水池。《建筑给水排水设计标准》GB 50015—2019中关于集水池的设置要点如下：

4.8.3　当生活污水集水池设置在室内地下室时，池盖应密封，且应设置在独立设备

间内并设通风、通气管道系统。成品污水提升装置可设置在卫生间或敞开室间内，地面宜考虑排水措施。

4.8.4 生活排水集水池设计应符合下列规定：

1 集水池有效容积不宜小于最大一台污水泵 5min 的出水量，且污水泵每小时启动次数不宜超过 6 次；成品污水提升装置的污水泵每小时启动次数应满足其产品技术要求；

2 集水池除满足有效容积外，还应满足水泵设置、水位控制器、格栅等安装、检查要求；

3 集水池设计最低水位，应满足水泵吸水要求；

4 集水坑应设检修盖板；

5 集水池底宜有不小于 0.05 坡度坡向泵位；集水坑的深度及平面尺寸，应按水泵类型而定；

6 污水集水池宜设置池底冲洗管；

7 集水池应设置水位指示装置，必要时应设置超警戒水位报警装置，并将信号引至物业管理中心。

[考点分析与应试指导]

主要考集水池的设计要求。考题会依据《建筑给水排水设计标准》“4.8 污水泵和集水池”中的条文命题。考生应熟悉规范条文及其说明，重点集水池的设计要求。本考点属于低频考点，且内容较少，命题方式和命题点比较固定，容易掌握。考试中应该是难度一般的题目，难易程度：B 级。

知识要点 7 生活污水处理设施

考题（2011-56）关于化粪池的设置要求，以下哪项错误？（　　）

A. 化粪池离地下水取水构筑物不得小于 30m

B. 池壁与池底应防渗漏

C. 顶板上不得设人孔

D. 池与连接井之间应设透气孔

[答案] C

[知识快览]

建筑内部污水未经处理不允许直接排水市政排水管网或水体时，应在建筑物内或附近设置局部处理构筑物予以处理，如化粪池、隔油池、降温池、沉砂池等。这些局部处理构筑物如果设置不当也将会对建筑生活用水造成污染。因此，《建筑给水排水设计标准》GB 50015—2019 中对小型生活污水处理做了如下规定：

4.9.4 生活污水处理设施的设置应符合下列规定：

1 当处理站布置在建筑地下室时，应有专用隔间；

2 设置生活污水处理设施的房间或地下室应有良好的通风系统，当处理构筑物为敞开式时，每小时换气次数不宜小于 15 次；当处理设施有盖板时，每小时换气次数不宜小于 8 次；

3 生活污水处理间应设置除臭装置，其排放口位置应避免对周围人、畜、植物造成危害和影响。

4.10.13 化粪池距离地下取水构筑物不得小于30m。

4.10.14 化粪池的设置应符合下列规定：

1 化粪池宜设置在接户管的下游端，便于机动车清掏的位置；

2 化粪池池外壁距建筑物外墙不宜小于5m，并不得影响建筑物基础；

3 化粪池应设通气管，通气管排出口设置位置应满足安全、环保要求。

4.10.17 化粪池的构造应符合下列规定：

1 化粪池的长度与深度、宽度的比例应按污水中悬浮物的沉降条件和积存数量，经水力计算确定。但深度（水面至池底）不得小于1.3m，宽度不得小于0.75m，长度不得小于1.00m，圆形化粪池直径不得小于1.00m；

2 双格化粪池第一格的容量宜为计算总容量的75%；三格化粪池第一格的容量宜为总容量的60%，第二格和第三格各宜为总容量的20%；

3 化粪池格与格、池与连接井之间应设通气孔洞；

4 化粪池进水口、出水口应设置连接井与进水管、出水管相接；

5 化粪池进水管口应设导流装置，出水口处及格与格之间应设拦截污泥浮渣的设施；

6 化粪池池壁和池底应防止渗漏；

7 化粪池顶板上应设有人孔和盖板。

[考点分析与应试指导]

主要考化粪池的设置和污水处理构筑物的设置。考题会依据《建筑给水排水设计标准》“4.9 小型污水处理”和“4.10 小区生活排水”的条文内容设计选项。考生复习时应认真阅读相关条文及其说明，掌握小型生活污水处理设施的设置要求及其缘由。由于命题方式和命题点比较固定，容易掌握。考试中应该是难度一般的题目，难易程度：B级。

知识要点8 屋面雨水排水系统

考题一（2004-71改）以下叙述哪条错误？（ ）

A. 雨水量应以当地暴雨强度公式按降雨历时5min计算

B. 雨水管道的设计重现期，应根据建筑物的重要程度、汇水区域性质、地形特点、气象特征等因素确定

C. 屋面汇水面积应按屋面实际面积计算

D. 屋面汇水面积应按屋面投影面积计算

[答案] C

考题二（2010-72）建筑屋面雨水排水工程的溢流设施中不应设置有（ ）。

A. 溢流堰 B. 溢流口

C. 溢流管系 D. 溢流阀门

[答案] D

考题三（2014-55）屋面雨水应采用重力流排水的建筑是（ ）。

A. 工业厂房 B. 库房

C. 高层建筑 D. 公共建筑

[答案] C

考题四（2012-55）下述关于屋面雨水排放的说法中，错误的是（ ）。

A. 高层建筑阳台排水系统应单独设置
B. 高层建筑裙房的屋面雨水应单独排放
C. 多层建筑阳台雨水宜单独排放
D. 阳台立管底部应直接接入下水道
[答案] D
考题五（2007-71）有关雨水系统的设置，以下哪项正确？（　　）
A. 雨水汇水面积应按地面、屋面水平投影面积计算
B. 高层建筑裙房屋面的雨水应合并排放
C. 阳台雨水立管底部应直接排入雨水道
D. 天沟布置不应以伸缩缝、沉降缝、交形缝为分界
[答案] A
考题六（2008-72 改）有埋地排出管的屋面雨水排出管系，其立管底部应设(　　)。
A. 排气口　　B. 泄压口
C. 溢流口　　D. 检查口
[答案] D
[知识快览]

降落在建筑物屋面的雨雪水，特别是大暴雨会在短时间内形成积水，因此建筑物的屋面需要设置雨水排水系统，有组织有系统地将屋面雨水及时排除。屋面雨水排水系统的选择应根据建筑物的类型、建筑结构的形式、屋面面积大小、当地气候条件以及生活生产的要求，经过技术经济比较，本着既安全又经济的原则选择雨水排水系统。《建筑给水排水设计标准》GB 50015—2019 中关于屋面雨水排水系统的设计要点如下：

5.2.3　屋面雨水排水设计降雨历时应按 5min 计算。

5.2.4　屋面雨水排水管道工程设计重现期应根据建筑物的重要程度、气象特征等因素确定，各种屋面雨水排水管道工程的设计重现期不宜小于表 5.2.4 中的规定值。

5.2.7　屋面的汇水面积应按屋面水平投影面积计算。高出裙房屋面的毗邻侧墙，应附加其最大受雨面正投影的 1/2 计算。窗井、贴近高层建筑外墙的地下汽车库出入口坡道应附加其高出部分侧墙面积的 1/2。

5.2.8　天沟、檐沟排水不得流经变形缝和防火墙。

5.2.9　天沟宽度不宜小于 300mm，并应满足雨水斗安装要求，坡度不宜小于 0.003。

5.2.11　建筑屋面雨水排水工程应设置溢流孔口或溢流管系等溢流设施，且溢流排水不得危害建筑设施和行人安全。下列情况下可不设溢流设施：

1　外檐天沟排水、可直接散水的屋面雨水排水；

2　民用建筑雨水管道单斗内排水系统、重力流多斗内排水系统按重现期 P 大于或等于 100a 设计时。

5.2.13　屋面雨水排水管道系统设计流态应符合下列规定：

1　檐沟外排水宜按重力流系统设计；

2　高层建筑屋面雨水排水宜按重力流系统设计；

3　长天沟外排水宜按满管压力流设计；

4　工业厂房、库房、公共建筑的大型屋面雨水排水宜按满管压力流设计；

5 在风沙大、粉尘大、降雨量小地区不宜采用满管压力流排水系统。

5.2.22 裙房屋面的雨水应单独排放，不得汇入高层建筑屋面排水管道系统。

5.2.23 高层建筑雨落水管的雨水排至裙房屋面时，应将其雨水量计入裙房屋面的雨水量，且应采取防止水流冲刷裙房屋面的技术措施。

5.2.24 阳台、露台雨水系统设置应符合下列规定：

1 高层建筑阳台、露台雨水系统应单独设置；

2 多层建筑阳台、露台雨水宜单独设置；

3 阳台雨水的立管可设置在阳台内部；

4 当住宅阳台、露台雨水排入室外地面或雨水控制利用设施时，雨落水管应采取断接方式；当阳台、露台雨水排入小区污水管道时，应设水封井；

5 当屋面雨落水管雨水间接排水且阳台排水有防返溢的技术措施时，阳台雨水可接入屋面雨落水管；

6 当生活阳台设有生活排水设备及地漏时，应设专用排水立管管接入污水排水系统，可不另设阳台雨水排水地漏。

5.2.25 建筑物内设置的雨水管道系统应密闭。有埋地排出管的屋面雨水排出管系，在底层立管上宜设检查口。

5.2.27 建筑屋面各汇水范围内，雨水排水立管不宜少于 2 根。

5.2.28 屋面雨水排水管的转向处宜做顺水连接。

5.2.30 重力流雨水排水系统中长度大于 15m 的雨水悬吊管，应设检查口，其间距不宜大于 20m，且应布置在便于维修操作处。

5.2.39 雨水排水管材选用应符合下列规定：

1 重力流雨水排水系统当采用外排水时，可选用建筑排水塑料管；当采用内排水雨水系统时，宜采用承压塑料管、金属管或涂塑钢管等管材；

2 满管压力流雨水排水系统宜采用承压塑料管、金属管、涂塑钢管、内壁较光滑的带内衬的承压排水铸铁管等，用于满管压力流排水的塑料管，其管材抗负压力应大于－80kPa。

[考点分析与应试指导]

主要考屋面雨水排水系统雨水量的计算、流态选择、管道设置等。考题会依据《建筑给水排水设计标准》“5 雨水”中的条文命题。考生应熟悉规范条文及其说明，重点掌握流态的选择和管道的设置。本考点是高频考点，考生应重点掌握。由于规范条文内容多而杂，还有一些数据需要记忆，命题时又考的比较仔细，因此考生复习时应重点加强条文的理解和记忆。考试中是难度较高的题目，容易丢分。难易程度：D 级。

（六）建筑节水基本知识

 **[考纲分析]**

《全国一级注册建筑师资格考试大纲（2002 版）》中第 4.4 条对建筑内部排水系统的要求是“了解建筑节水的基本知识”。《全国一级注册建筑师资格考试大纲（2021 年版）》增

加了对中水系统的要求，即“了解中水系统和建筑节水的基本知识”。从往年考试命题情况看，每年会出现0～1个单选题。以下根据考试需要，对建筑节水基本知识进行要点式分析。

[知识储备]

当前我国日益严重的水资源短缺问题和水环境污染，不仅困扰国计民生，并已经成为制约社会经济可持续发展的重要因素。节约用水已经成为我国的基本国策。

城市节约用水工作包括：水资源合理调度、节约用水管理、工业企业节水技术和建筑节水等若干内容。建筑节水有三层含义：一是减少用水量，二是提高水的有效使用效率，三是防止泄漏。建筑节水设备和器具是实施建筑节水的一项重要手段。主要的建筑节水设备和器具有：限量水表、水位控制装置、减压阀、延时自闭式水龙头、手压或脚踏式水龙头、停水自动关闭水龙头、节水淋浴器具等。

雨水和中水可代替自来水用于建筑内的冲厕、小区内的景观、绿化、汽车冲洗、路面冲洗等。雨水的回收利用和污废水的再生利用既具有良好的节水效益和环境生态效益，也具有明显的经济效益。因此，发展和实施雨水控制及利用技术和污水再生利用技术也是实现建筑节水的重要手段。

知识要点1　节水设备和器具

考题一（2014-45）对生活节能型卫生器具流量无上限要求的器具是（　　）。

A. 水龙头　　B. 便器及便器系统

C. 家用洗衣机　　D. 饮水器喷嘴

[答案] D

考题二（2010-51）下列哪项措施不符合建筑给水系统的节水节能要求？（　　）

A. 住宅卫生间选用9升的坐便器

B. 利用城市给水管网的水压直接供水

C. 公共场所设置小便器时，采用自动冲洗装置

D. 工业企业设置小便槽时，采用自动冲洗水箱

[答案] A

[知识快览]

节水型生活用水器具是指比同类常规产品能减少流量或用水量，提高用水效率、体现节水技术的器件、用具。《建筑给水排水设计标准》GB 50015—2019中关于选用节水型生活用水器具提出了相应要求。

3.2.13　卫生器具和配件应符合国家现行有关标准的节水型生活用水器具的规定。

3.2.14　公共场所卫生间的卫生器具设置应符合下列规定：

1　洗手盆应采用感应式水嘴或延时自闭式水嘴等限流节水装置；

2　小便器应采用感应式或延时自闭式冲洗阀；

3　坐式大便器宜采用设有大、小便分档的冲洗水箱，蹲式大便器应采用感应式冲洗阀、延时自闭式冲洗阀等。

《节水型生活用水器具》CJ/T 164—2014针对水嘴（水龙头）、便器及便器系统、便

器冲洗阀、淋浴器、家用洗衣机等五种常用的生活用水器具的流量（或用水量）的上限做出了相应的规定。其中 5.2.4.1 条将坐便器用水量分为两个等级，其中 1 级用水量 4.0L，2 级用水量 5.0L。5.2.4.2 条规定：小便器一次用水量不应大于 3.0 L。5.2.4.3 条规定：蹲便器一次用水量不应大于 6.0 L。《民用建筑节水设计标准》GB 50555—2010 中的 6.1.3 条也规定：居住建筑中不得使用一次冲洗水量大于 6L 的坐便器。

[考点分析与应试指导]

主要考节水器具的选择。考题会依据《建筑给水排水设计标准》“3.2 用水定额和水压”、《民用建筑节水设计标准》“6.1 卫生器具、器材”和《节水型生活用水器具》CJ/T 164 中的有关条文命题。考生应熟悉规范条文及其说明，重点掌握节水器具的类型和用水量限制。本考点是低频考点，但是属于国家推行的政策，极其可能再次命题，因此要求考生不容忽视。由于节水器具涉及的规范比较多，考生复习时需要几个规范对照着复习。考试中容易丢分，难易程度：C 级。

知识要点 2 建筑中水

考题（2005-66）选择中水水源以下哪条不宜？（ ）

A. 生活污水　　B. 生产污水

C. 生活废水　　D. 冷却水

[答案] B

[知识快览]

建筑中水系统有中水原水收集系统、处理系统和中水供水系统组成。建筑中水水源应根据排水的水质、水量、排水状况和中水回用的水质、水量确定。《建筑中水设计标准》GB 50336—2018 对中水原水的选择做了如下规定：

3.1.3 建筑物中水原水可选择的种类和选取顺序为：

1 卫生间、公共浴室的盆浴和淋浴等的排水；

2 盥洗排水；

3 空调循环冷却系统排污水；

4 冷凝水；

5 游泳池排污水；

6 洗衣排水；

7 厨房排水；

8 冲厕排水。

3.1.6 下列排水严禁作为中水原水：

1 医疗污水；

2 放射性废水；

3 生物污染废水；

4 重金属及其他有毒有害物质超标的排水。

[考点分析与应试指导]

主要考建筑物中水水源的选择。考题会依据《建筑中水设计标准》“3.1 建筑物中水原水”中的条文命题。考生应在理解建筑物中水水源选择的原则是尽可能选用污染浓度低、水量稳定的优质杂排水。考试中应该是比较简单的得分题。难易程度：A 级。

主要参考文献

1.《建筑给水排水设计标准》GB 50015—2019
2.《生活饮用水卫生标准》GB 5749—2006
3.《室外给水排水和燃气热力工程抗震设计规范》GB 50032—2003
4.《建筑设计防火规范》GB 50016—2014（2018 年版）
5.《消防给水及消火栓系统技术规范》GB 50974—2014
6.《自动喷水灭火系统设计规范》GB 50084—2017
7.《节水型生活用水器具》CJ/T 164—2014
8.《民用建筑节水设计标准》GB 50555—2010
9.《建筑中水设计标准》GB 50336—2018
10.《气体灭火系统设计规范》GB 50370—2005
11.《建筑与小区雨水控制及利用工程技术规范》GB 50400—2016
12. 曹纬浚．一级注册建筑师考试教材．第三分册．建筑物理与建筑设备．北京：中国建筑工业出版社，2017.
13. 曹纬浚．一级注册建筑师考试历年真题解析．第三分册．建筑物理与建筑设备，北京：中国建筑工业出版社，2017.
14. 王兆惠．全国一级注册建筑师执业资格考试历年真题解析与模拟试卷．建筑物理与建筑设备．北京：中国电力出版社，2018.
15. 岳秀萍．全国勘察设计注册公用设备工程师给排水专业执业资格考试教材．第 3 册．建筑给水排水工程．北京：中国建筑工业出版社，2018.
16. 王增长．建筑给水排水工程．北京：中国建筑工业出版社，2016.
17. 蔡可键．建筑给水排水工程．北京：中国建筑工业出版社，2005.

（七）真 题 解 析

本部分选取历年一级注册建筑师和部分注册公用设备工程师给水排水专业考试真题，参照现行最新规范进行解析。对不符合现行规范内容的部分题目进行了修改，并予以注明如“2014 注册建筑改”。

建筑给水

1.（2017 注册设备上午）给水管道的下列哪个部位可不设置阀门？（　　）

A. 居住小区给水管道从市政给水管道的上引入管段上

B. 入户管、水表前

C. 从小区给水干管上接出的接户管起端

D. 配水点在 3 个及 3 个以上的配水支管上

答案：D

解析：《建筑给水排水设计标准》GB 50015—2019 3.5.4 给水管道的下列部位应设置阀门：

1　从小区给水干管上接出的支管起端或接户管起端；

2　入户管、水表前和各分支立管；

3　室内给水管道向住户、公用卫生间等接出的配水管起端；

4 水池（箱）、加压泵房、加热器、减压阀、倒流防止器等处应按安装要求配置。

2. （2017 注册设备上午）某游泳池池水采用逆流式循环，其设置的均衡水池池内最高水位应低于游泳池溢流回水管管底的最小距离（mm），是下列哪项？（　　）

A. 0　　　　B. 300

C. 500　　　　D. 700

答案：B

解析：《游泳池给水排水工程技术规程》CJJ 122—2017。

4.7.5 逆流式和混合流式的池水循环净化处理系统溢流回水槽、回水管的设计应符合下列规定：

1 当溢流回水槽设有多个回水口时，应采用分路等流程布管方式设置溢流回水管；连接溢流回水口的管道应以不小于 0.5%的坡度坡向均衡水池。

2 溢流回水槽的回水管管径应经计算确定。

3 接入均衡水池的溢流回水管管底应预留高出均衡水池最高水位不小于 300mm 的空间。

3. （2017 注册设备下午）以下哪项不是游泳池循环水工艺所必要的净化处理？（　　）

A. 过滤　　　　B. 加热

C. 消毒　　　　D. 加药

答案：B

解析：《游泳池给水排水工程技术规程》CJJ 122—2017 表 3.3.2 露天游泳池的类型分为有加热装置和无加热装置两种。

4. （2012 注册建筑）以下饮用水箱示意图中配管正确的是（　　）

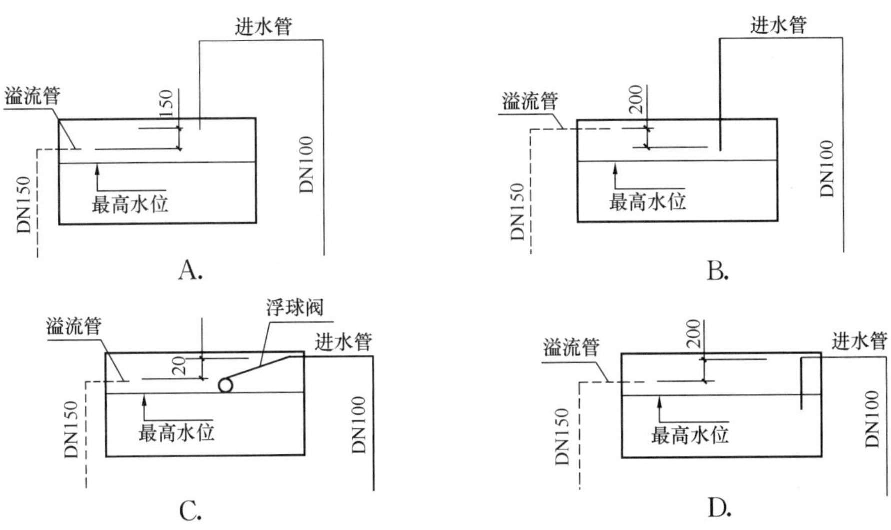

答案：A

解析：《建筑给水排水设计标准》GB 50015—2019 3.3.5 生活饮用水水池（箱）进水管口的最低点高出溢流边缘的空气间隙应等于进水管管径，且不应小于 25mm，可不大于 150mm。

5. （2012 注册建筑）下图所示室外管沟中的管道排列，正确的是（　　）。

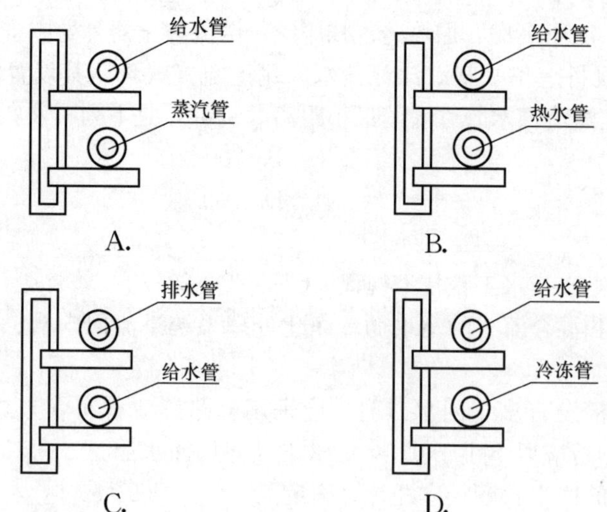

答案：D

解析：《建筑给水排水设计标准》GB 50015—2019 3.13.20 敷设在室外综合管廊（沟）内的给水管道，宜在热水、热力管道下方，冷冻管和排水管的上方。

6.（2010 注册建筑）某生活加压给水系统，设有三台供水能力分别为 $15m^3/h$、$25m^3/h$、$50m^3/h$ 的运行水泵，则备用水泵的供水能力最小值不应小于（　　）。

A. $15m^3/h$　　B. $25m^3/h$

C. $30m^3/h$　　D. $50m^3/h$

答案：D

解析：《建筑给水排水设计标准》GB 50015—2019 3.9.4 生活加压给水系统的水泵机组应设备用泵，备用泵的供水能力不应小于最大一台运行供水能力。

7.（2009 注册建筑）屋顶水箱的设置条件，以下哪条正确？（　　）

A. 非冻结地区宜设在室外

B. 设于室外，通气管所处环境空气质量较好

C. 设于室外，可省区水箱间以节省造价

D. 水箱设于室外必须保温

答案：D

解析：《建筑给水排水设计标准》GB 50015—2019 3.8.1 建筑物贮水池（箱）应设置在通风良好、不结冻的房间内。

8.（2006 注册建筑）生活饮用水水池的设置，下列哪项是错误的？（　　）

A. 建筑屋内的生活饮用水水池体，不得利用建筑物的本体结构作为水池的壁板、底板及顶盖

B. 生活饮用水水池与其他用水水池并列设置时，应有各自独立的分隔墙，隔墙与隔墙之间考虑排水设施

C. 埋地式生活饮用水水池周围 8m 以内，不得有化粪池

D. 建筑物内生活饮用水水池上方的房间不应有厕所、浴室、厨房、污水处理间等

答案：C

解析：《建筑给水排水设计标准》GB 50015—2019 3.8 水箱、贮水池中条款。

9.（2006 注册建筑）管道井的设置，下述哪项是错误的？（　　）

A. 需进人维修管道的管道井，其维修人员的工作通道净宽度不宜小于 0.6m

B. 管道井应隔层设外开检修门

C. 管道井检修门的耐火极限应符合消防规范的规定

D. 管道井井壁及竖向防火隔断应符合消防规范的规定

答案：B

解析：《建筑给水排水设计标准》GB 50015—2019 3.6.14 管道井的尺寸，应根据管道数量、管径大小、排列方式、维修条件，结合建筑平面和结构形式等合理确定。需进人维修管道的管井，其维修人员的工作通道净宽度不宜小于 0.6m。管道井应每层设外开检修门。管道井的井壁和检修门的耐火极限和管道井的竖向防火隔断应符合现行国家标准《建筑设计防火规范》GB 50016 的规定。

建筑内部热水系统

1.（2017 注册设备下午）住宅集中生活热水供应系统配水点最低水温（℃）小应低于下列哪项？（　　）

A. 40　　B. 45

C. 50　　D. 55

答案：B

解析：《建筑给水排水设计标准》GB 50015—2019 6.2.6 设置集中热水供应系统的住宅，配水点的水温不应低于 45℃。

2.（2012，2010，2008，2007 注册建筑）以下哪项不是集中热水供应宜首选选用的热源？（　　）

A. 工业余热、废热　　B. 地热

C. 太阳能　　D. 电能、燃油热水锅炉

答案：D

解析：《建筑给水排水设计标准》GB 50015—2019 6.3.1 集中热水供应系统的热源，宜首先利用余热、废热、地热，太阳能。

3.（2011，2008，2007 注册建筑）下列幼儿园卫生器具热水使用温度的表述中哪项错误？（　　）

A. 淋浴器 37℃　　B. 浴盆 35℃

C. 盥洗槽水嘴 30℃　　D. 洗涤盆 50℃

答案：A

解析：《建筑给水排水设计标准》GB 50015—2019 表 6.2.1-2 幼儿园卫生器具热水使用温度：淋浴器 35℃、浴盆 35℃、盥洗槽水嘴 30℃、洗涤盆 50℃。

4.（2010 注册建筑）热水横管的敷设坡度最小值不宜小于（　　）。

A. 0.001　　B. 0.002

C. 0.003　　D. 0.004

答案：C

解析：《建筑给水排水设计标准》GB 50015　2019 6.8.12 热水横管的敷设坡度不宜小于 0.003。

5. (2004 注册建筑) 有关生活热水用水定额确定依据，以下哪条错误？(　　)

A. 地区条件　　B. 建筑性质

C. 卫生器具完善程度　　D. 物业管理水平

答案：D

解析：《建筑给水排水设计标准》GB 50015—2019 5.1.1 热水用水定额根据卫生器具完善程度和地区条件，应按表 6.2.1-1 确定。表 6.2.1-1 根据建筑性质不同划定了最高日用水定额。

水污染的防治及抗震措施

1. (2017 注册设备下午) 某小区从市政给水管道引入两根给水管，在引入管上加设倒流防止器，并在小区形成室外给水环管，以下哪项所含做法是正确的？(　　)

① 从小区室外给水环管上接出 DN100 给水管，设置阀门和倒流防止器后供水至小区低区集中水加热器；

② 从小区室外给水环管上接出室外消火栓的管道上不设置倒流防止器；

③ 从小区室外给水管网上接出绿化用自动升降式绿地喷灌系统给水管上不设置防倒流污染装置；

④ 从小区室外给水环管接至地下消防水池补水管，其进水口最低点高于溢流边缘的空气间隙为 200mm。

A. ①③　　B. ②④

C. ①④　　D. ②③

答案：B

解析：《建筑给水排水设计标准》GB 50015—2019。3.3.8 从小区或建筑物内生活饮用水管道系统上接至下列用水管道或设备时应设置倒流防止器：(1) 单独接出消防用水管道时，在消防用水管道的起端；(2) 从生活饮用水贮水池抽水的消防水泵出水管上。3.3.8 条文说明：本条规定属于生活饮用水与消防用水管道的连接。第 1 款中接出消防管道不含室外生活饮用水给水管道接出的室外消火栓那一段短管。3.3.10 从小区或建筑物内生活饮用水管道上直接接出下列用水管道时，应在这些用水管道上设置真空破坏器：(1) 当游泳池、水上游乐池、按摩池、水景池、循环冷却水集水池等的充水或补水管道出口与溢流水位之间的空气间隙小于出口管径 2.5 倍时，在其充（补）水管上；(2) 不含有化学药剂的绿地等喷灌系统，当喷头为地下式或自动升降式时，在其管道起端；(3) 消防（软管）卷盘；(4) 出口接软管的冲洗水嘴与给水管道连接处。3.3.6 从生活饮用水管网向消防、中水和雨水回用等其他用水的贮水池（箱）补水时，其进水管口最低点高出溢流边缘的空气间隙不应小于 150mm。

2. (2014 注册建筑) 城市给水管道与用户自备水源管道连接的规定，正确的是(　　)。

A. 自备水源优于城市管网水质可连接

B. 严禁连接

C. 安装了防倒流器可连接

D. 安装了止回阀的可连接

答案：B

解析：《建筑给水排水设计标准》GB 50015—2019 3.1.2 城镇给水管道严禁与自备水源的供水管道直接连接。

3.（2007 注册建筑）为防止埋地生活饮用贮水池不受污染，以下哪条错误？（　　）

A. 10m 以内不得有化粪池

B. 满足不了间距要求时，可提高水池底标高使其高于化粪池顶标高

C. 周围 2m 以内不得有污水管和污染物

D. 采用双层水池池壁结构时也必须满足与化粪池的间距要求

答案：D

解析：《建筑给水排水设计标准》GB 50015—2019 3.13.11 埋地式生活饮用水贮水池周围 10m 以内，不得有化粪池、污水处理构筑物、渗水井、垃圾堆放点等污染源；周围 2m 以内不得有污水管和污染物。

当达不到净间距 10m 以上的要求时，以下措施可供参考采用：

（1）提高生活饮用水贮水池池底标高，使池底标高高于化粪池等的池顶标高。

（2）在生活饮用水贮水池与化粪池之间设置防渗墙，防渗墙的长度应满足两池之间的折线净间距（化粪池端至墙端与墙端至贮水池端距离之和）大于 10m；防渗墙的墙底标高不应低于贮水池池底标高；防渗墙墙顶标高，不应低于化粪池池顶标高。

（3）新建的化粪池，池体应采用钢筋混凝土结构，并做防水处理。

（4）新建的生活饮用水贮水池，宜采用双层池体结构，双层池体分层缝隙的渗水，应能自流排走（自流入集水坑抽走）。

4.（2005 注册建筑）水箱与建筑本体的关系，以下图示哪个错误？（　　）

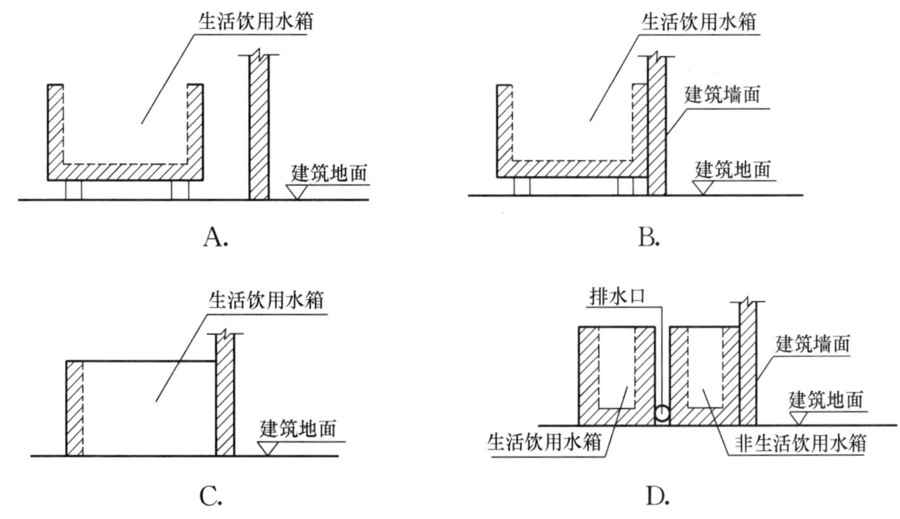

答案：C

解析：《建筑给水排水设计标准》GB 50015—2019 3.3.16 建筑物内的生活饮用水水池（箱）体，应采用独立结构形式，不得利用建筑物的本体结构作为水池（箱）的壁板、底板及顶盖。生活饮用水水池（箱）与其他用水水池（箱）并列设置时，应有各自独立的分隔墙。

5.（2004 注册建筑）有关生活饮用水水质的要求，以下叙述哪条正确？（　　）

A. 生活饮用水不得含有任何细菌

B. 生活饮用水应当是纯净水

C. 生活饮用水的水质应符合现行《生活饮用水卫生标准》的要求

D. 生活饮用水不得含有任何化学物质

答案：C

解析：《建筑给水排水设计规范》GB 50015—2019 3.3.1 生活给水系统的水质，应符合现行的国家标准《生活饮用水卫生标准》GB 5749 的要求。

《生活饮用水卫生标准》GB 5749—2006 对生活饮用水提出如下水质卫生要求：

(1) 生活饮用水中不得含有病原微生物。

(2) 生活饮用水中化学物质不得危害人体健康。

(3) 生活饮用水中放射性物质不得危害人体健康。

(4) 生活饮用水的感官性状良好。

(5) 生活饮用水应经消毒处理。

消防给水

1. (2017 注册设备上午) 某多层酒店，地下一层为汽车库，该建筑自动喷水灭火系统设计参数按哪种危险等级取值？(　　)

A. 轻危险级　　B. 中危险Ⅰ级

C. 中危险Ⅱ级　　D. 严重危险级

答案：C

解析：《自动喷水灭火系统设计规范》GB 50084—2017 附录 A 设置场所火灾危险等级分类：汽车停车场（库）为中危险Ⅱ级。

2. (2017 注册设备上午) 室内消火栓管网的设计，下列哪项不符合现行《消防给水及消火栓系统技术规范》的要求？(　　)

A. 与供水横干管连接的每根立管上设置阀门

B. 多、高层公共建筑各层均可按照关闭同层不超过 5 个消火栓设置管道和阀门

C. 立管的最小流量 10L/s，经计算立管管径 DN80 即可，实际取 DN100

D. 除特殊情况外，室内消火栓系统管网均应布置成环状

答案：B

解析：《消防给水及消火栓系统技术规范》GB 50974—2014 第 8.1.6 条室内消火栓环状给水管道检修时应符合下列规定：(1) 室内消火栓竖管应保证检修管道时关闭停用的竖管不超过 1 根，当竖管超过 4 根时，可关闭不相邻的 2 根；(2) 每根竖管与供水横干管相接处应设置阀门。第 8.1.5 条室内消防给水管网应符合下列规定：(1) 室内消火栓系统管网应布置成环状，当室外消火栓设计流量不大于 20L/s，且室内消火栓不超过 10 个时，除本规范第 8.1.2 条外，可布置成枝状；(2) 当由室外生产生活消防合用系统直接供水时，合用系统除应满足室外消防给水设计流量以及生产和生活最大小时设计流量的要求外，还应满足室内消防给水系统的设计流量和压力要求；(3) 室内消防管道管径应根据系统设计流量、流速和压力要求经计算确定；室内消火栓竖管管径应根据竖管最低流量经计算确定，但不应小于 DN100。

3. (2017 注册设备下午) 末端试水装置在自动喷水灭火系统中的作用是下列哪种？(　　)

A. 用于系统调试　　B. 用于系统供水

C. 用于检测最不利喷头的流量　　D. 用于检测自动喷水灭火系统的可靠性

答案：D

解析：《自动喷水灭火系统设计规范》GB 50084—2017 第 6.5.1 条条文说明：为检验系统的可靠性、测试系统能否在开放一只喷头的最不利条件下可靠报警并正常启动，要求在每个报警阀组的供水最不利点处设置末端试水装置。

4. (2016 注册设备下午) 下列关于工业区的消防灭火系统设计的叙述中，哪项错误？(　　)

A. 工厂、仓库的室外消防用水量应按同一时间内的火灾起数和一起火灾灭火所需室外消防用水量确定

B. 丙类可燃液体储罐区的室外消防用水量应为灭火用水量和冷却用水量之和

C. 厂房、仓库设有自动喷水灭火系统时，可不再另外设置灭火器

D. 埋地的液化石油气储罐可不设置固定喷水冷却装置

答案：B

解析：《消防给水及消火栓系统技术规范》GB 50974—2014 第 3.1.1 条工厂、仓库、堆场、储罐区或民用建筑的室外消防用水量，应按同一时间内的火灾起数和一起火灾灭火所需室外消防用水量确定。3.4.2 甲、乙、丙类可燃液体储罐的消防给水设计流量应按最大罐组确定，并应按泡沫灭火系统设计流量、固定冷却水系统设计流量与室外消火栓设计流量之和确定。《建筑设计防火规范》GB 50016—2014 第 8.1.10 条高层住宅建筑的公共部位和公共建筑内应设置灭火器，其他住宅建筑的公共部位宜设置灭火器。厂房、仓库、储罐（区）和堆场，应设置灭火器。第 8.1.5 条总容积大于 $50m^3$ 或单罐容积大于 $20m^3$ 的液化石油气储罐（区）应设置固定水冷却设施，埋地的液化石油气储罐可不设置固定喷水冷却装置。

5. (2014 注册建筑) 由于环保问题目前被限制生产和使用的灭火剂是(　　)。

A. 二氧化碳　　B. 卤代烷

C. 干粉　　D. 泡沫

答案：B

解析：卤代烷对大气臭氧层有破坏作用，危害人类的生存环境，我国于 1991 年 6 月加入了《蒙特利尔议定书》（修正案）缔约国行列，承诺 2005 年停止生产卤代烷 1211 灭火剂，2010 年停止生产卤代烷 1301 灭火剂。

6. (2012 注册建筑) 下列哪项不是利用天然水源作为消防水源需满足的条件？(　　)

A. 枯水期有足够的水量　　B. 有可靠的取水设施

C. 有防冻措施　　D. 无病毒

答案：D

解析：《消防给水及消火栓系统技术规范》GB 50974—2014 第 4.4.3 条江、河、湖、海、水库等天然水源的设计枯水流量保证率应根据城乡规模和工业项目的重要性、火灾危险性和经济合理性等综合因素确定，宜为 90%～97%。但村镇的室外消防给水水源的设计枯水流量保证率可根据当地水源情况适当降低。4.4.4 当室外消防水源采用天然水源时，应采取防止冰凌、漂浮物、悬浮物等物质堵塞消防水泵的技术措施，并应采取确保安全取水的措施。

7.（2011，2009 注册建筑）高层建筑最基本的灭火系统是（　　）。

A. 消火栓给水系统　　B. 自动喷水灭火系统

C. 二氧化碳灭火系统　　D. 干粉灭火系统

答案：A

解析：《建筑设计防火规范》GB 50016—2014 第 8.2.1 条条文说明：室内消火栓是控制建筑内初期火灾的主要灭火、控火设备。

8.（2010 注册建筑）防火分隔水幕用于开口部位，除舞台口外，开口部位的最大尺寸（宽×高）不宜超过（　　）。

A. 10m×6m　　B. 15m×8m

C. 20m×1m　　D. 25m×12m

答案：B

解析：《自动喷水灭火系统设计规范》GB 50084—2017 第 4.3.3 条防护冷却水幕应直接将水喷向被保护对象；防火分隔水幕不宜用于尺寸超过 15m（宽）×8m（高）的开口（舞台口除外）。

9.（2009 注册建筑）应设置自动喷水灭火系统的场所，以下哪条错误？（　　）

A. 特等、甲等剧院　　B. 超过 1500 座位的非特等、非甲等剧院

C. 超过 2000 个座位的会堂　　D. 3000 个座位以内的体育馆

答案：D

解析：《建筑设计防火规范》GB 50016—2014 第 8.3.4 条除本规范另有规定和不宜用水保护或灭火的场所外，下列单、多层民用建筑或场所应设置自动灭火系统，并宜采用自动喷水灭火系统：特等、甲等剧场，超过 1500 个座位的其他等级的剧场，超过 2000 个座位的会堂或礼堂，超过 3000 个座位的体育馆，超过 5000 人的体育场的室内人员休息室与器材间等。

10.（2007 注册建筑）对消防用水水质的要求，以下哪条错误？（　　）

A. 无特殊要求

B. 水中杂质悬浮物不致堵塞自动喷水灭火喷头的出口

C. 必须符合《生活饮用水卫生标准》

D. 不得有油污、易燃、可燃液体污染的天然水源

答案：C

解析：《消防给水及消火栓系统技术规范》GB 50974—2014 第 4.1.2 条条文说明：消防水源水质应满足水灭火设施本身，及其灭火、控火、抑制、降温和冷却等功能的要求。室外消防给水其水质可以差一些，如河水、海水、池塘等，并允许一定的颗粒物存在，但室内消防给水如消火栓、自动喷水等对水质要求较严，颗粒物不能堵塞喷头和消火栓水枪等，平时水质不能有腐蚀性，要保护管道。

11.（2004 注册建筑）以下叙述哪条错误？（　　）

A. 室内消火栓应设在建筑物内明显易取的地方

B. 室内消火栓应有明显的标志

C. 消防前室不应设置消火栓

D. 消火栓应涂成红色

答案：C

解析：《消防给水及消火栓系统技术规范》GB 50974—2014 第 7.4.5 条消防电梯前室应设置室内消火栓，并应计入消火栓使用数量。

建筑排水

1. （2017 注册设备上午）关于建筑生活排水系统组成，下列哪项正确？（　　）

A. 高层建筑生活排水系统均应设排水管、通气管、清通设备和污废水提升设施

B. 与生活排水管道相连的卫生器具排水支管上均应设置存水弯

C. 承接公共卫生间的污水立管不允许接地漏排水

D. 各类卫生器具属于建筑生活排水系统的组成部分

答案：D

解析：《建筑给水排水设计规范》GB 50015—2003（2009 年版）第 4.2.6 条，当构造内无存水弯的卫生器具与生活污水管道或其他可能产生有害气体的排水管道连接时，必须在排水口以下设存水弯。第 4.2.7A 款卫生器具排水管段上不得重复设置水封。4.5.7 厕所、盥洗室等需经常从地面排水的房间，应设置地漏。《一级注册建筑师考试教材》第三分册第二十章第五节，排水系统一般由下列部分组成：（1）卫生器具或生产设备受水器；（2）器具排水管；（3）有一定坡度的横支管；（4）立管；（5）地下排水总干管；（6）到室外的排水管；（7）通气系统。

2. （2016 注册设备下午）下列关于建筑生活排水处理及其设施的叙述中，哪项正确？（　　）

A. 住宅厨房含油污水应经过除油处理后方允许排入室外污水管道

B. 温度高于 40℃的污水应降温处理

C. 粪便污水应经化粪池处理后方可排入市政污水管道

D. 双格化粪池第一格的容量宜占总容量的 60%

答案：B

解析：《建筑给水排水设计标准》GB 50015—2019 第 4.2.4、4.10.12、4.10.16 条。

3. （2014 注册建筑）下列建筑排水中，不包括应单独排水至水处理或回收构筑物的是(　　)。

A. 机械自动洗车台冲洗水

B. 用作回水水源的生活排水管

C. 营业餐厅厨房含大量油脂的洗涤废水

D. 温度在 40℃以下的锅炉排水

答案：D

解析：《建筑给水排水设计标准》GB 50015—2019 第 4.2.4 条下列建筑排水应单独排水至水处理或回收构筑物：

（1）职工食堂、营业餐厅厨房含有大量油脂的废水；

（2）洗车冲洗水；

（3）含有致病菌、放射性元素等超过排放标准的医疗、科研机构的污水；

（4）水温超过 40℃的锅炉排污水；

（5）用作中水水源的生活排水；

(6) 实验室有害有毒废水。

4.（2014注册建筑）小区生活排水系统排水定额与相应生活给水系统用水定额相比，正确的是（　）。

A. 二者相等　　B. 前者大于后者

C. 前者为后者的85%～95%　　D. 前者小于后者70%

答案：C

解析：《建筑给水排水设计标准》GB 50015—2019 第4.10.5条居住小区生活排水系统排水定额是其相应的生活给水系统用水定额的85%～95%。

5.（2012注册建筑）下列哪种情况，厂房内无须采用有盖排水沟排除废水？（　）

A. 废水中有大量悬浮物　　B. 医疗设备消毒间地面排水

C. 设备排水点位置固定　　D. 热水器排水

答案：C

解析：《建筑给水排水设计标准》GB 50015—2019 第4.4.15条生活废水在下列情况下，可采用有盖的排水沟排除：

(1) 废水中含有大量悬浮物或沉淀物需经常冲洗；

(2) 设置排水支管很多，用管道连接有困难；

(3) 设备排水点的位置不固定；

(4) 地面需要经常冲洗。

6.（2011注册建筑）下列关于室外排水管道与检查井关系的表述中哪项错误？（　）

A. 管道管径变化与设置检查井无关

B. 管道转弯时设置检查井

C. 管道和支管连接时应设置检查井

D. 管道坡度改变时应设置检查井

答案：A

解析：《建筑给水排水设计标准》GB 50015—2019 第4.10.3条室外排水管道的连接在下列情况下应采用检查井：(1) 在管道转弯和连接支管处；(2) 在管道的管径、坡度改变、跌水处。

7.（2011，2005注册建筑）关于屋面雨水排放设计要求，以下哪项错误？（　）

A. 工业厂房的大型屋面采用满管压力流排水

B. 工业库房的大型屋面采用满管压力流排水

C. 高层住宅采用重力流排水

D. 公共建筑的大型屋面采用重力流排水

答案：D

解析：《建筑给水排水设计标准》GB 50015—2019 第5.2.13条建筑屋面雨水管道设计流态宜符合下列状态：

(1) 檐沟外排水宜按重力流设计；

(2) 高层建筑屋面雨水排水宜按重力流设计；

(3) 长天沟外排水宜按满管压力流设计；

(4) 工业厂房、库房、公共建筑的大型屋面雨水排水宜按满管压力流设计；

(5) 在风沙大、粉尘大、降雨显小地区不宜采用满管压力流排水系统。

8.（2010 注册建筑）下列哪一项不符合建筑物室内地下室污水集水池的设计规定？（　　）

A. 设计最低水位应满足水泵的吸水要求

B. 池盖密封后，可不设通气管

C. 池底应有不小于 0.05 坡度坡向泵位

D. 应设置水位指示装置

答案：B

解析：《建筑给水排水设计标准》GB 50015—2019 第 4.8.4-3 条集水池设计最低水位，应满足水泵吸水要求。4.8.4-5 集水池底宜有不小于 0.05 坡度坡向泵位；集水坑的深度及平面尺寸，应按水泵类型而定。4.8.4-7 集水池应设置水位指示装置，必要时应设置超警戒水位报警装置，并将信号引至物业管理中心。

9.（2009 注册建筑）生活污水处理构筑物设置的有关环保要求，以下哪条不当？（　　）

A. 防止空气污染　　B. 避免污水渗透污染地下水

C. 不宜靠近接入市政管道的排放点　　D. 避免噪声污染

答案：C

解析：《建筑给水排水设计标准》GB 50015—2019 第 4.10.19-1 条生活污水处理设施宜靠近接入市政管道的排放点。

10.（2008 注册建筑）以下关于几种管径的描述，哪条错误？（　　）

A. 医院污物洗涤盆排水管径不得小于 75mm

B. 公共食堂排水干管管径不得小于 100mm

C. 大便器排水管径不得小于 100mm.

D. 浴池的泄水管管径宜采用 50mm

答案：D

解析：《建筑给水排水设计标准》GB 50015—2019 第 4.5.8 条　大便器排水管最小管径不得小于 100mm。4.5.12-1　当公共食堂厨房内的污水采用管道排除时，其管径应比计算管径大一级，但管径不得小于 100mm，支管管径不得小于 75mm。4.5.12-4　浴池的泄水管不宜小于 100mm。

建筑节水

1.（2017 注册设备上午）下列关于建筑中水水源选择的叙述中，哪项正确？（　　）

A. 综合医院污水作为中水水源，经消毒后可用于洗车

B. 以厨房废水作为中水水源时，应经隔油处理后方可进入中水原水系统

C. 比较某校区的教学楼、公共浴室作为中水水源，在平均日排水量相同的情况下，宜优先选择教学楼

D. 传染病医院雨水作为中水水源，经消毒后达到城市绿化水质标准时，可用于绿化浇洒

答案：B

解析：《建筑中水设计标准》GB 50336—2018 第 3.1.6 条医疗污水放射性废水、生物污染废水等严禁作为中水原水。5.2.5 当有厨房排水等含油排水进入原水系统时，应经过隔油处理后，方可进入原水集水系统。3.1.3 建筑物中水水源可选择的种类和选取顺序为：(1) 卫生间、公共浴室的盆浴和淋浴等的排水；(2) 盥洗排水；(3) 空调循环冷却系统排污水；(4) 冷凝水；(5) 游泳池排污水；(6) 洗衣排水；(7) 厨房排水；(8) 冲厕排水。

2. (2016 注册设备下午) 下列有关小区绿地喷灌的建筑雨水供水系统设计要求的叙述中，哪项错误？（　　）

A. 供水管道上应装设水表计量

B. 供水管道上不得装设取水龙头

C. 供水管材不得采用非镀锌钢管

D. 自来水补水管口进入雨水蓄水池内补水时，应采取空气隔断措施

答案：D

解析：《建筑与小区雨水控制及利用工程技术规范》GB 50400—2016 第 7.3.7 条供水管道和补水管道上应装设水表计量装置。7.3.9 雨水供水管道上不得装设取水龙头。7.3.8 供水管道可采用塑料和金属复合管、塑料给水管或其他给水管材，不得采用非镀锌钢管。7.3.4-2 (采用生活饮用水) 向蓄水池 (箱) 补水时，补水管口应设在池外，且应高于室外地面。

3. (2014 注册建筑) 对生活节能型卫生器具流量无上限要求的器具是（　　）。

A. 水龙头　　B. 便器及便器系统

C. 家用洗衣机　　D. 饮水器喷嘴

答案：D

解析：《建筑给水排水设计标准》GB 50015—2019 第 3.2.13 条条文说明：《节水型生活用水器具》CJ/T 164—2014 针对水嘴 (水龙头)、便器及便器系统、便器冲洗阀、淋浴器、家用洗衣机等五种常用的生活用水器具的流量 (或用水量) 的上限做出了相应的规定。

4. (2010 注册建筑) 下列哪项措施不符合建筑给水系统的节水节能要求？（　　）

A. 住宅卫生间选用 9 升的坐便器

B. 利用城市给水管网的水压直接供水

C. 公共场所设置小便器时，采用自动冲洗装置

D. 工业企业设置小便槽时，采用自动冲洗水箱

答案：A

解析：《民用建筑节水设计标准》GB 50555—2010 第 6.1.3 条居住建筑中不得使用一次冲洗水量大于 6L 的坐便器。

5. (2004 注册建筑) 以下生活废水哪一条不是优质杂排水？（　　）

A. 厨房排水　　B. 冷却排水

C. 沐浴、盥洗排水　　D. 洗衣排水

答案：A

解析：《建筑中水设计标准》GB 50336—2018 第 2.1.10 条优质杂排水是指杂排水中

污染程度较低的排水，如冷却排水、游泳池排水、沐浴排水、盥洗排水、洗衣排水。

（八）实 战 模 拟

建筑给水

1. 小区管网漏失水量和未预见水量之和可按最高日用水量的(　　)计。

A. 5%～10%　　　　B. 8%～12%

C. 15%～20%　　　　D. 20%～25%

答案：B

解析：《建筑给水排水设计标准》GB 50015—2019 3.2.9 小区管网漏失水量和未预见水量之和可按最高日用水量的 8%～12%计。

2. 下列关于生活饮用水水池（箱）的构造和配管说法错误的是(　　)。

A. 人孔、通气管、溢流管应有防止生物进入水池（箱）的措施

B. 进水管宜在水池（箱）的溢流水位以下接入

C. 进出水管布置不得产生水流短路，必要时应设导流装置

D. 不得接纳消防管道试压水、泄压水

答案：B

解析：《建筑给水排水设计标准》GB 50015—2019 3.3.18-2 进水管宜在水池（箱）的溢流水位以上接入。

3. 下列关于水泵吸水管喇叭口的设置说法正确的是(　　)。

A. 喇叭口宜向下，低于水池最低水位不宜小于 0.5m

B. 吸水管喇叭口至池底的净距，不应小于 0.8 倍吸水管管径，且不应小于 0.1m

C. 吸水管喇叭口边缘与池壁的净距不宜小于 2.0 倍吸水管管径

D. 吸水管与吸水管之间的净距，不宜小于 3.0 倍吸水管管径

答案：B

解析：《建筑给水排水设计标准》GB 50015—2019 3.9.5 水泵宜自灌吸水，每台水泵宜设置单独从水池吸水的吸水管；吸水管内的流速宜采用 1.0m/s～1.2m/s；吸水管口应设置喇叭口，喇叭口宜向下，低于水池最低水位不宜小于 0.3m，当达不到此要求时，应采取防止空气被吸入的措施；吸水管喇叭口至池底的净距，不应小于 0.8 倍吸水管管径，且不应小于 0.1m；吸水管喇叭口边缘与池壁的净距不宜小于 1.5 倍吸水管管径；吸水管与吸水管之间的净距，不宜小于 3.5 倍吸水管管径（管径以相邻两者的平均值计）。

4. 关于高层建筑生活给水系统分区的说法错误的是(　　)。

A. 各分区最低卫生器具配水点处的静水压不宜大于 0.45MPa

B. 静水压大于 0.35MPa 的入户管（或配水横管），宜设减压或调压设施

C. 各分区最不利配水点的水压，应满足用水水压要求

D. 建筑高度超过 100m 的建筑，宜采用垂直分区并联供水方式

答案：D

解析：《建筑给水排水设计标准》GB 50015—2019 3.4.6 建筑高度不超过 100m 的建筑的生活给水系统，宜采用垂直分区并联供水或分区减压的供水方式；建筑高度超过

100m 的建筑，宜采用垂直串联供水方式。

5. 下列关于给水管道止回阀的阀型选择说法错误的是（　　）。

A. 阀前水压大的部位，宜选用旋启式、球式和梭式止回阀

B. 关闭后密闭性能要求严密的部位，宜选用有关闭弹簧的止回阀

C. 要求削弱关闭水锤的部位，宜选用速闭消声止回阀或有阻尼装置的缓闭止回阀

D. 管网最小压力或水箱最低水位应能自动开启止回阀

答案：A

解析：《建筑给水排水设计标准》GB 50015—2019 3.5.7 止回阀的阀型选择，应根据止回阀的安装部位、阀前水压、关闭后的密闭性能要求和关闭时引发的水锤大小等因素确定，并应符合下列要求：

（1）阀前水压小的部位，宜选用旋启式、球式和梭式止回阀；

（2）关闭后密闭性能要求严密的部位，宜选用有关闭弹簧的止回阀；

（3）要求削弱关闭水锤的部位，宜选用速闭消声止回阀或有阻尼装置的缓闭止回阀；

（4）止回阀的阀瓣或阀芯，应能在重力或弹簧力作用下自行关闭；

（5）管网最小压力或水箱最低水位应能自动开启止回阀。

6. 给水管道的下列哪个管段上不需设置止回阀？（　　）

A. 直接从城镇给水管网接入小区或建筑物的引入管上

B. 装有倒流防止器的管段

C. 密闭的水加热器或用水设备的进水管上

D. 进出水管合用一条管道的水箱、水塔和高地水池的出水管段上

答案：B

解析：《建筑给水排水设计规范》GB 50015—2003（2009 年版）3.5.6 给水管道的下列管段上应设置止回阀，装有倒流防止器的管段，不需再装止回阀：

（1）直接从城镇给水管网接入小区或建筑物的引入管上；

（2）密闭的水加热器或用水设备的进水管上；

（3）每台水泵出水管上。

7. 关于水表的设置说法错误的是（　　）。

A. 建筑物的引入管上应设置水表

B. 住宅的入户管上应设置水表

C. 住宅的分户水表宜设置于户内

D. 各种有累计水量功能的流量计均可替代水表

答案：C

解析：《建筑给水排水设计标准》GB 50015—2019 3.5.16 建筑物的引入管、住宅的入户管，公用建筑物内需水量的水管上均应设置水表。3.5.17 住宅的分户水表宜相对集中读数，且宜设置于户外；对设在户内的水表，宜采用远传水表或 IC 卡水表等智能化水表。3.5.18 水表应装设在观察方便，不冻结，不被任何液体及杂质所淹没和不易受损处。

8. 下列关于给水管道的敷设位置说法错误的是（　　）。

A. 给水管道不得敷设在烟道内

B. 给水管道不宜穿越橱窗、壁柜

C. 给水管道不宜穿越伸缩缝

D. 塑料给水管道在室内宜明设

答案：D

解析：《建筑给水排水设计标准》GB 50015—2019 3.6.5 给水管道不得敷设在烟道、风道、电梯井内、排水沟内。给水管道不宜穿越橱窗、壁柜。给水管道不得穿过大便槽和小便槽，且立管离大、小便槽端部不得小于 0.5m。3.6.6 给水管道不宜穿越变形缝。当必须穿越时，应设置补偿管道伸缩和剪切变形的装置。3.6.7 塑料给水管道在室内宜暗设。明设时立管应布置在不易受撞击处，当不能避免时，应在管外加保护措施。

9. 循环冷却水系统的设计要求，以下哪条错误？（　　）

A. 循环冷却水系统宜采用密闭式

B. 设备、管道设计时应能使循环系统的余压充分利用

C. 冷却水的热量宜回收利用

D. 当建筑物内有需要全年供冷的区域，在冬季气候条件适宜时宜利用冷却塔作为冷源提供空调用冷水

答案：A

解析：《建筑给水排水设计标准》GB 50015—2019 3.11.1 设计循环冷却水系统时应符合下列规定：

（1）循环冷却水系统宜采用敞开式，当需采用间接换热时，可采用密闭式；

（2）对于水温、水质、运行等要求差别较大的设备，循环冷却水系统宜分开设置；

（3）敞开式循环冷却水系统的水质应满足被冷却设备的水质要求；

（4）设备、管道设计时应能使循环系统的余压充分利用；

（5）冷却水的热量宜回收利用；

（6）当建筑物内有需要全年供冷的区域，在冬季气候条件适宜时宜利用冷却塔作为冷源提供空调用冷水。

……

10. 关于冷却塔的设置规定，下列做法中错误的是（　　）。

A. 冷却塔宜单排布置

B. 单侧进风塔的进风面宜平行夏季主导风向

C. 冷却塔进风侧离建筑物的距离，宜大于塔进风口高度的 2 倍

D. 冷却塔的四周应留有检修通道，通道净距不宜小于 1.0m

答案：B

解析：《建筑给水排水设计标准》GB 50015—2019 3.11.6 冷却塔的布置，应符合下列规定：

（1）冷却塔宜单排布置；当需多排布置时，塔排之间的距离应保证塔排同时工作时的进风量；

（2）单侧进风塔的进风面宜面向夏季主导风向；双侧进风塔的进风面宜平行夏季主导风向；

（3）冷却塔进风侧离建筑物的距离，宜大于塔进风口高度的 2 倍；冷却塔的四周除满足通风要求和管道安装位置外，还应留有检修通道；通道净距不宜小于 1.0m。

建筑内部热水系统

1. 下列哪项不是集中热水供应系统，宜首先采用的热源？（　　）

A. 工业余热　　B. 地热

C. 太阳能　　D. 电能

答案：D

解析：《建筑给水排水设计标准》GB 50015—2019 6.3.1 集中热水供应系统的热源，宜首先利用余热、废热、地热，太阳能。

2. 公共浴室热水系统的说法错误的是（　　）。

A. 采用开式热水供应系统

B. 多于 3 个淋浴器的配水管道，宜布置成环形

C. 给水额定流量较大的用水设备的管道，应与淋浴配水管道分开

D. 工业企业生活间和学校的淋浴室，宜采用循环系统

答案：D

解析：《建筑给水排水设计标准》GB 50015—2019 6.3.7-5 公共浴室淋浴器出水水温应稳定，并宜采取下列措施：

（1）采用开式热水供应系统；

（2）给水额定流量较大的用水设备的管道应与淋浴配水管道分开；

（3）多于 3 个淋浴器的配水管道宜布置成环形；

（4）成组淋浴器的配水管的沿程水头损失，当淋浴器少于或等于 6 个时，可采用每米不大于 300Pa；当淋浴器多于 6 个时，可采用每米不大于 350Pa；配水管不宜变径，且其最小管径不得小于 25mm；

（5）公共淋浴室宜采用单管热水供应系统或采用定温混合阀的双管热水供应系统。单管热水供应系统应采取保证热水水温稳定的技术措施。当采用公用浴池沐浴时，应设循环水处理系统及消毒设备。

3. 下列关于医院热水供应系统加热设备的说法错误的是（　　）。

A. 医院热水供应系统的锅炉或水加热器不得少于 2 台

B. 其他建筑的热水供应系统的水加热设备不宜少于 2 台

C. 一台检修时，其余各台的总供热能力不得小于设计小时耗热量的 50%

D. 医院建筑可以采用有滞水区的容积式水加热器

答案：D

解析：《建筑给水排水设计标准》GB 50015—2019 6.5.3 医院热水供应系统的锅炉或水加热器不得少于 2 台，其他建筑的热水供应系统的水加热设备不宜少于 2 台，一台检修时，其余各台的总供热能力不得小于设计小时耗热量的 60%。

4. 设备机房内的热水管道不应采用（　　）热水管。

A. 塑料　　B. 建筑物性质

C. 维护管理　　D. 安装位置

答案：A

解析：《建筑给水排水设计标准》GB 50015—2019：6.8.2 热水管道应选用耐腐蚀和安装连接方便可靠的管材，可采用薄壁铜管、薄壁不锈钢管、塑料热水管、复合热水管

等。当采用塑料热水管或塑料和金属复合热水管材时应符合下列规定：(1) 管道的工作压力应按相应温度下的许用工作压力选择；(2) 设备机房内的管道不应采用塑料热水管。

5. 下列关于公共建筑设饮水器的设计说法错误的是(　　)。

A. 以自来水为源水

B. 应设循环管道

C. 喷嘴应竖直安装

D. 表面光洁易于清洗

答案：C

解析：《建筑给水排水设计标准》GB 50015—2019 6.9.5 当中小学校、体育场馆等公共建筑设饮水器时，应符合下列规定：

(1) 以温水或自来水为源水的直饮水，应进行过滤和消毒处理；

(2) 应设循环管道，循环回水应经消毒处理；

(3) 饮水器的喷嘴应倾斜安装并设有防护装置，喷嘴孔的高度应保证排水管堵塞时不被淹没；

(4) 应使同组喷嘴压力一致；

(5) 饮水器应采用不锈钢、铜镀铬或瓷质、搪瓷制品，其表面应光洁、易于清洗。

水污染的防治及抗震措施

1. 关于城市给水管道连接的表述中，以下哪条错误？(　　)

A. 城镇给水管道严禁与自备水源的供水管道直接连接

B. 中水、回用雨水等非生活饮用水管道严禁与生活饮用水管道连接

C. 生活饮用水不得因管道产生虹吸、背压回流而受污染

D. 生活饮用水管配水件出水口高出承接用水容器溢流边缘的最小空气间隙，不得小于出水口直径的 1.5 倍

答案：D

解析：《建筑给水排水设计标准》GB 50015—2019 3.1.2 城镇给水管道严禁与自备水源的供水管道直接连接。3.1.3 中水、回用雨水等非生活饮用水管道严禁与生活饮用水管道连接。3.1.4 生活饮用水不得因管道产生虹吸、背压回流而受污染。3.3.4-2 生活饮用水管配水件出水口高出承接用水容器溢流边缘的最小空气间隙，不得小于出水口直径的 2.5 倍。

2. 生活饮用水管道上设置真空破坏器的说法错误的是(　　)。

A. 循环冷却水集水池等的充水或补水管道出口与溢流水位之间的空气间隙小于出口管径 2. 5 倍时，在其充（补）水管上

B. 不含有化学药剂的绿地等喷灌系统，当喷头为地上式时，在其管道起端；

C. 消防（软管）卷盘

D. 出口接软管的冲洗水嘴与给水管道连接处

答案：B

解析：《建筑给水排水设计标准》GB 50015—2019 3.3.10 从小区或建筑物内生活饮用水管道上直接接出下列用水管道时，应在这些用水管道上设置真空破坏器：

(1) 当游泳池、水上游乐池、按摩池、水景池、循环冷却水集水池等的充水或补水管

道出口与溢流水位之间的空气间隙小于出口管径 2.5 倍时，在其充（补）水管上；

（2）不含有化学药剂的绿地等喷灌系统，当喷头为地下式或自动升降式时，在其管道起端；

（3）消防（软管）卷盘；

（4）出口接软管的冲洗水嘴与给水管道连接处。

3. 为防止埋地生活饮用贮水池不受污染，以下哪条错误？（　　）

A. 10m 以内不得有污水处理构筑物

B. 10m 以内不得有渗水井

C. 10m 以内不得有污水管

D. 10m 以内不得有垃圾堆放

答案：C

解析：《建筑给水排水设计标准》GB 50015—2019 3.13.11 埋地式生活饮用水贮水池周围 10m 以内，不得有化粪池、污水处理构筑物、渗水井、垃圾堆放点等污染源；周围 2m 以内不得有污水管和污染物。

4. 建筑物内的生活饮用水水池的结构说法正确的是（　　）。

A. 可以利用建筑物的本体结构作为水池的壁板

B. 可以利用建筑物的本体结构作为水池的底板

C. 可以利用建筑物的本体结构作为水池的顶盖

D. 与其他用水水池并列设置时，应有各自独立的分隔墙

答案：D

解析：《建筑给水排水设计标准》GB 50015—2019 3.3.16 建筑物内的生活饮用水水池（箱）体，应采用独立结构形式，不得利用建筑物的本体结构作为水池（箱）的壁板、底板及顶盖。生活饮用水水池（箱）与其他用水水池（箱）并列设置时，应有各自独立的分隔墙。

5. 下列关于室外给排水工程抗震设防说法错误的是（　　）。

A. 对位于设防烈度为 6 度地区的室外给水工程设施，可不作抗震计算

B. 给水干线应敷设成支状

C. 净水厂、具有调节水池的加压泵房、水塔等，应分散布置

D. 过河倒虹吸管或架空管应采用焊接钢管

答案：B

解析：《室外给水排水和燃气热力工程抗震设计规范》GB 50032—2003 对给排水的设防做了如下规定：1.0.8 对位于设防烈度为 6 度地区的室外给水、排水和燃气、热力工程设施，可不作抗震计算；当本规范无特别规定时，抗震应按 7 度设防的有关要求采用。3.1.2 地震区的大、中城市中给水、燃气和热力的管网和厂站布局，应符合下列要求：（1）给水、燃气干线应敷设成环状；（2）热源的主干线之间应尽量连通；（3）净水厂、具有调节水池的加压泵房、水塔和燃气贮配站、门站等，应分散布置。10.3.1 给水和燃气管道的管材选择，应符合下列要求：（1）材质应具有较好的延性；（2）承插式连接的管道，接头填料宜采用柔性材料；（3）过河倒虹吸管或架空管应采用焊接钢管；（4）穿越铁路或其他主要交通了线以及位于地基土为液化土地段的管道，宜采用焊接钢管。

消防给水

1. 下列关于应设置室外消火栓系统的场所说法错误的是( )。

A. 民用建筑、厂房、仓库、储罐（区）和堆场周围

B. 用于消防救援和消防车停靠的屋面上

C. 耐火等级二级，建筑体积 2000m^3 的戊类厂房

D. 居住区人数 1000 人，建筑层数五层以上的居住区

答案：C

解析：《建筑设计防火规范》GB 50016—2014 民用建筑、厂房、仓库、储罐（区）和堆场周围应设置室外消火栓系统。用于消防救援和消防车停靠的屋面上应设置室外消火栓系统。（注：耐火等级不低于二级且建筑体积不大 3000m^3 的戊类厂房，居住区人数不超过 500 人且建筑层数不超过两层的居住区，可不设置室外消火栓系统。）

2. 下列哪个建筑或场所应设置室内消火栓系统？( )

A. 建筑占地面积 200m^2 的厂房

B. 高层公共建筑

C. 体积 4000m^3 的车站

D. 1000 个座位的礼堂

答案：B

解析：《建筑设计防火规范》GB 50016—2014 第 8.2.1 条下列建筑或场所应设置室内消火栓系统：

（1）建筑占地面积大于 300m^2 的厂房和仓库；

（2）高层公共建筑和建筑高度大于 21m 的住宅建筑；

（3）体积大于 5000m^3 的车站、码头、机场的候车（船、机）建筑、展览建筑、商店建筑、旅馆建筑、医疗建筑和图书馆建筑等单、多层建筑；

（4）特等、甲等剧场，超过 800 个座位的其他等级的剧场和电影院等以及超过 1200 个座位的礼堂、体育馆等单、多层建筑；

（5）建筑高度大于 15m 或体积大于 10000m^3 的办公建筑、教学建筑和其他单、多层民用建筑。

3. 应设置自动喷水灭火系统的场所，以下哪条正确？( )

A. 1500 个座位的礼堂

B. 2000 个座位以内的体育馆

C. 藏书量 60 万册的图书馆

D. 总建筑面积 400m^2 的地下商店

答案：C

解析：《建筑设计防火规范》GB 50016—2014 第 8.3.4 条除本规范另有规定和不宜用水保护或灭火的场所外，下列单、多层民用建筑或场所应设置自动灭火系统，并宜采用自动喷水灭火系统：（1）特等、甲等剧场，超过 1500 个座位的其他等级的剧场，超过 2000 个座位的会堂或礼堂，超过 3000 个座位的体育馆，超过 5000 人的体育场的室内人员休息室与器材间等；（2）任一层建筑面积大于 1500m^2 或总建筑面积大于 3000rn^2 的展览、商店、餐饮和旅馆建筑以及医院中同样建筑规模的病房楼、门诊楼和手术部；（3）设置送回风道（管）的集中空气调节系统且总建筑面积大于 3000m^2 的办公建筑等；（4）藏书量超过 50 万册的图书馆；（5）大、中型幼儿园，老年人照料设施；（6）总建筑面积大于 500m^2

的地下或半地下商店；（7）设置在地下或半地下或地上四层及以上楼层的歌舞娱乐放映游艺场所（除游泳场所外），设置在首层、二层和三层且任一层建筑面积大于 300m^2 的地上歌舞娱乐放映游艺场所（除游泳场所外）。

4. 下列哪个建筑或部位应设置雨淋自动喷水灭火系统？（　　）

A. 火柴厂的氯酸钾压碾厂房　　B. 储存量 1.5t 的硝化棉仓库

C. 1500 个座位的会堂　　D. 建筑面积 450m^2 的电影摄影棚

答案：A

解析：《建筑设计防火规范》GB 50016—2014 第 8.3.7 条下列建筑或部位应设置雨淋自动喷水灭火系统：（1）火柴厂的氯酸钾压碾厂房，建筑面积大于 100m^2 且生产或使用硝化棉、喷漆棉、火胶棉、赛璐路胶片、硝化纤维的厂房；（2）乒乓球厂的轧坯、切片、磨球、分球检验部位；（3）建筑面积大于 60m^2 或储存量大于 2t 的硝化棉、喷漆棉、火胶棉、赛璐珞胶片、硝化纤维的仓库；（4）日装瓶数量大于 3000 瓶的液化石油气储配站的灌瓶间、实瓶库；（5）特等、甲等剧场、超过 1500 个座位的其他等级的剧场、超过 2000 个座位的会堂或礼堂的舞台葡萄架下部；（6）建筑面积不小于 400m^2 的演播室，建筑面积不小于 500m^2 的电影摄影棚。

5. 下列关于消防水池的说法错误的是（　　）。

A. 消防水池应采用两路消防给水

B. 当消防水池有效总容积大于 2000m^3 时，消防水池进水管补水时间不应大于 48h

C. 当消防水池采用两路消防供水且在火灾情况下连续补水能满足消防要求时，仅设有消火栓系统的消防水池有效容积不应小于 50m^3

D. 消防水池的总蓄水有效容积大于 500m^3 时，宜设两格能独立使用的消防水池

答案：B

解析：《消防给水及消火栓系统技术规范》GB 50974—2014 第 4.3.3 条消防水池进水管应根据其有效容积和补水时间确定，补水时间不宜大于 48h，但当消防水池有效总容积大于 2000m^3 时，不应大于 96h。消防水池进水管管径应经计算确定，且不应小于 DN100。4.3.4 当消防水池采用两路消防供水且在火灾情况下连续补水能满足消防要求时，消防水池的有效容积应根据计算确定，但不应小于 100m^3，当仅设有消火栓系统时不应小于 50m^3。4.3.5-1 消防水池应采用两路消防给水。4.3.6 消防水池的总蓄水有效容积大于 500m^3 时，宜设两格能独立使用的消防水池；当大于 1000m^3 时，应设置能独立使用的两座消防水池。每格（或座）消防水池应设置独立的出水管，并应设置满足最低有效水位的连通管，且其管径应能满足消防给水设计流量的要求。

6. 下列关于离心式消防水泵的说法错误的是（　　）。

A. 消防水泵应采取自灌式吸水

B. 吸水管喇叭口在消防水池最低有效水位下的淹没深度不应小于 600mm

C. 当一组消防水泵吸水管其中一条损坏时，其余的出水管应仍能通过 100％用水量

D. 消防水泵的吸水管穿越消防水池时，应采用刚性套管

答案：D

解析：《消防给水及消火栓系统技术规范》GB 50974—2014 第 5.1.13-1 条一组消防水泵，吸水管不应少于两条，当其中一条损坏或检修时，其余吸水管应仍能通过全部消防给

水设计流量；5.1.13-4 消防水泵吸水口的淹没深度应满足消防水泵在最低水位运行安全的要求，吸水管喇叭口在消防水池最低有效水位下的淹没深度应根据吸水管喇叭口的水流速度和水力条件确定，但不应小于 600mm。当采用旋流防止器时，淹没深度不应小于 200 mm。5.1.13-11 消防水泵的吸水管穿越消防水池时，应采用柔性套管；采用刚性防水套管时应在水泵吸水管上设置柔性接头，且管径不应大于 DN150。

7. 下列关于消防水泵接合器的设置场所说法错误的是(　　)。

A. 高层民用建筑的室内消火栓给水系统

B. 超过三层的多层工业建筑室内消火栓给水系统

C. 自动喷水灭火系统

D. 泡沫灭火系统

答案：B

解析：《消防给水及消火栓系统技术规范》GB 50974—2014 第 5.4.1 条下列场所的室内消火栓给水系统应设置消防水泵接合器：（1）高层民用建筑；（2）设有消防给水的住宅、超过五层的其他多层民用建筑；（3）超过 2 层或建筑面积大于 10000m^2 的地下或半地下建筑（室）、室内消火栓设计流量大于 10L/s 平战结合的人防工程；（4）高层工业建筑和超过四层的多层工业建筑；（5）城市交通隧道。5.4.2 自动喷水灭火系统、水喷雾灭火系统、泡沫灭火系统和固定消防炮灭火系统等水灭火系统，均应设置消防水泵接合器。

8. 下列关于消防给水系统分区供水的说法错误的是(　　)。

A. 采用消防水泵串联分区供水时，宜采用消防水泵转输水箱串联供水方式

B. 减压阀应设置在有双向流动的输水干管上

C. 采用减压水箱减压分区供水时，减压水箱的有效容积不应小于 18m^3，且宜分为两格

D. 系统工作压力大于 2.40MPa 时消防给水系统应分区供水

答案：B

解析：《消防给水及消火栓系统技术规范》GB 50974—2014 第 6.2.1 条符合下列条件时，消防给水系统应分区供水：（1）系统工作压力大于 2.40MPa；（2）消火栓栓口处静压大于 1.0MPa；（3）自动水灭火系统报警阀处的工作压力大于 1.60MPa 或喷头处的工作压力大于 1.20MPa。6.2.3 采用消防水泵串联分区供水时，宜采用消防水泵转输水箱串联供水方式。6.2.4-4 减压阀仅应设置在单向流动的供水管上，不应设置在有双向流动的输水干管上。

9. 下列关于室内消火栓的说法正确的是(　　)。

A. 室内消火栓与消防软管卷盘或轻便水龙不可设置在同一箱体内

B. 设置室内消火栓的建筑，包括设备层在内的各层均应设置消火栓

C. 冷库的室内消火栓不可设置在楼梯间内

D. 消防软管卷盘和轻便水龙的用水量应计入消防用水总量

答案：B

解析：《消防给水及消火栓系统技术规范》GB 50974—2014 第 7.4.2-1 条应采用 DN65 室内消火栓，并可与消防软管卷盘或轻便水龙设置在同一箱体内。7.4.3 设置室内消火栓的建筑，包括设备层在内的各层均应设置消火栓。7.4.7-5 冷库的室内消火栓应设

置在常温穿堂或楼梯间内。7.4.11 消防软管卷盘和轻便水龙的用水量可不计入消防用水总量。

10. 关于自喷系统配水管道的说法错误的是(　　)。

A. 配水管道不可采用塑料管

B. 短立管及末端试水装置的连接管，其管径不应小于 25mm

C. 干式系统、预作用系统的供气管道可采用钢管

D. 水平设置的管道宜有坡度

答案：A

解析：《自动喷水灭火系统设计规范》GB 50084—2017 第 8.0.2 条配水管道可采用内外壁热镀锌钢管、涂覆钢管、铜管、不锈钢管和氯化聚氯乙烯（PVC-C）管。8.0.10 短立管及末端试水装置的连接管，其管径不应小于 25mm。8.0.12 干式系统、预作用系统的供气管道，采用钢管时，管径不宜小于 15 mm；采用铜管时，管径不宜小于 10mm。8.0.13 水平设置的管道宜有坡度，并应坡向泄水阀。充水管道的坡度不宜小于 2‰，准工作状态不充水管道的坡度不宜小于 4‰。

建筑排水

1. 下列建筑排水中，不包括应单独排水至水处理或回收构筑物的是(　　)。

A. 居民住宅厨房洗菜池的洗涤废水

B. 放射性元素超过排放标准的医院污水

C. 水温超过 40℃的锅炉、水加热器等加热设备排水

D. 实验室有毒有害废水

答案：A

解析：《建筑给水排水设计标准》GB 50015—2019 4.2.4 下列建筑排水应单独排水至水处理或回收构筑物：

(1) 职工食堂、营业餐厅厨房含有油脂的废水；

(2) 洗车冲洗水；

(3) 含有大量致病菌、放射性元素等超过排放标准的医疗、科研机构污水；

(4) 水温超过 40℃的锅炉排污水；

(5) 用作中水水源的生活排水；

(6) 实验室有害有毒废水。

2. 下列关于建筑物内排水管道布置说法错误的是(　　)。

A. 排水立管宜靠近排水量最小的排水点

B. 排水管道不得穿过沉降缝、伸缩缝

C. 排水管道不得穿越住宅客厅、餐厅

D. 排水管道不宜穿越橱窗、壁柜

答案：A

解析：《建筑给水排水设计标准》GB 50015—2019 4.4.1-2 排水立管宜靠近排水量最大的排水点。4.4.1-4 排水管道不得穿过变形缝、烟道和风道；当排水管道必须穿过变形缝时，应采取相应技术措施。4.4.1-6 排水管道不得穿越住户客厅、餐厅，排水立管不宜靠近与卧室相邻的内墙。4.4.1-7 排水管道不宜穿越橱窗、壁柜，不得穿越贮藏室。

3. 下列关于同层排水设计说法错误的是(　　)。

A. 器具排水横支管布置和设置标高不得造成排水滞留

B. 埋设于填层中的管道应当采用橡胶圈密封接口

C. 当排水横支管设置在沟槽内时，回填材料、面层应能承载器具、设备的荷载

D. 卫生间地坪应采取可靠的防渗漏措施

答案：B

解析：《建筑给水排水设计标准》GB 50015—2019 4.4.7-3 器具排水横支管布置和设置标高不得造成排水滞留、地漏冒溢；4.4.7-4 埋设于填层中的管道不得采用橡胶圈密封接口。

4. 生活废水在下列哪种情况下，可采用有盖的排水沟排除？(　　)

A. 废水中含有少量悬浮物

B. 设置排水支管很少

C. 设备排水点的位置固定

D. 地面需要经常冲洗

答案：D

解析：《建筑给水排水设计标准》GB 50015—2019 4.4.15 生活废水在下列情况下，宜采用有盖的排水沟排除：(1) 废水中含有大量悬浮物或沉淀物需经常冲洗；(2) 设置排水支管很多，用管道连接有困难；(3) 设备排水点的位置不固定；(4) 地面需要经常冲洗。

5. 下列关于地漏的说法错误的是(　　)。

A. 地漏应设置在易溅水的器具附近地面的最低处

B. 洗衣机排水可以接入室内雨水管道

C. 水封的地漏水封深度不得小于 50mm

D. 严禁采用钟罩（扣碗）式地漏

答案：B

解析：《建筑给水排水设计标准》GB 50015—2019 4.3.7 地漏应设置在易溅水的器具或冲洗嘴附近，且应在地面的最低处。4.3.11 带水封装置的水封深度不得小于 50mm，严禁采用钟罩（扣碗）式地漏。4.2.1 生活排水应与雨水分流排出。

6. 下列关于通气管的设置，说法错误的是(　　)。

A. 通气管高出屋面不得小于 0.3m，且应大于最大积雪厚度

B. 在通气管口周围 4m 以内有门窗时，通气管口应高出窗顶 0.6m 或引向无门窗一侧

C. 在经常有人停留的平屋面上，通气管口应高出屋面 2m

D. 通气管口应设在建筑物挑出部分（如屋檐檐口、阳台和雨篷等）的下面

答案：D

解析：《建筑给水排水设计标准》GB 50015—2019 4.7.12 高出屋面的通气管设置应符合下列要求：(1) 通气管高出屋面不得小于 0.3m，且应大于最大积雪厚度，通气管顶端应装设风帽或网罩；(2) 在通气管口周围 4m 以内有门窗时，通气管口应高出窗顶 0.6m 或引向无门窗一侧；(3) 在经常有人停留的平屋面上，通气管口应高出屋面 2m；(4) 通气管口不宜设在建筑物挑出部分的下面。

7. 下列哪一项不符合降温池的设计规定？(　　)

A. 温度高于 40℃的排水，应优先考虑将所含热量回收利用

B. 降温宜采用较高温度排水与冷水在池内混合的方法进行，冷却水应用生活饮用水

C. 冷却水与高温水混合可采用穿孔管喷洒

D. 降温池虹吸排水管管口应设在水池底部

答案：B

解析：《建筑给水排水设计标准》GB 50015—2019 4.10.12 温度高于 40℃的排水，应优先考虑将所含热量回收利用，当不可能或回收不合理时，在排入城镇排水管道入口检测井处水温高于 40℃应设降温池。降温宜采用较高温度排水与冷水在池内混合的方法进行。冷却水宜利用低温废水；冷却水量应按热平衡方法计算。……冷却水与高温水混合可采用穿孔管喷洒，当采用生活饮用水做冷却水时，应采取防回流污染措施。降温池虹吸排水管管口应设在水池底部。

8. 下列关于生活污水处理设施的说法，错误的是(　　)。

A. 宜靠近接入市政管道的排放点

B. 建筑小区处理站的位置宜在常年最小频率的下风向

C. 处理站当布置在建筑地下室时，应有专用隔间

D. 处理站应用绿化带与建筑物隔开

答案：B

解析：《建筑给水排水设计标准》GB 50015—2019 4.10.19 生活污水处理设施的设置应符合下列要求：(1) 宜靠近接入市政管道的排放点；(2) 建筑小区处理站的位置宜在常年最小频率的上风向，且应用绿化带与建筑物隔开；(3) 处理站宜设置在绿地、停车坪及室外空地的地下。4.9.4-1 处理站当布置在建筑地下室时，应有专用隔间。

9. 下列关于雨水排水管材选用的说法中，错误的是(　　)

A. 重力流排水系统多层建筑外排水可采用建筑排水塑料管

B. 高层建筑内排水雨水系统宜采用耐腐蚀的金属管、承压塑料管

C. 满管压力流雨水排水系统宜采用镀锌钢管

D. 小区雨水排水系统可选用埋地塑料管

答案：C

解析：《建筑给水排水设计标准》GB 50015—2019 5.2.39 雨水排水管材选用应符合下列规定：

(1) 重力流雨水排水系统当采用外排水时，可选用建筑排水塑料管，当采用内排水雨水系统时，宜采用承压塑料管、金属管或涂塑钢管等管材；

(2) 满管压力流雨水排水系统宜采用承压塑料管、金属管、涂塑钢管内壁较光滑的带内衬的承压排水铸铁管等，用于满管压力流排水的塑料管，其管材抗负压力应大于 −80kPa。

5.3.9　小区雨水排水系统宜选用埋地塑料管和塑料雨水排水检查井。

10. 下列关于雨水集水池和排水泵的说法，错误的是(　　)。

A. 排水泵不应少于 2 台，不宜大于 8 台

B. 水排水泵应有不间断的动力供应

C. 沉式广场地面排水集水池的有效容积，不应小于最大一台排水泵 30s 的出水量

D. 地下车库出入口的明沟排水集水池的有效容积，不应小于最大一台排水泵 10min 的出水量

答案：D

解析：《建筑给水排水设计标准》GB 50015—2019 5.3.19 雨水集水池和排水泵设计应符合下列要求：

（1）排水泵的流量应按排入集水池的设计雨水量确定；

（2）排水泵不应少于 2 台，不宜大于 8 台，紧急情况下可同时使用；

（3）雨水排水泵应有不间断的动力供应；

（4）下沉式广场地面排水集水池的有效容积，不应小于最大一台排水泵 30s 的出水量；并应满足水泵安装和吸水要求。

5.2.40　地下车库出入口的明沟排水集水池的有效容积，不应小于最大一台排水泵 5min 的出水量。

建筑节水

1. 根据《民用建筑节水设计标准》，下列关于节水系统设计说法错误的是（　　）。

A. 景观用水水源应采用市政自来水

B. 管道直饮水系统的浓水应回收利用

C. 采用蒸汽制备开水时，凝结水应回收利用

D. 游泳池、水上娱乐池等水循环系统的排水应重复利用

答案：A

解析：《民用建筑节水设计标准》GB 50555—2010 第 4.1.5 条景观用水水源不得采用市政自来水和地下井水。4.2.7-2 管道直饮水系统的净化水设备产水率不得低于原水的 70%，浓水应回收利用。4.2.8 采用蒸汽制备开水时，应采用间接加热的方式，凝结水应回收利用。4.3.2-2 游泳池、水上娱乐池等水循环系统的排水应重复利用。4.3.3 蒸汽凝结水应回收再利用或循环使用，不得直接排放。

2. 根据《民用建筑节水设计标准》，下列关于绿化浇洒喷灌系统的选择，说法错误的是（　　）。

A. 绿地浇洒采用中水时，宜采用以微灌为主的浇洒方式

B. 人员活动频繁的绿地，宜采用以微喷灌为主的浇洒方式

C. 土壤易板结的绿地，宜采用地下渗灌的浇洒方式

D. 乔、灌木和花卉宜采用以滴灌、微喷灌等为主的浇洒方式

答案：C

解析：《民用建筑节水设计标准》GB 50555—2010 第 4.4.2-1 条绿地浇洒采用中水时，宜采用以微灌为主的浇洒方式；4.4.2-2 人员活动频繁的绿地，宜采用以微喷灌为主的浇洒方式；4.4.2-3 土壤易板结的绿地，不宜采用地下渗灌的浇洒方式；4.4.2-4 乔、灌木和花卉宜采用以滴灌、微喷灌等为主的浇洒方式。

3. 根据《民用建筑节水设计标准》，下列关于中水和雨水利用系统的说法，错误的是（　　）。

A. 建筑中水应优先采用城市再生水

B. 建筑或小区中设有雨水回用和中水合用系统时，原水应一起调蓄和净化处理

C. 观赏性景观环境用水应优先采用雨水、中水、城市再生水及天然水源

D. 雨季应优先利用雨水，需要排放原水时应优先排放中水原水

答案：B

解析：《民用建筑节水设计标准》GB 50555—2010 第 5.1.13 条当具有城市污水再生水供应管网时，建筑中水应优先采用城市再生水。5.1.14 观赏性景观环境用水应优先采用雨水、中水、城市再生水及天然水源等。5.1.15 建筑或小区中设有雨水回用和中水合用系统时，原水应分别调蓄和净化处理，出水可在清水池混合。5.1.16 建筑或小区中设有雨水回用和中水合用系统时，在雨季应优先利用雨水，需要排放原水时应优先排放中水原水。

4. 下列建筑物中水水源最优先选择的是（　　）。

A. 淋浴排水　　　　B. 盥洗排水

C. 冷凝水　　　　D. 洗衣排水

答案：A

解析：《建筑中水设计标准》GB 50336—2018 第 3.1.3 条建筑物中水水源可选择的种类和选取顺序为：

（1）卫生间、公共浴室的盆浴和淋浴等的排水；

（2）盥洗排水；

（3）空调循环冷却系统排污水；

（4）冷凝水；

（5）游泳池排污水；

（6）洗衣排水；

（7）厨房排水；

（8）冲厕排水。

5. 下列关于中水供水系统的说法错误的是（　　）。

A. 中水供水系统必须独立设置

B. 中水供水管道宜采用非镀锌钢管

C. 中水管道上不得装设取水龙头

D. 中水管道装有取水接口时，必须采取严格的防止误饮、误用的措施

答案：B

解析：《建筑中水设计标准》GB 50336—2018 第 5.4.1 条中水供水系统与生活饮用给水系统应分别独立设置。5.4.4 中水供水管道宜采用塑料给水管、钢塑复合管或其他具有可靠防腐性能的给水管材，不得采用非镀锌钢管。5.4.7 中水管道上不得装设取水龙头。当装有取水接口时，必须采取严格的误饮、误用的防护措施。

主要参考文献

1.《建筑给水排水设计标准》GB 50015—2019

2.《室外给水排水和燃气热力工程抗震设计规范》GB 50032—2003

3.《建筑设计防火规范》GB 50016—2014（2018 年版）

4.《消防给水及消火栓系统技术规范》GB 50974—2014

5.《自动喷水灭火系统设计规范》GB 50084—2017
6.《民用建筑节水设计标准》GB 50555—2010
7.《建筑中水设计标准》GB 50336—2018
8.《游泳池给水排水工程技术规程》CJJ 122—2017
9.《建筑与小区管道直饮水系统技术规程》CJJ/T 110—2017
10.《水喷雾灭火系统技术规范》GB 50219—2014
11.《建筑与小区雨水控制及利用工程技术规范》GB 50400—2016
12. 曹纬浚．一级注册建筑师考试历年真题解析·第三分册·建筑物理与建筑设备．北京：中国建筑工业出版社，2017.
13. 王兆惠．全国一级注册建筑师执业资格考试历年真题解析与模拟试卷．建筑物理与建筑设备．北京：中国电力出版社，2018.
14. 张工培训给排水团队．注册给水排水工程师职业资格考试历年真题分类剖析及总结．建水分册．

第二章 供暖通风与空气调节

（一）供暖通风与空气调节的常用术语

1. 供暖（heating）：用人工方法通过消耗一定能源向室内供给热量，使室内保持生活或工作所需温度的技术、装备、服务的总称。

供暖系统的组成：热媒制备（热源）＋热媒输送＋热媒利用（散热设备）

三个组成可以分开设置，也可以集合设置，对于个别系统可以没有热媒输送环节（例如电热直接供暖）。

2. 集中供暖（central heating）：热源和散热设备分别设置，用热媒管道相连接，由热源向多个热用户供给热量的供暖系统，又称为集中供暖系统。

3. 值班供暖（standby heating）：在非工作时间或中断使用的时间内，为使建筑物保持最低室温要求而设置的供暖。

4. 通风（ventilation）：利用自然或机械的方式，为功能区域送入新鲜空气或排除功能区域的污染空气，是为了满足功能区域生产、生活的卫生、安全、舒适等需求。通风系统一般分为自然通风系统、机械通风系统、复合通风系统。

5. 置换通风（hybrid ventilation system）：空气以低风速、小温差的状态送入人员活动区下部，在送风及室内热源形成的上升气流的共同作用下，将热浊空气升至顶部排出的一种机械通风方式。

6. 复合通风系统（hybrid ventilation system）：在满足热舒适和室内空气质量的前提下，自然通风和机械通风交替或联合运行的通风系统。

7. 风管（air duct）：采用金属、非金属薄板或其他材料制作而成，用于空气流通的管道。

8. 风道（air channel）：风道是建筑常标注的风井，例如排风井、进风井、新风井，是采用混凝土、砖等建筑材料砌筑而成，用于空气流通的通道。

9. 空气调节（air condtioning）：通过对功能空间提供新鲜空气、供冷或供热，对功能空间的温度、湿度、空气洁净度、气流组织、空气龄等进行调节与控制，满足功能空间的工艺性或舒适性使用需求。

10. 空调区（air-conditioned zone）：保持空气参数在设定范围之内的空气调节区域。在实际建设项目中，空调区面积与建筑面积是有区别的。

11. 分层空调（stratified air conditioning）：特指仅使高大空间下部工作区域的空气参数满足设计要求的空气调节方式。项目设计中，高大空间是否能实现分层空调设计，对负荷计算、设备投入、使用效果的影响很大，一般净高超过 6m 时应考虑分层空调。

（二）供 暖 系 统

供暖系统分类

1. 按热源形式：集中式供暖、分散式供暖。

2. 按热媒品种：热水系统、蒸汽系统、油系统（家用电热设备）。

3. 按末端供热方式：辐射式、对流式。

4. 热泵热水系统按热水温度：高温系统、低温系统，热泵出水水温高于55℃为高温系统，出水温度根据使用需求一般在55～85℃。

5. 按供热末端：

（1）自然对流式散热器，对流为主，是我国北方地区最常见的供暖设备；

（2）热水辐射末端系统，主要有低温地板辐射系统、墙面毛细管系统、顶棚毛细管、金属面板（墙面或顶棚）辐射系统；

（3）燃气直接燃烧式辐射系统，主要应用工业场所；

（4）热风供暖系统，强制对流系统，主要有热风机、热风幕，常见热风供暖系统的热媒有热水、有电热，家用冷暖分体空调器从广泛意义上讲也是电热风系统；

（5）电热辐射供暖，主要电热散热器、电热低温地板辐射供暖。

集中供暖系统的热源

1. 集中供暖系统热源的种类：

（1）废热；

（2）工业余热；

（3）城市区域热网；

（4）可再生能源热源系统（地源热泵系统、水源热泵系统、空气源热泵系统）；

（5）自建集中热源（燃气锅炉房、燃气热水机房、燃煤锅炉房、燃油锅炉房）；

（6）蓄热系统（用于电力充足，有峰谷电价地区）；

（7）复合热源（有两种以上热源系统）。

2. 集中供暖系统热源选择的基本原则：

应根据建筑物规模、用途、建设地点的能源条件、结构、价格以及国家节能减排和环保政策的相关规定等，通过综合论证确定，并应符合下列规定：

（1）有可供利用的废热或工业余热的区域，热源宜采用废热或工业余热；

（2）在技术经济合理的情况下，热源宜利用浅层地能、太阳能、风能等可再生能源。当采用可再生能源受到气候等原因的限制无法保证时，应设置辅助热源；

（3）不具备本条第（1）（2）款的条件，但有城市或区域热网的地区，集中式供热热源宜优先采用城市或区域热网；

（4）不具备本条第（1）（2）（3）款的条件，但城市燃气供应充足的地区，宜采用燃气锅炉、燃气热水机供热或燃气吸收式冷（温）水机组供热；

（5）不具备本条第（1）（2）（3）（4）款的条件的地区，可采用燃煤锅炉、燃油锅炉供热；

（6）天然气供应充足的地区，当建筑的电力负荷、热负荷和冷负荷能较好匹配、能充分发挥冷、热、电联产系统的能源综合利用效率并经济技术比较合理时，宜采用分布式燃气冷热电三联供系统；

(7) 在执行分时电价、峰谷电价差较大的地区，经技术经济比较，采用低谷电价能够明显起到对电网“削峰填谷”和节省运行费用时，宜采用蓄能系统供热；

(8) 夏热冬冷地区的中、小型建筑宜采用空气源热泵或土壤源地源热泵系统供热；

(9) 有天然地表水等资源可供利用，或者有可利用的浅层地下水且能保证100%回灌时，可采用地表水或地下水地源热泵系统供热；

(10) 具有多种能源的地区，可采用复合式能源供热。

供暖系统设计

1. 供暖方式的确定需根据以下几个要素通过技术经济比较确定：

(1) 建筑物规模；

(2) 所在地区气象条件；

(3) 能源状况；

(4) 能源政策；

(5) 节能环保要求；

(6) 生活习惯要求。

2. 应设置供暖设施的地区：

累年日平均温度稳定低于或等于5℃的日数大于或等于90d的地区。该地区宜采用集中供暖。

3. 宜设置供暖设施的地区：

(1) 累年日平均温度稳定低于或等于5℃的日数为60～89d；

(2) 累年日平均温度稳定低于或等于5℃的日数不足60d，但累年日平均温度稳定低于或等于8℃的日数大于或等于75d；

(3) 该地区的幼儿园、养老院、中小学校、医疗机构等建筑宜采用集中供暖。

4. 严寒或寒冷地区设置供暖的公共建筑间歇供暖时的温度保障要求如下：

(1) 在非使用时间内，室内温度应保持在0℃以上；

(2) 当利用房间蓄热量不能满足要求时，应按保证室内温度5℃设置值班供暖；

(3) 当工艺有特殊要求时，应按工艺要求确定值班供暖温度。

5. 设置集中供暖系统时，应按连续供暖进行设计的建筑：

(1) 设置集中供暖系统的居住建筑；

(2) 设置集中供暖系统的医院住院楼、急诊区；

(3) 设置集中供暖系统的旅馆建筑；

(4) 设置集中供暖系统的其他24小时使用场所。

6. 集中供暖热水系统管道设计、计量及控制

(1) 散热器供暖系统的供水和回水管道应在热力入口处与其他供暖系统分开，独立设置；

(2) 当供暖管道利用自然补偿不能满足要求时，应设置补偿器；

(3) 供暖系统水平管道设计坡度，要求如下：

1) 干管、支管坡度宜为0.003，不得小于0.002；

2）立管与散热器连接的支管坡度不得小于0.01；

3）坡向有利于管道排气和泄水；

4）条件受限，局部无法设坡时，管道内水流速不得小于0.25m/s；

5）对于汽水逆向流动的蒸汽管，坡度不得小于0.005。

（4）蒸汽供暖系统，当供汽压力高于室内供暖系统的工作压力时，应在供暖系统入口的供汽管上装设减压装置；

（5）高压蒸汽供暖系统，疏水器前的凝结水管不应向上抬升；疏水器后的凝结水管向上抬升的高度应经计算确定。当疏水器本身无止回功能时，应在疏水器后的凝结水管上设置止回阀；

（6）室内热水供暖系统的设计应进行水力平衡计算，并应采取措施使设计工况时各并联环路之间（不包括共用段）的压力损失相对差额不大于15%；

（7）集中供暖的新建建筑和既有建筑节能改造必须设置热量计量装置，并具备室温调控功能。用于热量结算的热量计量装置必须采用热量表；

（8）热源和换热机房应设热量计量装置；

（9）居住建筑热计量一般分为楼栋热计量、分户热计量；

（10）新建和改扩建散热器室内供暖系统，应设置散热器恒温控制阀或其他自动温度控制阀进行室温调控；

（11）低温热水地面辐射供暖系统应具有室温控制功能。

7. 散热器供暖系统设计

（1）散热器供暖系统的一般要求，见表2.2.1、图2.2.1。

散热器供暖的一般规定 **表2.2.1**

	热媒	应采用热水	备注
热媒要求	温度参数	宜75℃/50℃	
		供水温度不宜大于85℃	
		供、回水温差不宜小于20℃	
内热水系统	居住建筑	宜采用垂直双管系统	
		宜采用共用立管的分户独立循环双管系统	
		可采用垂直单管跨越式系统	
	公共建筑	宜采用双管系统	
		可采用单管跨越式系统	
	既有建筑改造	室内垂直单管顺流式系统应改成垂直双管系统或垂直单管跨越式系统，不宜改造为分户独立循环系统	
	其他注意事项	垂直单管跨越式系统，楼层层数不宜超过6层	
		水平单管跨越式系统，散热器组数不宜超过6组	
		管道有冻结危险的场所，散热器的供暖立管或支管应单独设置	强制性要求

图 2.2.1　典型的单层建筑双管系统

（2）选择散热器时，应符合的规定见表 2.2.2、图 2.2.2：

散热器选择的原则　　表 2.2.2

序号	性能参数要求	使用需求或适用场所	备注
1	散热器工作压力确定	应根据供暖热水系统压力要求、产品标准确定	
2	外部耐腐蚀	适用湿度环境较大房间	
3	非供暖季节充水保养	钢制散热器	
4	水质要求高，需做内防腐	铝制散热器	
5	系统有热计量表、恒温阀设置需求时	不宜采用含黏砂的铸铁散热器	
6	对流型散热器	不宜在高大空间单独采用	

图 2.2.2　钢制散热器

（3）散热器布置的相关规定，见表 2.2.3：

散热器布置的原则 **表 2.2.3**

序号	关键词	使用需求或适用场所的布置原则	备注
1	必须	幼儿园、老年人和特殊功能要求的建筑的散热器必须暗装或加防护罩	强制要求
2	应	除幼儿园、老年人和特殊功能要求的建筑外，散热器应明装。 必须暗装时，装饰罩应有合理的气流通道、足够的通道面积，并方便维修。 散热器的外表面应刷非金属性涂料。 楼梯间的散热器，应分配在底层或按一定比例分配在下部各层	
3	宜	宜安装在外墙窗台下	
4	可	可靠内墙安装（条件受限时）	
5	不应	两道外门之间的门斗内，不应设置散热器	
6	不宜	铸铁散热器的组装片数： 粗柱型（包括柱翼型）不宜超过 20 片； 细柱型不宜超过 25 片	

8. 热水辐射供暖系统

（1）热水辐射供暖系统主要有热水地面供暖系统、毛细管网辐射系统、热水吊顶辐射板系统。三种系统的水温、系统、安装、隔热要求见表 2.2.4。

几种热水辐射供暖系统设置原则 **表 2.2.4**

热水地面供暖系统	毛细管网辐射系统	热水吊顶辐射板系统	
热水温度	宜采用 35～45℃，不应大于 60℃	顶棚宜采用 25～35℃ 墙面宜采用 25～35℃ 地面宜采用 30～40℃	宜采用 40～95℃。与安装高度、板面顶棚占比有关
热水供回温差	温差不宜大于 10℃，且不宜小于 5℃	供回水温差宜采用 3～6℃	
工作压力	不宜大于 0.8MPa	不应大于 0.6MPa	
地面温度限值	人员经常停留的地面，不大于 29℃ 人员短暂停留的地面，不大于 32℃ 无人停留的地面，不大于 42℃		无地面敷设情况
水系统要求	每个环路加热管的进、出水口，应分别与分水器、集水器相连接。分水器、集水器内径不应小于总供、回水管内径，且分水器、集水器最大断面流速不宜大于 0.8m/s。每个分水器、集水器分支环路不宜多于 8 路。每个分支环路供回水管上均应设置可关断阀门。在分水器的总进水管与集水器的总出水管之间，宜设置旁通管，旁通管上应设置阀门。分水器、集水器上均应设置手动或自动排气阀		
安装位置	地面敷设	单独供暖：优先考虑地面埋置方式，地面面积不足时再考虑墙面埋置方式； 冬夏供暖供冷共用：宜首先考虑顶棚安装方式，顶棚面积不足时再考虑墙面或地面埋置方式	吊顶、顶棚安装

续表

热水地面供暖系统	毛细管网辐射系统	热水吊顶辐射板系统	
管道材质	热水地面辐射供暖塑料加热管的材质和壁厚的选择，应根据工程的耐久年限、管材的性能以及系统的运行水温、工作压力等条件确定		根据厂家产品
居住建筑	热水辐射供暖系统应按户划分系统，并配置分水器、集水器；户内的各主要房间，宜分环路布置加热管		
非供暖季保养要求	无	无	在非供暖季节供暖系统应充水保养
适用建筑要求	无	无	用于层高为 3～30m 建筑物的供暖

(2) 热水地面辐射供暖系统地面构造，应符合下列规定：

1) 直接与室外空气接触的楼板、与不供暖房间相邻的地板为供暖地面时，必须设置绝热层；

2) 与土壤接触的底层，应设置绝热层；设置绝热层时，绝热层与土壤之间应设置防潮层；

3) 潮湿房间，填充层上或面层下应设置隔离层。

9. 电加热供暖系统

电加热供暖一般有电供暖散热器、发热电缆辐射供暖、低温电热膜辐射供暖等几种方式。

(1) 采用电加热供暖系统，必须满足下述条件之一：

1) 供电政策支持；

2) 无集中供暖和燃气源，且煤或油等燃料的使用受到环保或消防严格限制的建筑；

3) 以供冷为主，供暖负荷较小且无法利用热泵提供热源的建筑；

4) 启用的建筑；

5) 由可再生能源发电设备供电，且其发电量能够满足自身电加热量需求的建筑。

(2) 电加热供暖，现行规范中的其他强制性要求：

1) 根据不同的使用条件，电供暖系统应设置不同类型的温控装置；

2) 安装于距地面高度 180cm 以下的电供暖元器件，必须采取接地及剩余电流保护措施。

(3) 发热电缆敷设供暖的设置要求：

1) 发热电缆辐射供暖宜采用地板式；

2) 采用发热电缆地面辐射供暖方式时，发热电缆的线功率不宜大于 17W/m，且布置时应考虑家具位置的影响；当面层采用带龙骨的架空木地板时，必须采取散热措施，且发热电缆的线功率不应大于 10W/m。

(4) 低温电热膜辐射供暖设置要求：

1) 低温电热膜辐射供暖宜采用顶棚式；

2) 电热膜辐射供暖安装功率应满足房间所需热负荷要求。在顶棚上布置电热膜时，应考虑为灯具、烟感器、喷头、风口、音响等预留安装位置。

10. 燃气红外线辐射供暖系统

燃气红外线辐射供暖系统使用要求见表 2.2.5。

燃气红外线辐射供暖系统　　**表 2.2.5**

项目	使用要求、原则	备注
防火	设备本身、周边、房间应满足防火要求	强制要求
通风	房间应有通风系统，满足《城镇燃气设计规范》GB 50028 对燃气使用场所的要求	强制要求
安装位置	燃气红外线辐射器距地不宜低于 3m； 局部供暖时，数量不应少于 2 个，且应安装在人体不同方向的侧上方	
燃烧空气	燃烧空气室内供应时，燃烧器所需空气量不应超过该空间的 0.5 次/h 换气 利用通风机供应空气时，通风机与供暖系统应设置连锁开关	强制要求
尾气排放	排至室外，且满足以下要求： 1）设在人员不经常通行的地方，距地面高度不低于 2m； 2）水平安装的排气管，其排风口伸出墙面不少于 0.5m； 3）垂直安装的排气管，其排风口高出半径为 6m 以内的建筑物最高点不少于 1m； 4）排气管穿越外墙或屋面处，加装金属套管	
燃烧器室外取风口	设在室外空气洁净区，距地面高度不低于 2m 与排风口同层时，距排风口水平距离大于 6m 当处于排风口下方时，垂直距离不小于 3m 当处于排风口上方时，垂直距离不小于 6m	

11. 户式供暖系统

当无集中供暖热源时，居住建筑供暖系统中有户式供暖系统，主要有户式燃气炉供暖和户式空气源热泵供暖。

户式燃气炉应采用全封闭式燃烧、平衡式强制排烟型（强制要求）。

户式供暖系统一般为成套的产品，系统应具有防冻保护、室温调控功能，并应设置排气、泄水装置。

12. 热空气幕

热空气幕设置的原则见表 2.2.6。

热空气幕设置　　**表 2.2.6**

项目	使用要求、原则	备注
目的	减少冷风渗透	
严寒地区	公共建筑经常开启的外门，应采取热空气幕等减少冷风渗透	
寒冷地区	公共建筑经常开启的外门，当不设门斗和前室时，宜设置热空气幕	
风速	对于公共建筑的外门，不宜大于 6m/s；对于高大外门，不宜大于 25m/s	
出风温度	公共建筑的外门，不宜高于 50℃；对于高大外门，不宜高于 70℃	

（三）通　风

通风系统基本知识

1. 通风系统分类：民用通风系统一般分为自然通风、机械通风、自然通风与机械通相结合的复合通风。按照通风系统服务范围，分为局部通风、全面通风。

2. 通风的目的：消除建筑物内的余热余湿、有害物，把新鲜空气或满足使用需求的净化空气送入室内。

3. 通风设计原则：当建筑物存在大量余热余湿、有害物质时，宜优先采用通风措施消除；建筑物处于室外空气污染严重、室外噪声较大的环境时，不宜采用自然通风；通风系统设置应从总体规划、建筑设计和工艺等方面综合考虑。

4. 排放要求：有害或污染环境的物质排放，排放前应进行净化处理，并达到国家、地方有关大气环境质量标准和各种污染物排放标准的要求。

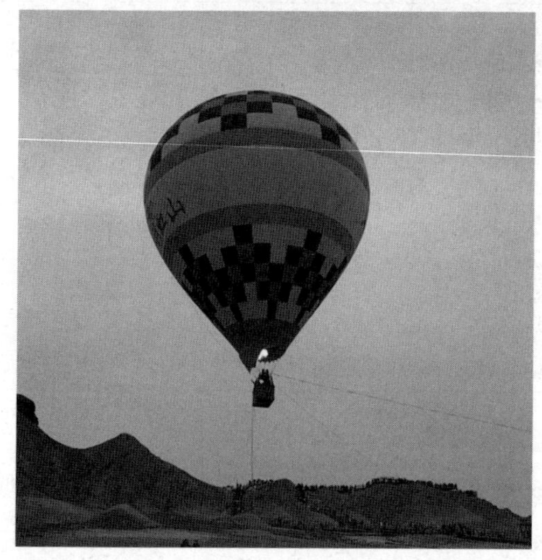

图 2.3-1　热气球是典型的热压作用

自然通风

1. 自然通风的动力来源是热压、风压，实际项目中，大多数情况是热压、风压综合作用。热压是室内外温差造成的静压差，冬季供暖的冷风渗透、热气球等就是典型的热压作用；风压是因为风力作用，造成建筑物室内外不同朝向出现不同的静压差，穿堂风是典型的风压作用。

2. 在实际设计中，因为风压的不稳定性，对于有稳定余热的场所（例如厂房热车间、稳定热源的高大空间）计算自然通风是否满足时，仅考虑热压作用。

3. 单栋建筑物利用穿堂风进行自然通风时，迎风面宜与夏季最多方向成60°～90°角，不应小于45°。多栋建筑组成的建筑群，建筑布局应考虑自然通风的因素，宜进行气流场模拟，特别防止局部部位风速偏高，造成使用不便或风噪。

4. 自然通风进风口设置宜按表 2.3.1 要求设置。

自然进风口设置原则　　　　**表 2.3.1**

项目	夏季自然通风进风口	冬季自然通风进风口
下缘距室内地面高度	不宜大于 1.2m	当下缘低于 4m 时，宜设措施防止冷风吹向人员活动区
距离污染源	大于 3m	大于 3m
开口有效面积	不应小于房间地板面积的 5%	

5. 厨房采用自然通风时，通风开口的有效面积不应小于厨房房间面积的 10%，并不

得小于 0.6m^2。

6. 屋顶无动力风帽装置是被动通风的主要技术之一，是典型的热压、风压综合利用的措施。

机械通风

1. 机械通风是通过消耗能源、通过机械的方式进行的有组织的空气流动。

2. 机械通风系统按系统设置一般分为以下几种方式：机械送风、正压排风，机械排风、负压补风，机械排风、机械送风及根据正负压要求的正压排风或负压补风。

3. 机械送风系统进风口应设置在室外空气清洁的地点、应避免与排风短路，进风口的下缘距室外地坪不宜小于 2m，当设在绿化地带时，不宜小于 1m。

4. 机械排风系统设计为全面排风时，其排风吸入口设计应根据排除气体的密度设置上排风口或下排风口。排除氢气与空气混合物时，吸风口上缘至顶棚平面或屋顶的距离不大于 0.1m；其他上部吸风口，上缘至顶棚平面或屋顶的距离不大于 0.4m；排除气体密度大于空气密度时，设置于房间下部区域的排风口，其下缘至地板距离不大于 0.3m。设置全面机械排风的场所，建筑设计应配合暖通设计进行顶棚或屋顶的空间确认。

5. 住宅通风系统设计，户型设计宜优先考虑自然通风，不满足时宜采用复合通风系统。

1）厨房、无窗卫生间应设计或预留设计机械排风系统；

2）厨房、卫生间全面通风换气次数不宜小于 3 次/h；

3）厨房、卫生间宜设竖向排风道，竖向排风道应具有防火、防倒灌及均匀排气的功能，并应采取防止支管回流和竖井泄漏的措施；

4）竖向排风道顶部应设置防止室外风倒灌装置。

6. 公共浴室无条件设置气窗时，应独立设置机械排风系统，保障其相对其他区域的负压。

7. 公共厨房中热污染、油烟和蒸汽污染的设备应设置局部机械排风设施。

8. 汽车库排风系统的排风口，应设于建筑的下风向且远离人员活动区。

9. 关于事故通风的设置要求见表 2.3.2。

事故通风设置要求 **表 2.3.2**

项目	设置要求	备注
设置原因	场所内可能突然放散大量有害气体或有爆炸危险气体，应设置事故通风	
检测与控制	根据放散物的种类，设置相应的检测报警及控制系统	
手动控制装置	应在室内外便于操作的地点分别设置	
防爆	放散有爆炸危险气体的场所应设置防爆通风设备	
吸风口、传感器	按有害气体、危险气体的密度进行设置	
排放口	不应在人员经常停留或经常通行的地点或邻近窗户、天窗、室门等位置 与机械送风系统的进风口的水平距离不应小于 20m；当水平距离不足 20m 时，排风口应高出进风口，并不宜小于 6m 含有可燃气体时，事故通风系统排风口应远离火源 30m 以上，距可能火花溅落地点应大于 20m 不应朝向室外空气动力阴影区，不宜朝向空气正压区	

10. 机械通风系统，水平布置不得跨越防火分区。

（四）空气调节（含冷源、热源）

参数设计

1. 舒适性空调室内设计参数应按照热舒适度等级划分进行设计，建筑采用舒适度Ⅰ级或Ⅱ级取决于建筑本身的属性及使用需求。

1）Ⅰ级舒适度室内设计参数见表 2.4.1：

表 2.4.1

	温度/℃	相对湿度/%	风速/(m/s)
空调供暖工况	22～24	⩾30	⩽0.2
供冷工况	24～26	40～60	⩽0.25

2）Ⅱ级舒适度室内设计参数见表 2.4.2：

表 2.4.2

	温度/℃	相对湿度/%	风速/（m/s）
空调供暖工况	18～22	—	⩽0.2
供冷工况	26～28	⩽70	⩽0.3

3）室内设计参数与实际运行中节能运行参数是有区别的，考虑可持续发展，应按照建筑属性对应的舒适度要求进行参数设计。

2. 工艺性空调的室内设计参数应满足工艺需求及满足健康要求确定。人员活动区的风速，供热工况时，不宜大于 0.3m/s；供冷工况时，宜采用 0.2～0.5m/s。

3. 为了卫生健康，建筑物内有人员的功能房间均应设计新风供应系统，对于公共建筑中办公室、客房、大堂四季厅等功能房间，新风供应的最小值现行规范是强制性要求。其中办公室最小新风量为 $30m^3/(h \cdot 人)$，客房最小新风量为 $30m^3/(h \cdot 人)$，大堂、四季厅最小新风量为 $10m^3/(h \cdot 人)$。

4. 建筑功能房间的人员密度，也是重要的设计参数，要根据建筑定位、使用需求进行确定。

空调系统的分类及空调系统

1. 空调系统的分类一般有三种分类方式，一种是按冷源设置方式，一种是按空调系统的末端设置方式，一种是按负担室内负荷的介质。分类情况见表 2.4.3、图 2.4.1～图 2.4.4。

空调系统分类一览表 **表 2.4.3**

分类方式	空调系统类型	解析
按冷源设置方式、设置位置	集中空调系统	建筑物的冷源集中设置，除特殊使用的局部位置外，建筑空间空调降温的冷供应均来自同一个冷源。例如集中设置的水冷冷水系统、风冷冷水系统
	分散式空调系统	建筑物内的冷源根据不同的使用空间、使用功能分别设置，任何一个冷源都无法承担建筑物 80%以上的冷负荷供应，例如单元式、分体式空调器（包含多联机系统），生活中住宅的户式集中多联机系统对整个建筑物来讲是分散式空调系统

续表

分类方式	空调系统类型	解析
按空气处理设备的设置位置	集中空调系统（又称：全空气空调系统）	功能房间的空调系统集中进行空气的处理，通过管道输送、送风口分配到不同区域。典型的有单风道全空气系统、双风道全空气系统，变风量系统是全空气空调系统中的一种 全空气空调系统分为：全回风系统（封闭系统）、新回风系统（混合系统）、全新风系统（直流系统）
	半集中空调系统	功能房间既有集中的空调系统，又有设置房间内的换热设备。典型的有风机盘管加新风系统，除湿新风系统加辐射系统，新风加多联式分体空调系统等
	分散式空调系统	每个房间的空气处理都是由相对独立设置的设备完成。单元式空调器、窗式空调器、分体式空调器，注意多联式分体空调器从空气处理的方式分不属于分散式空调系统
按照负担室内负荷的介质	全空气系统	外部进入房间能承担房间负荷的只有风系统
	全水系统	外部进入房间能承担房间负荷的只有水系统
	空气-水系统	典型如风机盘管加新风系统
	制冷剂系统	制冷设备的蒸发器直接蒸发承担室内空气冷负荷的系统

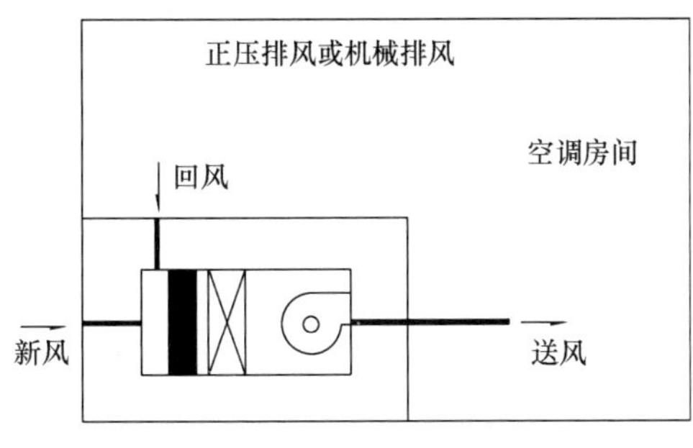

图 2.4.1　一次回风系统

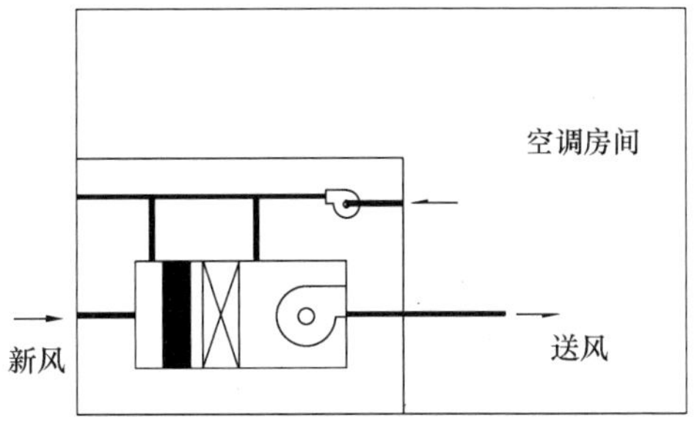

图 2.4.2　二次回风系统

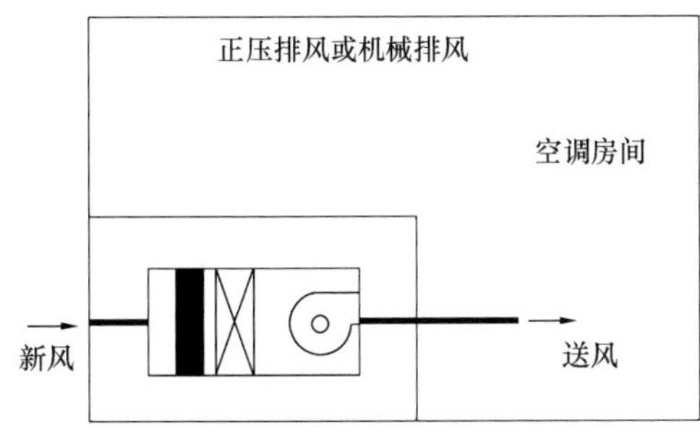

图 2.4.3　直流新风系统

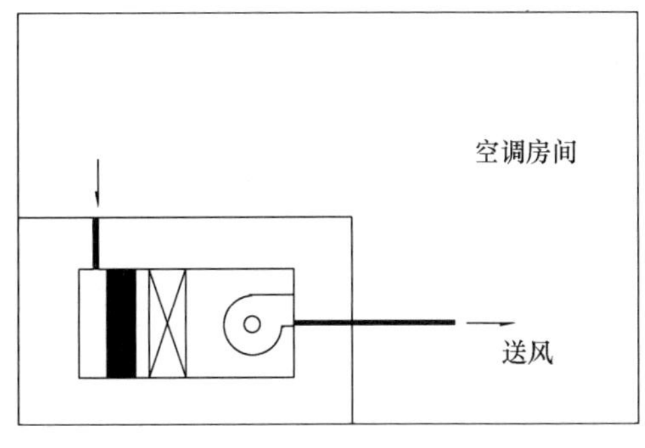

图 2.4.4　全回风系统（循环风系统）

2. 空调系统的设置，当出现使用时间不同、温湿度参数及波动范围不同、洁净度不同、噪声要求不同时，宜单独设置系统；不同使用情况合用系统时，空气处理应按照标准高的参数设置系统。

3. 空气中含有易燃易爆或有毒有害物质的空调区，应独立设置空调风系统。

4. 全空气空调系统设计，宜采用单风管系统；允许采用较大送风温差时，应采用一次回风式系统；送风温差较小、相对湿度要求不严格时，可采用二次回风式系统；除温湿度波动范围要求严格的空调区外，同一个空气处理系统中，不应有同时加热和冷却过程。

5. 新风进风口的面积应适应最大新风量的需要。进风口处应装设能严密关闭的阀门。

6. 全空气空调系统的新风量，当系统服务于多个不同新风比的空调区时，系统新风比应小于空调区新风比中的最大值。

7. 下面的几种情况应采用直流式空调系统（全新风空调系统）：

1）空调系统的送风量不能满足空调房间排风量需求，应根据排风量、房间正负压要求合理设计为直流式空调系统；

2）防疫卫生、工艺要求，空调系统设计为直流式空调系统；

3）室内散发有毒有害物质无法通过局部排风排出时，循环风运行可能造成二次污染；

4）防火、防爆要求不允许有循环风运行；

5）室外空气的热性能品质高于室内，一般为室外空气比焓低于室内时。

8. 从节能角度出发，当空调系统服务的房间允许时，可采用新风作为冷源时，应最大限度地使用新风。

9. 空调系统应进行风量平衡计算，满足功能房间的正压、负压要求；对于正压、无污染功能房间，宜通过自然方式排风，当建筑密封性好或者过渡季节加大新风运行，自然排风不能满足时，应设置机械排风系统。

气流组织

1. 气流组织的设计原则：

1）温度、湿度，气流组织要满足环境温湿度使用要求，控制在一定范围内；

2）环境风速；

3）空气质量；

4）温度梯度、空气龄。

2. 常见送风方式、送风口设置型式如下：

1）侧送，常用百叶、格栅、条缝风口，人员活动区的风速要求严格时，不应采用侧送送风，高大空间侧送可采用喷口送风；

2）下送风，常用散流器、孔板送风，高大空间可采用下送风时宜采用喷口、旋流送风口；

3）上送风主要有地板送风、座椅送风、窗边送风槽等，根据使用功能不同采用地板格栅、地板散流器或特制风口。

3. 送风口的出口风速应根据送风方式、风口型式、噪声控制要求、送风气流区使用要求确定。

4. 回风口的设置原则如下：

1）不应在送风射流区；

2）不应在人员长期停留区；回风口靠近人员经常停留区时，应控制回风口风速不大于 1.5m/s；

3）侧送风时宜与送风口同侧下方；

4）地板送风时应设置在人员上方；

5）宜设置在人员不经常停留区、走廊等区域。

空气冷却处理

1. 空气的冷却主要有以下 3 种方式，应根据需求、具备的条件进行选择：

1）循环水蒸发冷却；

2）地表水（江水、湖水等）、地下水等天然冷源冷却；

3）人工冷源冷却，一般有冷媒直接蒸发式、冷水循环式。

2. 采用地下水进行空气冷却时，使用过后的地下水应全部（100%）回灌到同一含水层，并不得污染；因此采用地下水进行空气冷却时，水系统应采用闭式系统；

3. 空调系统不得采用氨作制冷剂的直接膨胀式空气冷却器；

4. 空调系统新风、回风应过滤处理，根据使用需求设置粗效、中效、高效过滤器。工艺性空调应根据服务区域的洁净度要求设置过滤器；

5. 空气净化装置采用高压静电空气净化装置时，应设置与风机有效联动的措施。

集中空调的冷源

1. 制冷机分为压缩式制冷和吸收式制冷两种，按供冷介质分冷水机组、直接膨胀蒸发式机组。

2. 空调系统供冷系统的冷源应根据规模、用途、建设地点的能源条件、结构、价格以及国家节能减排和环保政策的相关规定等，通过综合论证确定。

1）有废热、工业余热利用时，热源宜优先采用，冷源根据废热、工业余热的参数，可考虑采用吸收式制冷；

2）经济技术合理情况下，采用可再生能源系统；

3）有区域供冷时，宜优先考虑；

4）有实施条件时，宜优先考虑蓄冷系统，实现对供电系统的“削峰填谷”，降低运行费用；

5）电制冷系统，宜考虑全年运行的高效。

3. 宜设置分散式空调降温系统的建筑如下：

1）全年供冷时间较少，采用集中供冷不经济；

2）各空调房间比较分散，采用集中空调系统不经济；

3）空间布局，采用集中空调系统无法布置设备、管道系统；

4）防止辐射等特殊要求场所；

5）居住建筑。

4. 电动压缩式冷水机组

1）电制冷压缩式制冷机组主要有压缩式、涡旋式、螺杆式、离心式几种，其中压缩式制冷机组因为能效较低及需要正压冷媒等原因已经逐渐退出民用建筑领域；

2）根据暖通专业相关规范、公共建筑节能规范要求，电制冷压缩机组的总装机容量，应根据计算的空调系统冷负荷值直接选定，不另作附加；在设计条件下，当机组的规格不能符合计算冷负荷的要求时，所选择机组的总装机容量与计算冷负荷的比值不得超过 1.1；

3）民用建筑采用氨冷水机组时应采用封闭性良好的整体性机组。

5. 热泵

1）热泵主要有空气源热泵、水源热泵两种，其中水源热泵主要有地源热泵、地水源热泵、地表水源热泵、污水源热泵等；

2）地埋管地源热泵应通过工程场地状况调查和对浅层地能资源的勘察，确定地埋管换热系统实施的可行性与经济性；当应用建筑面积大于5000m^{2}时，应进行岩土热响应试验；

3）采用地下水地源热泵时，应对地下水采取可靠的回灌措施，确保全部回灌到同一含水层，且不得对地下水资源造成污染。

6. 吸收式冷水机组

1）吸收式冷水机组采用溴化锂作为吸收溶液，常称为溴化锂吸收式冷水机组；

2）溴化锂吸收式机组有热吸收式机组、直燃吸收式机组两种。热吸收式机组宜采用废热、工业余热、可再生能源产生的热源；目前“碳达峰”、“碳中和”的目标下，直燃式机组的采用应谨慎，且不应设计为单效机组。

空调冷（热）水系统（图2.4.5、图2.4.6）

1. 当空调系统的供冷、供暖采用水为介质时，冷水、热水的参数应考虑对冷热源设备、末端设备、循环水泵的影响，一般情况下，参数设置见表2.4.4。

空调冷（热）水系统参数设置 **表2.4.4**

系统型式	供水温度	运行温差
冷水机组直供冷水系统（末端常规）	不宜小于5℃	不应小于5℃
温湿度分控系统服务显热的冷水系统	不宜低于16℃	强制对流末端不应小于5℃
为辐射供冷系统服务的冷水系统	不结露为原则	不应小于2℃
水蓄冷系统	不宜低于4℃	不应小于6℃
冰蓄冷系统内融冰直供	不宜高于6℃	不应小于6℃
冰蓄冷系统外融冰直供	不宜高于5℃	不应小于8℃
冰蓄冷系统内融冰换热后二次水	不宜高于6℃	不应小于5℃
冰蓄冷系统外融冰换热后二次水	不宜高于5℃	不应小于6℃
市政、锅炉等热源通过换热后为空调系统供应热水时	宜50～60℃；严寒地区预热宜高于70℃	夏热冬冷宜高于10℃；严寒、寒冷宜高于15℃
空调热泵热水系统	根据设备及系统需要，一般40～50℃	

2. 除采用直接蒸发冷却器的系统外，空调水系统应采用闭式循环。

3. 空调冷水系统的一般分类及特征见表2.4.5。

空调冷水系统分类 **表2.4.5**

空调冷水系统分类	特征描述
定流量一级泵系统	冷水流经冷水机组、用户末端的流量恒定，末端不设调节阀或设三通调节阀。除设置一台冷水机组的小型工程外，不应采用定流量一级泵系统
变流量一级泵系统	冷水流经冷水机组流量恒定，流经用户末端的流量在变化。末端设二通调节阀，冷水机房总供回水管路设压差旁通阀
变频、变流量一级泵系统	在冷水机组的性能许可范围内，通过主机的冷水流量也是变化的，水泵设变频控制，一般用于单台机组较大的冷源系统。注意，通过主机的最小流量，要根据冷水机组的自身性能确定

续表

空调冷水系统分类	特征描述
变流量二级泵系统	用于系统半径大，系统水阻力较高的大型工程。一般一级泵定频定流量、二级泵变频变流量，中间设置平衡管
变流量多级泵系统	当二级泵输送距离较远，各用户水系统阻力差别较大，或使用温差不一致，可采用多级泵系统

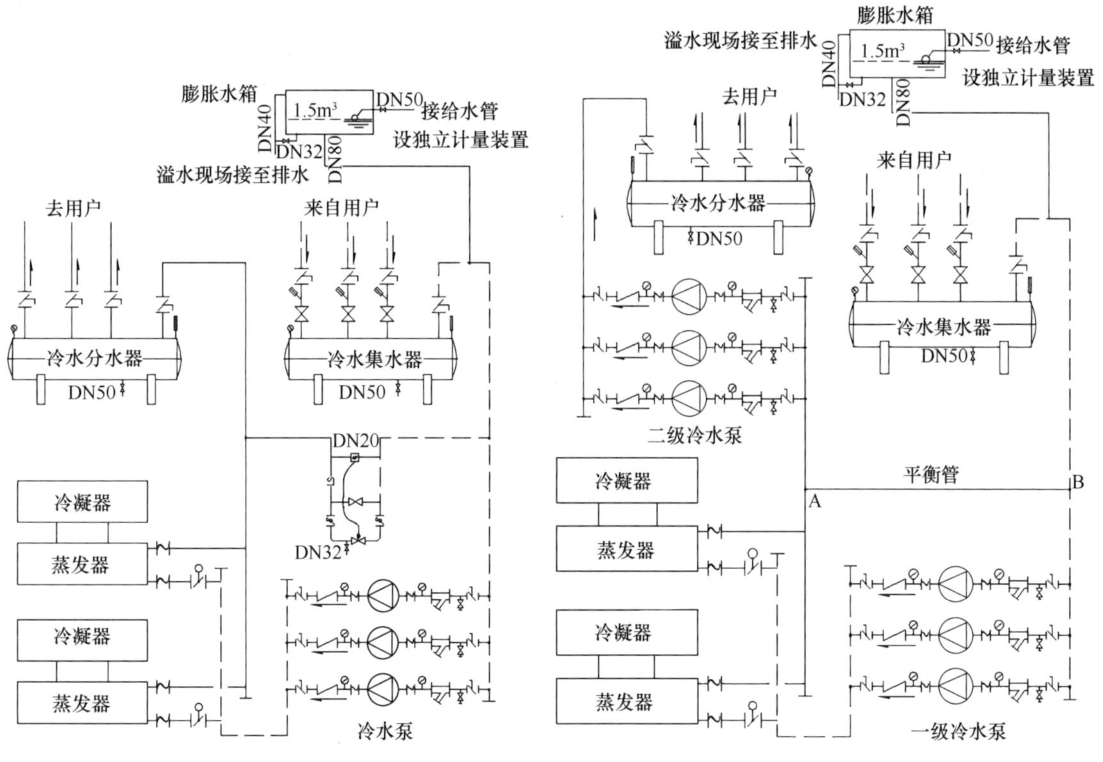

图 2.4.5 典型的变流量一级泵空调水系统

图 2.4.6 典型的二级泵空调水系统

4. 除采用定流量一级泵系统外，空调末端装置应设置水路电动二通阀进行调节。

5. 空调水系统的定压、补水

1）闭式循环的空调系统定压、补水方式分为膨胀水箱定压补水和补水泵定压补水两种。

2）开式系统的定压位置是开敞的液面，补水直接通过控制液面高度进行补水。

3）空调系统的补水应设计量系统。

4）空调冷热水的水质应符合相关国家现行标准规定。对于水质较硬的地区，空调热水系统的补水宜水质软化处理。

6. 空调冷、热水系统的管道的敷设应满足以下规定：

1）空调热水管道利用自然补偿不能满足要求时，应设置补偿器。

2）空调热水管道水平敷设时，应有坡度，坡向要有利于排气和泄水。

3）空调冷、热水系统应设置排气和泄水装置。

7. 空调系统冷凝水管道的设置应满足以下要求：

1）冷凝水积水盘处于正压段，出水口宜设置水封；冷凝水积水盘处于负压段，出水口应设置水封；

2）凝水盘的泄水支管沿水流方向坡度不宜小于0.010；冷凝水干管坡度不宜小于0.005，不应小于0.003，且不允许有积水部位；

3）冷凝水排入污水系统时，应有空气隔断措施；冷凝水管不得与室内雨水系统直接连接；

4）冷凝水水平干管始端应设置扫除口；

5）凝结水管道应采取防结露措施。

冷却水系统

1. 除采用地表水（江、河、湖、海等）进行冷却的系统外，空调系统的冷却水应循环使用。

2. 冷却塔是冷却水系统的核心设备，民用建筑中开式冷却塔的标准运行工况为：空气湿球温度28℃时，冷却塔进水温度37℃、出水温度32℃。

3. 水冷冷水机组对于冷却水的进水温度有要求，电动压缩式冷水机组不宜低于15.5℃，溴化锂吸收式机组不宜低于24℃。

4. 实际项目设计中，加大冷却塔积水盘深度、容积是防止吸空、减少溢流补水的有效节能措施。

蓄能系统（蓄冷和蓄热）

1. 利用蓄能系统，优化电力供应系统，是空调系统协助电力供应系统“减碳”的重要措施之一。

2. 有峰谷电价鼓励的地区，经济技术比较合理时宜采用蓄冷（蓄热）系统。

3. 蓄冷系统一般指水蓄冷、冰蓄冷两种，其他材质的相变蓄冷还处于研究阶段。冰蓄冷系统分为动态蓄冷、静态蓄冷两种。静态蓄冷指盘管蓄冷系统，有内融冰冰盘管式蓄冰装置、外融冰盘管蓄冷装置两种，盘管材质有非金属9（塑料、复合塑料）、镀锌钢板、不锈钢三种。动态蓄冷常见的有冰浆系统、片冰机系统。

4. 蓄热系统一般为电锅炉直接加热蓄热系统、热泵加热蓄热系统两种。

5. 消防水池可与蓄冷水池合用，系统设计应时刻满足消防用水水量需求；蓄热水池不应与消防水池合用。

6. 冬季利用蓄冷水池蓄热时，应充分考虑水池内设备、设施对水温的要求。

制冷机房及风冷设备布置

1. 制冷机房宜布置在负荷中心，机房内有较大设备，无法从车道进入或进入困难时，应考虑设备的吊装孔。

2. 机房内机组制冷机安全阀泄压管应接至室外安全处。

3. 机房内机组应有一定的安装间距、检修空间，机组间间距不小于1.2m，机组与土建的墙不小于1m，机组与独立设置的配电柜距离不小于1.5m，机组上方净空间不应小于1m，机房主要通道宽度不小于1.5m。

4. 风冷冷水机组应设置在通风良好的位置，机组设置应防止空气的回流循环。

5. 冷却塔的布置应保障通风良好，布置方式、消声做法不应造成冷却塔排风回流。

6. 氨制冷机房应单独设置且远离建筑群；机房内严禁明火供暖；机房内应有良好的

通风条件，同时设置每小时不小于 12 次换气的事故排风系统，事故排风系统防爆。

7. 直燃吸收式机组机房的设计应符合下列规定：

1）宜单独设置机房；不能单独设置机房时，机房应靠建筑物的外墙，并采用耐火极限大于 2h 防爆墙和耐火极限大于 1.5h 现浇楼板与相邻部位隔开；当与相邻部位必须设门时，应设甲级防火门；

2）不应与人员密集场所和主要疏散口贴邻设置；

3）燃气直燃型制冷机组机房单层面积大于 200m^2 时，机房应设直接对外的安全出口；

4）应设置泄压口，泄压口面积不应小于机房占地面积的 10%，泄压口应避开人员密集场所和主要安全出口；

5）不应设置吊顶；

6）烟道布置不应影响机组的燃烧效率及制冷效率。

热源机房布置要求（锅炉房、换热机房）

1. 供热机房应设置供热量控制装置。

2. 燃油或燃气锅炉宜设置在建筑外的专用房间内；确需贴邻民用建筑布置时，应采用防火墙与所贴邻的建筑分隔，且不应贴邻人员密集场所，该专用房间的耐火等级不应低于二级；确需布置在民用建筑内时，不应布置在人员密集场所的上一层、下一层或贴邻。

3. 燃油或燃气锅炉房应设置在首层或地下一层的靠外墙部位，但常（负）压燃油或燃气锅炉可设置在地下二层或屋顶上。设置在屋顶上的常（负）压燃气锅炉，距离通向屋面的安全出口不应小于 6m。

4. 采用相对密度（与空气密度的比值）不小于 0.75 的可燃气体为燃料的锅炉，不得设置在地下或半地下。

5. 锅炉房、变压器室的疏散门均应直通室外或安全出口。

6. 锅炉房与其他部位之间应采用耐火极限不低于 2.00h 的防火隔墙和 1.50h 的不燃性楼板分隔。在隔墙和楼板上不应开设洞口，确需在隔墙上设置门、窗时，应采用甲级防火门、窗。

7. 锅炉房内设置储油间时，其总储存量不应大于 1m^3，且储油间应采用耐火极限不低于 3.00h 的防火隔墙与锅炉间分隔；确需在防火隔墙上设置门时，应采用甲级防火门。

8. 燃气锅炉房应设置爆炸泄压设施。燃油或燃气锅炉房应设置独立的通风系统，燃气锅炉房应选用防爆型的事故排风机。当采取机械通风时，机械通风设施应设置导除静电的接地装置，通风量应符合下列规定：

1）燃油锅炉房的正常通风量应按换气次数不少于 3 次/h 确定，事故排风量应按换气次数不少于 6 次/h 确定；

2）燃气锅炉房的正常通风量应按换气次数不少于 6 次/h 确定，事故排风量应按换气次数不少于 12 次/h 确定。

（五）建筑防烟、排烟系统及通风空调系统防火

防烟、排烟系统的名词解释

1. 防烟系统 smoke protection system

通过采用自然通风方式，防止火灾烟气在楼梯间、前室、避难层(间)等空间内积聚，或通过采用机械加压送风方式阻止火灾烟气侵入楼梯间、前室、避难层(间)等空间的系统，防烟系统分为自然通风系统和机械加压送风系统。

2. 排烟系统 smoke exhaust system

采用自然排烟或机械排烟的方式，将房间、走道等空间的火灾烟气排至建筑物外的系统，分为自然排烟系统和机械排烟系统。

3. 自然排烟窗(口) natural smoke vent

具有排烟作用的可开启外窗或开口，可通过自动、手动、温控释放等方式开启。

4. 挡烟垂壁 draft curtain

用不燃材料制成，垂直安装在建筑顶棚、梁或吊顶下，能在火灾时形成一定的蓄烟空间的挡烟分隔设施。

5. 储烟仓 smoke reservoir

位于建筑空间顶部，由挡烟垂壁、梁或隔墙等形成的用于蓄积火灾烟气的空间。储烟仓高度即设计烟层厚度。

6. 清晰高度 clear height

烟层下缘至室内地面的高度。

防烟系统

1. 建筑的下列场所或部位应设置防烟设施：

1) 防烟楼梯间及其前室；

2) 消防电梯间前室或合用前室；

3) 避难走道的前室、避难层(间)。

建筑高度不大于50m的公共建筑、厂房、仓库和建筑高度不大于100m的住宅建筑，当其防烟楼梯间的前室或合用前室符合下列条件之一时，楼梯间可不设置防烟系统：

1) 前室或合用前室采用敞开的阳台、凹廊；

2) 前室或合用前室具有不同朝向的可开启外窗，且独立前室两个外窗面积分别不小于2.0m^2，合用前室两个外窗面积分别不小于3.0m^2。

2. 建筑高度大于50m的公共建筑、工业建筑和建筑高度大于100m的住宅建筑，其防烟楼梯间、独立前室、共用前室、合用前室及消防电梯前室应采用机械加压送风系统。

3. 建筑高度小于或等于50m的公共建筑、工业建筑和建筑高度小于或等于100m的住宅建筑，其防烟楼梯间、独立前室、共用前室、合用前室(除共用前室与消防电梯前室合用外)及消防电梯前室应采用自然通风系统；当不能设置自然通风系统时，应采用机械加压送风系统。

4. 避难走道应在其前室及避难走道分别设置机械加压送风系统，但下列情况可仅在前室设置机械加压送风系统：

1) 避难走道一端设置安全出口，且总长度小于30m；

2) 避难走道两端设置安全出口，且总长度小于60m。

5. 可开启外窗应方便直接开启，设置在高处不便于直接开启的可开启外窗应在距地面高度为1.3~1.5m的位置设置手动开启装置。

6. 建筑高度大于100m的建筑，其机械加压送风系统应竖向分段独立设置，且每段高度不应超过 100m。

7. 机械加压送风系统应采用管道送风，且不应采用土建风道。送风管道应采用不燃材料制作且内壁应光滑。当送风管道内壁为金属时，设计风速不应大于 20m/s；当送风管道内壁为非金属时，设计风速不应大于 15m/s。

8. 机械加压送风系统的设计风量不应小于计算风量的 1.2 倍。

9. 加压送风机的启动应符合下列规定：

1）现场手动启动；

2）通过火灾自动报警系统自动启动；

3）消防控制室手动启动；

4）系统中任一常闭加压送风口开启时，加压风机应能自动启动。

10. 当防火分区内火灾确认后，应能在 15s 内联动开启常闭加压送风口和加压送风机，并应符合下列规定：

1）应开启该防火分区楼梯间的全部加压送风机；

2）应开启该防火分区内着火层及其相邻上下层前室及合用前室的常闭送风口，同时开启加压送风机。

排烟系统设计

1. 民用建筑的下列场所或部位应设置排烟设施：

1）设置在一、二、三层且房间建筑面积大于 $100m^2$ 的歌舞娱乐放映游艺场所，设置在四层及以上楼层、地下或半地下的歌舞娱乐放映游艺场所；

2）中庭；

3）公共建筑内建筑面积大于 $100m^2$ 且经常有人停留的地上房间；

4）公共建筑内建筑面积大于 $300m^2$ 且可燃物较多的地上房间；

5）建筑内长度大于 20m 的疏散走道；

6）地下或半地下建筑（室）、地上建筑内的无窗房间，当总建筑面积大于 $200m^2$ 或一个房间建筑面积大于 $50m^2$，且经常有人停留或可燃物较多时，应设置排烟设施。

2. 同一个防烟分区应采用同一种排烟方式。

3. 当中庭与周围场所未采用防火隔墙、防火玻璃隔墙、防火卷帘时，中庭与周围场所之间应设置挡烟垂壁。

4. 防烟分区不应跨越防火分区。

5. 自然排烟窗（口）应设置手动开启装置，设置在高位不便于直接开启的自然排烟窗（口），应设置距地面高度 1.3～1.5m 的手动开启装置。净空高度大于 9m 的中庭、建筑面积大于 $2000m^2$ 的营业厅、展览厅、多功能厅等场所，尚应设置集中手动开启装置和自动开启设施。

6. 当建筑的机械排烟系统沿水平方向布置时，每个防火分区的机械排烟系统应独立设置。

7. 建筑高度超过 50m 的公共建筑和建筑高度超过 100m 的住宅，其排烟系统应竖向分段独立设置，且公共建筑每段高度不应超过 50m，住宅建筑每段高度不应超过 100m。

8. 机械排烟系统应采用管道排烟，且不应采用土建风道。排烟管道应采用不燃材料制作且内壁应光滑。当排烟管道内壁为金属时，管道设计风速不应大于 20m/s；当排烟管道内壁为非金属时，管道设计风速不应大于 15m/s。

9. 排烟管道下列部位应设置排烟防火阀：

1）垂直风管与每层水平风管交接处的水平管段上；

2）一个排烟系统负担多个防烟分区的排烟支管上；

3）排烟风机入口处；

4）穿越防火分区处。

10. 排烟系统的设计风量不应小于该系统计算风量的 1.2 倍。

11. 排烟风机、补风机的控制方式应符合下列规定：

1）现场手动启动；

2）火灾自动报警系统自动启动；

3）消防控制室手动启动；

4）系统中任一排烟阀或排烟口开启时，排烟风机、补风机自动启动；

5）排烟防火阀在 280℃时应自行关闭，并应连锁关闭排烟风机和补风机。

排烟补风系统

1. 除地上建筑的走道或建筑面积小于 500m^2 的房间外，设置排烟系统的场所应设置补风系统。

2. 补风系统应直接从室外引入空气，且补风量不应小于排烟量的 50%。

3. 补风系统可采用疏散外门、手动或自动可开启外窗等自然进风方式以及机械送风方式。防火门、窗不得用作补风设施。风机应设置在专用机房内。

4. 补风口与排烟口设置在同一空间内相邻的防烟分区时，补风口位置不限；当补风口与排烟口设置在同一防烟分区时，补风口应设在储烟仓下沿以下；补风口与排烟口水平距离不应少于 5m。

5. 补风系统应与排烟系统联动开启或关闭。

供暖通风与空气调节系统的防火设施

1. 为甲、乙类厂房服务的送风、排风设备应分别布置在不同通风机房内，且排风设备不应和其他房间的送、排风设备布置在同一通风机房内。

2. 民用建筑内空气中含有易燃、易爆物质的房间，应设置自然通风或独立的机械通风设施，且其空气不应循环使用。

3. 当空气中含有比空气轻的可燃气体时，水平排风管全长应顺气流方向向上坡度敷设。

4. 通风空调系统，竖向风管应设置在管井内。

5. 空气中含有易燃、易爆危险物质的房间，其送、排风系统应采用防爆型的通风设备。当送风机布置在单独分隔的通风机房内且送风干管上设置防止回流设施时，可采用普通型的通风设备。

排除有燃烧或爆炸危险气体、蒸气和粉尘的排风系统，应符合下列规定：

(1) 排风系统应设置导除静电的接地装置；

(2) 排风设备不应布置在地下或半地下建筑（室）内；

(3) 排风管应采用金属管道，并应直接通向室外安全地点，不应暗设。

6. 通风空调系统的风管，在下列部位设置防火阀，防火阀的公称动作温度为 70℃。

1）穿越防火分区处；

2）穿越通风、空气调节机房的房间隔墙和楼板处；

3）穿越重要或火灾危险性大的场所的房间隔墙和楼板处；

4）穿越防火分隔处的变形缝两侧；

5）竖向风管与每层水平风管交接处的水平管段上；

6）当建筑内每个防火分区的通风、空气调节系统均独立设置时，水平风管与竖向总管的交接处可不设置防火阀。

7. 公共建筑的浴室、卫生间和厨房的竖向排风管，应采取防止回流措施并宜在支管上设置公称动作温度为70℃的防火阀。公共建筑内厨房的排油烟管道宜按防火分区设置，且在与竖向排风管连接的支管处应设置公称动作温度为150℃的防火阀。

（六）检测与监控、计量

检测与监控

1. 供暖、通风与空调系统应设置检测与监控设备或系统。

2. 监控系统一般有就地监控设备或系统、集中监控系统。

3. 就地检测仪表应设于便于观察的地点。

4. 采用集中监控系统控制的动力设备，应设就地手动控制装置。

5. 空调系统的电加热器应与送风机连锁，并应设无风断电、超温断电保护装置；电加热器必须采取接地及剩余电流保护措施。

计量

锅炉房、换热机房和制冷机房的能量计量应符合下列规定：

1. 应计量燃料的消耗量；

2. 应计量耗电量，宜分设备分别设置，便于分类统计；

3. 应计量集中供热系统的供热量；

4. 应计量补水量，包含冷水系统补水、冷却水系统补水；

5. 应计量集中空调系统冷源的供冷量；

6. 循环水泵耗电量宜单独计量。

（七）模 拟 题

供暖系统

1. 关于集中供暖的热源，下列说法正确的是：（　　）

A. 有可利用的废热时宜采用废热

B. 经济技术合理的情况下，宜采用可再生能源

C. 有峰谷电价的区域，无废热、可再生能源、区域热网时，宜设计为谷电蓄热系统作为集中供暖系统热源

D. 集中供暖利用电作为能源时，必须通过热泵系统制备热源热水

答案：D

解析：对于有峰谷电价的区域，允许利用谷电蓄热的方式为集中供暖提供热源。

2. 根据相关规范，累年日平均温度稳定低于或等于（　　）℃的日数大于或等于（　　）天的地区，该地区应设置供暖措施且宜采用集中供暖。

A. 5，90　　　　B. 5，30

C. 0，90　　　　D. 0，30

答案：A

解析：本要求是《民用建筑供暖通风与空气调节设计规范》GB 50736—2012 第 5.1.2 条要求，累年日平均温度稳定低于或等于 5℃的日数大于或等于 90 天的地区，应设置供暖系统。注意，规范中还有宜设置供暖系统的条款。

3. 严寒或寒冷地区冬季供暖系统运行采用间歇供暖时，下列说法错误的是（　　）。

A. 非使用时间内，室内温度应保持在 0℃以上

B. 值班供暖的末端应采用辐射式

C. 当利用房间蓄热量不能满足要求时，应按保证室内温度 5℃设置值班供暖

D. 当工艺有特殊要求时，应按工艺要求确定值班供暖温度

答案：B

解析：严寒或寒冷地区，对于间歇运行的供暖系统，其值班采暖的末端没有要求应为辐射式。

4. 设置集中供暖系统时，应按连续供暖进行设计的建筑不包含（　　）。

A. 设置集中供暖系统的居住建筑

B. 设置集中供暖系统的医院住院楼、急诊区

C. 设置集中供暖系统的超高层办公楼

D. 设置集中供暖系统的旅馆建筑

答案：C

解析：超高层办公楼的整楼不属于 24 小时使用场所。

5. 关于集中供暖热水系统的管道系统设计，下面描述错误的是（　　）。

A. 散热器供暖系统供回水管道应与其他系统在热力入口处分开，独立设置

B. 当供暖管道利用自然补偿不能满足要求时，应设置补偿器

C. 新建建筑集中供暖系统必须设置热计量装置，既有建筑改造可延续按面积分摊计费

D. 供暖系统水平管道应设计坡度，条件受限，局部无法设坡时，管道内水流速不得小于 0.25m/s

答案：C

解析：集中供暖的新建建筑和既有建筑节能改造必须设置热量计量装置，并具备室温调控功能。用于热量结算的热量计量装置必须采用热量表。

6. 关于散热器供暖系统设计，下面描述错误的是（　　）。

A. 热媒应采用热水

B. 居住建筑一般推荐采用 95℃/70℃供回水温度进行热水系统设计

C. 供水温度不宜大于 85℃

D. 供、回水温差不宜小于 20℃

答案：B

解析：规范推荐，散热器供暖供水温度不宜高于 85℃，宜为 75℃/50℃进行水系统设计。

7. 关于散热器供暖系统的散热器的选择设计，下面描述错误的是(　　)。

A. 钢制散热器，非供暖季节应满水保养

B. 系统有热计量表、恒温阀设置需求时，宜采用含黏砂的铸铁散热器

C. 对流型散热器，不宜在高大空间单独采用

D. 采用铝制散热器时，水质要求高、需做内防腐

答案：B

解析：系统有热计量表、恒温阀设置需求时，不宜采用含黏砂的铸铁散热器。

8. 关于散热器供暖系统的散热器的布置，下面描述错误的是(　　)。

A. 除幼儿园、老年人和特殊功能要求的建筑外，散热器应明装

B. 必须暗装时，装饰罩应有合理的气流通道、足够的通道面积，并方便维修

C. 散热器的外表面应刷金属性涂料

D. 幼儿园、老年人和特殊功能要求的建筑的散热器必须暗装或加防护罩

答案：C

解析：根据规范要求，散热器的外表面应刷“非”金属性涂料。

9. 关于散热器供暖系统的散热器的布置，下面描述错误的是(　　)。

A. 两道外门之间的门斗内，宜设置散热器

B. 散热器宜安装在外墙窗台下

C. 楼梯间的散热器，应分配在底层或按一定比例分配在下部各层

D. 幼儿园、老年人和特殊功能要求的建筑的散热器必须暗装或加防护罩

答案：A

解析：根据规范要求，两道外门之间的门斗内，不应设置散热器。

10. 关于热水地面辐射供暖系统地面构造设计，下面描述错误的是(　　)。

A. 直接与室外空气接触的楼板供暖地面时，必须设置绝热层

B. 与不供暖房间相邻的地板为供暖地面时，宜设置绝热层

C. 与土壤接触的底层，应设置绝热层；设置绝热层时，绝热层与土壤之间应设置防潮层

D. 潮湿房间，填充层上或面层下应设置隔离层

答案：B

解析：根据规范要求，直接与室外空气接触的楼板、与不供暖房间相邻的地板为供暖地面时，必须设置绝热层。

11. 关于燃气红外线辐射供暖系统，下面描述错误的是(　　)。

A. 燃气红外线辐射器距地不宜低于 3m

B. 燃烧空气室内供应时，燃烧器所需空气量不应超过该空间的 0.5 次/h 换气

C. 利用通风机供应空气时，通风机与供暖系统应设置连锁开关

D. 燃烧器尾气排放应排除室外，水平安装的排气管，其排风口伸出墙面不少于 0.2m

答案：D

解析：根据规范要求，燃烧器尾气排放应排除室外，水平安装的排气管，其排风口伸出墙面不少于 0.5m。

12. 关于热空气幕的设计，下面描述错误的是(　　)。

A. 严寒地区，公共建筑经常开启的外门，应采取热空气幕等减少冷风渗透

B. 寒冷地区，公共建筑经常开启的外门，当不设门斗和前室时，宜设置热空气幕

C. 热空气幕的出口送风速度与门的高度有关，应通过计算确定

D. 公共建筑的热空气幕，为了防止热压干扰，宜设计为由下向上送风

答案：D

解析：公共建筑的热空气幕，宜采用由上向下送风，由下向上送风卫生方面难以保障，外门经常设计为双向开启，侧送风会被遮挡，实际项目中可根据具体的设计条件进行设计。

通风系统

1. 按动力进行分类，通风系统的分类，下面描述正确的是(　　)。

A. 自然通风 事故通风 防爆通风　　B. 自然通风 机械通风　复合通风

C. 机械通风 事故通风 排烟系统　　D. 自然通风 机械通风　排烟系统

答案：B

解析：通风的分类，民用通风系统一般分为自然通风、机械通风、自然通风与机械通相结合的复合通风。注意复合通风系统，自然通风通风量的占比不宜低于 30%。

2. 关于通风的目的，下面说法错误的是(　　)。

A. 消除余热　　B. 消除余湿

C. 消除空气中有害物质　　D. 有吹风的感觉

答案：D

解析：是消除建筑物内的余热余湿、有害物，把新鲜空气或满足使用需求的净化空气送入室内。

3. 某住宅厨房 $5m^2$，请问窗开启尺寸满足自然通风要求的是(　　)？

A. 宽 400mm、高 900mm　　B. 宽 400mm、高 1200mm

C. 宽 400mm、高 1500mm　　D. 宽 600mm、高 900mm

答案：C

解析：厨房采用自然通风时，通风开口的有效面积不应小于厨房房间面积的 10%，并不得小于 $0.6m^2$。另外，本题问开启面积多少满足要求，应选最大值，注意题目中的问题，不是问最小开启面积要求。

4. 下面关于事故通风系统的描述，错误的是(　　)。

A. 场所内可能突然放散大量有害气体时应设置事故通风

B. 场所内可能突然放散大量爆炸危险气体时应设置事故通风

C. 放散有爆炸危险气体的场所应设置防爆通风设备

D. 事故排放系统排放口应就近尽快排出室外

答案：D

解析：事故通风的排放口位置有以下要求：1）不应在人员经常停留或经常通行的地点或邻近窗户、天窗、室门等位置；2）与机械送风系统的进风口的水平距离不应小于

20m；当水平距离不足 20m 时，排风口应高出进风口，并不宜小于 6m；3）含有可燃气体时，事故通风系统排风口应远离火源 30m 以上，距可能火花溅落地点应大于 20m；4）不应朝向室外空气动力阴影区，不宜朝向空气正压区。

5. 汽车库排风系统排出口位置，描述正确的是(　　)。

A. 汽车库机械排风系统排出口可以设置在架空层内

B. 汽车库机械排风系统排出口可以朝向主要人员出入口

C. 汽车库机械排风系统排出口可以设置在建筑的下风向且远离人员活动区

D. 汽车库机械排风系统排出口宜设置在夏季最多风向的迎风面

答案：C

解析：规范对车库排风口位置提出了要求，建筑物下风向且远离人群活动区，现在建筑地下室的体量越来越大，有的单层车库面积有几万平方米，对通风的设计提出了很大的挑战。

空调系统

1. 舒适性空调室内设计参数应按照热舒适度等级划分进行设计，下面关于舒适度等级划分，说法正确的是(　　)。

A. 舒适度等级有 5 级　　B. 舒适度等级有 4 级

C. 舒适度等级有 3 级　　D. 舒适度等级有 2 级

答案：D

解析：热舒适度分舒适度Ⅰ级、Ⅱ级，分别对室内设计参数进行了规定。

2. 舒适性空调，室内Ⅱ级舒适度室内设计参数关于人员活动区的风速，说法正确的是(　　)。

A. 冬季供暖工况≤0.2m/s，空调供冷工况≤0.3m/s

B. 冬季供暖工况≤0.25m/s，空调供冷工况≤0.25m/s

C. 冬季供暖工况≤0.25m/s，空调供冷工况≤0.3m/s

D. 冬季供暖工况≤0.3m/s，空调供冷工况≤0.3m/s

答案：A

解析：热舒适度Ⅱ级，分别对室内人员活动区的风速参数进行了规定，冬季供暖工况≤0.2m/s，空调供冷工况≤0.3m/s，因此建筑装修时，建筑造型等需要限制空调送风口设计时，应考虑满足相关的舒适度的要求。

3. 关于全空气空调系统，说法正确的是(　　)。

A. 全空气空调系统，必须设计回风系统

B. 全空气空调系统，为了保障新风的引入量，应设计机械排风系统

C. 全空气空调系统，根据使用需求，可设计为全回风（循环风）的空调系统

D. 全空气空调系统，满足除湿要求送风温度较低时，只能通过再热提升送风温度

答案：C

解析：答案 A，全空气空调系统有直流新风系统；答案 B，排风有时候可通过正压自然排出功能房间外；答案 D，可通过二次回风系统等措施提升送风温度。

4. 关于应采用直流式空调系统（全新风空调系统），说法错误的是(　　)。

A. 空调系统的送风量不能满足空调房间排风量需求，应根据排风量、房间正负压要

求合理设计为直流式空调系统

B. 舒适性空调，定位品质高时，取消回风，设计为直流新风系统

C. 室内散发有毒有害物质无法通过局部排风排出时，循环风运行可能造成二次污染

D. 防火、防爆要求不允许有循环风运行

答案：B

解析：从节能运行出发，在满足卫生标注的情况下，如果直流系统能耗大于有回风的系统，应适当控制新风量标准，不应设计为直流系统。在运行中，根据使用需求，通过阀门控制实现直流新风运行是运行问题，设计应按有回风进行设计。

5. 关于空调回风口的设置，说法错误的是(　　)。

A. 不应在送风射流区

B. 不应在人员长期停留区；回风口靠近人员经常停留区时，应控制回风口风速不大于 1.5m/s

C. 空调送风口采用地板送风时，回风口应设置在人员上方

D. 高大中庭的空调送风采用分层空调侧送风时，回风宜设置在上部

答案：D

解析：空调系统送风口采用侧送风时宜与送风口同侧下方，人员活动区域宜在回流区。

6. 地埋管地源热泵系统，当应用面积大于多少时，应进行岩土热响应试验？(　　)

A. $2000m^2$　　B. $3000m^2$

C. $4000m^2$　　D. $5000m^2$

答案：D

解析：规范《民用建筑供暖通风与空气调节设计规范》GB 50736—2012 第 8.3.4 条规定：当应用建筑面积在 $5000m^2$ 以上时，应进行岩土热响应试验，并应利用岩土热响应试验结果进行地埋管换热器的设计。

7. 采用地下水地源热泵时，下面说法错误的是(　　)。

A. 应与回灌措施　　B. 回灌到同一含水层

C. 可少量直接使用　　D. 不得污染水资源

答案：C

解析：地下水地源热泵设计时，应对地下水采取可靠的回灌措施，确保全部回灌到同一含水层，且不得对地下水资源造成污染。

8. 关于空调凝结水设计，下述说法错误的是(　　)。

A. 水平管敷设应设置剖度

B. 全空气空调箱凝结水出水口可不设水封

C. 风机在表冷器前端的风机盘管系统宜设水封

D. 应保温防止结露

答案：B

解析：冷凝水积水盘处于负压段，出水口应设置水封，常规空调箱的积水盘在负压段。

9. 关于蓄冷蓄热，下面说法正确的是(　　)。

A. 蓄热水池可以与消防水池合用，但要控制水温

B. 蓄冷系统盘管可设置在消防水池中

C. 水蓄冷水池可与消防水池合用

D. 所有蓄冷水池冬季可直接用于蓄热

答案：C

解析：暖通专业利用消防水池时不得影响消防水池的使用用途，占用其中容积、提升其水温的使用是不允许的。

10. 关于挡烟垂壁描述错误的是(　　)。

A. 用不燃烧材料制成

B. 垂直安装在筑顶棚、梁或吊顶下

C. 为了装修美观，需要时可采用难燃材质

D. 用不燃烧材料制作，可以使透明的材料

答案：C

解析：挡烟垂壁应采用不燃材料。

11. 关于防烟系统，描述错误的是(　　)。

A. 防烟系统分为自然通风系统和机械加压送风系统

B. 自然通风系统是防止烟气在楼梯间、前室、避难层（间）等空间内积聚

C. 机械加压系统是防止烟气在楼梯间、前室、避难层（间）等空间内积聚

D. 机械加压送风方式阻止火灾烟气侵入楼梯间、前室、避难层（间）等空间

答案：C

解析：机械加压系统是防止烟气侵入系统防护的区域。

12. 建筑高度不大于 50m 的公共建筑、厂房、仓库和建筑高度不大于 100m 的住宅建筑，当前室或合用前室具有不同朝向的可开启外窗，且独立前室两个外窗面积分别不小于(　　)m^2，合用前室两个外窗面积分别不小于(　　)m^2 时，楼梯间可不设置防烟系统。

A. 1.2 ；2.0　　　　B. 2.0；3.0

C. 2.0；2.0　　　　D. 3.0 ；3.0

答案：B

解析：开启面积是规范的明确规定，前室两个外窗面积分别不小于 2.0m^2，合用前室两个外窗面积分别不小于 3.0m^2。

13. 机械加压送风系统应采用管道送风，当送风管道内壁为金属时，设计风速不应大于(　　)m/s。

A. 12　　　　B. 15

C. 18　　　　D. 20

答案：D

解析：规范对机械加压送风系统风道的风速做了限制，当送风管道内壁为金属时，设计风速不应大于 20m/s；当送风管道内壁为非金属时，设计风速不应大于 15m/s。

14. 机械加压送风系统应采用管道送风，当送风管道内壁为非金属时，设计风速不应大于(　　)m/s。

A. 12　　　　B. 15

C. 18　　　　　　　　　　　　　　D. 20

答案：B

解析：规范对机械加压送风系统风道的风速做了限制，当送风管道内壁为金属时，设计风速不应大于 20m/s；当送风管道内壁为非金属时，设计风速不应大于 15m/s。

15. 当防火分区内火灾确认后，应能在 15s 内联动开启常闭加压送风口和加压送风机，下列说法正确的是(　　)。

A. 应开启该防火分区楼梯间的全部加压送风机

B. 应开启该建筑物楼梯间的全部加压送风机

C. 应开启距离着火点 30m 内的楼梯间的加压送风机

D. 应开启距离着火点 20m 内的楼梯间的加压送风机

答案：A

解析：当防火分区内火灾确认后，应开启该防火分区楼梯间的全部加压送风机。

16. 民用建筑关于设置应排烟设施的部位，下列说法错误的是(　　)。

A. 设置在四层及以上楼层的歌舞娱乐放映游艺场所

B. 设置在地下或半地下的歌舞娱乐放映游艺场所

C. 建筑内长度大于 20m 的疏散走道

D. 建筑内宽度大于 2m 的疏散走道

答案：D

解析：内走道是否需要设置排烟系统，取决于其长度而不是宽度。

第三章 建 筑 电 气

(一) 供 配 电 系 统

[知识储备]

电力系统，是通过各级电压的电力线路，将发电厂、变电所和电力用户连接起来的，发电、输电、变电、配电和用电的整体。供配电系统由供电电源、配电网及电力负荷组成，其供电电源是电力系统或自备发电机。配电网起接受电能、变化电压、分配电能的作用。用电设备是消耗电能的场所，将电能通过用电设备转换为满足用户需求的其他形式的能量。

依据《全国供用电规则》，我国的供电额定电压有：

(1) 低压供电：单相为 220V，三相为 380V；

(2) 高压供电：为 10、35 (63)、110、220、330、500kV；

(3) 除发电厂直配电压可采用 3kV、6kV 外，其他等级的电压应逐步过渡到上列额定电压。

工频交流电压 1000V 及以下称为低压配电线路，1000V 以上称为高压。用电设备总容量在 250kW 及以上或变压器容量在 160kVA 及以上时，宜以 20 (10) kV 供电。当用电设备总容量在 250kW 以下或变压器容量在 160kVA 以下时，可由低压 380V/220V 供电。

电力负荷应根据供电可靠性及中断供电所造成的损失或影响程度，分为一级负荷、二级负荷及三级负荷。各级负荷应符合下列规定：

1. 符合下列情况之一时，应为一级负荷：

1) 中断供电将造成人身伤亡；

2) 中断供电将造成重大影响或重大损失；

3) 中断供电将破坏有重大影响的用电单位的正常工作，或造成公共场所秩序严重混乱，例如：重要通信枢纽、重要交通枢纽、重要的经济信息中心、特级或甲级体育建筑、国宾馆、承担重大国事活动的会堂、经常用于重要国际活动的大量人员集中的公共场所等的重要用电负荷。

在一级负荷中，当中断供电后将发生中毒、爆炸和火灾等情况的负荷，以及特别重要场所的不允许中断供电的负荷，应为特别重要负荷。

2. 符合下列情况之一时，应为二级负荷：

1) 中断供电将造成较大影响或损失；

2) 中断供电将影响重要用电单位的正常工作或造成公共场所秩序混乱。

3. 不属于一级和二级的用电负荷应为三级负荷。

一级负荷应由两个电源供电，当一个电源发生故障时，另一个电源不应同时受到损坏。

对于一级负荷中的特别重要负荷，应增设应急电源，并严禁将其他负荷接入应急供电系统。

二级负荷的供电系统，宜由两回线路供电。在负荷较小或地区供电条件困难时，二级负荷可由一回路 6kV 及以上专用的架空线路或电缆供电。当采用架空线时，可为一回路架空线供电；当采用电缆线路时，应采用两根电缆组成的线路供电，其每根电缆应能承受100%的二级负荷。

三级负荷可按约定供电。

知识要点 1　供配电系统的额定电压

考题一（2010-98）关于高压和低压的定义，下面哪种划分是正确的？（　　）

A. 1000V 及以上定为高压　　B. 1000V 以上定为高压

C. 1000V 以下定为低压　　D. 500V 及以下定为低压

［答案］B

［知识快览］

依据《民用建筑电气设计标准》GB 51348—2019 第 7.1.1 条，工频交流电压 1000V 及以下称为低压配电线路，所以 1000V 以上称为高压。

考题二　某一多层住宅，每户 4kW 用电设备容量，共 30 户，其供电电压应选择（　　）

A. 三相 380V　　B. 单相 220V

C. 10kV　　D. 35kV

［答案］A

［知识快览］

对于多层住宅，依据《住宅建筑电气设计规范》JGJ 242—2011 第 6.2.6 条 6 层及以下的住宅单元宜采用三相电源供配电，当住宅单元数为 3 及 3 的整数倍时，住宅单元可采用单相电源供配电。

考题三　用电单位用电设备容量当大于何者时，在正常情况下，应以高压方式供电？（　　）

A. 250kW　　B. 250kVA

C. 160kW　　D. 160kVA

［答案］A

考题四　民用建筑的高压方式供电，一般采用的电压是多少 kV？（　　）

A. 10　　B. 50

C. 100　　D. 1000

［答案］A

［知识快览］

依据《民用建筑电气设计标准》GB 51348—2019 第 3.4.1 条，用电设备总容量在

250kW 及以上或变压器容量在 160kVA 及以上时，宜以 20kV 或 10kV 供电。当用电设备总容量在 250kW 以下或变压器容量在 160kVA 以下时，可由低压 380V/220V 供电。

考题五（2005-99，2011-83）下面哪一种电压不是我国现行采用的供电电压？（　　）

A. 220/380V　　B. 1000V

C. 6kV　　D. 10kV

［答案］B

［知识快览］

依据《全国供用电规则》，按照国家标准，供电局供电额定电压：

（1）低压供电：单相为 220V，三相为 380V；

（2）高压供电：为 10、35（63）、110、220、330、500kV；

（3）除发电厂直配电压可采用 3kV、6kV 外，其他等级的电压应逐步过渡到上列额定电压。

［考点分析与应试指导］

主要考对供配电系统额定电压的概念、分类及不同等级额定电压在实际设计中的选择原则的熟悉程度。考题会针对额定电压的内容而展开，只要考生有一定的实际工作经验，结合日常生活用电常识，应该不难理解和掌握。这一道题可以理解为常识判断题。复习以熟悉为主，考试中应该是较为简单的得分题。难易程度：A 级。

知识要点 2　电力负荷分级

考题一（2003-99）电力负荷分为三级，即一级负荷、二级负荷和三级负荷，电力负荷分级是为了（　　）

A. 进行电力负荷计算　　B. 确定供电电源的电压

C. 正确选择电力变压器的台数和容量　　D. 确保其供电可靠性的要求

［答案］D

［知识快览］

依据《供配电系统设计规范》GB 50052—2009 第 3.0.1 条，电力负荷应根据对供电可靠性的要求及中断供电对人身安全、经济损失上所造成的影响程度进行分级。据此用电分级的意义，在于正确地反映它对供电可靠性要求的界限，以便恰当地选择符合实际水平的供电方式，提高投资的经济效益，保护人员生命安全。

考题二 电力负荷是按下列哪一条原则分为一级负荷、二级负荷和三级负荷的？（　　）

A. 根据供电可靠性及中断供电造成的损失或影响的程度进行分级

B. 按建筑物电力负荷的大小进行分级

C. 按建筑物的高度和总建筑面积进行分级

D. 根据建筑物的使用性质进行分级

［答案］A

［知识快览］

依据《民用建筑电气设计标准》GB 51348—2019 第 3.2.1 条 电力负荷应根据供电可靠性及中断供电所造成的损失或影响程度，分为一级负荷、二级负荷及三级负荷。

考题三（2003-100）下面哪类用电负荷为二级负荷？（　　）

A. 中断供电将造成人身伤亡者

B. 中断供电将造成较大政治影响者

C. 中断供电将造成重大经济损失者

D. 中断供电将造成公共场所秩序严重混乱者

［答案］B

［知识快览］

依据《民用建筑电气设计标准》GB 51348—2019 第 3.2.1 条 第 2 款 符合下列情况之一时，应为二级负荷：

1）中断供电将造成较大损失或较大影响；

2）中断供电将影响重要用电单位的正常工作或造成人员密集的公共场所秩序混乱。

考题四（2004-100）请指出下列建筑中的客梯，哪个属于一级负荷？（　　）

A. 国家级办公建筑　　B. 高层住宅

C. 普通高层办公建筑　　D. 普通高层旅馆

［答案］A

考题五（2005-100）下列哪类场所的乘客电梯列为一级电力负荷？（　　）

A. 重要的高层办公楼　　B. 计算中心

C. 大型百货商场　　D. 高等学校教学楼

［答案］A

［知识快览］

依据《民用建筑电气设计标准》GB 51348—2019 附录 A 民用建筑中各类建筑物的主要用电负荷分级，国家级会堂、国宾馆、国家级国际会议中心的客梯为一级负荷，国家及省部级政府办公建筑的客梯为一级负荷，一类高层建筑中客梯用电为一级负荷，二类高层建筑中客梯用电为二级负荷。依据条文说明第 3.2.2 条，一类和二类高层建筑中的电梯、部分场所的照明、生活水泵等用电负荷如果中断供电将影响全楼的公共秩序和安全，对用电可靠性的要求比多层建筑明显提高。

考题六（2005-112）航空障碍标志灯应按哪一个负荷等级的要求供电？（　　）

A. 一级　　B. 二级

C. 三级　　D. 一级负荷中特别重要负荷

［答案］D

［知识快览］

依据《民用建筑电气设计标准》GB 51348—2019 附录 A，障碍标志灯电源应按一级负荷中特别重要负荷供电。

考题七（2012-83）特级体育馆的空调用电负荷应为哪级负荷？（　　）

A. 一级负荷中特别重要负荷　　B. 一级负荷

C. 二级负荷　　D. 三级负荷

［答案］B

［知识快览］

依据《体育建筑电气设计规范》JGJ 354—2014 第 3.2.1 条第 3 款，对于直接影响比赛的空调系统、泳池水处理系统、冰场致冰系统等用电负荷，特级体育建筑的应为一级负荷，甲级体育建筑的应为二级负荷。

考题八（2014-85）百级洁净度手术室空调系统用电负荷的等级是（　　）

A. 一级负荷中特别重要负荷　　B. 一级负荷

C. 二级负荷　　D. 三级负荷

［答案］B

［知识快览］

依据《民用建筑电气设计标准》GB 51348—2019 附录 A 百级洁净度手术室空调系统用电负荷等级为一级负荷。

考题九　下列部位的负荷等级，哪组答案是完全正确的？（　　）

Ⅰ县级医院手术室　二级；　　Ⅱ大型百货商店　二级

Ⅲ特大型火车站旅客站房 一级　　Ⅳ民用机场候机楼　一级

A. Ⅰ、Ⅳ　　B. Ⅰ、Ⅲ

C. Ⅲ、Ⅳ　　D. Ⅰ、Ⅱ

［答案］C

［知识快览］

依据《民用建筑电气设计标准》GB 51348—2019 附录 A，县级医院手术室用电负荷等级为一级负荷。

［考点分析与应试指导］

本考点主要考核电力负荷分级的相关概念及规定，需要考生熟悉负荷分级的目的、依据、负荷等级及其内容，应熟悉不同类型建筑内不同电力负荷的负荷等级规定，此类考题多是比较直接考察某一种负荷所属的负荷等级，因此对于规范中负荷及其负荷等级的对应关系应有针对性地记忆。难易程度：A 级。

知识要点 3　电力负荷供电要求

考题一（2007）下列哪一种情况下，建筑物宜设自备应急柴油发电机？（　　）

A. 为保证一级负荷中特别重要的负荷用电

B. 市电为双电源为保证一级负荷用电

C. 市电为两个电源为保证二级负荷用电

D. 当外电源停电时，为保证自身用电

［答案］A

［知识快览］

依据《民用建筑电气设计标准》GB 51348—2019 第 3.2.9 条，一级负荷中特别重要的负荷除需双电源供电，还需增设应急电源，题中自备应急柴油发电机为建筑物应急电源。

考题二（2006）根据对应急电源的要求，下面哪种电源不能作为应急电源？（　　）

A. 与正常电源并联运行的柴油发电机组

B. 与正常电源并联运行的有蓄电池组的静态不间断电源装置

C. 独立于正常市电电源的柴油发电机组

D. 独立于正常电源的专门馈电线路

［答案］A

［知识快览］

依据《民用建筑电气设计标准》GB 51348—2019 第 3.2.8 条和第 3.2.9 条，一级负荷应由两个电源供电；对于一级负荷中特别重要的负荷，除需双电源供电，还需增设应急电源。应急电源与正常电源供电时不能同时损坏，这是应急电源的基本条件，与正常电源并联运行的柴油发电机组相互不独立，不能作为应急电源。

考题三　建筑供电一级负荷中的特别重要负荷供电要求为何？（　　）

A. 一个独立电源供电　　B. 两个独立电源供电

C. 一个独立电源之外增设应急电源　　D. 两个独立电源之外增设应急电源

［答案］D

［知识快览］

依据《供配电系统设计规范》GB 50052—2009 第 3.0.3 条，一级负荷中特别重要的负荷供电，应符合下列要求：

1. 除应由双重电源供电外，尚应增设应急电源，并严禁将其他负荷接入应急供电系统。

2. 设备供电电源的切换时间，应满足设备允许中断供电的要求。

考题四　下列哪个电源作为应急电源是错误的？（　　）

A. 蓄电池　　B. 独立于正常电源的发电机组

C. 从正常电源中引出一路专用的馈电线路　D. 干电池

［答案］C

［知识快览］

应急电源应是与电网在电气上独立的各式电源，即：应急电源与正常电源供电时不能同时损坏，这是应急电源的基本条件。例如：蓄电池、柴油发电机等。供电网络中有效地独立于正常电源的专用馈电线路即是指保证两个供电线路不大可能同时中断供电的线路。本题 C 从正常电源中引出一路专用的馈电线路与正常电源有关，互不独立，不能作为应急电源。

考题五（2014-94 改）建筑高度超过 100m 的高层民用建筑，为应急疏散照明供电的蓄电池，其连续供电时间不应少于（　　）

A. 15min　　B. 90min

C. 30min　　D. 60min

［答案］B

［知识快览］

依据《建筑防火设计规范》GB 50016—2014 第 10.1.5 条：建筑内消防应急照明和灯光疏散指示标志的备用电源的连续供电时间应符合下列规定：建筑高度大于 100m 的民用建筑，不应小于 1.5 小时。

考题六（2012-84）A 级电子信息系统机房应采用下列哪种方式供电？（　　）

A. 单路电源供电

B. 两路电源供电

C. 两路电源+柴油发电机供电

D. 两路电源+柴油发电机+UPS不间断电源系统供电

［答案］D

［知识快览］

依据《数据中心设计规范》GB 50174—2017 第 8.1.1 条、第 8.1.7 条、第 8.1.12 条分析，A 级电子信息系统机房供电负荷等级为一级负荷。GB 50174 中要求 A 级电子信息系统机房应配置后备柴油发电机系统，且电子信息设备应由不间断电源供电。

［考点分析与应试指导］

本考点与负荷分级的考点相对应，即对应于不同的负荷等级有不同的供电要求。首先，考生应判断电力负荷的等级。其次，应熟悉一级负荷、二级负荷、三级负荷各自的供电要求，并理解规范中对供电电源和供电线路具体要求的含义，总结规律，灵活应用。难易程度：B 级。

知识要点 4　电能质量

考题一（2010-97、2009、2007）评价电能质量主要依据哪一组技术指标？（　　）

A. 电流、频率、波形　　B. 电压、电流、频率

C. 电压、频率、负载　　D. 电压、频率、波形

［答案］D

［知识快览］

目前我国电能质量评价在国家标准中有 8 项指标，其中有关电压质量的 5 项，有关频率质量的 1 项，有关波形质量的 2 项。所以电压、频率、波形是评价电能质量的主要技术指标。

考题二（2007-107）下列哪种用电设备工作时会产生高次谐波？（　　）

A. 电阻炉　　B. 变频调速装置

C. 电热烘箱　　D. 白炽灯

［答案］B

［知识快览］

整流设备、逆变设备、变频器等会产生高次谐波，电阻炉、电热烘箱和白炽灯是电阻性负载，不产生谐波。

［考点分析与应试指导］

电能质量考点主要考核考生对电能质量评价指标等基本概念的理解和掌握情况。考生应了解评价电能质量的指标有哪些，理解每个指标的具体概念，了解产生电能质量的原因及供配电系统中对电能质量的要求。对于各指标的概念考生可进行对比理解。难易程度：A 级。

知识要点 5　功率因数

考题一　低压供电的用电单位功率因数应为下列哪个数值以上？（　　）

A. 0.8　　B. 0.85

C. 0.9　　D. 0.95

[答案] C

[知识快览]

依据《民用建筑电气设计标准》GB 51348—2019 第 3.6.1～3.6.4 条，35kV 及以下无功补偿宜在配电变压器低压侧集中补偿……功率因数不宜低于 0.9。高压侧的功率因数指标，依现行的《国家电网公司电力系统电压质量和无功电力管理规定》规定，100kVA 及以上 10kV 供电的电力用户，在用户高峰负荷时变压器高压侧功率因数不宜低于 0.95。

考题二（2011-90，2010-106）下列用电设备中，哪一个功率因数最高？（　　）

A. 电烤箱　　B. 电冰箱

C. 家用空调器　　D. 电风扇

[答案] A

[知识快览]

电烤箱是阻性负载。阻性负载功率因数最高。

考题三（2005-101）采用电力电容器作为无功补偿装置可以（　　）。

A. 增加无功功率　　B. 吸收电容电流

C. 减少泄漏电流　　D. 提高功率因数

[答案] D

[知识快览]

依据《供配电系统设计规范》GB 50052—2009 第 6.0.2 条，当采用提高自然功率因数措施后，仍达不到电网合理运行要求时，应采用并联电力电容器作为无功补偿装置。

[考点分析与应试指导]

考生需理解功率因数的概念，功率因数低所带来的危害以及如何提高功率因数。功率因数由负荷性质决定，感性、容性、阻性负荷分别对应不同的功率因数，也利用此性质作为改善功率因数的方法和措施。复习以理解为主，难易程度：A 级。

（二）变配电所和自备电源

[知识储备]

变电所是接收、变换和分配电能的场所，主要由电力变压器、高低压开关柜、保护与控制设备以及各种测量仪表等装置构成，而配电所是接收和分配电能的场所，没有变换电压的功能，因此没有变压器。

变配电所中，承担传输和分配电能到各用电场所的配电线路称为一次电路（主电路），一次电路中所有电气设备称为一次设备。用来测量、控制、信号显示和保护一次电路及其中设备运行的电路，称为二次电路（二次回路），二次电路中的所有电气设备，称为“二次设备”。

常用的高压一次设备有高压断路器、高压隔离开关、高压负荷开关、高压熔断器和高压开关柜。常用的低压一次电气设备包括低压刀开关、低压负荷开关、低压断路器和低压熔断器等，通常组成低压配电盘，用于变压器低压侧的首级配电系统，作为动力、照明配电之用。

正确、合理地选择变配电所所址，是供配电系统安全、合理、经济运行的重要保证。变配电所位置应根据下列要求综合考虑确定：

1. 深入或接近负荷中心；

2. 进出线方便；

3. 接近电源侧；

4. 设备吊装、运输方便；

5. 不应设在有剧烈振动或有爆炸危险介质的场所；

6. 不宜设在多尘、水雾或有腐蚀性气体的场所，当无法远离时，不应设在污染源的下风侧；

7. 不应设在厕所、浴室、厨房或其他经常积水场所的正下方，且不宜与上述场所贴邻，如果贴邻，相邻隔墙应做无渗漏、无结露等防水处理；

8. 配变电所为独立建筑物时，不应设置在地势低洼和可能积水的场所。

备用电源指正常电源断电时，由于非安全原因用来维持电气装置或其某些部分所需的电源。应急电源，又称安全设施电源，是用作应急供电系统组成部分的电源，是为了人体和家畜的健康和安全，以及避免对环境或其他设备造成损失的电源。为防止应急电源超负荷断电，规范不允许应急供电系统外其他负荷由应急电源供电。

知识要点 1 供配电设备

考题一（2014-89）下列绝缘介质的变压器中，不宜设在高层建筑变电所内的是（　　）。

A. 环氧树脂浇注干式变压器　　B. 气体绝缘干式变压器

C. 非可燃液体绝缘变压器　　D. 可燃油油浸变压器

[答案] D

[知识快览]

依据《20kV 及以下变电所设计规范》GB 50053—2013 第 2.0.3 条 在多层建筑物或高层建筑物的裙房中，不宜设置油浸变压器的变电所，当受条件限制必须设置时，应将油浸变压器的变电所设置在建筑物首层靠外墙的部位，且不得设置在人员密集场所的正上方、正下方、贴邻处以及疏散出口的两旁。高层主体建筑内不应设置油浸变压器的变电所。

考题二（2014-100，2011-100）电信机房、扩音控制室、电子信息机房位置选择时，不应设置在变配电室的楼上、楼下、隔壁场所，其原因是（　　）。

A. 防火　　B. 防电磁干扰

C. 线路敷设方便　　D. 防电击

[答案] B

[知识快览]

变配电室是产生电磁干扰的场所，离变配电室位置越近，电磁干扰强度越强，若超过系统设备的承受能力，就会影响设备的正常运行。

考题三（2012-85）当采用柴油发电机作为一类高层建筑消防负荷的备用电源时，其启动方式及与主电源的切换方式应采用下列哪种方式？（　　）

A. 自动启动、自动切换　　B. 手动启动、手动切换

C. 自动启动、手动切换　　　　　　　　　　D. 手动启动、自动切换

［答案］A

［知识快览］

一类高层建筑消防负荷为一级负荷，根据《民用建筑电气设计标准》GB 51348—2019 第 6.1.8 条和第 6.1.10 条 当消防应急电源由柴油发电机提供备用电源时，且消防用电负荷为一级时，应设自动启动装置，同时规定主电源与应急电源间，应采用自动切换方式。

考题四（2004-101）请指出下列消防用电负荷中，哪一个可以不在最末一级配电箱处设置电源自动切换装置？（　　）

A. 消防水泵　　　　　　　　　　B. 消防电梯

C. 防烟排烟风机　　　　　　　　D. 应急照明、防火卷帘

［答案］D

［知识快览］

依据《建筑设计防火规范》GB 50016—2014 第 10.1.8 条 消防控制室、消防水泵房、防烟和排烟风机房的消防用电设备及消防电梯等的供电，应在其配电线路的最末一级配电箱处设置自动切换装置。

考题五（2012-86）自备应急柴油发电机电源与正常电源之间，应采用下列哪种防止并网运行的措施？（　　）

A. 电气联锁　　　　　　　　　　B. 机械连锁

C. 钥匙连锁　　　　　　　　　　D. 人工保障

［答案］A

［知识快览］

根据《民用建筑电气设计标准》GB 51348—2019 第 6.1.8 条 自备应急柴油发电机电源与正常电源之间应采用电气连锁防止并网运行的措施。

考题六（2011-88）下列电气设备中，哪个不宜设在高层建筑内的变电所里？（　　）

A. 真空断路器　　　　　　　　　B. 六氟化硫断路器

C. 环氧树脂浇注干式变压器　　　D. 可燃油高压电容器

［答案］D

［知识快览］

可燃油高压电容器有潜在火灾隐患，不宜设在高层建筑内的变电所里。

考题七（2010-99）关于配电变压器的选择，下面哪项表述是正确的？（　　）

A. 变压器满负荷时效率最高

B. 变压器满负荷时的效率不一定最高

C. 电力和照明负荷通常不共用变压器供电

D. 电力和照明负荷分开计量时，则电力和照明负荷只能分别专设变压器

［答案］B

［知识快览］

根据变压器工作特性曲线，变压器负荷在 50%～70%时的效率最高。

考题八（2010-102）下面哪一条关于采用干式变压器的理由不能成立？（　　）

A. 对防火有利

B. 体积较小，便于安装和搬运

C. 没有噪声

D. 可以和高低压开关柜布置在同一房间内

［答案］C

［知识快览］

干式变压器工作中有噪声。

考题九（2009、2008）下列电气设备，哪个不应在高层建筑内的变电所装设？（　　）

A. 真空断路器

B. 六氟化硫断路器

C. 环氧树脂浇注干式变压器

D. 有可燃油的低压电容器

［答案］D

［知识快览］

根据《民用建筑电气设计标准》GB 51348—2019 第 4.3.5 条：设置在民用建筑中的变压器应选择干式变压器、气体绝缘变压器或非可燃性液体绝缘变压器。

考题十（2008、2006）三相交流配电装置各相序的相色标志，一般规定是什么颜色？（　　）

A. L1 相黄色、L2 相绿色、L3 相红色

B. L1 相黄色、L2 相红色、L3 相绿色

C. L1 相红色、L2 相黄色、L3 相绿色

D. L1 相红色、L2 相蓝色、L3 相绿色

［答案］A

［知识快览］

10kV 及以下变配电所配电装置各回路的相序排列宜一致，硬导体应涂刷相色油漆或相色标志。色相应为 L1 相黄色、L2 相绿色、L3 相红色。

［考点分析与应试指导］

该考点围绕变配电所主接线展开，涉及供配电系统接受电能、转换电能及分配电能各个环节中的线缆和设备。考生应熟悉各设备的功能、特性及安装使用要求等，考点虽是考相关的电气设备，但应与变配电所的防火和安装布置等结合，考虑变配电系统安全、可靠运行等方面分析选项答案。难易程度：A 级。

知识要点 2　变配电所耐火等级

考题一（2010-100）下面哪一种电气装置的房间应采用三级耐火等级？（　　）

A. 设有干式变压器的变配电室

B. 高压电容器室

C. 高压配电室

D. 低压配电室

［答案］依据现行规范，此题无答案。

［知识快览］

依据《20kV 及以下变电所设计规范》GB 50053—2013 第 6.1.1 条 变压器室、配电室和电容器室的耐火等级不应低于二级。题目中各电气设备室的耐火等级要求均为二级或以上。规范修订后，此题无答案。

考题二　可燃油油浸变压器室的耐火等级为何者？（　　）

A. 一级

B. 二级

C. 三级

D. 一级或二级

［答案］D

［知识快览］

依据《民用建筑电气设计标准》GB 51348—2019 第 4.10.1 条 可燃油油浸电力变压器室的耐火等级不得低于二级。

考题三　高压配电室的耐火等级，不应低于何者？（　　）

A. 一级　　B. 二级

C. 三级　　D. 无规定

［答案］B

［知识快览］

依据《民用建筑电气设计标准》GB 51348—2019 第 4.10.2 条 非燃或难燃介质的配电变压器室以及低压配电装置室和电容器室的耐火等级不宜低于二级。

［考点分析与应试指导］

变配电所内各具体功能房间的耐火等级需要考生对照规范内容进行梳理、总结，应理清不同类型变压器安装在变配电所时对应的耐火等级，进行对比记忆。复习以记忆熟悉为主。难易程度：A 级。

知识要点 3　变配电所防火设计

考题一（2012-87）位于高层建筑地下室的配变电所通向汽车库的门，应选用（　　）。

A. 甲级防火门　　B. 乙级防火门

C. 丙级防火门　　D. 普通门

［答案］A

［知识快览］

依据《建筑设计防火规范》GB 50016—2014 第 6.2.7 条 变配电室开向建筑内的门应采用甲级防火门。

《民用建筑电气设计标准》GB 51348—2019 第 4.10.3 条 变电所位于地下层或下面有地下层时，通向相邻房间或过道的门，应为甲级防火门；变电所通向汽车库的门应为甲级防火门。

考题二（2009）高层建筑内柴油发电机房储油间的总储油量不应超过几小时的需要量？（　　）

A. 2 小时　　B. 4 小时

C. 6 小时　　D. 8 小时

［答案］D

［知识快览］

依据《民用建筑电气设计标准》GB 51348—2019 第 6.1.10 条 条文说明 机房内应设置储油间，通常最大储油量不应超过 8.0h 的需要量。

考题三（2008）在高层建筑中电缆竖井的维护检修门应采用下列哪一种？（　　）

A. 普通门　　B. 甲级防火门

C. 乙级防火门　　D. 丙级防火门

［答案］D

[知识快览]

依据《低压配电设计规范》GB 50054—2011 第 7.7.5 条 电气竖井的井壁应采用耐火极限不低于 1h 的非燃烧体。电气竖井在每层楼应设维护检修门并应开向公共走廊，检修门的耐火极限不应低于丙级。

考题四（2007）设备用房如配电室、变压器室、消防水泵房等，其内部装修材料的燃烧性能应选用下列哪种材料？（　　）

A. A 级　　B. B1 级

C. B2 级　　D. B3 级

[答案] A

[知识快览]

依据《建筑内部装修设计防火规范》GB 50222—2017 第 4.0.9 条 消防水泵房、机械加压送风排烟机房、固定灭火系统钢瓶间、配电室、变压器室、发电机房、储油间、通风和空调机房等，其内部所有装修均应采用 A 级装修材料。

A 级为不燃性，B1 级为难燃性级，B2 级为可燃性级，B3 级为易燃性级。

考题五（2006）高层民用建筑中，柴油发电机房日用柴油储油箱的容积不应大于（　　）。

A. 0.5m^3　　B. 1m^3

C. 3m^3　　D. 5m^3

[答案] B

[知识快览]

依据《建筑防火设计规范》GB 50016—2014 第 5.4.13 条 布置在民用建筑内的柴油发电机房应符合下列规定：机房内设置储油间时，其总储存量不应大于 1m^3，储油间应采用耐火极限不低于 3.00h 的防火隔墙与发电机间分隔；确需在防火隔墙上开门时，应设置甲级防火门。

考题六（2006）民用建筑中应急柴油发电机所用柴油（闪点≥60℃），根据火灾危险性属于哪一类物品？（　　）

A. 甲类　　B. 乙类

C. 丙类　　D. 丁类

[答案] C

[知识快览]

依据《建筑设计防火规范》GB 50016—2014 第 3.1.3 条 甲乙丙类液体，依据闪点划分：将甲类火灾危险性的液体闪点基准定为＜28℃；乙类定为＞28℃～＜60℃；丙类定为＞60℃。这样划分甲、乙、丙类是以汽油、煤油、柴油的闪点为基准的，这样既排除了煤油升为甲类的可能性，也排除了柴油升为乙类的可能性，有利于节约和消防安全。而在我国国产 16 种规格的柴油闪点大多数为 60～90℃（其中仅“35”号柴油闪点为 50℃），所以柴油一般属于丙类液体。

[考点分析与应试指导]

按往年考题分析，该考点考的内容比较多，也比较细，这也不难理解，建筑防火本身就是一个很重要的设计方面。变配电所防火设计涉及防火门的等级、变压器或柴油发电机的用油、装修材料等，考生可将与此相关的规范内容归纳总结起来，熟练记忆。难易程度：B级。

知识要点4　变配电所通风设计

考题一（2014-86）地上变电所中的下列房间，对通风无特殊要求的是(　　)。

A. 低压配电室　　B. 柴油发电机房

C. 电容器室　　D. 变压器室

［答案］A

［知识快览］

依据《民用建筑电气设计标准》GB 51348—2019 中，对柴油发电机房、电容器室、变压器室的通风均有特殊要求。

第6.1.14条　柴油发电机房宜利用自然通风排除发电机房的余热，当不能满足温度要求时，应设置机械通风装置。

第4.11.1条　设在地上的变电所内的变压器室宜采用自然通风，设在地下的变电所的变压器室应设机械送排风系统，夏季的排风温度不宜高于45℃，通风和排风的温差不宜大于15℃。

第4.11.2条　并联电容器室应有良好的自然通风，通风量应根据电容器温度类别按夏季排风温度不超过电容器所允许的最高环境空气温度计算。当自然通风不能满足排热要求时，可增设机械通风。

考题二（2012-92）对充六氟化硫气体绝缘的10（6）kV配电装置室而言，其通风系统风口设置的说法，正确的是(　　)。

A. 进风口与排风口均在上部　　B. 进风口在底部、排风口在上部

C. 底部设排风口　　D. 上部设排风口

［答案］C

［知识快览］

六氟化硫气体密度大于空气密度。

考题三（2009）某一地上独立式变电所中，下列哪一个房间对通风无特殊要求？(　　)

A. 低压配电室　　B. 柴油发电机间

C. 电容器室　　D. 变压器室

［答案］A

［知识快览］

依据《民用建筑电气设计标准》GB 51348—2019 第6.1.14条、第4.11.1条、第4.11.2条，地上独立式变电所中以上各房间均以自然通风为主，柴油发电机间、电容器室、变压器室自然通风不能满足通风要求时，需加机械通风，低压配电室对通风无特殊要求。

考题四（2008、2004-103）变压器室夏季的排风温度不宜高于多少度？进风和排风温差不宜大于多少度？哪组答案是正确的？(　　)

A. 45℃、15℃　　B. 35℃、10℃

C. 60℃、30℃ D. 30℃、5℃

［答案］A

［知识快览］

依据《民用建筑电气设计标准》GB 51348—2019 第 4.11.1 条 自然通风条件下，变压器室夏季的排风温度不宜高于 45℃，进风和排风温差不宜大 15℃，否则加机械通风。

考题五（2003-103 改）应急柴油发电机的进风口面积一般应如何确定？（ ）

A. 应大于柴油发电机散热器的面积

B. 大于柴油发电机散热器的面积的 1.5 倍

C. 应大于柴油发电机散热器的面积的 1.6 倍

D. 大于柴油发电机散热器的面积的 1.2 倍

［答案］B

［知识快览］

依据《民用建筑电气设计标准》GB 51348—2019 第 6.1.11 条第 9 款 机房进风口设置符合下列要求：进风口宜设在正对发动机端或发动机端两侧，进风口面积不宜小于柴油机散热器面积的 1.6 倍。

［考点分析与应试指导］

变配电所的通风设计是变配电所设备安全、可靠、高效运行的重要保障，考生对变配电所进风口、排风口的位置、温度要求、面积大小、自然通风和机械排风的要求及实现方式等应重点记忆、掌握。难易程度：B 级。

知识要点 5 变配电所的结构与布置

考题一（2012-88 改）关于配变电所的房间布置，下列哪项是正确的?

A. 不带可燃油的 10kV 配电装置、低压配电装置和干式变压器可设置在同一房间内

B. 不带可燃油的 10kV 配电装置、低压配电装置和干式变压器均需要设置在单独房间内

C. 不带可燃油的 10kV 配电装置、低压配电装置可设置在同一房间内，干式变压器需要设置在单独房间内

D. 不带可燃油的 10kV 配电装置需要设置在单独房间内，低压配电装置和干式变压器可设置在同一房间内

［答案］A

［知识快览］

依据《民用建筑电气设计标准》GB 51348—2019 第 4.5.2 条 不带可燃性油的 35kV、20kV 或 10kV 配电装置、低压配电装置和干式变压器等可设置在同一房间内。

考题二（2011-85）在确定柴油发电机房位置时，下列场所中最合适的是（ ）

A. 地上一层靠外墙 B. 地上一层不靠外墙

C. 地下三层靠外墙 D. 屋顶

［答案］A

［知识快览］

地上一层靠外墙位置较其他场所更安全和方便。

考题三（2010-101）关于变配电室的布置及对土建的要求，下面哪项规定是正确的？（　　）

A. 电力变压器可与高低压配电装置布置在同一房间内

B. 地上变压器室宜采用自然通风，地下变压器室应设机械送排风系统

C. 配变电所通向汽车库的门应为乙级防火门

D. 10kV 配电室宜装设能开启的自然采光窗

［答案］B

［知识快览］

依据《20kV 及以下变电所设计规范》GB 50053—2013 第 4.1.2 条 非充油的高、低压配电装置和非油浸型的电力变压器，可设置在同一房间内。A 中电气设备未限定为非油浸式配电装置及变压器，不正确。

依据《民用建筑电气设计标准》GB 51348—2019 第 4.11.1 条 地上配变电所内的变压器室宜采用自然通风，地下配变电所的变压器室应设机械送排风系统，B 正确。

依据《建筑设计防火规范》GB 50016—2014 第 6.2.7 条 民用建筑中变配电室开向建筑内的门应采用甲级防火门，C 不正确。

依据《20kV 及以下变电所设计规范》GB 50053—2013 第 6.2.1 条 地上变电所宜设自然采光窗。除变电所周围设有 1.8m 高的围墙或围栏外，高压配电室窗户的底边距室外地面的高度，不应小于 1.8m，当高度小于 1.8m 时，窗户应采用不易破碎的透光材料或加装格；低压配电室可设能开启的采光窗。D 不正确。

考题四（2007）变电所对建筑的要求，下列哪项是正确的？（　　）

A. 变压器室的门应向内开

B. 高压配电室可设能开启的自然采光窗

C. 长度大于 10m 的配电室应设两个出口，并布置在配电室的两端

D. 相邻配电室之间有门时，此门应能双向开启

［答案］D

［知识快览］

依据《20kV 及以下变电所设计规范》GB 50053—2013 第 6.2.1 条 高压配电室窗户的底边距室外地面的高度不应小于 1.8m，当高度小于 1.8m 时，窗户应采用不易破碎的透光材料或加装格栅；低压配电室可设能开启的采光窗。

第 6.2.2 条　变压器室、配电室、电容器室的门应向外开启。相邻配电室之间有门时，应采用不燃材料制作的双向弹簧门。

第 6.2.6 条　长度大于 7m 的配电室应设两个安全出口，并宜布置在配电室的两端。

A、B、C 均有明显错误。

考题五（2006）对高压配电室门窗的要求，下列哪一个是错误的？（　　）

A. 宜设不能开启的采光窗

B. 窗台距室外地坪不宜低于 1.5m

C. 临街的一面不宜开窗

D. 经常开启的门不宜开向相邻的酸、碱、蒸汽、粉尘和噪声严重的场所

［答案］B

[知识快览]

依据《民用建筑电气设计标准》GB 51348—2019 第 4.10.8 条电压为 35kV、20kV 或 10kV 的配电室和电容器室，宜装设不能开启的采光窗，窗台距室外地坪不宜低于 1.8m。临街的一面不宜开设窗户。

考题六（2005-103）在变配电所的设计中，下面哪一条的规定是正确的？（　　）

A. 高压配电室宜设能开启的自然采光窗

B. 高压电容器室的耐火等级应为一级

C. 高压配电室的长度超过 10m 时应设两个出口

D. 不带可燃油的高、低压配电装置可以布置在同一房间内

[答案] D

[知识快览]

根据防火性能和经济指标关系，《民用建筑电气设计标准》GB 51348—2019 第 4.5.2 条不带可燃性油的 35kV、20kV 或 10kV 配电装置、低压配电装置和干式变压器等可设置在同一房间内。

考题七（2005-104）在变配电所设计中关于门的开启方向，下面哪一条的规定是正确的？（　　）

A. 低压配电室通向高压配电室的门应向高压配电室开启

B. 低压配电室通向变压器室的门应向低压配电室开启

C. 高压配电室通向高压电容器室的门应向高压电容器室开启

D. 配电室相邻房间之间的门，其开启方向是任意的

[答案] B

[知识快览]

依据《民用建筑电气设计标准》GB 51348—2019 第 4.10.9 条 变压器室、配电装置室、电容器室的门应向外开，并应装锁。相邻配电室之间设门时，门应向低压配电室开启。

考题八（2004-102）10kV 变电所中，配电装置的长度大于多少米时，其柜（屏）后通道应设两个出口？（　　）

A. 6m　　　　B. 8m

C. 10m　　　　D. 15m

[答案] A

[知识快览]

依据《民用建筑电气设计标准》GB 51348—2019 第 4.7.3 条 当成排布置的配电柜长度大于 6m 时，柜后面的通道应设有两个出口。当两个出口之间的距离大于 15m 时，尚应增加出口。

考题九（2003-101）关于变配电所的布置，下列叙述中哪一个是错误的？（　　）

A. 不带可燃性油的高低压配电装置和非油浸式电力变压器，不允许布置在同一房间内

B. 高压配电室与值班室应直通或经通道相通

C. 当采用双层布置时，变压器应设在底层

D. 值班室应有直接迎向户外或通向走道的门

［答案］A

［知识快览］

依据《20kV 及以下变电所设计规范》GB 50053—2013 第 4.1.2 条非充油的高、低压配电装置和非油浸型的电力变压器，可设置在同一房间内。显然，A 是错误的。

第 4.1.4 条　有人值班的变电所，应设单独的值班室，值班室应与配电室直通或经过通道直通，且值班室应有直接通到室外或通向变电所外走道的门。当低压配电室兼做值班室时，低压配电室的面积应适当增大。B、D 正确。

第 4.1.5 条　变电所宜单层布置。当采用双层布置时，变压器应设在底层，设于二层的配电室应设搬运设备的通道、平台或孔洞。C 正确。

考题十（2003-102）关于变压器室、配电室、电容器室的门开启方向，正确的是（　　）。

Ⅰ向内开启

Ⅱ向外开启

Ⅲ相邻配电室之间有门时，向任何方向单向开启

Ⅳ相邻配电室之间有门时，双向开启

A. Ⅰ、Ⅳ　　B. Ⅱ、Ⅲ

C. Ⅱ、Ⅳ　　D. Ⅰ、Ⅲ

［答案］C

［知识快览］

依据《20kV 及以下变电所设计规范》GB 50053—2013 第 6.2.2 条 变压器室、配电室、电容器室的门应向外开启，相邻配电室之间有门时，应采用不燃材料制作的双向弹簧门。

［考点分析与应试指导］

该部分考点在历年考试中出题也相对较多，涉及变配电所的选址、功能结构划分、面积、设备布置，设备与设备或设备与墙、柱等的距离、门的位置和开启方向等，比较细，也比较具体。考生可绘制一张变配电所的平面图，将规范中涉及的相关内容结合平面图对应着理解和记忆。难易程度：B 级。

（三）民用建筑的配电系统

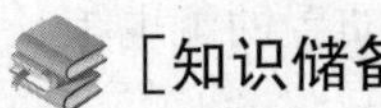

［知识储备］

常用的低压配电方式有放射式、树干式和混合式等基本形式。

1. 放射式

由配电装置直接供给分配电盘或负载。

优点是各个负荷独立受电，配电线路相互独立，因而具有较高的可靠性，故障范围一般仅限于本回路，线路发生故障需要检修时也只切断本回路而不影响其他回路；同时回路中电动机的启动引起的电压波动对其他回路的影响也较小。

缺点是所需开关和线路较多，因而建设费用较高。

放射式配电多用于比较重要的负荷，如空调机组、消防水泵等。

2. 树干式

树干式配电是由配电装置引出一条线路同时向若干用电设备配电。

优点是有色金属耗量少、造价低。

缺点是干线故障时影响范围大，可靠性较低。

一般用于用电设备的布置比较均匀、容量不大、无特殊要求的场合，如用于一般照明的楼层分配电箱等。

3. 混合式

混合式配电方式兼顾了放射式和树干式两种配电方式的特点，是将两者进行组合的配电方式，如高层建筑中，当每层照明负荷都较小时，可以从低压配电盘放射式引出多条干线，将楼层照明配电箱分组接入干线，局部为树干式。

供配电系统线缆的选择是否合理，直接关系到有色金属的消耗量与线路的投资，以及电网的安全、可靠、经济、合理运行。选择电线和电缆时，应满足允许温升、电压损失、机械强度等要求，电线、电缆的绝缘额定电压要大于线路的工作电压，并应符合线路安装方式和敷设环境的要求。电线、电缆的导线截面积应不小于与保护装置配合要求的最小截面积。

根据国际电工委员会（IEC）规定，低压配电系统的接地型式有 TN 系统、TT 系统和 IT 系统。其中 TN 系统又分为 TN-C 系统、TN-S 系统和 TN-C-S 系统。

表示系统型式符号的含义为：

第一个字母表示电源端的接地状态：

T——表示直接接地；

I——表示不直接接地，即对地绝缘或经 1kΩ 以上的高阻抗接地。

第二个字母表示负载端接地状态：

T——表示电气设备金属外壳的保护接地与电源端工作接地相互独立；

N——表示负载端接地与电源端工作接地作直接电气连续。

第三、四个字母表示中性线与保护接地线是否合用。

C——表示中性线（N）与保护接地线（PE）合用为一根导线（PEN）；

S——表示中性线（N）与保护接地线（PE）分开设置，为不同的导线。

1）IT 系统

IT 系统中，电源端不接地或通过阻抗接地，电气设备的金属外壳直接接地。

IT 系统适用于用电环境较差的场所（如井下、化工厂、纺织厂等）和对不间断供电要求较高的电气设备的供电。IT 系统中一般不设置中性线。

2）TT 系统

TT 系统的电源端中性点直接接地，用电设备的金属外壳的接地与电源端的接地相互独立。

在 TT 系统中当电气设备的金属外壳带电（相线碰壳或漏电）时，接地可以减少触电危险，但低压断路器不一定跳闸，设备的外壳对地电压可能超过安全电压。当漏电电流较小时，需加漏电保护装置。接地装置的接地电阻应尽量减小，通常采用建筑物钢筋混凝土基础内的主筋作为自然接地体，使接地电阻降低到 1Ω 以下。

3）TN 系统

（1）TN-C 系统

即四线制系统，三根相线 L1、L2、L3，一根中性线与保护接地线合并的 PEN 线，用电设备的外露可导电部分接到 PEN 线上。

TN-C 系统中，由于中性线与保护接地线合为 PEN 线，因而具有简单、经济的优点，但 PEN 线上除了有正常的负荷电流通过外，有时还有谐波电流通过，正常运行情况下，PEN 线上也将呈现出一定的电压。其大小取决于 PEN 线上不平衡电流和线路阻抗。因此，TN-C 系统主要适用于三相负荷基本平衡的工业企业建筑，在一般住宅和其他民用建筑内，不应采用 TN-C 系统。

（2）TN-S 系统

TN-S 系统中，即五线制系统，三根相线分别是 L1、L2、L3，一根零线 N，一根保护接地线 PE，仅电力系统中性点一点接地，用电设备的外露可导电部分直接接到 PE 线上。

TN-S 系统中，将中性线和保护接地线严格分开设置，系统正常工作时，中性线 N 上有不平衡电流通过，而保护接地线 PE 上没有电流通过，因而，保护接地线和用电设备金属外壳对地没有电压。可较安全地用于一般民用建筑及施工现场的供电。

（3）TN-C-S 系统

TN-C-S 系统，即四线半系统，电源中性点直接接地，中性线与保护接地线部分合用，部分分开，系统中的一部分为 TN-C 系统，另一部分为 TN-C-S 系统。分开后不允许再合并。

TN-C-S 系统是民用建筑中广泛采用的一种接地方式。电源在建筑物的进户点处做重复接地，并分出中性线 N 和保护接地线 PE，或在室内总低压配电箱内分出中性线 N 和保护接地线 PE。

知识要点 1　电力供配电方式

考题一（2014-84，2009）某幢住宅楼，采用 TN-C-S 三相供电，其供电电缆有几根导体？（　　）

A. 三根相线，一根中性线

B. 三根相线，一根中性线，一根保护线

C. 一根相线，一根中性线，一根保护线

D. 一根相线，一根中性线

［答案］A

［知识快览］

TN-C-S 三相供电系统前部分是 TN-C 方式供电，供电电缆有四根导体，其中三根相线，一根中性线；在系统后部分总配电箱分出 PE 线，构成 TN-C-S 供电系统，供电电缆有五根导线，其中三根相线；一根中性线；一根保护线。题目中，该住宅进线部分是 TN-C 方式。

考题二（2004）对某大型工程的电梯，应选择的供电方式是（　　）。

A. 由楼层配电箱供电　　　　　　　　B. 由竖向公共电源干线供电

C. 由低压配电室直接供电　　　　　　D. 由水泵房配电室供电

[答案] C

[知识快览]

依据《民用建筑电气设计标准》GB 51348—2019 第 7.2.1 条 对于容量较大或重要的负荷，宜从低压配电室以放射式配电。

考题三（2005-97）下列哪一类低压交流用电或配电设备的电源线不含有中性线？（　　）

A. 220V 电动机　　　　　　　　B. 380V 电动机

C. 380/220V 照明配电箱　　　　D. 220V 照明

[答案] B

[知识快览]

单相 220V 电源均有相线和中性线，而 380V 电动机只包括电源线和接地线，无中性线。

考题四（2005-101）在住宅的供电系统设计中，哪种接地方式不宜在设计中采用？（　　）

A. TN-S 系统　　　　　　　　B. TN-C-S 系统

C. IT 系统　　　　　　　　　D. TT 系统

[答案] C

[知识快览]

住宅中的电源插座多数为连接手持式及移动式家用电器，出现故障应采用断电保护方式更为安全。由于 IT 系统是不断电保护，故不宜在住宅设计中采用。

[考点分析与应试指导]

该考点答题时要根据不同的建筑类型及供电需求，经过一定的分析进行判断。这就要求对系统不同的供配电方式、优缺点及其应用场合要非常熟练，考生可将这些相关知识总结归纳，对比理解与记忆。难易程度：A 级。

知识要点 2　室内外电气配线配管

考题一（2012-89）建筑高度超过 100m 的高层建筑，其消防设备供电干线和分支干线应采用下列哪种电缆？（　　）

A. 矿物绝缘电缆　　　　　　　　B. 有机绝缘耐火类电缆

C. 阻燃电缆　　　　　　　　　　D. 普通电缆

[答案] A

[知识快览]

矿物绝缘电缆不含有机材料，具有不燃、无烟、无毒和耐火的特性。

考题二（2010-104）选择低压配电线路的中性线截面时，主要考虑哪一种高次谐波电流的影响？（　　）

A. 3 次谐波　　　　　　　　　　B. 5 次谐波

C. 7 次谐波　　　　　　　　　　D. 所有高次谐波

[答案] A

[知识快览]

依据《民用建筑电气设计标准》GB 51348—2019 第 7.4.4 条 当线路中存在高次谐波时，在选择导体截面时应对载流量加以校正，校正系数应符合表 7.4.4 的规定。表 7.4.4 中仅提到按 3 次谐波整数倍的谐波电流含量进行校正。目前，由于在用电设备中有大量非线性用电设备存在，电力系统中的谐波问题已经很突出，严重时，中性导体的电流可能大于相导体的电流，因此必须考虑谐波问题引起的效应。实际上，线路中不仅只有 3 次谐波的影响，但规范中没有给出其他高次谐波明确的计算方法，所以本题选 A。

考题三（2010-105）关于选择低压配电线路的导体截面，下面哪项表述是正确的？（　　）

A. 三相线路的中性线的截面均应等于相线的截面

B. 三相线路的中性线的截面均应小于相线的截面

C. 单相线路的中性线的截面应等于相线的截面

D. 单相线路的中性线的截面应小于相线的截面

[答案] C

[知识快览]

依据《低压配电设计规范》GB 50054—2011 第 3.2.7 条 符合下列情况之一的线路，中性导体的截面应与相导体的截面相同：

1. 单相两线制线路；

2. 铜相导体截面小于等于 $16mm^2$ 或铝相导体截面小于等于 $25mm^2$ 的三相四线制线路。

依据《低压配电设计规范》GB 50054—2011 第 3.2.8 条 符合下列条件的线路，中性导体截面可小于相导体截面：

1. 钢相导体截面大于 $16mm^2$ 或铝相导体截面大于 $25mm^2$；

2. 铜中性导体截面大于等于 $16mm^2$ 或铝中性导体藏面大于等于 $25mm^2$；

3. 在正常工作时，包括谐波电流在内的中性导体预期最大电流小于等于中性导体的允许载流量；

4. 中性导体已进行了过电流保护。

因此，为保证供电可靠性，单相线路的中性线的截面应等于相线的截面。

考题四（2004-105）布线用塑料管和塑料线槽，应采用难燃材料，其氧指数应大于(　　)。

A. 40　　B. 35

C. 27　　D. 20

[答案] C

[知识快览]

塑料管和塑料线槽的氧指数应大于 27，属于难燃材料。

考题五（2008，2004-104）低压配电线路绝缘导线穿管敷设，绝缘导线总截面面积不应超过管内截面积的百分之多少？（　　）

A. 30％　　B. 40％

C. 60% D. 70%

[答案] B

[知识快览]

依据《民用建筑电气设计标准》GB 51348—2019 第 8.3.3 条，穿金属导管的绝缘电线（两根除外），其总截面（包括外护层）不应超过管内截面积的 40%。

考题六（2008）在建筑物中有可燃物的吊顶内，下列布线方式哪一种是正确的？（　　）

A. 导线穿金属管 B. 导线穿塑料管

C. 瓷夹配线 D. 导线在塑料线槽内敷设

[答案] A

[知识快览]

依据《低压配电设计规范》GB 50054—2011 第 7.2.8 条 在建筑物闷顶内有可燃物时，应采用金属导管、金属槽盒布线。

[考点分析与应试指导]

该考点以供配电线缆的选择在具体工程项目中的应用为主，主要考核线缆类型、规格、材料、结构、特性、截面大小及相应的配管选择，考生对设计规范中相应的设计和选择要求应有一定的了解。难易程度：B 级。

知识要点 3 配电线路布线

考题一（2014-87）高层建筑中向屋顶通风机供电的线路，其敷设路径应选择（　　）。

A. 沿电气竖井 B. 沿电梯井道

C. 沿给水井道 D. 沿排烟管道

[答案] A

[知识快览]

依据《民用建筑电气设计标准》GB 51348—2019 第 8.11.2 条 电气竖井内布线不应和电梯井、管道井共用同一竖井。

考题二（2014-88）某一高层住宅，消防泵的配电线路导线从变电所到消防泵房，要经过一段公共区域，该线路应采用的敷设方式是（　　）

A. 埋在混凝土内穿管暗敷 B. 穿塑料管明敷

C. 沿普通金属线槽敷设 D. 沿电缆桥敷设

[答案] A

[知识快览]

依据《建筑设计防火规范》GB 50016—2014 第 10.1.10 条 消防配电线路数设应符合：明敷时应穿金属导管或采用封闭式金属槽盒保护，金属导管或封闭式金属槽盒应采取防火保护措施。暗敷时应穿管并应敷设在不燃性结构内且保护层厚度不应小于 30mm。

考题三（2012-90）高层建筑内电气竖井的位置，下列叙述哪项是正确的？（　　）

A. 可以与电梯井共用间一竖井 B. 可以与管道井共用同一竖井

C. 宜靠近用电负荷中心 D. 可以与烟道贴邻

[答案] C

[知识快览]

依据《民用建筑电气设计标准》GB 51348—2019 第 8.11.2 条 电气竖井的位置：不应和电梯井、管道井共用同一竖井；不应贴邻有烟道、热力管道及其他散热量大或潮湿的设施。

考题四（2012-91）电缆隧道进入建筑物及配电所处，应采取哪种防火措施？

A. 应设耐火极限 2.0h 的隔墙　　B. 应设带丙级防火门的防火墙

C. 应设带乙级防火门的防火墙　　D. 应设带甲级防火门的防火墙

[答案] D

[知识快览]

依据《民用建筑电气设计标准》GB 51348—2019 第 8.7.3 条第 9 款 电缆隧道进入建筑物及配电所处，应设带甲级防火门的防火墙。

考题五（2011-84）高层建筑中电缆竖井的门应为（　　）

A. 普通门　　B. 甲级防火门

C. 乙级防火门　　D. 丙级防火门

[答案] D

[知识快览]

依据《民用建筑电气设计标准》GB 51348—2019 第 8.11.3 条 高层建筑中电缆竖井的门应为丙级防火门。

考题六（2011-86）向屋顶通风机供电的线路，其敷设部位下列哪项正确？（　　）

A. 沿电气竖井　　B. 沿电梯井道

C. 沿给排水或通风井道　　D. 沿排烟管道

[答案] A

[知识快览]

屋顶通风机电源取自低压配电室，其供电线路沿电气竖井敷设。

考题七（2010-103）关于电气竖井的位置，下面哪项要求错误？（　　）

A. 不应和电梯井共用同一竖井

B. 可与耐火、防火的其他管道共用同一竖井

C. 电气竖井邻近不应有烟道

D. 电气竖井邻近不应有潮湿的设施

[答案] B

[知识快览]

为避免相互影响，电气不应与其他管道共用同一竖井。

考题八（2009）某高层建筑顶部旋转餐厅的配电干线敷设的位置，下列哪一项是正确的？（　　）

A. 沿电气竖井　　B. 沿电梯井道

C. 沿给排水或通风井道　　D. 沿排烟管道

[答案] A

[知识快览]

为避免各种不利因素影响，配电干线不能在电梯井道、给排水或通风井道、排烟管道

内敷设。

考题九（2006 改）当地面上的均匀荷载超过多少时，埋设的电缆排管应采取加固措施，以防排管受到机械损伤？（　　）

A. $5kN/m^2$　　　　B. $10kN/m^2$

C. $15kN/m^2$　　　　D. $20kN/m^2$

［答案］B

［知识快览］

依据《民用建筑电气设计标准》GB 51348—2019 第 8.7.4 条 当地面上均匀荷载超过 $100kN/m^2$时，应采取加固措施，防止排管受到机械损伤。

考题十（2006）在木屋架的闷顶内，关于配电线路敷设方式的叙述，下列哪个是正确的？（　　）

A. 穿塑料管保护

B. 穿金属管保护

C. 采用绝缘子配线

D. 采用塑料护套绝缘线直接敷设在木屋架上

［答案］B

［知识快览］

依据《民用建筑电气设计标准》GB 51348—2019 第 8.2.3 条 建筑物顶棚内，不应采用直敷布线。《低压配电设计规范》GB 50054—2011 第 7.2.8 条　在建筑物闷顶内有可燃物时，应采用金属导管、金属槽盒布线。本题木屋架的闷顶内宜采用金属管布线。

考题十一（2005-106）关于电气线路的敷设，下面哪一种线路敷设方式是正确的？（　　）

A. 绝缘电线直埋在地板内敷设

B. 绝缘电线在顶棚内直敷

C. 室外绝缘电线架空敷设

D. 绝缘电线不宜敷设在金属线槽内

［答案］C

［知识快览］

从防火、检修、更换、使用、维护等方面考虑，《民用建筑电气设计标准》GB 51348—2019 第 8.2.3 条规定：建筑物顶棚内、墙体及顶棚的抹灰层、保温层及装饰面板内或在易受机械损伤的场所不应采用直敷布线。

考题十二（2005-107）下面哪一种电气线路敷设的方法是正确的？（　　）

A. 同一回路的所有相线和中性线不应敷设在同一金属线槽内

B. 同一回路的所有相线和中性线应敷设在同一金属线槽内

C. 三相用电设备采用单芯电线或电缆时，每相电线或电缆应分开敷设在不同的金属线槽内

D. 应急照明和其他照明的线路可以敷设在同一金属管中

［答案］B

[知识快览]

依据《低压配电设计规范》GB 50054—2011 第 7.2.9 条 同一回路的所有相线和中性线，应敷设在同一金属槽盒内或穿于同一根金属导管内。

考题十三（2005-109）儿童活动场所，电源插座距地面安装高度应不低于多少米？（　　）

A. 0.8m　　　　B. 1.0m

C. 1.8m　　　　D. 2.5m

[答案] C

[知识快览]

依据《建筑电气工程施工质量验收规范》GB 50303—2015 第 22.2.1 条第 1 款 当不采用安全性插座时，托儿所、幼儿园及小学等儿童活动场所安装高度不小于 1.8m。

从题目选项中数值可以判断，选 1.8m。

考题十四（2007-112）照明配电系统的设计，下列哪一条是正确的？（　　）

A. 照明与插座回路分开敷设

B. 每个照明回路所接光源最多 30 个

C. 接组合灯时每个照明回路所接光源最多 70 个

D. 照明分支线截面不应小于 1.0 平方毫米

[答案] A

[知识快览]

依据《建筑照明设计标准》GB 50034—2013 第 7.2.4、7.2.5、7.2.11 条 每个照明回路所接光源不超过 25 个；组合灯每个照明回路所接光源不超过 60 个。电源插座不宜和普通照明灯接在同一分支回路。照明分支线截面不应小于 1.5mm。

考题十五（2004）在下述关于电缆敷设的叙述中，哪个是错误的？（　　）

A. 电缆在室外直接埋地敷设的深度不应小于 800mm

B. 电缆穿管敷设时，穿管内径不应小于电缆外径的 1.5 倍

C. 电缆隧道两个出口间的距离超过 75m 时，应增加出口

D. 电缴隧道内的净高不应低于 1.9m

[答案] A

[知识快览]

依据《民用建筑电气设计标准》GB 51348—2019 第 8.7.2 条 电缆室外埋地敷设电缆外皮至地面的深度不应小于 0.7m。

考题十六（2003-104）室外电缆沟的防水措施，采用下列哪一项是最重要的？（　　）

A. 做好沟盖板板缝的密封

B. 做好沟内的防水处理

C. 做好电缆引入、引出管的防水密封

D. 在电缆沟底部做坡度不小于 0.5%的排水沟，将积水直接排入排水管或经集水坑用泵排出

[答案] D

［知识快览］

依据《低压配电设计规范》GB 50054—2011 第 7.6.24 条 电缆沟和电缆隧道应采取防水措施；其底部排水沟的坡度不应小于 0.5%，并应设集水坑，积水可经集水坑用泵排出，当有条件时，积水可直接排入下水道。

考题十七（2003-105）下列哪一种线路敷设方法禁止在吊顶内使用？（　　）

A. 绝缘导线穿金属管敷设　　B. 封闭式金属线槽

C. 用塑料线夹布线　　D. 封闭母线沿吊架敷设

［答案］C

［知识快览］

依据《低压配电设计规范》GB 50054—2011 第 7.2.1 条 正常环境的屋内场所除建筑物顶棚及地沟内外，可采用直敷布线。第 7.2.2 条 正常环境的，屋内场所和挑檐下的屋外场所，可采用瓷夹或塑料线夹布线。

考题十八（2003-106）无铠装的电缆在室内明敷时，垂直敷设至地面的距离不应小于多少米，否则应有防止机械损伤的措施？（　　）

A. 2.0m　　B. 1.8m

C. 2.2m　　D. 2.5m

［答案］B

［知识快览］

依据《低压配电设计规范》GB 50054—2011 第 7.6.8 条，无铠装的电缆在屋内明敷，除明敷在电气专用房间外，水平敷设时，与地面的距离不应小于 2.5m；垂直敷设时，与地面的距离不应小于 1.8m；当不能满足上述要求时，应采取防止电缆机械损伤的措施。

考题十九（2003-107）向电梯供电的线路敷设的位置，下列哪一种不符合规范要求？（　　）

A. 沿电气竖井　　B. 沿电梯井道

C. 沿顶层吊顶内　　D. 沿电梯井道之外的墙敷设

［答案］B

［知识快览］

依据《通用用电设备配电设计规范》GB 50055—2011 第 3.3.7 条 向电梯供电的电源线路，不应敷设在电梯井道内，除电梯的专用线路外，其他线路不得沿电梯井道敷设。

考题二十（2010-103）关于电气竖井的位置，下面哪项要求错误？（　　）

A. 不应和电梯井共用同一竖井

B. 可与耐火、防水的其他管道共用同一竖井

C. 电气竖井邻近不应有烟道

D. 电气竖井邻近不应有潮湿的设施

［答案］B

［知识快览］

依据《低压配电设计规范》GB 50054—2011 第 7.7.4 条 电气竖井的位置和数量，应根据用电负荷性质、供电半径、建筑物的沉降缝设置和防火分区等因素确定，并应符合下

列规定：

1. 应靠近用电负荷中心；

2. 应避免邻近烟囱、热力管道及其他散热量大或潮湿的设施；

3. 不应和电梯、管道间共用同一电气竖井。

考题二十一（2009）高层建筑中电缆竖井的门应为（　）。

A. 普通门　　B. 甲级防火门

C. 乙级防火门　　D. 丙级防火门

[答案] D

[知识快览]

依据《民用建筑电气设计标准》GB 51348—2019 第 8.11.3 条 竖井的门其耐火等级不应低于丙级。

考题二十二（2007 改）不超过 100m 的高层建筑电缆竖井的楼板处需要做防火分隔，下列哪个做法是正确的？（　）

A. 每 2～3 层做防火分隔　　B. 每层做防火分隔

C. 在建筑物高度一半处做防火分隔　　D. 只在设备层做防火分隔

[答案] B

[知识快览]

依据《建筑设计防火规范》GB 50016—2014 第 6.2.9 条第 3 款 建筑内的电缆井、管道井应在每层楼板处采用不低于楼板耐火极限的不燃材料或防火封堵材料封堵。

考题二十三（2006）关于高层建筑中电缆井的叙述，下列哪一个是错误的？（　）

A. 电缆井不允许与电梯井合并设置

B. 电缆井的检查门应采用丙级防火门

C. 电缆井允许与管道井合并设置

D. 电缆井与房间、走道等相连通的孔洞，其空隙应采用不燃烧材料填密实

[答案] C

[知识快览]

依据《民用建筑电气设计标准》GB 51348—2019 第 8.11.2 条 电缆井不应和电梯井、管道井共用同一竖井。

[考点分析与应试指导]

管线的敷设需要考虑电压等级、电缆的数量、安装环境，是否易受外力损坏，后期维护的方便性，技术经济合理性，防水、排水措施以及防小动物进入的措施等方面的相关知识和设计规范规定。考生需结合实际工程、工作情况，熟悉规范内容，一方面了解建筑整体供配电电缆的敷设方法及要求，另一方面还需了解在建筑内各房间照明、空调、插座等各种设备用电的敷设要求。难易程度：B 级。

（四）电 气 照 明

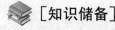

[知识储备]

电气照明是建筑物的重要组成部分，电气照明设计的首要任务是在缺乏自然光的工作

场所或工作区域内，创造一个适宜于进行视觉工作的环境。合理的电气照明是保证安全生产、改善劳动条件、提高劳动生产率、减少事故、保护工作人员视力健康及美化环境的必要措施。适用、经济和美观，是照明设计的一般原则。

照明的种类按用途分为正常照明、应急照明、值班照明、警卫照明、景观照明和障碍照明等。由于建筑物的功能和要求不同，对照度和照明方式的要求也不相同。照明方式可分为一般照明、局部照明和混合照明。

1. 一般照明

一般照明是为照亮整个场所而设置的均匀照明。一般照明由若干个灯具均匀排列而成，可获得较均匀的水平照度。对于工作位置密度很大而对照射方向无特殊要求或受条件限制不适宜装设局部照明的场所，可只单独装设一般照明，如办公室、体育馆和教室等。

2. 局部照明

局部照明是为特定视觉工作用的、为照亮某个局部而设置的照明。其优点是开、关方便，并能有效地突出对象。对于局部地点需要高照度并对照射方向有要求时，可采用局部照明。但在整个场所不应只设局部照明而不设一般照明。

3. 混合照明

由一般照明和局部照明组成的照明称为混合照明。对于工作位置需要有较高照度并对照射方向有特殊要求的场合，应采用混合照明。混合照明的优点是，可以在工作面（平面、垂直面或倾斜面）表面上获得较高的照度，并易于改善光色，减少照明装置功率和节约运行费用。

混合照明中的一般照明的照度不低于混合照明总照度的5%～10%，并且最低照度不低于20lx。

目前常用的电光源，根据其发光原理，基本上可分为固体发光光源（热辐射光源）和气体放电发光光源。气体放电光源按其发光的物质不同又可分为金属类（低压汞灯、高压汞灯）、惰性气体类（如氙灯、汞氙灯）、金属卤化物类（钠、铟）等。

灯具是指能透光、分配光和改变光源光分布的器具，以达到合理利用和避免眩光的目的。灯具由电光源（灯泡）、灯罩、灯座组成。灯具的布置主要就是确定灯在室内的空间位置。灯具的布置对照明质量有重要影响，光的投射方向、工作面的照度、照明均匀性、直射眩光、视野内其他表面的亮度分布及工作面上的阴影等，都与照明灯具的布置有直接关系。灯具的布置合理与否影响到照明装置的安装功率和照明设施的耗费，影响照明装置的维修和安全。

照明设计的主要任务是选择合适的照明器具，进行合理的布局，以获得符合要求的亮度分布。照度的计算是在灯具布置的基础上进行的，而照度计算的初步结果又可用于对灯具布置进行调整，以便获得合理的布置，最后确定光源的功率。也就是说，无论是由已知灯具功率求照度，还是由给定照度求灯具功率，都需要进行照度计算。

照明设计部分的计算主要是照度计算，只有在特殊的场合，才需要计算某些表面的亮度。照度计算的目的是根据所需要的照度值及其他已知条件（如布灯方案、照明方式、灯具类型、房间各个面的反射条件及灯具和房间的污染情况等）来决定灯泡的容量和灯的数量，或者是在灯具类型、容量及布置都已确定的情况下，计算某点的照度值。照度计算一般采用利用系数法、单位容量法和逐点法等。

建筑物内部的照明供电系统，一般采用 380V/220V 三相四线制供电形式。为使三相用电量平衡，照明设备尽量平均地分三组接入三相电源中。低压供电线路通过户外架空线路或地下敷设的电缆向建筑物供电。

知识要点 1　电气照明的基本知识

考题一（2010-112）下面哪项关于照度的表述是正确的？（　　）

A. 照度是照明灯具的效率

B. 照度是照明光源的发光强度

C. 照度是照明光源的光通量

D. 照度的单位是勒克斯（lx）

[答案] D

[知识快览]

依据《建筑照明设计标准》GB 50034—2013 第 2.0.6 条 照度的定义：入射在包含该点的面元上的光通量 $d\Phi$ 除以该面元面积 dA 所得之商。单位为勒克斯（lx），$1lx = 1lm/m^2$。

考题二（2005-28）照度标准值指的是作业面或参考平面上的哪种照度？（　　）

A. 最小照度　　B. 最大照度

C. 初始平均照度　　D. 维持平均照度

[答案] D

[知识快览]

依据《建筑照明设计标准》GB 50034—2013 第 5.1.1 条 本标准规定的照度除标明外均应为作业面或参考平面上的维持平均照度。

考题三（2005-31）商店营业厅用光源的一般显色指数不应低于（　　）

A. 90　　B. 80

C. 70　　D. 60

[答案] 按现行标准选 B

[知识快览]

依据《商店建筑设计规范》JGJ 48—2014 第 7.3.7 条 商店建筑的照明应按商品类别选择光源的色温和显色性（R_a），并应符合下列规定（其中第 2 款）：

主要光源的显色指数应满足商品颜色真实性的要求，一般区域，R_a 可取 80，需反映商品本色的区域，R_a 宜大于 85。

考题四（2005-32 改）标准中规定的学校教室的照明功率密度现行值是（　　）。

A. $12W/m^2$　　B. $11W/m^2$

C. $10W/m^2$　　D. $9W/m^2$

[答案] D

[知识快览]

依据《建筑照明设计标准》GB 50034—2013 第 6.3.7 条 教育建筑中教室的照度标准值为 300lx，照明功率密度限制现行值≤$9.0W/m^2$。

考题五（2004-25）下列哪种光源的寿命长？（　　）

A. 白炽灯　　B. 卤钨灯

C. 荧光灯　　D. 高压钠灯

[答案] D

[知识快览]

高压钠灯使用时发出金白色光，具有发光效率高、耗电少、寿命长、透雾能力强和不诱虫等优点，是各种电光源中使用寿命最长的一种。

考题六（2004-26）下列哪种光源的色温为暖色？（　　）

A. 3000K　　B. 4000K

C. 5000K　　D. 6000K

[答案] A

考题七（2003-26）下列哪种光源的色温为冷色？（　　）

A. 3000K　　B. 4000K

C. 5000K　　D. 6000K

[答案] D

[知识快览]

暖色，色温值<3300K；中间色，色温值 3300～5300K；冷色，色温值>5300K。

考题八（2004-27）下列哪种灯具的下半球的光通量百分比值（所占总光通量的百分比）为间接型灯具？（　　）

A. 60%～90%　　B. 40%～60%

C. 10%～40%　　D. 0%～10%

[答案] C

考题九（2003-27）下列哪种灯具的下半球光通量比值（所占总光通量的百分比）为直接型灯具？（　　）

A. 90%～100%　　B. 60%～90%

C. 40%～60%　　D. 10%～40%

[答案] A

[知识快览]

国际照明委员会按光通在空间上、下半球的分布把灯具划分为五类：

1. 直接型灯具。上半球的光通占 0～10%，下半球的光通占 100%～90%。
2. 半直接型灯具。上半球的光通占 10%～40%，下半球的光通占 90%～60%。
3. 直接间接型灯具。上半球的光通占 40%～60%，下半球的光通占 60%～40%。
4. 半间接型灯具。上半球的光通占 60%～90%，下半球的光通占 40%～10%。
5. 间接型灯具。上半球的光通占 90%～100%，下半球的光通占 40%～10%。

考题十（2004-28）当点光源垂直照射在 1m 距离的被照面时的照度为 E_1 时，若至被照面的距离增加到 3m 时的照度 E_2 为原 E_1 照度的多少？（　　）

A. 1/3　　B. 1/6

C. 1/9　　D. 1/12

[答案] C

考题十一（2003-28）当点光源垂直照射在 1m 距离的被照面时的照度为 E_1 时，若至

被照面的距离增加到 2m 时的照度 E_2 为原 E_1 照度的多少？（ ）

A. 1/2　　B. 1/3

C. 1/4　　D. 1/5

［答案］C

［知识快览］

根据平方反比定律，光线垂直于被照面时，被照面上的照度与光源的发光强度成正比，与距离的平方成反比。

考题十二（2004-31）下列哪种管径（Φ）的荧光灯最不节能？（ ）

A. T12（Φ38mm）灯　　B. T10（Φ32mm）灯

C. T8（Φ26mm）灯　　D. T5（Φ16mm）灯

［答案］A

考题十三（2003-31）下列哪种管径（Φ）的荧光灯最节能？（ ）

A. T12（Φ38mm）灯　　B. T10（Φ32mm）灯

C. T8（Φ26mm）灯　　D. T5（Φ16mm）灯

［答案］D

［知识快览］

细管径荧光灯比粗管径荧光灯发光效率高，显色性能好，更节能。

考题十四（2004-32）在工作面上具有相同照度条件下，用下列哪种类型的灯具最不节能？（ ）

A. 直接型灯具　　B. 半直接型灯具

C. 扩散型灯具　　D. 间接型灯具

［答案］D

考题十五（2003-32）在工作面上具有相同照度条件下，用下列哪种类型的灯具最节能？（ ）

A. 直接型灯具　　B. 半直接型灯具

C. 扩散型灯具　　D. 间接型灯具

［答案］A

［知识快览］

国际照明委员会按光通在空间上、下半球的分布把灯具划分为五类：直接型、半直接型、全漫射型、半间接型和间接型。直接型灯具由于其利用系数高、配光合理、反射效率高、耐久性好的特点，故为最节能的灯具。相对应的，间接型灯具光通利用率低，设备投资高，维护费用高，最不节能。

考题十六（2003-18）亮度是指（ ）。

A. 发光体射向被照面上的光通量密度

B. 发光体射向被照空间内的光通量密度

C. 发光体射向被照空间的光通量的量

D. 发光体在视线方向上单位面积的发光强度

［答案］D

[知识快览]

亮度是发光体在视线方向上单位面积的发光强度。

考题十七（2003-25）下列哪种光源为热辐射光源？（　　）

A. 荧光灯　　B. 高压钠灯

C. 卤钨灯　　D. 金卤化物灯

[答案] C

[知识快览]

热辐射光源是发光物体在热平衡状态下，使热能转变为光能的光源，如白炽灯，卤钨灯等。

考题十八（2003-29）在住宅起居室照明中，宜采用下列哪种照明方式为宜？（　　）

A. 一般照明　　B. 局部照明

C. 局部照明加一般照明　　D. 分区一般照明

[答案] C

[知识快览]

起居室一般采用两种照明方式：一般照明和局部照明，一般照明通常选用枝形吊灯或豪华吸顶灯，置于会客区上方，以形成豪华明亮的气氛。局部照明包括落地灯壁灯、台灯、筒灯和装饰射灯，等等。

考题十九（2011-96）下列为降低荧光灯频闪效应所采取的方法中，哪一种无效？（　　）

A. 相邻的灯接在同一条相线上　　B. 相邻的灯接在不同的两条相线上

C. 相邻的灯接在不同的三条相线上　　D. 采用高频电子镇流器

[答案] A

[知识快览]

相邻灯具接在不同的相线上，或采用高频电子镇流器均能降低荧光灯频闪效应。

考题二十（2011-97）下列照明光源中哪一种光效最高？（　　）

A. 白炽灯　　B. 卤钨灯

C. 金属卤化物灯　　D. 低压钠灯

[答案] D

[知识快览]

低压钠灯光源是上述光源中光效最高的一种。

考题二十一（2009）在有彩电转播要求的体育馆比赛大厅，宜选择下列光源中的哪一种？（　　）

A. 钠灯　　B. 荧光灯

C. 金属卤化物灯　　D. 白炽灯

[答案] C

[知识快览]

金属卤化物灯光源适合用于高大空间及有显色性要求的场所。

考题二十二（2009）有显色性要求的室内场所不宜采用哪一种光源？（　　）

A. 白炽灯　　B. 低压钠灯

C. 荧光灯　　D. 发光二极管（LED）

[答案] B

[知识快览]

低压钠灯显色指数差，不适合用于有显色性要求的室内场所。

考题二十三（2007-26）高度较低的办公房间宜采用下列哪种光源？（　　）

A. 粗管径直管型荧光灯　　B. 细管径直管型荧光灯

C. 紧凑型荧光灯　　D. 小功率金属卤化物灯

[答案] B

[知识快览]

依据《建筑照明设计标准》GB 50034—2013 第 3.2.2 条第 1 款 灯具安装高度较低的房间宜采用细管直管形三基色荧光灯。

考题二十四（2007-27）下列哪种荧光灯灯具效率为最低？（　　）

A. 开敞式灯具　　B. 带透明保护罩灯具

C. 格栅灯具　　D. 带磨砂保护罩灯具

[答案] 依据现行规范，此题无答案。

[知识快览]

依据《建筑照明设计标准》GB 50034—2013 第 3.3.2 条 第 1 款 直管型荧光灯灯具的效率开敞式 75%，带透明保护罩 70%，带棱镜保护罩 55%，带格栅 65%。第 2 款 紧凑型荧光灯灯具的效率开敞式 55%，带保护罩 50%，带格栅 45%。

考题二十五（2007-29）下列哪种灯的显色性为最佳？（　　）

A. 白炽灯　　B. 三基色荧光灯

C. 荧光高压汞灯　　D. 金属卤化物灯

[答案] A

[知识快览]

白炽灯的理论显色指数接近 100，是显色性最好的灯具。

考题二十六（2007-30）用流明法计算房间照度时，下列哪项参数与照度计算无直接关系？（　　）

A. 灯的数量　　B. 房间的维护系数

C. 灯具效率　　D. 房间面积

[答案] C

[知识快览]

$$E_{av} = \frac{N \cdot \Phi \cdot U \cdot K}{A}$$

其中，E_{av} 是《建筑照明设计标准》中规定的照度标准值，N 是照明灯具的数量，Φ 是一个灯具内光源发出的光通量，U 是利用系数，K 是维护系数，A 是工作面面积。

考题二十七（2007-31 改）一般商店营业厅的照明功率密度的现行值为（　　）。

A. $12W/m^2$　　B. $13W/m^2$

C. $11W/m^2$　　D. $10W/m^2$

[答案] D

[知识快览]

依据《建筑照明设计标准》GB 50034—2013 表 6.3.4 一般商店营业厅照明功率密度限制现行值≤10.0W/m^2。

考题二十八（2007-113）下列哪种情况不应采用普通白炽灯？（　　）

A. 连续调光的场所　　B. 装饰照明

C. 普通办公室　　D. 开关频繁的场所

[答案] C

考题二十九（2005-26）下列哪个场所不可采用白炽灯？（　　）

A. 要求连续调光的场所

B. 防止电磁干扰要求严格的场所

C. 开关灯不频繁的场所

D. 照度要求不高的场所

[答案] C

[知识快览]

白炽灯用于要求瞬间启动和连续调光，对防止电磁干扰要求严格、开关频繁、照度要求不高、照明时间较短的场所以及对装饰有特殊要求的场所。

考题三十（2003-108）请判断在下述部位中，哪个应选择有过滤紫外线功能的灯具？（　　）

A. 医院手术室　　B. 病房

C. 演播厅　　D. 藏有珍贵图书和文物的库房

[答案] D

[知识快览]

依据《建筑照明设计标准》GB 50034—2013 第 3.3.4 条第 10 款条文说明在博物馆展室或陈列柜等场所……需采用能隔紫外线的灯具或无紫外线光源。

[考点分析与应试指导]

此部分是建筑照明设计相关的基础知识，考生应理解并掌握照明的基本概念、照明质量、照明方式与种类、光源与灯具。对于概念不仅要理解字面的意思，还要结合实际，理解各概念，如光通量与亮度、照度之间的关系，记住常见光源 LED、白炽灯、荧光灯、卤钨灯、金属卤化物等、高压汞灯、低压钠灯灯的光效、寿命、色温、显色指数、应用场合等基本参数，理解照度计算的公式和方法。难易程度：A 级。

知识要点 2　应急照明

考题一（2007-111）应急照明是指下列哪一种照明？（　　）

A. 为照亮整个场所而设置的均匀照明

B. 为照亮某个局部而设置的照明

C. 因正常照明电源失效而启用的照明

D. 为值班需要所设置的照明

[答案] C

[知识快览]

依据《建筑照明设计标准》GB 50034—2013 第 2.0.19 条 应急照明：因正常照明的电源失效而启用的照明。

考题二（2011-98）发生火灾时，下列哪个场所的应急照明应保证正常工作时的照度？（　　）

A. 展览厅　　B. 防排烟机房

C. 火车站候车室　　D. 百货商场营业厅

[答案] B

考题三（2008）下列哪一个场所的应急照明应保证正常工作时的照度？（　　）

A. 商场营业厅　　B. 展览厅

C. 配电室　　D. 火车站候车室

[答案] C

考题四（2006）在下列部位的应急照明中，当发生火灾时，哪一个应保证正常工作时的照度？（　　）

A. 百货商场营业厅　　B. 展览厅

C. 火车站候车室　　D. 防排烟机房

[答案] D

[知识快览]

由于防排烟机房、配电室在火灾期间要保持正常工作，故应急照明应保证正常工作时的照度。以上三道题目属于同一知识点的不同问法，可一起理解、记忆。

考题五（2010-110）应急照明包括哪些照明？（　　）

A. 疏散照明、安全照明、备用照明

B. 疏散照明、安全照明、警卫照明

C. 疏散照明、警卫照明、事故照明

D. 疏散照明、备用照明、警卫照明

[答案] A

考题六（2008）下列哪一种照明不属于应急照明？（　　）

A. 安全照明　　B. 备用照明

C. 疏散照明　　D. 警卫照明

[答案] D

[知识快览]

依据《建筑照明设计标准》GB 50034—2013 第 2.0.19 条 应急照明包括：疏散照明、安全照明和备用照明。以上两题属于同一知识点的不同问法，应熟练掌握。

[考点分析与应试指导]

应急照明属于比较明确的一个知识点，考生应掌握应急照明的概念、作用、包含内容、负荷等级、照度要求及安装要求等，一方面应熟悉基本概念，另一方面还应熟悉规范规定，了解工程设计要求。难易程度：B 级。

知识要点 3　障碍照明

考题一（2009，2008 改）高度超过 151m 高的建筑物，其航空障碍灯应为哪一种颜

色？（　　）

A. 白色　　　　B. 红色

C. 蓝色　　　　D. 黄色

［答案］A

［知识快览］

依据《民用建筑电气设计标准》GB 51348—2019 第 10.2.7 条，航空障碍标志灯技术要求不同高度选用不同光强的光源，高于地面 151m 时，灯光颜色选用高光强白色灯。

考题二（2006）关于建筑物航空障碍灯的颜色及装设位置的叙述，下列哪一个是错误的？（　　）

A. 距地面 150m 以下应装设红色灯

B. 距地面 150m 及以上应装设白色灯

C. 航空障碍灯应装设在建筑物最高部位，当制高点平面面积较大时，还应在外侧转角的顶端分别设置

D. 航空障碍灯的水平、垂直距离不宜大于 60m

［答案］D

［知识快览］

依据《民用建筑电气设计标准》GB 51348—2019 第 2.7 条第 2 款，障碍标志灯的水平、垂直距离不宜大于 52m。

考题三（2005）航空障碍标志灯应按哪一个负荷等级的要求供电？（　　）

A. 一级　　　　B. 二级

C. 二级　　　　D. 按主体建筑中最高电力负荷等级

［答案］D

［知识快览］

依据《民用建筑电气设计标准》GB 51348—2019 第 10.6.2 条，航空障碍标志灯应按主体建筑中最高负荷等级要求供电。

［考点分析与应试指导］

障碍照明与应急照明类似，都属于比较明确的知识点。同样，考生应掌握障碍照明的概念、作用、颜色、负荷等级及供电要求等，一方面应熟悉基本概念，另一方面还应熟悉规范规定，了解工程设计要求。难易程度：B 级。

知识要点 4　照明节能

考题一（2010-111）关于照明节能，下面哪项表述不正确？（　　）

A. 采用高效光源

B. 一般场所不宜采用普通白炽灯

C. 每平方米的照明功率应小于照明设计标准规定的照明功率密度值

D. 充分利用天然光

［答案］C

［知识快览］

依据《建筑照明设计标准》GB 50034—2013：

第 6.2.5 条 一般照明在满足照度均匀度条件下，宜选择单灯功率较大、光效较高的光源。A 正确。

第 3.2.1 条 第 5 款 照明设计不应采用普通照明白炽灯，对电磁干扰有严格要求，且其他光源无法满足的特殊场所除外。B 正确。

第 6.4.2 条 当有条件时，宜利用各种导光和反光装置将天然光引入室内进行照明。D 正确。

第 6.1.3 条 照明设计的房间或场所的照明功率密度应满足本标准规定的现行值得要求。C 不正确。

考题二（2007-114）照明的节能以下列哪个参数为主要依据？（　　）

A. 光源的光效　　B. 灯具效率

C. 照明的控制方式　　D. 照明功率密度值

［答案］D

［知识快览］

依据《建筑照明设计标准》GB 50034—2013 第 6.1.2 条照明节能应采用照明功率密度值作为评价指标。

考题三（2006）在高层建筑中对照明光源、灯具及线路敷设的下列要求中，哪一个是错误的？（　　）

A. 开关插座和照明器靠近可燃物时，应采取隔热、散热等保护措施

B. 卤钨灯和超过 250W 的白炽灯泡吸顶灯、槽灯，嵌入式灯的引入线应采取保护措施

C. 白炽灯、卤钨灯、荧光高压汞灯、镇流器等不应直接设置在可燃装修材料或可燃构件上

D. 可燃物仓库不应设置卤钨灯等高温照明灯具

［答案］B

［知识快览］

依据《建筑设计防火规范》GB 50016—2014 第 10.2.4 条 卤钨灯和额定功率不小于 100W 的白炽灯泡的吸顶灯、槽灯、嵌入式灯，其引入线应采用瓷管、矿棉等不燃材料作隔热保护。

考题四（2008，2004-119）下述部位中，哪个适合选用节能自熄开关控制照明？（　　）

A. 办公室　　B. 电梯前室

C. 旅馆大厅　　D. 住宅及办公楼的疏散楼梯

［答案］D

［知识快览］

节能自熄开关控制照明应能有强制点亮措施，否则仅适合使用在住宅及办公楼的疏散楼梯。

考题五（2003-112）下面哪一种方法不能作为照明的正常节电措施？（　　）

A. 采用高效光源　　B. 降低照度标准

C. 气体放电灯安装电容器　　D. 采用光电控制室外照明

［答案］B

［知识快览］

依据《建筑照明设计标准》GB 50034—2013 第 6.1.1 条 在满足规定的照度和照明质量要求的前提下，进行照明节能评价。第 6.2 条 照明节能措施，第 7.3 条 照明控制，选用高效光源、灯具；利用天然采光的场所，随天然光照度变化自动调节照度；提高气体放电灯的功率因数等均为照明的正常节电措施。

［考点分析与应试指导］

照明节能这一考点涉及光源、灯具、供电线路、控制开关、照明方式、自然光的利用、照明功率密度、照明用电管理等方方面面。考生应理解基本概念，同时也应结合规范，联系实际工作和生活中照明节能的具体体现，进行分析判断。难易程度：A 级。

（五）电气安全和建筑防雷

［知识储备］

当人体接触到输电线或电气设备的带电部分时，电流就会流过人体，造成触电现象。触电对人的伤害分为电击和电伤。电击为内伤，电流通过人体主要是损伤心脏、呼吸器官和神经系统，严重时将使心脏停止跳动，导致死亡。电伤为外伤，电流通过人体外部发生的烧伤，危及生命的可能性较小。

实验表明，触电的危害性与通过人体的电流大小、频率和电击的时间有关。工频 50Hz 的电流对人体伤害最大，50 mA 的工频电流流过人体就会有生命危险，100mA 的工频电流流过人体就可致人死亡。我国规定安全电流为 30mA（50Hz），时间不超过 1s，即 30mA·s。

流过人体的电流大小与触电的电压及人体的自身电阻有关。大量的测试数据说明，人体的平均电阻在 1000Ω 以上，在潮湿的环境中，人体的电阻则更低。根据这个平均数据，国际电工委员会规定了长期保持接触的电压最大值，在正常环境下，该电压为 50V。根据工作场所和环境的不同，我国规定安全电压的标准有 42、36、24、12 和 6V 等规格。一般用 36V，在潮湿的环境下，选用 24V。在特别危险的环境下，如人浸在水中工作等情况下，应选用更安全的电压，一般为 12V。

为了达到安全用电的目的，必须采用可靠的技术措施，防止触电事故发生。绝缘、安全间距、漏电保护、安全电压、遮拦及阻挡物等都是防止直接触电的防护措施。保护接地、保护接零是间接触电防护措施中最基本的措施。所谓间接触电防护措施是指防止人体各个部位触及正常情况下不带电，而在故障情况下才变为带电的电器金属部分的技术措施。

漏电是指电器绝缘损坏或其他原因造成导电部分碰壳时，如果电器的金属外壳是接地的，那么电就由电器的金属外壳经大地构成通路，从而形成电流，即漏电电流，也叫作接地电流。其工作原理在前一节中已有介绍，当漏电电流超过允许值时，漏电保护器能够自动切断电源或报警，以保证人身安全。漏电保护器动作灵敏，切断电源时间短，因此只要能够合理选用和正确安装、使用漏电保护器，除了保护人身安全以外，还有防止电气设备损坏及预防火灾的作用。

为了提高接地故障保护的效果和供配电系统的安全性，将建筑物内可导电部分进行相互连接的措施，称为等电位联结。等电位联结包括总等电位联结和辅助等电位联结。

1）总等电位联结中包括：

（1）保护接地线干线；

（2）从用电设备接地极引来的接地干线；

（3）建筑物内的金属给排水管道、煤气管、采暖和空调管等；

（4）建筑物内的金属构件等导电部分。

2）总等电位联结的做法。总等电位连接干线的截面积应不小于电气装置最大保护接地线截面积的一半，且不小于 $6mm^2$，采用铜导线时，其截面积可不超过 $25mm^2$，若采用非铜质金属导体，其截面积应能承受相应的载流量。

当电气设备或设备的某一部分接地故障保护的条件不能满足要求时，应在局部范围内做辅助等电位联结。辅助等电位联结中应包括局部范围内所有人体能同时触及的用电设备的外露可导电部分，条件许可时，还应包括钢筋混凝土结构柱、梁或板内的主钢筋。

等电位联结是接地故障保护的一项重要安全措施，实施等电位联结可以大大降低在接地故障情况下电气设备金属外壳上预期的接触电压，在保证人身安全和防止电气火灾方面的重要意义，已经逐步为广大工程技术人员所认识和接受，并在工程实践中得到了广泛的推广应用。

雷电的危害主要表现为直接雷、间接雷和高电位侵入。

（1）直接雷。直接雷是指雷电通过建（构）筑物或地面直接放电，在瞬间产生巨大的热量可对建（构）筑物形成破坏作用。直接雷大多作用在建（构）筑物的顶部突出的部分，如屋角、屋脊、女儿墙和屋檐等处，对于高层建筑，雷电还有可能通过其侧面放电，称为侧击。

（2）间接雷。间接雷也称为感应雷。它是指带电云层或雷电流对其附近的建筑物产生的电磁感应作用所导致的高压放电过程。一般而言，间接雷的强度不及直接雷，但是间接雷的危害也是不容忽视的。

（3）高电位侵入。高电位侵入是指雷电产生的高电压通过架空线路或各种金属管道侵入建筑物内，危及人身和电气设备的安全。

根据《建筑物防雷设计规范》GB 50057—2010：

3.0.1　建筑物应根据建筑物的重要性、使用性质、发生雷电事故的可能性和后果，按防雷要求分为三类。

3.0.2　在可能发生对地闪击的地区，遇下列情况之一时，应划为第一类防雷建筑物：

1　凡制造、使用或贮存火炸药及其制品的危险建筑物，因电火花而引起爆炸、爆轰，会造成巨大破坏和人身伤亡者。

2　具有 0 区或 20 区爆炸危险场所的建筑物。

3　具有 1 区或 21 区爆炸危险场所的建筑物，因电火花而引起爆炸，会造成巨大破坏和人身伤亡者。

3.0.3　在可能发生对地闪击的地区，遇下列情况之一时，应划为第二类防雷建筑物：

1　国家级重点文物保护的建筑物。

2 国家级的会堂、办公建筑物、大型展览和博览建筑物、大型火车站和飞机场、国宾馆，国家级档案馆、大型城市的重要给水泵房等特别重要的建筑物。

注：飞机场不含停放飞机的露天场所和跑道。

3 国家级计算中心、国际通信枢纽等对国民经济有重要意义的建筑物。

4 国家特级和甲级大型体育馆。

5 制造、使用或贮存火炸药及其制品的危险建筑物，且电火花不易引起爆炸或不致造成巨大破坏和人身伤亡者。

6 具有 1 区或 21 区爆炸危险场所的建筑物，且电火花不易引起爆炸或不致造成巨大破坏和人身伤亡者。

7 具有 2 区或 22 区爆炸危险场所的建筑物。

8 有爆炸危险的露天钢质封闭气罐。

9 预计雷击次数大于 0.05 次/a 的部、省级办公建筑物和其他重要或人员密集的公共建筑物以及火灾危险场所。

10 预计雷击次数大于 0.25 次/a 的住宅、办公楼等一般性民用建筑物或一般性工业建筑物。

3.0.4 在可能发生对地闪击的地区，遇下列情况之一时，应划为第三类防雷建筑物：

1 省级重点文物保护的建筑物及省级档案馆。

2 预计雷击次数大于或等于 0.01 次/a，且小于或等于 0.05 次/a 的部、省级办公建筑物和其他重要或人员密集的公共建筑物，以及火灾危险场所。

3 预计雷击次数大于或等于 0.05 次/a，且小于或等于 0.25 次/a 的住宅、办公楼等一般性民用建筑物或一般性工业建筑物。

4 在平均雷暴日大于 15d/a 的地区，高度在 15m 及以上的烟囱、水塔等孤立的高耸建筑物；在平均雷暴日小于或等于 15d/a 的地区，高度在 20m 及以上的烟囱、水塔等孤立的高耸建筑物。

知识要点 1　漏电保护

考题一（2014-91）下列场所和设备设置的剩余电流（漏电）动作保护，在发生接地故障时，只报警而不切断电源的是(　　)。

A. 手持式用电设备　　B. 潮湿场所的用电设备

C. 住宅内的插座回路　　D. 医院用于维持生命的电气设备回路

[答案] D

[知识快览]

医院用于维持生命的电气设备回路，一旦发生剩余电流超过额定值切断电源时，因停电会造成生命危险，应安装报警式剩余电流保护装置，只报警而不切断电源。

考题二（2014-92，2011-91，2009）住宅中插座回路用的剩余电流（漏电）保护器，其动作电流应为下列哪一个数值？(　　)

A. 10mA　　B. 30mA

C. 300mA　　D. 500mA

[答案] B

[知识快览]

通常人触电有一个感知电流和摆脱电流的过程。人触电后当电流值达到一定时才会感知麻木，此时人的大脑还是有意识的，能控制自己摆脱触电。当触电电流再大到一定值时，人已经无意识，就不能控制自己摆脱触电了，这个电流值就是 30mA，所以漏电保护开关的动作电流设定为 30mA。

考题三（2010-109 改）关系到患者生命安全的手术室属于哪一类医疗场所？（　　）

A. 0 类　　　　B. 1 类

C. 2 类　　　　D. 3 类

[答案] C

[知识快览]

依据《医疗建筑电气设计规范》JGJ 312—2013 第 3.0.1 条 医疗场所应按对电气安全防护的要求分为 0、1、2 三类：

0 类场所为不使用医疗电气设备接触部件的医疗场所；

1 类场所为医疗电气设备接触部件需要与患者体表、体内（除 2 类医疗场所所述部位外）接触的医疗场所；

2 类场所为医疗电气设备接触部件需要与患者体内接触、手术室以及电源中断或故障后将危及患者生命的医疗场所。

因此，关系到患者生命安全的手术室属于 2 类医疗场所，答案 C。

考题四（2009）下列设备和场所设置的剩余电流（漏电）保护，哪一个应该在发生接地故障时只报警而不切断电源？（　　）

A. 手握式电动工具

B. 潮湿场所的电气设备

C. 住宅内的插座回路

D. 医疗电气设备，急救和手术用电设备的配电线路

[答案] D

[知识快览]

消防设施、医疗电气设备，急救和手术用电设备等的配电线路发生接地故障时只报警而不切断电源。

考题五（2005-110）哪些电气装置不应设动作于切断电源的漏电电流动作保护器？（　　）

A. 移动式用电设备　　　　B. 消防用电设备

C. 施工工地的用电设备　　　　D. 插座回路

[答案] B

[知识快览]

消防用电设备为保证其使用功能，电气装置不应设动作于切断电源的漏电电流动作保护器。此题与上一题一起理解、记忆。

考题六（2008，2005-105）采用漏电电流动作保护器，可以保护以下哪一种故障？（　　）

A. 短路故障　　　　B. 过负荷故障

C. 接地故障　　　　　　D. 过电压故障

[答案] C

[知识快览]

漏电电流动作保护器可以保护接地故障。

考题七（2007-106）住宅楼带洗浴的卫生间内电源插座安装高度不低于 1.5m 时，可采用哪种型式的插座？（　　）

A. 带开关的二孔插座　　　　　　B. 保护型二孔插座

C. 普通型带保护线的三孔插座　　　　　　D. 保护型带保护线的三孔插座

[答案] D

考题八（2003-109）潮湿场所（如卫生间），应采用密闭型或保护型的带保护线触头的插座，其安装高度不低于（　　）。

A. 1.5m　　　　　　B. 1.6m

C. 1.8m　　　　　　D. 2.2m

[答案] A

[知识快览]

注意两道题的问法。依据《通用用电设备配电设计规范》GB 50055—2011 第 8.0.6 条 第 4 款 在潮湿场所，应采用具有防溅电器附件的插座，安装高度距地不应低于 1.5m。

考题九（2007-108）为防止电气线路因绝缘损坏引起火灾，宜设置哪一种保护？（　　）

A. 短路保护　　　　　　B. 过负载保护

C. 过电压保护　　　　　　D. 剩余电流（漏电）保护

[答案] D

[知识快览]

国家标准《剩余电流动作保护装置安装和运行》GB 13955—2017 中明确规定：低压配电系统中装设剩余电流动作保护装置是防止直接和间接接触导致的电击事故的有效措施之一，也是防止电气设备和电气线路因接地故障引起电气火灾和电气设备损坏事故的技术措施之一。

考题十（2006）关于电气线路中漏电保护作用的叙述，下列哪一个是正确的？（　　）

A. 漏电保护主要起短路保护作用，用以切断短路电流

B. 漏电保护主要起过载保护作用，用以切断过载电流

C. 漏电保护用作间接接触保护，防止触电

D. 漏电保护用作防静电保护

[答案] C

[知识快览]

漏电电流动作保护器，主要是用来对有致命危险的人身触电进行保护，功能是提供间接接触保护，即人与故障情况下变为带电的外露导电部分的接触保护。

[考点分析与应试指导]

关于此考点，考生需掌握漏电保护的概念、作用、保护原理，合理选择漏电保护动作电流、安装方式和应用场所。在除基本概念外，考试多围绕漏电保护的作用展开，因此考

生应结合原理理解漏电保护在实际应用中的作用。难易程度：B级。

知识要点 2　等电位联结

考题一（2014-93，2011-95，2009）建筑物内电气设备的金属外壳（外露可导电部分）和金属管道、金属构件（外界可导电部分）应实行等电位联结，其主要目的是(　　)。

A. 防干扰　　B. 防电击

C. 防火灾　　D. 防静电

[答案] B

[知识快览]

等电位联结是一种电击防护措施，它将设备外壳或金属部分与地线联结，从而构成各自的等电位体，实行等电位联结可有效地降低接触电压，防止故障电压对人体造成的危害。

考题二（2011-94）在下列建筑场所内，可以不作辅助等电位联结的是(　　)。

A. 室内游泳池　　B. 办公室

C. Ⅰ类、Ⅱ类医疗场所　　D. 有洗浴设备的卫生间

[答案] B

[知识快览]

上述建筑场所内，只有办公室环境干燥，人体承受的接触电压可相对大些，总等电位联结即可降低电击危险。

考题三（2010-108）浴室内的哪一部分不包括在辅助保护等电位联结的范围？(　　)

A. 电气装置的保护线（PE 线）　　B. 电气装置中性线（N 线）

C. 各种金属管道　　D. 用电设备的金属外壳

[答案] B

[知识快览]

辅助等电位联结应包括所有可同时触及的固定式设备的外露可导电部分和外部可导电部分的相互连接，正常工作时不通过电流，仅在故障时才通过电流。电气装置中性线（N 线）是通过正常工作时的电流。

考题四（2009）下列哪一个房间不需要作等电位联结？(　　)

A. 变配电室　　B. 电梯机房

C. 卧室　　D. 有洗浴设备的卫生间

[答案] C

[知识快览]

卧室没有可能带电伤人或物的导电体，故不需要作等电位联结。

考题五（2007-109）等电位联结的作用是（　　）。

A. 降低接地电阻　　B. 防止人身触电

C. 加强电气线路短路保护　　D. 加强电气线路过电流保护

[答案] B

[知识快览]

等电位联结的作用是：以降低接触电压来降低电击危险。

考题六（2004）旅馆、住宅和公寓的卫生间，除整个建筑物采取总等电位联结外，尚应进行辅助等电位联结，其原因是下面的哪一项？（　　）

A. 由于人体电阻降低和身体接触地电位，使得电击危险增加

B. 卫生间空间狭窄

C. 卫生间有插座回路

D. 卫生间空气温度高

［答案］A

［知识快览］

总等电位联结是靠降低接触电压来降低电击危险性，由于卫生间潮湿，使得人体电阻降低且身体接触地电位，电击危险性增加。辅助等电位联结可作为总等电位联结的补充进一步降低接触电压。

［考点分析与应试指导］

考生需理解等电位联结的概念，了解等电位联结的分类、作用，应用场合，应根据具体的应用场景分析等电位联结的实现方法及所起到的作用。重点以理解概念并灵活运用为主。难易程度：B级。

知识要点3　安全电压

考题一（2011-92）我国规定正常环境下的交流安全电压应为下列哪项？（　　）

A. 不超过25V　　　　B. 不超过50V

C. 不超过75V　　　　D. 不超过100V

［答案］B

［知识快览］

我国规定人体干燥环境内的接触电压限值为50V，人体潮湿环境内的接触电压限值为25V。

考题二（2007-110）游泳池和可以进人的喷水池中的电气设备必须采用哪种交流电压供电？（　　）

A. 12V　　　　B. 48V

C. 110V　　　　D. 220V

［答案］A

［知识快览］

根据《民用建筑电气设计标准》GB 51348—2019附录E及第12.10.14条　游泳池属于特殊场所的安全防护的0区域，在0区域内，应采用标称电压不超过12V的安全特低电压供电。

考题三（2008）正常环境下安全接触电压最大为（　　）。

A. 25V　　　　B. 50V

C. 75V　　　　D. 100V

［答案］B

考题四（2004-99）在正常环境下，人身电击安全交流电压限值为多少伏？（　　）

A. 50V　　　　B. 36V

C. 24V　　D. 75V

［答案］A

［知识快览］

国际电工委员会规定，正常环境下安全接触电压最大为50V。

考题五（2007-105）安全超低压配电电源有多种形式，下列哪一种形式不属于安全超低压配电电源？（　　）

A. 普通电力变压器　　B. 电动发电机组

C. 蓄电池　　D. 端子电压不超过50V的电子装置

［答案］A

［知识快览］

安全隔离变压器属于安全超低压配电电源，而普通电力变压器不属于安全超低压配电电源。

［考点分析与应试指导］

对于安全电压，考生需要理解其概念，并要记住几个数字，即在不同场合下的安全电压数值。同时需要理解安全电压是相对的，在一种场合是安全电压，在另一种场合不一定是安全的。难易程度：A级。

知识要点4　建筑防雷

考题一（2014-97）建筑物防雷装置专设引下线的敷设部位及敷设方式是(　　)。

A. 沿建筑物所有墙面明敷设　　B. 沿建筑物所有墙面暗敷设

C. 沿建筑物外墙内表面明敷设　　D. 沿建筑物外墙内表面明敷设

［答案］D

［知识快览］

依据《建筑物防雷设计规范》GB 50057—2010第5.3.4条 专设引下线应沿建筑物外墙外表面明敷设，并应以最短路径接地。

考题二（2011-99）当利用金属屋面做接闪器时，金属屋面需要有一定厚度，这主要是因为(　　)。

A. 防止雷电流的热效应使屋面穿孔

B. 防止雷电流的电动力效应使屋面变形

C. 屏蔽雷电流的电磁干扰

D. 减轻雷击时巨大声响的影响

［答案］A

［知识快览］

主要针对防雷安全，金属屋面需要有一定厚度，否则在与雷电闪击通道接触处，由于熔化而烧穿金属板。

考题三（2010-113）国家级的会堂划为哪一类防雷建筑物？（　　）

A. 第三类　　B. 第二类

C. 第一类　　D. 特类

［答案］B

[知识快览]

根据《建筑物防雷设计规范》GB 50057—2010 第 3.0.3 条 第 2 款 在可能发生对地闪击的地区，国家级的会堂、办公建筑物、大型展览和博览建筑物、大型货车站和飞机场、国宾馆，国家级档案馆、大型城市的重要给水泵房等特别重要的建筑物应划为第二类防雷建筑物。

考题四（2010-114）超高层建筑物顶上避雷网的尺寸不应大于（　　）。

A. 5m×5m　　B. 10m×10m

C. 15m×15m　　D. 20m×20m

[答案] B

[知识快览]

依据《建筑物防雷设计规范》GB 50057—2010 第 4.2.1、4.3.1、4.4.1 条规定 第一类防雷建筑架空接闪网的网格尺寸不应大于 5m×5m 或 6m×4m，第二类防雷建筑屋面接闪网的网格尺寸不应大于 10m×10m 或 12m×8m，第三类防雷建筑屋面接闪网的网格尺寸不应大于 20m×20m 或 24m×16m。

考题五（2009）当利用金属屋面做接闪器时，需要有一定厚度，这是为了（　　）。

A. 防止雷电流的热效应导致屋面穿孔

B. 防止雷电流的电动力效应导致屋面变形

C. 屏蔽雷电的电磁干扰

D. 减轻雷击声音的影响

[答案] A

[知识快览]

雷电产生的电流值极大，为防止雷电流的热效应导致金属屋面穿孔，需要金属板有一定厚度。

考题六（2007-115）下列建筑物防雷措施中，哪一种做法属于二类建筑防雷措施?（　　）

A. 屋顶避雷网的网格不大于 20m×20m

B. 防雷接地的引下线间距不大于 25m

C. 高度超过 45m 的建筑物设防侧击雷的措施

D. 每根引下线的冲击接地电阻不大于 30 欧姆

[答案] B

[知识快览]

依据《建筑物防雷设计规范》GB 50057—2010 第 4.3.9 条 二类防雷建筑，当高度超过 45m 时应设防侧击雷的措施。

考题七（2006）某高层建筑拟在屋顶四周立 2m 高钢管旗杆，并兼作接闪器，钢管直径和壁厚分别不应小于下列何值?（　　）

A. 20mm，2.5mm　　B. 25mm，2.5mm

C. 40mm，4mm　　D. 50mm，4mm

[答案] B

[知识快览]

依据《建筑物防雷设计规范》GB 50057—2010 第 5.2.2 条第 2 款，第 5.2.8 条第 2 款，接闪杆采用钢管制成，针长 1～2m 时，钢管直径和壁厚分别不应小于 25mm 和 2.5mm。

考题八（2005-114）高度超过 100m 的建筑物利用建筑物的钢筋作为防雷装置的引下线时，有什么规定？（　　）

A. 间距最大不应大于 12m　　B. 间距最大不应大于 15m

C. 间距最大不应大于 18m　　D. 间距最大不应大于 25m

[答案] C

[知识快览]

根据《建筑物防雷设计规范》GB 50057—2010 第 3.0.2 条、第 4.3.3 条，高度超过 100m 的建筑物属于第二类防雷建筑物，引下线间距最大不应大于 18m。

考题九（2005-115）下面哪一类建筑物应装设独立避雷针做防雷保护？（　　）

A. 高度超过 100m 的建筑物

B. 国家级的办公楼、会堂、国宾馆

C. 省级办公楼、宾馆、大型商场

D. 生产或贮存大量爆炸物的建筑物

[答案] D

[知识快览]

根据《建筑物防雷设计规范》GB 50057—2010 第 3.0.2 条、第 4.2.1 条 生产或贮存大量爆炸物的建筑物属于第一类防雷建筑物。第一类防雷建筑物应装设独立避雷针做防雷保护。

考题十（2005-116）关于金属烟囱的防雷，下面哪一种做法是正确的？（　　）

A. 金属烟肉应作为接闪器和引下线

B. 金属烟肉不允许作为接闪器和引下线

C. 金属烟囱可作为接闪器，但应另设引下线

D. 金属烟囱不允许作为接闪器，但可作为引下线

[答案] A

[知识快览]

依据《建筑物防雷设计规范》GB 50057—2010 第 4.4.9 条 金属烟囱应作为接闪器和引下线。

考题十一（2004）关于一类防雷建筑物的以下叙述中，哪个是正确的？（　　）

A. 凡制造、使用或贮存炸药、火药等大量爆炸物质的建筑物

B. 国家重点文物保护的建筑物

C. 国家级计算中心、国际通信枢纽等设有大量电子设备的建筑物

D. 国家级档案馆

[答案] A

[知识快览]

依据《建筑物防雷设计规范》第 3.0.2 条，凡制造、使用或贮存炸药、火药等大量爆

炸物质的建筑物属于一类防雷建筑物。

考题十二（2004）钢管、钢罐一旦被雷击穿，其介质对周围环境造成危险时，其壁厚不得小于多少毫米允许作为接闪器？（　　）

A. 0.5mm　　B. 2mm

C. 2.5mm　　D. 4mm

［答案］D

［知识快览］

依据《建筑物防雷设计规范》第5.2.8条，输送和储存物体的钢管和钢罐的壁厚不应小于2.5mm，当钢管、钢罐一旦被雷击穿，其介质对周围环境造成危险时，其壁厚不得小于4mm。

考题十三（2003-113）防直击雷的人工接地体距建筑物出入口或人行道的距离应不小于（　　）。

A. 1.5m　　B. 2.0m

C. 3.0m　　D. 5.0m

［答案］无

［知识快览］

依据《建筑物防雷设计规范》GB 50057—2010第5.4.7条 防直击雷的专设引下线接地体距建筑物出入口或人行道不宜小于3m，取消了原规范人工接地体距出入口或人行道边沿不宜小于3m的规定。读者应注意，虽然都是距离应不小于3m，但内容是不一样的。

考题十四（2003-114）第三类防雷建筑物的防直击雷措施中，应在屋顶设避雷网，避雷网的尺寸应不大于（　　）。

A. 5m×5m　　B. 10m×10m

C. 15m×15m　　D. 20m× 20m

［答案］D

［知识快览］

依据《建筑物防雷设计规范》GB 50057—2010第4.4.1条 第三类防雷建筑物接闪网、接闪带应按本规定附录B的规定沿屋角、屋脊、屋檐和檐角等易受雷击的部位敷设，并应在整个屋面组成不大于20m×20m或24m×16m的网格。

考题十五（2003-115）第二类防雷建筑物中，高度超过多少米的钢筋混凝土结构、钢结构建筑物，应采取防侧击雷和等电位的保护措施？（　　）

A. 30m　　B. 40m

C. 45m　　D. 50m

［答案］C

［知识快览］

依据《建筑物防雷设计规范》GB 50057—2010第4.2.4、4.3.9、4.4.8条 当一类防雷建筑物高于30m、二类防雷建筑物高于45m、三类防雷建筑物高于60m时，应采取防侧击的措施。

［考点分析与应试指导］

关于建筑防雷，考生需首先掌握《建筑物防雷设计规范》中对于建筑防雷等级的划分，能判断不同类型建筑的防雷等级，针对不同防雷等级，其接闪杆、引下线均对应有不同的尺寸、数量、距离等的要求。还应掌握对于直击雷、感应雷、侧击雷等不同的雷击形式对应采取的防雷措施。涉及内容较细、较多，难易程度：B级。

知识要点5　建筑接地

考题一（2014-90）带金属外壳的手持式单相家用电器，应采用插座的形式是（　　）。

A. 单相双孔插座　　B. 单相三孔插座

C. 四孔插座　　D. 五孔插座

[答案] B

[知识快览]

带金属外壳的手持式单相家用电器，其功率小，单相供电，为防止发生接地故障使金属外壳带电，供电系统需提供接地保护，所以采用单相三孔插座。

考题二（2011-89）带金属外壳的交流220V家用电器，应选用下列哪种插座？（　　）

A. 单相双孔插座　　B. 单相三孔插座

C. 四孔插座　　D. 五孔插座

[答案] B

[知识快览]

Ⅰ类用电设备要有接地保护。

考题三（2011-93）保护接地导体应连接到用电设备的哪个部位？（　　）

A. 电源保护开关　　B. 带电部分

C. 金属外壳　　D. 相线接入端

[答案] C

[知识快览]

用电设备的金属外壳正常使用不应带电，但一旦发生接地故障，金属外壳带电，保护接地导体可处理金属外壳故障电流，消除或减轻人的触电危险。

考题四（2010-107）哪一类埋地的金属构件可作为接地极？（　　）

A. 燃气管　　B. 供暖管

C. 自来水管　　D. 钢筋混凝土基础的钢筋

[答案] D

[知识快览]

接地极对埋地的金属构件有稳定性和可靠性的要求。

考题五（2009，2008）带金属外壳的单相家用电器，应用下列哪一种插座？（　　）

A. 双孔插座　　B. 三孔插座

C. 四孔插座　　D. 五孔插座

[答案] B

[知识快览]

带金属外壳的单相家用电器属于Ⅰ类电气设备，是需要采用系统保护的设备，故需三孔插座。多一根PE线，它是接在用电器的金属外壳上，当发生漏电事故的时候，人接触用电器外壳不会触电。

考题六（2008）不能用作电力装置地线的是（　　）。

A. 建筑设备的金属架构　　B. 供水金属管道

C. 建筑物金属构架　　D. 煤气输送金属管道

［答案］D

［知识快览］

防止煤气渗漏与静电接触发生爆炸，故煤气输送金属管道不能用作电力装置接地线。

考题七（2006）电子设备的接地系统如与建筑物防雷接地系统分开设置，两个接地系统之间的距离不宜小于下列哪个值？（　　）

A. 5m　　B. 15m

C. 20m　　D. 30m

［答案］C

［知识快览］

根据《民用建筑电气设计标准》GB 51348—2019 第 12.8.3 条 当电子设备接地与防雷接地系统分开时，两接地装置应保持 20m 以上间距。

考题八（2005-111）关于埋地接地装置的导电特性，下面哪一条描述是正确的？（　　）

A. 土壤干燥对接地装置的导电性能有利

B. 土壤潮湿对接地装置的导电性能不利

C. 黏土比砂石土壤对接地装置的导电性能有利

D. 黏土比砂石土壤对接地装置的导电性能不利

［答案］C

［知识快览］

埋地接地装置的导电特性其电阻越小越好。

［考点分析与应试指导］

建筑接地分工作接地、保护接地和防雷接地等形式。考生应理解不同接地形式的含义、作用及安装布置要求，以理解基本概念为主，也应记忆涉及规范中规定的不同接地形式的接地电阻、接地网距离、接地体设计等要求。难易程度：A 级。

（六）火灾自动报警系统

［知识储备］

火灾自动报警系统是由触发装置、火灾报警装置、联动输出装置以及具有其他辅助功能装置组成的，它具有能在火灾初期，将燃烧产生的烟雾、热量、火焰等物理量，通过火灾探测器变成电信号，传输到火灾报警控制器，并同时以声或光的形式通知整个楼层疏散，控制器记录火灾发生的部位、时间等，使人们能够及时发现火灾，并及时采取有效措施，扑灭初期火灾，最大限度地减少因火灾造成的生命和财产的损失，是人们同火灾做斗争的有力工具。

知识要点1　火灾自动报警系统组成与类型

考题一　建筑物的消防控制室应设在下列哪个位置是正确的？（　　）

A. 设在建筑物的顶层

B. 设在消防电梯前室

C. 宜设在首层或地下一层，并应设置通向室外的安全出口

D. 可设在建筑物内任一位置

［答案］C

［知识快览］

根据《民用建筑电气设计标准》GB 51348—2019 第 13.3.1 条，消防控制室应设置在建筑物的首层或地下一层，宜选择在通向室外部位。

考题二　下列高层建筑中哪种可不设消防电梯？（　　）

A. 一类公共建筑

B. 塔式住宅

C. 11 层及 11 层以下的单元式住宅和通廊式住宅

D. 高度超过 32m 的其他二类公共建筑

［答案］C

［知识快览］

《建筑设计防火规范》GB 50016—2014 第 7.3.1 条，一类公共建筑、塔式住宅、12 层及 12 层以上的单元式住宅和通廊式住宅应设消防电梯。

［考点分析与应试指导］

主要考查对火灾自动报警系统设计原则的熟悉程度，考查重点是选址问题、设备或设施的设置问题。只要考生有一定的实际工作经验，应该不难理解和掌握。复习以熟悉为主，基本都是常识性的问题，考试中应该是较为简单的得分题。难易程度：A 级。

知识要点2　火灾探测器的选择与布置

考题一（2009）电缆隧道适合选择下列哪种火灾探测器？（　　）

A. 光电感烟探测器　　B. 差温探测器

C. 缆式线型感温探测器　　D. 红外感烟探测器

［答案］C

［知识快览］

《火灾自动报警系统设计规范》GB 50116—2013 第 5.3.3 条第 1 款，电缆隧道、电缆竖井、电缆夹层、电缆桥架宜选择缆式线型感温探测器。

考题二（2009）大型电子计算机房选择火灾探测器时，应选用（　　）。

A. 感烟探测器　　B. 感温探测器

C. 火焰探测器　　D. 感烟与感温探测器

［答案］A

［知识快览］

感温探测器不适宜保护可能由小火造成不能允许损失的场所，大型电子计算机房应选

用感烟探测器。

考题三（2007）下列哪个场所应选用缆式感温探测器？（　　）

A. 书库　　　　B. 走廊

C. 办公楼的厅堂　　　　D. 电缆夹层

［答案］D

［知识快览］

《火灾自动报警系统设计规范》GB 50116—2013 第 5.3.3 条第 1 款，电缆隧道、电缆竖井、电缆夹层、电缆桥架宜选择缆式线型感温探测器。

考题四（2004）一个火灾报警探测区域的面积不宜超过（　　）。

A. $500m^2$　　　　B. $200m^2$

C. $100m^2$　　　　D. $50m^2$

［答案］A

［知识快览］

《火灾自动报警系统设计规范》GB 50116—2013 第 3.3.2 条第 1 款，一个火灾报警探测区域的面积不宜超过 $500m^2$。

考题五（2003）下列哪一组场所，宜选择点型感烟探测器？（　　）

A. 办公室、电子计算机房、发电机房

B. 办公室、电子计算机房、汽车库

C. 楼梯、走道、厨房

D. 教学楼、通信机房、书库

［答案］D

［知识快览］

宜选择点型感烟探测器的场所有：

（1）饭店、旅馆、教学楼、办公楼的厅堂、卧室、办公室等；

（2）电子计算机房、通信机房、电影或电视放映室等；

（3）楼梯、走道、电梯机房等；

（4）有电气火灾危险的场所。

发电机房、厨房、汽车库等场所，正常情况下长期有烟雾滞留，不适宜选用感烟探测器。

考题六　在高层民用建筑内，下述部位中何者宜设感温探测器？（　　）

A. 电梯前室　　　　B. 走廊

C. 发电机房　　　　D. 楼梯间

［答案］C

［知识快览］

厨房、锅炉房、发电机房、茶炉房、烘干房等宜选用感温探测器。

考题七　在下列情形的场所中，哪种不宜选用火焰探测器？（　　）

A. 火灾时有强烈的火焰辐射

B. 探测器易受阳光或其他光源的直接或间接照射

C. 需要对火焰做出快速反应

D. 无阴燃阶段的火灾

［答案］B

［知识快览］

探测器易受阳光或其他光源的直接或间接照射的场所不宜设置火焰探测器。

考题八　在下列有关火灾探测器的安装要求中，哪种有误？（　　）

A. 探测器至端墙的距离，不应大于探测器安装间距的一半

B. 探测器至墙壁、梁边的水平距离，不应少于 0.5m

C. 探测器周围 1m 范围内，不应有遮挡物

D. 探测器至空调送风口的水平距离，不应小于 1.5m，并宜接近回风口安装

［答案］C

［知识快览］

根据《火灾自动报警系统设计规范》GB 50116—2013 第 6.2.6 条，点型探测器周围 0.5m 内，不应有遮挡物。

考题九　在梁突出顶棚的高度小于（　　）mm 时，顶棚上设置的感烟、感温探测器，可不考虑梁对探测器保护面积的影响。

A. 50　　　　B. 100

C. 150　　　　D. 200

［答案］D

［知识快览］

根据《火灾自动报警系统设计规范》GB 50116—2013 第 6.2.3 条，在梁突出顶棚的高度小于 200mm 时，顶棚上设置的感烟、感温探测器，可不考虑梁对探测器保护面积的影响。

［考点分析与应试指导］

本知识要点是考试的高频考点，要引起足够的重视。主要考查感烟、感温、火焰探测器的设置原则和安装要求。尤其是各种火灾探测器的适用场所和特点，需要考生加以分辨。由于内容较多，比较容易混淆，考生需要在理解的基础上加以记忆，尽量熟悉规范要求，并多做练习，这样才能熟能生巧，拿到分数。难易程度：B 级。

知识要点 3　消防联动控制系统的工作原理

考题一（2010）消防联动控制包括下面哪一项？（　　）

A. 应急电源的自动启动　　　　B. 非消防电源的断电控制

C. 继电保护装置　　　　D. 消防专业电话

［答案］B

［知识快览］

消防联动控制对象应包括下列设施：1）各类自动灭火设施；2）通风及防、排烟设施；3）防火卷帘、防火门、水幕；4）电梯；5）非消防电源的断电控制；6）火灾应急广播、火灾警报、火灾应急照明、疏散指示标志的控制等。

考题二（2004）消防控制室在确认火灾后，应能控制哪些电梯停于首层，并接受其反馈信号？（　　）

A. 全部电梯　　B. 全部客梯

C. 全部消防电梯　　D. 部分客梯及全部消防电梯

［答案］A

［知识快览］

根据《火灾自动报警系统设计规范》GB 50116—2013 第 3.3.2 条，消防控制室在确认火灾后，应能控制全部电梯停于首层或电梯转换层。

考题三（2003）火灾探测器动作后，防火卷帘应一步下降到底，这种控制要求适用于以下哪种情况？（　　）

A. 汽车库防火卷帘　　B. 疏散通道上的卷帘

C. 各种类型卷帘　　D. 这种控制是错误的

［答案］A

［知识快览］

《火灾自动报警系统设计规范》GB 50116—2013 第 4.6.3 条 疏散通道上设置的防火卷帘的联动控制设计，应符合下列规定：

1　联动控制方式，防火分区内任两只独立的感烟火灾探测器或任一只专门用于联动防火卷帘的感烟火灾探测器的报警信号应联动控制防火卷帘下降至距楼板面 1.8m 处，任一只专门用于联动防火卷帘的感温火灾探测器的报警信号应联动控制防火卷帘下降到楼板面；在卷帘的任一侧距卷帘纵深 0.5～5m 内应设置不少于 2 只专门用于联动防火卷帘的感温火灾探测器。

2　手动控制方式，应由防火卷帘两侧设置的手动控制按钮控制防火卷帘的升降。

第 4.6.4 条 非疏散通道上设置的防火卷帘的联动控制设计，应符合下列规定：

1　联动控制方式，应由防火卷帘所在防火分区内任两只独立的火灾探测器的报警信号，作为防火卷帘下降的联动触发信号，并应联动控制防火卷帘直接下降到楼板面。

2　手动控制方式，应由防火卷帘两侧设置的手动控制按钮控制防火帘的升降，并应能在消防控制室内的消防联动控制器上手动控制防火卷帘的降落。

考题四　火灾确认后，下述联动控制哪条错误？（　　）

A. 关闭有关部位的防火门、防火卷帘，并接收其反馈信号

B. 发出控制信号，强制所有电梯停于首层，并切断客梯电源，消防梯除外

C. 接通火灾应急照明和疏散指示灯

D. 接通全楼的火灾警报装置和火灾事故广播，切断全楼的非消防电源

答案：D

［知识快览］

根据《火灾自动报警系统设计规范》GB 50116—2013 第 4.8.8 条、第 4.10.1 条，火灾确认后，应同时向全楼进行广播，切断有关部位的非消防电源。

［考点分析与应试指导］

本知识要点的实用性很强，主要考查考生对于消防联动控制系统工作原理的理解。由于消防联动控制对象较多，包括各类自动灭火设施、通风及防排烟设施、防火卷帘、防火门、水幕、电梯、非消防电源的断电控制、火灾应急广播、火灾警报、火灾应急照明、疏散指示标志的控制等，考查方式比较灵活，高频考点为通风及防排烟设施、防火卷帘等的

设置原则。需要考生有一定的认知能力。难易程度：B级。

知识要点4　火灾自动报警与消防联动控制系统的设计

考题一（2008）超高层建筑的各避难层，应每隔多少米设置一个消防专用电话分机或电话塞孔？（　）

A. 30m　　B. 20m

C. 15m　　D. 10m

[答案] B

[知识快览]

《火灾自动报警系统设计规范》GB 50116—2013 第6.7.4条第3款规定，各避难层应每隔20m设置一个消防专用电话分机或电话塞孔。

考题二（2006）某高层建筑的一层发生火灾，在切断有关部位非消防电源的叙述中，下列哪一个是正确的？（　）

A. 切断二层及地下各层的非消防电源

B. 切断一层的非消防电源

C. 切断地下各层及一层的非消防电源

D. 切断一层及二层的非消防电源

[答案] B

[知识快览]

《火灾自动报警系统设计规范》GB 50116—2013 第4.10.1条，当确定火灾后，应切断有关部位的非消防电源。

考题三（2005）火灾自动报警系统中的特级保护对象（建筑高度超过100m的高层民用建筑），该建筑物中的各避难层应每隔多少距离设置一个消防专用电话分机或电话塞孔？（　）

A. 10m　　B. 20m

C. 30m　　D. 40m

[答案] B

[知识快览]

《火灾自动报警系统设计规范》GB 50116—2013 取消了保护对象的划分，第6.7.4条第3款规定，各避难层应每隔20m设置一个消防专用电话分机或电话塞孔。

考题四（2004）请指出下列消防用电负荷中，哪一个可以不在最末一级配电箱处设置电源自动切换装置？（　）

A. 消防水泵　　B. 消防电梯

C. 防烟排烟风机　　D. 应急照明、防火卷帘

[答案] D

[知识快览]

《建筑设计防火规范》GB 50016—2014 第10.1.8条，消防控制室、消防水泵房、防烟和排烟机房的消防用电设备及消防电梯等的供电，应在其配电线路的最末一级配电箱处设置自动切换装置。

考题五 下列场所中哪种场所不应设火灾报警系统？（ ）

A. 敞开式汽车库

B. Ⅰ类汽车库

C. Ⅱ类地下汽车库

D. 高层汽车库以及机械式立体汽车库、复式汽车库、采用升降梯作汽车疏散出口的汽车库

[答案] A

[知识快览]

《汽车库、修车库、停车场设计防火规范》GB 50067—2014 第 9.0.7 条，除敞开式汽车库、屋面停车场以外的汽车库、修车库，应设置火灾自动报警系统。

考题六（2014）在火灾发生时，下列消防用电设备中需要在消防控制室进行手动直接控制的是（ ）。

A. 消防电梯　　B. 防火卷帘门

C. 应急照明　　D. 防烟排烟机房

[答案] D

[知识快览]

《火灾自动报警系统设计规范》GB 50116—2013 第 4.5.3 条：防烟系统、排烟系统的手动控制方式，应能在消防控制室内的消防联动控制器上手动控制送风口、电动挡烟垂壁、排烟口、排烟窗、排烟阀的开启或关闭及防烟风机、排烟风机等设备的启动或停止；防烟、排烟风机的启动、停止按钮应采用专用线路直接连接至设置在消防控制室内的消防联动控制器的手动控制盘，并应直接手动控制防烟、排烟机的启动、停止。

此条规定了在消防控制室防排烟系统的手动控制方式的联动设计要求。

[考点分析与应试指导]

本知识要点有一定的难度，涉及火灾自动报警与消防联动控制系统两个方面。在设计中必须熟悉相关规范的要求，考生务必对《火灾自动报警系统设计规范》GB 50116—2013 中的相关条款有一定的了解。考查的内容比较分散，要求考生有一定的工程经验。难易程度：B级。

知识要点 5 消防应急照明与疏散指示系统设计

考题一（2010）应急照明包括哪些照明？（ ）

A. 疏散照明、安全照明、备用照明　　B. 疏散照明、安全照明、警卫照明

C. 疏散照明、警卫照明、事故照明　　D. 疏散照明、备用照明、警卫照明

[答案] A

[知识快览]

《建筑照明设计标准》GB 50034—2013 第 2.0.19 条应急照明：因正常照明的电源失效而启用的照明。应急照明包括疏散照明、安全照明、备用照明。

考题二 在下列应设有应急照明的条件中，哪一条是错误的？（ ）

A. 面积大于 200m² 的演播室　　B. 面积大于 1500m² 的营业厅

C. 面积大于 1500m² 的展厅　　D. 面积大于 5000m² 的观众厅

[答案] D

[知识快览]

观众厅不受面积限制，应设置应急照明。

考题三 设在疏散走道的指示标志的间距不得大于多少米？（　　）

A. 20　　B. 15

C. 25　　D. 30

[答案] A

[知识快览]

根据《民用建筑电气设计标准》GB 51348—2019 第 13.6.5 条，走道上疏散标志灯的间距不应大于 20m。

[考点分析与应试指导]

本知识要点考查内容的重复率较高，高频考点是应急照明的组成，以及疏散走道指示标志的间距要求，请考生牢记（考题一和考题三）。本内容不难理解和掌握，复习请以熟悉为主，基本都是常识性的问题。难易程度：A 级。

知识要点 6　可燃气体探测器报警系统设计

考题一（2006）高层建筑内瓶装液化石油气储气间，应设哪种火灾探测器？（　　）

A. 感烟探测器　　B. 感温探测器

C. 火焰探测器　　D. 可燃气体浓度报警器

[答案] D

[知识快览]

对于使用可燃气体、燃气站和燃气表房以及存储液化石油气罐、其他散发可燃气体和可燃蒸气的场所，选用可燃气体探测器。

由于高层建筑内储气间火灾起因是液化石油气，应设置可燃气体浓度报警器。

考题二（2008）下列哪个场所适合选择可燃气体探测器？（　　）

A. 燃气表房　　B. 柴油发电机房储油间

C. 汽车库　　D. 办公室

[答案] A

[知识快览]

对于使用可燃气体、燃气站和燃气表房以及存储液化石油气罐、其他散发可燃气体和可燃蒸气的场所，选用可燃气体探测器。

[考点分析与应试指导]

复习本知识要点时，请理解可燃气体探测报警系统设计的一般原则：可燃气体探测报警系统应具有独立的系统形式，可燃气体探测器不应接入火灾报警控制器的探测器回路；当可燃气体的报警信号需接入火灾自动报警系统时，应由可燃气体报警控制器接入。

考查的重点在于可燃气体探测器的设置场所和原则。难易程度：A 级。

知识要点 7　消防用电与配电设计

考题一　在下列关于消防用电的叙述中哪个是错误的？（　　）

A. 一类高层建筑消防用电设备的供电，应在最末一级配电箱处设置自动切换装置

B. 一类高层建筑的自备发电设备，应设有自动启动装置，并能在 60s 内供电

C. 消防用电设备应采用专用的供电回路

D. 消防用电设备的配电回路和控制回路宜按防火分区划分

［答案］B

［知识快览］

根据《民用建筑电气设计标准》GB 51348—2019 第 6.1.8 条、第 13.7.9 条，一类高层建筑的自备发电设备，应设有自动启动装置，并能在 30s 内供电。

考题二　消防用电设备的配电线路，当采用穿金属管保护，暗敷在非燃烧体结构内时，其保护层厚度不应小于（　　）cm。

A. 2　　B. 2.5

C. 3　　D. 4

［答案］C

［知识快览］

根据《火灾自动报警系统设计规范》GB 50116—2013 第 11.2.3 条，暗敷在非燃烧体结构内时，其保护层厚度不应小于 30mm。

考题三　消防控制室的接地电阻应符合下列哪项要求？（　　）

A. 专设工作接地装置时其接地电阻应小于 4Ω

B. 专设工作接地装置时其接地电阻不应小于 4Ω

C. 采用联合接地时，接地电阻应小于 2Ω

D. 采用联合接地时，接地电阻不应小于 2Ω

［答案］A

［知识快览］

火灾自动报警及联动控制系统的接地应采用共用接地系统。接地干线应采用截面积不小于 $16mm^2$ 的铜芯绝缘线，并宜穿管敷设接至本楼层（或就近）的等电位接地端子板。采用专用接地装置时，由消防控制室接地板引至各消防电子设备的专用接地线应选用铜芯绝缘导线，其线芯截面面积不应小于 $4\ mm^2$。

火灾自动报警系统采用共用接地装置时，接地电阻值不应大于 1Ω；采用专用接地装置时，接地电阻值不应大于 4Ω。

考题四　火灾自动报警系统的传输线路，应采用铜芯电线或电缆，其电压等级不应低于（　　）V。

A. 交流 110　　B. 交流 220

C. 交流 250　　D. 交流 500

［答案］D

［知识快览］

根据《民用建筑电气设计标准》GB 51348—2019 第 13.8.2 条，火灾自动报警系统的传输线路，应采用耐压不低于交流 300/500V 的多股绝缘电线或电缆。

考题五　下列叙述中，哪组答案是正确的？（　　）

① 交流安全电压是指标称电压在 65V 以下

② 消防联动控制设备的直流控制电源电压应采用 24V

③ 变电所内高低压配电室之间的门宜为双向开启

④ 大型民用建筑工程的应急柴油发电机房应尽量远离主体建筑，以减少噪声、振动和烟气的污染

A. ①、② B. ①、④

C. ②、③ D. ②、③、④

[答案] C

[知识快览]

交流安全电压是指标称电压在 50V 及以下，另发电机房应靠近负荷中心设置。

[考点分析与应试指导]

本知识要点是高频考点，请考生对《民用建筑电气设计标准》GB 51348—2019 中第 13.7 和第 13.8 中的条款要求有一定的了解，结合实际理解并掌握。考查内容主要包括：电压等级的要求、线缆的选择和敷设、接地电阻的要求等。难度不大，但是内容较多，容易混淆。难易程度：B 级。

（七）安全防范系统

[知识储备]

安全防范系统以维护社会公共安全为目的，运用安全防范产品和其他相关产品所构成的入侵报警系统、视频安防监控系统、出入口控制系统、防爆安全检查系统等；或由这些系统为子系统组合或集成的电子系统或网络。

通常所说的安全防范主要是指技术防范，是指通过采用安全技术防范产品和防护设施实现安全防范。

知识要点 1　安全防范监控系统设计

考题一（2010）下面哪项规定不符合对于安全防范监控中心的要求？（　　）

A. 不应与消防、建筑设备监控系统合用控制室

B. 宜设在建筑物一层

C. 应设置紧急报警装置

D. 应配置用于进行内外联络的通信手段

[答案] A

[知识快览]

《民用建筑电气设计标准》GB 51348—2019 第 14.9.4 条 安防监控中心宜设置为禁区，应有保证自身安全的防护措施和进行内外联结的通信装置……。第 14.9.2 条　与消防控制室或智能化总控室合用时，其专用工作区面积不宜小于 $12m^2$。第 23.2.1 条　机房宜设在建筑物首层及以上各层，当有多层地下室时，也可设在地下一层。

考题二（2004）下述部位中，哪个应不设监控用的摄影机？（　　）

A. 高级宾馆大厅 B. 电梯轿厢

C. 车库出入口　　　　　　　　D. 高级客房

[答案] D

[知识快览]

高级客房不属于必须进行监控的场所。

[考点分析与应试指导]

本知识要点涉及《民用建筑电气设计》中第 14 部分，虽然规范条款较多，但是考查内容主要集中于第 14.7 和第 14.9 条款中相关的内容，尤其是安全防范监控中心的设置要求。内容不难理解和掌握。难易程度：A 级。

(八) 电话、有线广播和扩声、同声传译

 **[知识储备]**

电话设备主要包括电话交换机（含配套辅助设备）、话机及各种线路设备和线材。目前主要的电话交换机有纵横制自动电话交换机、数字程控交换机（简称程控交换机）。

公共建筑应设有线广播系统。系统的类别应根据建筑规模、使用性质和功能要求确定，一般可分为业务性广播系统、服务性广播系统和火灾事故广播系统。

根据使用要求，视听场所的扩声系统可分为语言扩声系统、音乐扩声系统和语言和音乐兼用的扩声系统。扩声系统的技术指标应根据建筑物用途、类别、服务对象等因素确定。

同声传译系统的信号输出方式分为有线、无线和两者混合方式，无线方式可分为感应式和红外辐射式两种。同声传译系统具有直接翻译和二次翻译两种形式，其设备及用房宜根据二次翻译的工作方式设置，同声传译系统语言清晰度应达到良好以上。

知识要点 1　电话系统的设计

考题一　关于电话站技术用房位置的下述说法哪种不正确？（　　）

A. 不宜设在浴池、卫生间、开水房及其他容易积水房间的附近

B. 不宜设在水泵房、冷冻空调机房及其他有较大振动场所附近

C. 不宜设在锅炉房、洗衣房以及空气中粉尘含量过高或有腐蚀性气体、腐蚀性排泄物等场所附近

D. 宜靠近配变电所设置，在变压器室、配电室楼上、楼下或隔壁

[答案] D

[知识快览]

电话技术用房应远离变配电所设置，减少磁干扰场强。

考题二　电话站技术用房应采用下列哪一种地面？（　　）

A. 水磨石地面　　　　　　　　B. 防滑地砖

C. 防静电的活动地板或塑料地面　　D. 无要求

[答案] C

[知识快览]

电话站技术用房的地面（除蓄电池室），应采用防静电的活动地板或塑料地面，有条件时亦可采用木地板。

[考点分析与应试指导]

本知识要点的考查重点是电话站技术用房的设计原则，试题有一定的重复率，请考生对真题有一定的了解。

另外，请考生具备以下知识：调度电话站、会议电话室的位置，应选择在防止泄密、便利生产指挥和噪声小的地点，并应尽量避免设在有腐蚀性气体厂房最大频率风向的下风侧。如与产生噪声较大的房间（如空调机室、通风机室、充气维护室、油机室等）邻近时，应采取隔声消声措施，设备基础应根据振动力的大小采取相应的减振措施。调度电话站和会议电话室应采取防尘措施，室内表面材料不应起灰。室内温湿度应符合所装设备的要求，并根据环境条件设置采暖、通风、空调设施。

难易程度：A级。

知识要点2　有线广播和扩声、同声传译的设计

考题一（2008、2006）关于会议厅、报告厅内同声传译信号的输出方式，下列叙述中哪一个是错误的？（　　）

A. 设置固定座席并有保密要求时，宜采用无线方式

B. 设置活动座席时，宜采用无线方式

C. 在采用无线方式时，宜采用红外辐射方式

D. 既有固定座席又有活动座席，宜采用有线、无线混合方式

[答案] A

[知识快览]

同声传译的信号输出方式一般分为有线、无线或者两者结合，具体选用宜符合下列规定：

(1) 置固定座席并有保密要求的场所，宜采用无线式。在听众的座席上应设有耳机插孔、音量调节和分路选择开关的收听盒。

(2) 不设固定座席的场所，宜采用无线式。当采用感应式同声传译设备时，在不影响接收效果的前提下，天线宜沿吊顶、装修墙面敷设，亦可在地面下或无抗静电措施的地毯下敷设。

(3) 特殊需要时，宜采用有线和无线混合方式。

考题二（2007）民用建筑中广播系统选用的扬声器，下列哪项是正确的？（　　）

A. 办公室的业务广播系统选用的扬声器不小于5W

B. 走廊、门厅的广播扬声器不大于2W

C. 室外扬声器应选用防潮保护型

D. 室内公共场所选用号筒扬声器

[答案] C

[知识快览]

《民用建筑电气设计标准》GB 51348—2019 第16.4.7条，办公室、生活间、客房等可采用1～3W的扬声器；走廊、门厅及公共场所的背景音乐、业务广播等宜采用3～5W

的扬声器。

考题三（2005）关于有线广播控制室的土建及其设施要求，下面哪一条是正确的？（　　）

A. 机房净高不低于 2.3m　　B. 采用水磨石地面

C. 采用木地板或塑料地面　　D. 照明照度不低于 100lx

［答案］C

［知识快览］

《民用建筑电气设计标准》GB 51348—2019 第 23.4.2 条表 23.4.2 要求，机房净高不低于 2.5m，使用防静电地面，照明照度不低于 300lx。

考题四　扩声控制室的下列土建要求中，哪条是错误的？（　　）

A. 镜框式剧场扩声控制室宜设在观众厅后部

B. 体育馆内扩声控制室宜设在主席台侧

C. 报告厅扩声控制室宜设在主席台侧

D. 扩声控制室不应与电气设备机房上、下、左、右贴邻布置

［答案］C

［知识快览］

根据《民用建筑电气设计标准》GB 51348—2019 第 16.7.4 条：报告厅扩声控制室宜设在观众厅后部。

考题五 演播室及播音室的隔声门及观察窗的隔声量每个应不少于（　　）dB。

A. 40　　B. 50

C. 60　　D. 80

［答案］C

［知识快览］

隔声门及观察窗的隔声量每个应不少于 60dB。

考题六　演播室与控制室地面高度的关系如下，何种正确？（　　）

A. 演播室地面宜高于控制室地面 0.3m

B. 控制室地面宜高于演播室地面 0.3m

C. 演播室地面宜高于控制室地面 0.5m

D. 控制室地面宜高于演播室地面 0.5m

［答案］B

［知识快览］

控制室地面宜高于演播室地面 0.3m。

［考点分析与应试指导］

本知识要点要求考生具有一定的专业知识，并且了解《民用建筑电气设计标准》GB 51348—2019 中第 15 和第 16 部分，规范条款较多，考题比较分散，考查重点在于重要环节的参数设置，考生应该牢记。建议在理解的基础上多做真题和模拟题加以巩固。难易程度：B 级。

知识要点 3　信息机房系统

考题一（2009）电话站、扩声控制室、电子计算机房等弱电机房位置选择时，都要远

离变配电所，主要是为了（　　）。

A. 防火　　B. 防电磁干扰

C. 线路敷设方便　　D. 防电击

［答案］B

［知识快览］

机房选址在外部环境方面应重点考虑以下事项：

（1）电力供给应充足可靠，通信应快速畅通，交通应便捷。

（2）采用水蒸发冷却方式制冷的数据中心，水源应充足。

（3）自然环境应清洁，环境温度应有利于节约能源。

（4）应远离产生粉尘、油烟、有害气体以及生产或贮存具有腐蚀性、易燃、易爆物品的场所。

（5）应远离水灾、地震等自然灾害隐患区域。

（6）应远离强振源和强噪声源。

（7）应避开强电磁干扰。

（8）A 级数据中心不宜建在公共停车库的正上方。

（9）大中型数据中心不宜建在住宅小区和商业区内。

考题二（2004）通信机房的位置选择，下列哪一种是不适当的？（　　）

A. 应布置在环境比较清静和清洁的区域

B. 宜设在地下层

C. 在公共建筑中宜设在二层及以上

D. 住宅小区内应与物业用房设置在一起

［答案］B

［知识快览］

由于潮湿影响，通信机房不宜设在地下层。

考题三　关于计算机用房的下述说法哪种不正确？（　　）

A. 业务用计算机电源属于一级电力负荷

B. 计算机房应远离易燃易爆场所及振动源

C. 为取电方便应设在配电室附近

D. 计算机用房应设独立的空调系统或在空调系统中设置独立的空气循环系统

［答案］C

［知识快览］

计算机用房应远离配电室，减少磁干扰场强。

［考点分析与应试指导］

本知识要点是考试的高频考点，重点考查考生对于信息机房的设置原则和要求，尤其是信息机房对于防火、防电磁干扰的要求。考生具有一定的专业知识，并且了解《民用建筑电气设计标准》GB 51348—2019 中第 23 部分。由于专业性较强，需要具有一定的工程经验才能更好掌握。难易程度：B 级。

（九）共用天线电视系统和闭路应用电视系统

［知识储备］

目前我国多数电缆电视系统主要分送由集体接收天线接收到的无线广播电视信号（即转播无线广播电视节目）。人们将这样的系统称“共用天线电视系统”。利用共用天线电视系统的电缆分配网，也可以分送商品音像制品的重放信号（放录像）。共用天线电视系统是一种主要用于传输和分送无线电广播电视信号的电缆分配系统。习惯上主要用于传输并分送电视及其伴音信号的电缆分配系统，也称为电缆电视系统。

闭路电视系统是指用金属电缆或光缆在闭合的环路内传输电视信号的系统。对于工业电视系统，一般指非广播电视系统而言，由于它首先并广泛应用于工业，故惯称为工业电视系统，其特点主要是以电缆方式在特定的范围内形成电视信号的传输系统。因其系统是闭合回路结构的，故又称为闭路电视系统。由于工业电视的用途十分广泛，因此，也有称应用于不同场合的工业电视为应用电视。

知识要点1　共用天线电视系统

考题一（2006）建筑高度超过100m的建筑物，其设在屋顶平台上的共用天线，距屋顶直升机停机坪的距离不应小于下列哪个数值？（　　）

A. 1.00m　　B. 3.00m

C. 5.00m　　D. 10.00m

［答案］C

［知识快览］

根据《建筑设计防火规范》GB 50016—2014第7.4.2条，设在屋顶平台上的设备机房、水箱间、电梯机房、共用天线等突出物，距屋顶直升机停机坪的距离不应小于5.00m。

考题二　共用天线电视系统（CATV）接收天线位置的选择，下述原则哪个提法不恰当？（　　）

A. 宜设在电视信号场强较强，电磁波传输路径单一处

B. 应远离电气化铁路和高压电力线处

C. 必须接近大楼用户中心处

D. 尽量靠近CATV的前端设备处

［答案］C

［知识快览］

根据《民用建筑电气设计标准》GB 51348—2019第15.4.5条　卫星电视接收站宜选择在周围无微波站和雷达站等干扰源处，并应避开同频干扰；应远离高压线和飞机主航道；卫星信号接收方向应保证无遮挡。

［考点分析与应试指导］

本知识要点的考查重点是共用天线电视系统接收天线位置的选择，要注意相关参数的

设置并牢记。考题一般都是常识性的问题，比较简单，不难掌握。难易程度：A级。

知识要点2　闭路应用电视系统

考题一（2010）有线电视系统应采用哪一种电源电压供电？（　　）

A. 交流380V　　B. 直流24V

C. 交流220V　　D. 直流220V

[答案] C

[知识快览]

有线电视系统应采用单相220V、50Hz交流电源供电，电源配电箱内，宜根据需要安装浪涌保护器。

考题二（2007）有线电视的前端部分包括三部分，下列哪项是正确的？（　　）

A. 信号源部分 信号处理部分 信号放大合成输出部分

B. 电源部分 信号源部分 信号处理部分

C. 电源部分 信号处理部分 信号传输部分

D. 信号源部分 信号传输部分 电源部分

[答案] A

[知识快览]

有线电视的前端部分包括信号源部分，信号处理部分，信号放大、合成、输出三部分。

[考点分析与应试指导]

本知识要点的考查重点是有线电视系统的组成以及各部分的功能，大多数是基本常识。另外，请考生具备系统设计原则的以下知识：

有线电视系统设计时应明确下列主要条件和技术要求：

1　系统规模、用户分布及功能需求；

2　接入的有线电视网或自设前端的各类信号源和自办节目的数量、类别；

3　城镇的有线电视系统，应采用双向传输及三网融合技术方案；

4　接收天线设置点的实测场强值或理论计算的信号场强值及有线电视网络信号接口参数；

5　接收天线设置点建筑物周围的地形、地貌以及干扰源、气象和大气污染状况等。

难易程度：A级。

（十）呼应（叫）信号及公共显示装置

 **[知识储备]**

呼应信号系统是指以找人为目的的声光提示及应答系统，包括病房护理呼应信号系统、候诊排队叫号系统、老年人公寓呼应信号系统、营业厅排队叫号系统、电梯多方通话系统、公共求助呼应信号系统等。

信息显示系统是指在会议厅（室）及公共场所以信息传播为目的的计时及动态文字、

图形、图像显示系统。包括信息引导及发布电子显示系统、会议等系统的信息显示单元、时钟系统等。

知识要点　呼应（叫）信号及公共显示装置的设备选择

考题一（2006）医院呼叫信号装置使用的交流工作电压范围应是（　　）。

A. 380V 及以下　　　　B. 220V 及以下

C. 10V 及以下　　　　D. 50V 及以下

［答案］D

［知识快览］

《民用建筑电气设计标准》GB 51348—2019 第 17.2.2 条：医院病房护理呼叫信号系统，应使用交流 50V 及以下安全电压。

考题二 下列关于呼应（叫）信号的设备选择及线路敷设规定，不正确的一项是（　　）。

A. 呼应（叫）信号的设备必须功能齐全

B. 医院、旅馆的呼应（叫）信号装置，应使用 50V 以下安全工作电压

C. 系统连接电缆（线）宜穿钢管保护

D. 系统连接电缆（线）一般不宜采用明敷方式

［答案］A

［知识快览］

呼应（叫）信号的设备选择及线路敷设规定有：

（1）设计中应根据各种呼应（叫）信号设备的灵敏度、可靠性、显示、对讲质量等指标以及操作程式、外观、维护繁易等性能，经比较择优选用，不宜片面强调功能齐全。

（2）医院、旅馆的呼应（叫）信号装置，应使用 50V 以下安全工作电压。

（3）系统连接电缆（线）宜穿钢管保护，一般不宜采用明敷方式。

［考点分析与应试指导］

本知识要点的考查频率不高，考生对医院及公共建筑内，呼应信号及信息显示系统的设计有所了解即可，重点掌握设备选择及线路敷设规定。难易程度：A 级。

（十一）智能建筑及综合布线系统

［知识储备］

智能建筑指通过将建筑物的结构、系统、服务和管理根据用户的需求进行最优化组合，从而为用户提供一个高效、舒适、便利的人性化建筑环境。智能建筑是集现代科学技术之大成的产物。其技术基础主要由现代建筑技术、现代电脑技术现代通信技术和现代控制技术所组成。建筑智能化工程又称弱电系统工程，主要指通信自动化（CA），楼宇自动化（BA），办公自动化（OA），消防自动化（FA）和保安自动化（SA），简称 5A。

综合布线系统是智能化办公室建设数字化信息系统基础设施，是将所有语音、数据等

系统进行统一的规划设计的结构化布线系统，为办公提供信息化、智能化的物质介质，支持将来语音、数据、图文、多媒体等综合应用。综合布线系统产品由各个不同系列的器件所构成，包括传输介质、交叉/直接连接设备、介质连接设备、适配器、传输电子设备、布线工具及测试组件。这些器件可组合成系统结构各自相关的子系统，分别起到各自功能的具体用途。

知识要点 1　建筑设备自控系统的设计

考题一（2007）建筑设备自控系统的监控中心，其设置的位置，下列哪一种情况是不允许的？（　　）

A. 环境安静　　B. 地下层

C. 靠近变电所、制冷机房　　D. 远离易燃易爆场所

[答案] C

[知识快览]

建筑设备自控系统的监控中心靠近变电所、制冷机房，会有电磁干扰及震动和潮湿的影响。

考题二（2010）建筑设备监控系统包括以下哪项功能？（　　）

A. 办公自动化　　B. 有线电视、广播

C. 供配电系统　　D. 通信系统

[答案] C

[知识快览]

《民用建筑电气设计标准》GB 51348—2019 第 18.1.1 条，建筑物（群）所属建筑设备监控系统（BAS）的设计可对下列子系统进行设备运行和建筑节能的监测与控制：1 冷热源系统；2 空调及通风系统；3 给水排水系统；4 供配电系统；5 照明系统；6 电梯和自动扶梯系统。

考题三（2005）关于建筑物自动化系统监控中心的设置和要求，下面哪一条规定是正确的？（　　）

A. 监控中心尽可能靠近变配电室

B. 监控中心应设活动地板，活动地板高度不低于 0.5m

C. 监控中心的各类导线在活动地板下线槽内敷设，电源线和信号线之间应采用隔离措施

D. 监控中心的上、下方应无卫生间等潮湿房间（不应设在卫生间等潮湿房间的正下方或贴邻）

[答案] C

[知识快览]

监控中心与变配电室距离不宜小于 15m；监控中心应设活动地板，活动地板高度不低于 0.2m。监控中心的各类导线在活动地板下线槽内敷设，电源线和信号线之间应采用隔离措施，无屏蔽布线，间距宜大于 0.3m。线槽内布线，电源线和信号线之间应采用隔离措施，保证信号线不受外界电磁干扰。监控中心不应设在卫生间等潮湿房间的正下方或贴邻。

考题四（2003）建筑设备自动化系统（BAS），是以下面哪一项的要求为主要内容？（　　）

A. 空调系统　　　　B. 消防火灾自动报警及联动控制系统

C. 安全防范系统　　　　D. 供配电系统

［答案］A

［知识快览］

BAS 按工作范围有两种定义方法：广义的 BAS 包括建筑设备监控系统、火灾自动报警系统和安全防范系统；狭义的 BAS 即为建筑设备监控系统，从使用方便的角度，简称"BAS"，不包括 B 和 C。"BAS"包括 A 和 D，分析综合型建筑能源消耗量相对集中在暖通空调及照明、动力两大部分，而暖通空调能耗所占比例最大达 6%以上，照明、动力能耗达 30%以上，故"BAS"以 A 为主要内容。

考题五（2003）建筑设备自控系统的监控中心设置的位置，下列哪一种情况是不允许的？（　　）

A. 环境安静　　　　B. 地下层

C. 靠近变电所、制冷机房　　　　D. 远离易燃易爆场所

［答案］C

［知识快览］

依据《民用建筑电气设计标准》GB 51348—2019 第 23.2.1 条，机房应远离强电磁场干扰场所；应远离强振动源和强噪声源的场所；不应设置在厕所、浴室或其他潮湿、易积水的场所的正下方或与其贴邻。

［考点分析与应试指导］

本知识要点是考试的高频考点，涉及《民用建筑电气设计标准》GB 51348—2019 第 18 部分。考生应该对监控对象以及监控原则有所了解，包括冷冻水及冷却水系统、热交换系统、采暖通风及空气调节系统、给水与排水系统、供配电系统、公共照明系统、电梯和自动扶梯系统。主要考查各种监控对象的基本原理和设置原则，内容比较分散，有一定的难度。难易程度：B 级。

知识要点 2　综合布线系统的设计

考题一（2010）综合布线有什么功能？（　　）

A. 合并多根弱电回路的各种功能

B. 包含强电、弱电和无线电线路的功能

C. 传输语音、数据、图文和视频信号

D. 综合各种通信线路

［答案］C

［知识快览］

《民用建筑电气设计标准》GB 51348—2019 第 21.1.2 条，综合布线系统应采用开放式网络拓扑结构，应能满足语音、数据、图文和视频等信息传输的要求。

考题二（2008、2006）办公楼综合布线系统信息插座的数量，按基本配置标准的要求是（　　）。

A. 每两个工作区设 1 个　　　　　　B. 每个工作区设 1 个

C. 每个工作区设不少于 2 个　　　　D. 每个办公室设 1-2 个

[答案] C

[知识快览]

根据《综合布线系统工程设计规范》G 50311—2016 第 7.1.2 条，每个工作区信息插座数量不宜少于 2 个。

考题三（2008、2006）关于综合布线设备间的布置，机架（柜）前面的净空不应小于下列哪一个尺寸？（　　）

A. 800mm　　　　B. 1000mm

C. 1200mm　　　　D. 500mm

[答案] B

[知识快览]

根据《民用建筑电气设计标准》GB 51348—2019 第 21.5.4 条，机柜单排安装时，前面净空不应小于 1.0m。

考题四（2008）综合布线系统的设备间，其位置的设置宜符合哪项要求？（　　）

A. 靠近低压配电室　　　　B. 靠近工作区

C. 位于配线子系统的中间位置　　　　D. 位于干线子系统的中间位置

[答案] D

[知识快览]

根据《民用建筑电气设计标准》GB 51348—2019 第 21.5.1 条，设备间应根据主干缆线的传输距离、敷设路由和数量，设置在靠近用户密度中心和主干线缆竖井位置。

考题五 建筑物综合布线系统中电信间的数量是根据下列哪个原则来设计的？（　　）

A. 高层建筑每层至少设两个

B. 多层建筑每层至少设一个

C. 水平线缆长度不超过 90m 设一个

D. 水平配线长度不超过 120m 设一个

[答案] C

考题六（2005 改）综合布线系统的电信间数量，应从所服务的楼层范围考虑，如果配线电缆长度都在 90m 范围以内时，宜设几个电信间？（　　）

A. 1 个　　　　B. 2 个

C. 3 个　　　　D. 4 个

[答案] A

[知识快览]

依据《民用建筑电气设计标准》GB 51348—2019 第 21.5.3 条，综合布线系统的电信间的数量，应按所服务楼层范围及工作区面积来确定，当最长水平电缆长度小于或等于 90m 时，宜设置 1 个电信间。最长水平线缆长度大于 90m 的情况下，宜设 2 个或多个电信间。

考题七（2004）下面哪一条是综合布线的主要功能？（　　）

A. 综合强电和弱电的布线系统

B. 综合电气线路和非电气管线系统

C. 综合火灾自动报警和消防联动控制系统

D. 建筑物内信息通信网络的基础传输通道

[答案] D

[知识快览]

综合布线由传输介质、线路管理硬件、连接器、适配器、传输电子线路等部件组成，并可以通过这些部件来构造各种子系统，故称之为综合布线。综合布线是建筑物或建筑群内部之间的传输网络，以方便语音和数据通信、交换设备及其他信息管理系统的彼此相连。

考题八（2003）综合布线系统中水平布线电缆总长度的允许最大值是（　　）。

A. 50m　　　　B. 70m

C. 100m　　　　D. 120m

[答案] C

[知识快览]

《综合布线系统工程设计规范》GB 50311—2016 第 3.3.2 条，配线子系统信道的最大长度不应大于 100m（图 3.3.2），长度应符合表 3.3.2 的规定。

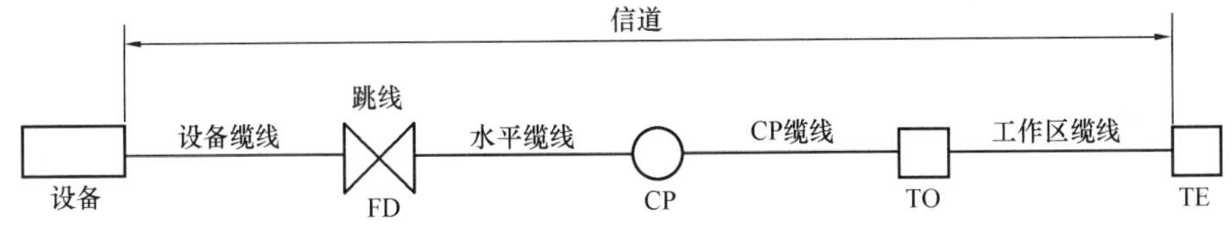

图 3.3.2　配线子系统缆线划分

考题九（2003）综合布线系统中的设备间应有足够的安装空间，其面积不应小于（　　）。

A. $10m^2$　　　　B. $15m^2$

C. $20m^2$　　　　D. $30m^2$

[答案] A

[知识快览]

《综合布线系统工程设计规范》GB 50311—2016 第 7.3.3 条，设备间内的空间应满足布线系统配线设备的安装需要，其使用面积不应小于 $10m^2$。

[考点分析与应试指导]

本知识要点是考试的高频考点，涉及的规范包括《综合布线系统工程设计规范》GB 50311—2016 和《民用建筑电气设计标准》GB 51348—2019 的附录 L。考查的内容主要是综合布线系统的组成、功能，以及重要的参数设置。虽然内容较多，但是都属于基本常识，难度不大。难易程度：A 级。

（十二）电 气 设 计 基 础

[知识储备]

正弦交流电路是指电路中的电动势、电流和电压都是按正弦规律变化的电路。正弦交流电是由交流发电机或正弦信号发生器产生的。

在正弦交流电路中，电压 u 或电流 i 都可以用时间 t 的正弦函数来表示：

$$\left.\begin{aligned} u &= U_{\mathrm{m}}\sin(\omega t+\varphi_{\mathrm{u}})\mathrm{V} \\ i &= I_{\mathrm{m}}\sin(\omega t+\varphi_{i})\ \mathrm{A} \end{aligned}\right\}$$

在上式中，u、i 表示在某一瞬时正弦交流电量的值，称为瞬时值，上式称为瞬时表达式；U_{m} 和 I_{m} 表示变化过程中出现的最大瞬时值，称为最大值，或称幅值；ω 为正弦交流电的角频率；φ_{u}、φ_{i} 为正弦交流电的初相位。最大值、角频率和初相位称为正弦交流电的三个特征量，或称之为三要素。

正弦量的幅值和瞬时值，虽然能表明一个正弦量在某一特定时刻的量值，但是不能用它来衡量整个正弦量的实际作用效果。常引出另一个物理量“有效值”，来衡量整个正弦量的实际作用效果。有效值是用电流的热效应来规定的，即：如果一个交流电流 i 通过某一电阻 R 在一个周期内产生的热量，与一个恒定的直流电流 I 通过同一电阻在相同的时间内产生的热量相等，就用这个直流电的量值 I 作为交流电的量值，称为交流电的有效值。

在交流电路中，有功功率与视在功率的比值用 λ 表示，称为电路的功率因数，即：

$$\lambda = \frac{P}{S} = \cos\varphi$$

电压与电流的相位差 φ 称为功率因数角，它是由电路的参数决定的。在纯电容和纯电感电路中，$P=0$，$Q=S$，$\lambda=0$，功率因数最低；在纯电阻电路中，$Q=0$，$P=S$，$\lambda=1$，功率因数最高。

功率因数是一项重要的电能经济指标。当电网的电压一定时，功率因数太低，会引起下述三方面的问题：

（1）降低了供电设备的利用率。

容量 S 一定的供电设备能够输出的有功功率为：

$$P = S\cos\varphi$$

$\cos\varphi$ 越低，P 越小，设备越得不到充分利用。

（2）增加了供电设备和输电线路的功率损耗。

负载从电源取用的电流为：

$$I = \frac{P}{U\cos\varphi}$$

在 P 和 U 一定的情况下，$\cos\varphi$ 越低，I 就越大，供电设备和输电线路的功率损耗也就越多。

（3）输电线上的线路压降大，因此负载端的电压低，从而使线路上的用电设备不能正常工作，甚至损坏。

提高电感性电路的功率因数会带来显著的经济效益。目前，在各种用电设备中，属电感性的居多。例如，工农业生产中广泛应用的异步电动机和日常生活中大量使用的荧光灯等都属于电感性负载，而且它们的功率因数往往比较低，有时甚至到 0.2～0.3。供电部门对工业企业单位的功率因数要求是在 0.85 以上，如果用户的负载功率因数低，则需采取措施提高功率因数。提高功率因数的原则是必须保证原负载的工作状态不变，即加至负载上的电压和负载的有功功率不变。

三相电力系统是由三相电源、三相负载和三相输电线路三部分组成。对称三相电源是由三个等幅值、同频率、初相位依次相差 120°的正弦电压源按照不同的联结方式而组成的电源。将对称三相电源按照不同的联结方式联结起来，可以为负载供电。三相电源的联结方式有两种——星形联结和三角形联结。

不论对称负载是星形联结还是三角形联结，三相负载总的有功功率为：

$$P=\sqrt{3}U_lI_l\cos\varphi$$

式中，U_l、I_l 分别为负载的线电压与线电流；φ 是负载的相电压与相电流之间的相位差。

三相负载总的无功功率与视在功率为：

$$Q=\sqrt{3}U_lI_l\sin\varphi$$

$$S=\sqrt{3}U_lI_l$$

电动机的作用是将电能转换为机械能，广泛用于生产机械的驱动。生产机械由电动机驱动有很多优点：简化生产机械的结构；提高生产率和产品质量；易于实现自动控制和远距离操纵；减轻繁重的体力劳动等。按照使用或产生的电能种类的不同，电动机可分为交流电动机和直流电动机两大类。交流电动机又分为异步电动机（或称感应电动机）或同步电动机。直流电动机按照励磁方式的不同分为他励、并励、串励和复励四种。

三相异步电动机由两个基本部分组成：定子（固定部分）和转子（旋转部分）。定子由机座和装在机座内的圆筒形铁心及其中的三相定子绕组组成。当定子绕组中通过三相交流电流时，可以产生按一定方向以一定速度在空间旋转的磁场，称为旋转磁场。转子在旋转磁场作用下产生转矩，从而带动机械负载转动。

电动机的启动就是接通电源把它开起来。在启动初始瞬间，转子处于静止状态，而旋转磁场立即以 n_0速度旋转，它们之间的相对速度很大，磁力线切割转子导体的速度很快，此时转子绕组中产生的感应电动势和电流都很大，这与变压器的道理一样，转子电流很大，定子电流相应地很大。在一般中小型电动机中，启动时的定子电流约为额定电流的 5～7 倍。

由于启动时间较短，所以电动机的启动电流虽大，也不会使电动机本身发生过热现象，当电动机启动后，电流便迅速减少，很大的启动电流在短时间内使供电线路电压下降，以致影响其他负载的正常工作。因此，异步电动机启动的主要缺点是启动电流较大。为了减小启动电流，必须采用适当的启动方法。常见的启动方法有：直接启动、自耦调压器降压启动、Y-△降压启动、转子串电阻启动、变频启动等。

知识要点 1 正弦交流电

考题一（2003-97，2012-82）正弦交流电网电压值，如 380V、220V，此值指的是(　　)。

A. 电压的峰值　　B. 电压的平均值

C. 电压的有效值　　D. 电压某一瞬间的瞬时值

[答案] C

[知识快览]

正弦交流量的峰值和瞬时值，虽然能表明一个正弦量在某一特定时刻的量值，但是不能用它来衡量整个正弦量的实际作用效果。常采用另一个物理量“有效值”，来衡量整个正弦量的实际作用效果。有效值是用电流的热效应来规定的，即：如果一个交流电流 i 通过某一电阻 R 在一个周期内产生的热量，与一个恒定的直流电流 I 通过同一电阻在相同的时间内产生的热量相等，就用这个直流电的量值 I 作为交流电的量值，称为交流电的有效值。

通常所说的交流电压多少伏、交流电流多少安，都是指有效值。例如交流电压 220V 或 380V，交流电流 5A、10A 等都是有效值。

考题二（2009）下列单位中哪一个是用于表示无功功率的单位？（　　）

A. kW　　B. kV

C. kA　　D. kVar

[答案] D

[知识快览]

kW 和 kVar 均为功率的单位，kW 是有功功率，kVar 是无功功率的单位。

考题三（2007-97）交流电路中的阻抗与下列哪个参数无关？（　　）

A. 电阻　　B. 电抗

C. 电容　　D. 磁通量

[答案] D

[知识快览]

交流电路中的阻抗等与电阻与电抗的向量和电抗与电容有关。

考题四（2004-97）用电设备在功率不变的情况下，电压和电流两者之间的关系，下面哪条叙述是正确的？（　　）

A. 电压与电流两者之间无关系　　B. 电压越高，电流越小

C. 电压越高，电流越大　　D. 电压不变，电流可以任意变化

[答案] B

[知识快览]

功率＝电压×电流

考题五（2003-98）有功功率、无功功率表示的单位分别是（　　）。

A. W、VA　　B. W、Var

C. Var、VA　　D. VA、W

[答案] B

[知识快览]

有功功率、无功功率、视在功率的符号分别是 P、Q、S，单位分别是 W、Var、VA，选择中给的是单位，所以有功功率、无功功率的单位是 W、Var。

[考点分析与应试指导]

电气设计基础中正弦交流电的考点涉及建筑电气设计、施工等的基础知识。考生应理解正弦交流电的电压、电流、功率的概念及对应的单位和计算公式。应了解电路中的负载以及负载的阻抗性质，理解三相电路线电压与相电压的概念及关系。本考点以基本概念为主，题目较简单，属于得分项。难易程度：A 级。

知识要点 2　电机

考题一（2009，2007-98）下列哪种调速方法是交流笼型电动机的调速方法？（　　）

A. 电枢回路串电阻　　B. 改变励磁调速

C. 变频调速　　D. 串级调速

［答案］C

［知识快览］

电枢回路串电阻是绕线式异步电机的调速方法；改变励磁调速是直流电机的调速方法；变频调速是交流鼠笼异步电动机的调速方法；串级调速是交流绕线式异步电动机的调速方法。

考题二（2008，2004-98）某一工程生活水泵的电动机，请判断属于哪一类负载？（　　）

A. 交流电阻性负载　　B. 直流电阻性负载

C. 交流电感性负载　　D. 交流电容性负载

［答案］C

［知识快览］

常用生活水泵的电动机属于交流电感性负载。

考题三（2008，2005-98）民用建筑和工业建筑中最常用的低压电动机是哪一种类型？（　　）

A. 交流异步鼠笼型电动机　　B. 同步电动机

C. 直流电动机　　D. 交流异步绕线电动机

［答案］A

［知识快览］

电动机按产生或耗用电能种类的不同，分为直流电机和交流电机；交流电机又按它的转子转速与旋转磁场转速的关系不同，分为同步电机和异步电机；异步电机按转子结构的不同，还可分为绕线式异步电机和鼠笼式异步电机。民用建筑和工业建筑中最常用的低压电动机是交流异步鼠笼型电动机。

考题四（2005-108）关于电动机的启动，下面哪一条描述是不正确的？（　　）

A. 电动机启动时应满足机械设备要求的启动转矩

B. 电动机启动时应保证机械设备能承受其冲击转矩

C. 电动机启动时应不影响其他用电设备的正常运行，

D. 电动机的启动电流小于其额定电流

［答案］D

［知识快览］

根据电动机的启动特性，电动机的启动电流大于其额定电流。

考题五（2004）电动机回路中的热继电器是(　　)。

A. 短路保护　　B. 过载保护

C. 漏电保护　　D. 低电压保护

［答案］B

[知识快览]

热继电器主要用来对异步动机进行过载保护。

[考点分析与应试指导]

变压器和异步电机、同步电机、交流电机、直流电机等均属于电机。变压器的考点多集中在变配电所部分，因此对于电机的考点多见电动机启动、调速、负载特性以及保护等方面，对于这些基本概念，建议考生结合配电系统的供电理解掌握。难易程度：A级。

（十三）模 拟 题

1. 下面哪个光度量对应的单位是错误的？（　　）

A. 光通量：lm　　B. 亮度：lx/m^2

C. 发光强度：cd　　D. 照度：lx

2. 为了满足局部区域特殊的光照要求，在较小范围或有限空间内单独为该区域设置辅助照明设施的一种照明方式是(　　)。

A. 混合照明　　B. 一般照明

C　局部照明　　D. 特殊照明

3. 灯具向上的光线40%～60%，其余向下。向上或向下发出的光通大致相同，光强在空间基本均匀分布，这类灯具是(　　)。

A. 直接间接型灯具　　B. 半直接型灯具

C. 直接型灯具　　D. 间接型灯具

4. 插座接线规定：单相三线是(　　)。

A. 左相右零上接地　　B. 左零右相上接地

C. 左接地右相上接零　　D. 左零右接地上接相

5. 光源色温小于3300K时，其色表特征为(　　)。

A. 暖　　B. 冷

C. 中间　　D. 较冷

6. 照明设计标准值是指工作或生活场所(　　)上的平均照度值。

A. 标准平面　　B. 参考平面

C. 工作平面　　D. 距地面0.8m处

7. 图书馆阅览室照明用电属于(　　)负荷。

A. 一级　　B. 二级

C. 三级　　D. 特别重要

8. 住宅建筑电梯井道照明的供电电压为(　　)。

A. 24V　　B. 36V

C. 48V　　D. 50V

9. 下列哪个电源不能作为应急电源？（　　）

A. 蓄电池

B. 独立于正常电源的专用馈电线路

C. 独立于正常电源的发电机组

D. 与正常电源在同一母线上的馈电线路

10. 变压器容量当高于何者时，在正常情况下，应以高压方式供电？(　　)

A. 250kW　　B. 250kVA

C. 160kW　　D. 160kVA

11. 以下对配变电所的设计中，哪个是错误的？(　　)

A. 变电所的电缆沟和电缆室应采取防水、排水措施，但当地下最高水位不高于沟底标高时除外

B. 高压配电装置距室内房顶的距离一般不小于 0.8m

C. 高压配电装置宜设不能开启的采光窗，窗户下沿距室外地面高度不宜小于 1.8m

D. 高压配电装置与值班室应直通或经走廊相通

12. 沿同一路径的电缆根数超过(　　)根时，可采用电缆隧道敷设？

A. 8　　B. 12

C. 15　　D. 21

13. 低压配电系统的接地形式下述几种中何者不存在？(　　)

A. TN 系统　　B. TT 系统

C. TI 系统　　D. IT 系统

14. 当航空障碍标志灯的安装高度为 45m 以下时，应选用何者？(　　)

A. 带恒定光强的红色灯　　B. 带闪光的红色灯

C. 带闪光的白色灯　　D. 带闪光的黄色灯

15. 对于高层民用建筑，为防止直击雷，应采用下列哪一条措施？(　　)

A. 独立接闪杆

B. 采用装有放射性物质的接闪器

C. 接闪杆

D. 采用装设在屋角、屋脊、女儿墙或屋檐上的避雷带，并在屋面上装一定的金属网格

16. 下述建筑中，哪种建筑不属于第二类防雷建筑？(　　)

A. 国家级的办公楼　　B. 大型铁路旅客站

C. 国家级重点文物保护的建筑　　D. 省级重点文物保护的建筑

17. 为了防止闪电感应，第二类防雷建筑中，当整个建筑物全部为钢筋混凝土结构时，应将建筑物内各种竖向金属管道每几层与圈梁钢筋连接一次？(　　)

A. 每层　　B. 每隔一层

C. 每三层　　D. 每四层

18. 下述设备中，哪种设备宜设剩余电流动作保护，自动切断电源？(　　)

A. 消防水泵

B. 火灾应急照明

C. 防排烟风机

D. 环境特别恶劣或潮湿场所（如食堂、地下室、浴室等）的电气设备

19. 电气装置等电位联结的作用在于(　　)，以保障人身安全。

A. 降低接触电压　　B. 降低短路电压

C. 降低触电电压　　D. 降低跨步电压

20. 三相交流发电机三个正弦电压的相位差互差（　　）

A. 60°　　B. 90°

C. 120°　　D. 150°

21. 火灾应急广播馈线电压不宜大于（　　）。

A. 24V　　B. 36V

C. 110V　　D. 220V

22. 红外光束线型感烟火灾探测器的探测区域长度不宜超过（　　）。

A. 50m　　B. 100m

C. 150m　　D. 200m

23. 区域报警系统的火灾报警控制器应设置在（　　）。

A. 有人值班的房间或场所　　B. 首层或地下一层

C. 安静的场所　　D. 专用的消防控制室或消防值班室内

24. 疏散照明的地面水平最低照度不低于（　　）。

A. 10lx　　B. 20lx

C. 30lx　　D. 40lx

25. 以下哪一项的疏散方向指示标志设置部位有错误？（　　）

A. 疏散走道拐弯处　　B. 避难间、避难层及其他安全场所

C. 地下室疏散楼梯间　　D. 超过 10m 的直行走道

26. 以下关于安防监控中心的要求，不正确的一项是（　　）。

A. 监控中心的使用面积应与安防系统的规范相适应

B. 监控中心的使用面积不宜小于 $15m^2$

C. 与值班室合并设置时，其专用工作区面积不宜小于 $12m^2$

D. 重要建筑的监控中心，宜设置对讲装置或出入口控制装置

27. 有线电视系统规模按用户终端数量分为四类，其中 A 类的用户为（　　）。

A. 1000 户以上　　B. 2001～10000 户

C. 301～2000 户　　D. 300 户以下

28. 当采用自设接收天线及前端设备系统时，有线电视频道配置不正确的是（　　）。

A. 基本保持原接收频道的直播

B. 强场强广播电视频道转换为其他频道播出

C. 配置受环境电磁场干扰小的频道

D. 配置受环境电磁场干扰大的频道

29. 广播系统宜采用定压输出，输出电压宜采用（　　）。

A. 70V　　B. 90V

C. 100V　　D. 70V 或 100V

30. 以下关于扩声系统的功率馈送，不正确的一项是（　　）。

A. 厅堂类建筑扩声系统宜采用定阻输出

B. 体育场、广场类建筑扩声系统，宜采用定压输出

C. 自功放设备输出端至最远扬声器箱间的线路衰耗，在 1000Hz 时不应大于 1dB

D. 功率放大设备的输出阻抗应与负载阻抗匹配

31. 在信息机房中，机柜正面相对排列时，其净距离不应小于（　　）。

A. 1m　　B. 1.5m

C. 1.8m　　D. 2m

32. 电信间内设备箱宜明装，安装高度宜为箱体中心距地（　　）。

A. 1.0～1.1m　　B. 1.1～1.2m

C. 1.2～1.3m　　D. 1.3～1.4m

33. 呼应信号系统宜由哪些单元组成？（　　）

A. 呼叫分机、主机、信号传输、辅助提示

B. 系统电源、呼叫主机、信号传输、信号处理

C. 系统电源、呼叫分机、主机、信号传输

D. 呼叫分机、主机、信号传输、信号处理

34. 建筑设备监控系统不宜对下列哪项进行监测与控制？（　　）

A. 供配电系统　　B. 公共照明系统

C. 电梯和自动扶梯系统　　D. 应急疏散系统

35. 综合布线系统中，水平缆线长度最长为（　　）。

A. 90m　　B. 100m

C. 180m　　D. 200m

1. 提示：亮度的单位是 cd/m^2。

答案：B

2. 提示：局部照明是特定视觉工作用的、为照亮某个局部而设置的照明。

答案：C

3. 提示：国际照明委员会按光通在空间上、下半球的分布把灯具划分为五类：

(1) 直接型灯具。上半球的光通占 0～10%，下半球的光通占 100%～90%。

(2) 半直接型灯具。上半球的光通占 10%～40%，下半球的光通占 90%～60%。

(3) 直接间接型灯具。上半球的光通占 40%～60%，下半球的光通占 60%～40%。

(4) 半间接型灯具。上半球的光通占 60%～90%，下半球的光通占 40%～10%。

(5) 间接型灯具。上半球的光通占 90%～100%，下半球的光通占 40%～10%。

答案：A

4. 提示：三孔插座，左侧接零线，右侧接火线，上侧接接地线。

答案：B

5. 提示：暖色，色温值＜3300K；中间色，色温值 3300～5300K；冷色，色温值＞5300K。

答案：A

6. 提示：依据《建筑照明设计标准》GB 50034—2013 第 5.1.1 条 本标准规定的照度除标明外均应为作业面或参考平面上的维持平均照度。

答案：B

7. 提示：依据《住宅建筑电气设计规范》JGJ 242—2011 附录 A 表 A 藏书量超过 100

万册及重要图书馆的安防系统、图书检索用计算机系统用电属于一级负荷中的特别重要负荷；图书馆其他用电属于二级负荷。

答案：B

8. 提示：依据《住宅建筑电气设计规范》JGJ 242—2011 第 8.2.6 条 电梯井到照明供电电压宜为 36V。

答案：B

9. 提示：依据《民用建筑电气设计标准》GB 51348—2019 第 3.3.9 条 下列电源可作为应急电源：

1　供电网络中独立于正常电源的专用馈电线路

2　独立于正常电源的发电机组

3　蓄电池

答案：D

10. 提示：依据《民用建筑电气设计标准》GB 51348—2019 第 3.4.1 条，用电设备总容量在 250kW 及以上或变压器容量在 160kVA 及以上时，宜以 20kV 或 10kV 供电；当用电设备总容量在 250kW 以下或变压器容量在 160kVA 以下时，可由低压 380V/220V 供电。

答案：D

11. 提示：依据《民用建筑电气设计标准》GB 51348—2019 第 4.10.12 条 变电所的电缆沟电缆夹层和电缆室，应采取防水、排水措施。规定无附加条件，即无论地下水位高低，配变电所的电缆沟和电缆室均应采取防水、排水措施。

答案：A

12. 提示：依据《民用建筑电气设计标准》GB 51348—2019 第 8.7.3 条 同一路径的电缆根数多于 21 根时，可采用电缆隧道敷设。

答案：D

13. 低压配电系统接地形式，可采用 TN 系统、TT 系统和 IT 系统。

答案：C

14. 提示：依据《民用建筑电气设计标准》GB 51348—2019 第 10.2.7 条 表 10.2.7 障碍标志灯安装高度距地面 45m 以下，应为恒定光强的红色灯；距地面 45～92m 以上时，应为中光强（＜2000cd±25%）红色光灯和白色光灯；距地面 151m 以上时，应为高光强白色光灯。

答案：A

15. 提示：属第二类防雷建筑物，宜采用装设在屋角、屋、女儿墙或屋檐上的避雷带，并在屋面上装一定的金属网格的措施。

答案：D

16. 提示：根据《建筑物防雷设计规范》第 3.0.4 条，省级重点文物保护的建筑属于第三类防雷建筑物。

答案：D

17. 提示：根据《民用建筑电气设计标准》第 11.3.3 条第 2 款，应利用钢柱或钢筋混凝土柱子内的钢筋为防雷装置引下线；结构圈梁当中的钢筋应每三层连成闭合环路作为均压环，并应同防雷装置引下线连接。本题上述金属管道应每三层与圈梁钢筋连接一次。

答案：C

18. 提示：环境特别恶劣或潮湿场所的电气设备宜设剩余电流动作保护，消防用电设备的电源不应装设剩余电流动作保护来自动切断电源。

答案：D

19. 提示：等电位联结是一种电击防护措施，它将设备外壳或金属部分与地线联结，从而构成各自的等电位体，实行等电位联结可有效地降低接触电压，防止故障电压对人体造成的危害。

答案：A

20. 提示：正弦交流电压三相对称，相位互差120°。

答案：C

21. 答案：C

22. 答案：B

23. 答案：A

24. 答案：A

25. 答案：D

26. 答案：B

27. 答案：A

28. 答案：D

29. 答案：D

30. 答案：C

31. 答案：B

32. 答案：C

33. 答案：A

34. 答案：D

35. 答案：A

编委风采

张　霖

职　　务：副总建筑师

职　　称：教授级高级工程师

职业资格：国家一级注册建筑师

单位名称：华蓝设计（集团）有限公司

谭方彤

职　　务：副总建筑师

职　　称：教授级高级工程师

职业资格：国家一级注册建筑师

单位名称：华蓝设计（集团）有限公司

禤晓林

职　　务：副总建筑师

职　　称：教授级高级工程师

职业资格：国家一级注册建筑师

单位名称：华蓝设计（集团）有限公司